国家出版基金项目
NATIONAL PUBLICATION FOUNDATION

工信知识赋能工程

卫星互联网丛书
Satellite Internet

卫星互联网技术

Satellite Internet Technology

■ 汪春霆 和新阳 张学庆 郝学坤 梅强 翟立君 编著

人民邮电出版社
北 京

图书在版编目（CIP）数据

卫星互联网技术 / 汪春霆等编著. -- 北京 ：人民
邮电出版社，2024. --（卫星互联网丛书）. -- ISBN
978-7-115-65648-3

Ⅰ．TN927

中国国家版本馆 CIP 数据核字第 2024PM8220 号

内 容 提 要

卫星互联网是未来通信网络发展的重要方向，是信息基础设施的重要组成部分，以其独特的优势，为解决全球网络覆盖及容量问题提供了新的解决方案。本书对卫星互联网技术进行了全面而深入的探讨，从卫星互联网的发展历程，以及发展的基础、环境和驱动力入手，全面系统地提出了卫星互联网网络架构及传输组网技术，给出了常用的链路预算方法，对卫星互联网的空间技术、运维管控技术、应用服务技术等方面进行了全面论述，对我国卫星互联网的研究、设计、建设、运行和维护具有重要参考价值。

本书可作为卫星互联网领域科研人员和工程技术人员的参考用书，也可以作为高等院校相关专业的教学和研究资料。

◆ 编　　著　汪春霆　和新阳　张学庆　郝学坤　梅　强
　　　　　　　翟立君
　　责任编辑　牛晓敏
　　责任印制　马振武

◆ 人民邮电出版社出版发行　　北京市丰台区成寿寺路 11 号
　　邮编　100164　电子邮件　315@ptpress.com.cn
　　网址　https://www.ptpress.com.cn
　　三河市中晟雅豪印务有限公司印刷

◆ 开本：710×1000　1/16
　　印张：26　　　　　　　　　2024 年 12 月第 1 版
　　字数：595 千字　　　　　　2024 年 12 月河北第 1 次印刷

定价：299.80 元
读者服务热线：(010)53913866　印装质量热线：(010)81055316
反盗版热线：(010)81055315

前　言

信息时代，通信技术的发展日新月异，它不仅重塑了人类社会的交流方式，更成为推动经济发展的关键力量。随着移动通信技术的飞速发展，人们对网络服务的需求日益增长，期望能够随时随地享受到高速、稳定的网络连接。然而，传统的地面通信网络在覆盖范围上存在局限，卫星互联网技术以其独特的优势，为解决全球网络覆盖及容量问题提供了新的解决方案。

卫星互联网通过在太空部署通信卫星，构建起一个覆盖全球的通信网络，不仅能够提供与传统地面网络相媲美的通信服务，还能够克服地理环境的限制，实现真正意义上的全球互联。展望未来，卫星互联网技术有望在 6G 时代发挥更加重要的作用。随着相关技术的不断进步和应用场景的不断拓展，卫星互联网将为人类生活和社会发展带来更多的可能性。

本书由汪春霆负责章节和内容大纲确定、统编统稿。全书包括概述、网络架构、传输组网、链路预算、空间系统、运维管控、应用服务共 7 个章节的内容。其中第 1 章概述，由汪春霆、翟立君、赵鹏涛编写，从卫星互联网的概念内涵入手，梳理了卫星互联网发展的 3 个阶段，总结了卫星互联网的发展动力和发展趋势。第 2 章网络架构，由汪春霆、翟立君、潘沐铭、李观文、王治甫编写，全面阐述了卫星宽带通信、卫星移动通信以及卫星数据中继等典型系统的网络架构。第 3 章传输组网，由郝学坤、章扬、张路、贾濡、王高健编写，深入研究了无线侧的传输和接入技术，以及网络侧的资源管理和路由交换技术，并给出了网络可靠性及质量保障技术。第 4 章链路预算，由汪春霆、翟立君、刘立浩、邢强林编写，给出了基于传统卫星通信、卫星 5G 技术的微波链路预算方法以及激光通信的链路预算方法。第 5 章空间系统，由和新阳、李明明、邢强林、宋志强、张静编写，从卫星平台技术、有效载荷技术、运载发射技术以及空间环境适应技术等方面全面阐述了空间系统技术。第 6 章运维管控，由张学庆、夏天、周康燕、夏则禹编写，重点研究了运维管控架构、网络管理、运营、地面站网以及运控 MBSE 技术等。第 7 章应用服务，由梅强、王强宇、张尚宏、庄云胜、李敬怡编写，从卫星互联网应用服务的发展历程、基本概念入手，重点分析了应用终端技术、应用服务平台技术以及卫星互联网的新质应用。

在本书的编写过程中，潘沐铭做了大量的协调和编辑工作，为书稿的顺利完成提供了有力支撑。本书也得到了李彦骁、崔越、蒋林艳、杨若男、李毅、王奕博、刘岩铭、于兴雷、武剑鸣、郑浩、李晨阳、李兵、赵辰、乔贝贝、史楠、李佳宁、李欢、邢今涛、张中英、赵永佳、王文璞、叶逾冠、张程皓、张双义、张靖奕、邱翊、裴凡迪、李溢涵、谢海瑶等多位同仁的无私协助与支持，向他们表达最深切的感激之情。此外，本书的编写亦得益于众多国内外学者的杰出著作与研究成果，对这些文献的作者表示诚挚的感谢。

由于作者水平有限，书中难免存在疏漏之处，敬请读者批评指正。

作者

2024 年 9 月

目 录

| 1.1　概念内涵 |

卫星互联网是卫星通信与网络的结合。相比卫星通信，卫星互联网更加强调网络特征、融合特征和产业特征，通过融合网络、航天、通信、数据等多领域技术，提供通信、导航、感知等信息服务的新质服务能力，具有广覆盖、大容量、低成本等特点，是未来网络演进发展的主要方向。

在网络特征方面，卫星互联网网络架构的创新极大地提升了网络的效率和服务质量。与传统卫星通信不同，卫星互联网更侧重于提供多业务接入，支持海量用户同时在线，更强调空间承载网络、地面承载网络和天地一体化网络。

在融合特征方面，通过网络技术、航天技术、通信技术、数据技术等多领域技术的融合，以及天地网络的融合，不仅催生了新的网络形式，也推动了新的产业生态和服务模式。

在产业特征方面，卫星互联网的规模性、经济性和融合性必将重塑航天产业和通信产业，以更快的速度整合上下游产业链，为整个航天与通信产业带来前所未有的发展机遇。

卫星互联网贯穿海洋远边疆、太空高边疆、网络新边疆，因其地位重要，世界各航天大国纷纷制定发展战略和投入巨资，谋求在新技术、新产业和空间频率轨位资源等方面的领先优势。我国在卫星互联网领域重点发力，国家发展和改革委员会明确将卫星互联网纳入新基建范畴，同时《中华人民共和国国民经济和社会发展第十四个五年规划和 2035 年远景目标纲要》提出建设"高速泛在、天地一体、集成互联、安全高效的信息基础设施"，这些政策推动了我国卫星互联网产业的快速发展。

1.2　发展阶段

卫星互联网经历了3个阶段的发展。

第一阶段：20世纪90年代初至2000年，卫星互联网与地面网络相互竞争。以铱星（Iridium）、全球星（Globalstar）、轨道通信（Orbcomm）、泰利迪斯（Teledesic）和天空之桥（Skybridge）等十几个卫星系统为代表，通过建设天基网络，销售独立的卫星电话和上网终端，从而与地面电信运营商竞争用户。这一时期系统的特点是星座规模小、频段低、速率低，但由于当时相关技术不成熟、成本高以及市场定位不准确等问题，大部分系统发展举步维艰。

第二阶段：2000年至2014年，卫星互联网与地面网络互补。以新铱星、全球星和轨道通信等公司为代表，既为电信运营商提供一部分容量补充和备份，也在海事、航空等领域面向最终用户提供移动通信服务，与地面电信运营商存在一定程度的竞争。但由于规模有限，其主要作为地面网络的"填缝"，这一时期的发展基本平稳。

第三阶段：2014年至今，卫星互联网与地面网络融合发展。以一网（OneWeb）、太空探索技术公司（SpaceX）等为代表，主导新兴卫星互联网星座建设。这一时期系统的特点是星座规模大、速率高、频段高、成本低，卫星互联网基本具备与地面移动通信网络融合发展的能力。

在自然界的演进中，"物竞天择，适者生存"是不变的法则。同样，卫星互联网的发展也遵循着内在的逻辑和动力。下面将从卫星互联网发展的基础、环境和驱动力3个维度进行分析。

1.3　发展动力

1.3.1　技术创新的浪潮

卫星互联网产业的蓬勃发展，根植于一系列前沿技术的突破与融合中。这些技术不仅塑造了行业格局，更引领着未来通信的变革方向。

（1）高通量卫星技术：作为卫星互联网的核心驱动力，高通量卫星通过高频段传输、密集多点波束以及大口径星载天线等技术创新，实现了数据传输能力的飞跃。从 Thaicom 4 的初步探索到 ViaSat 系列卫星的突破性进展，高通量卫星系统可以为全球用户提供与地面网络相当的互联网接入体验。

（2）可回收运载火箭技术：运载火箭技术的不断革新，特别是可回收技术的实现，极大地降低了卫星发射成本。SpaceX 的猎鹰 9 号火箭的成功回收与重复使用，为全球卫星互联网的大规模部署奠定了坚实的经济基础。未来，火箭设计的持续优化和创新将进一步推动降本增效。

（3）电推进系统与能源效率：电推进系统的广泛应用，标志着卫星动力系统的革命性变革。其长寿命、高比冲以及推力可调等优势，不仅提升了卫星的轨道控制精度与灵活性，还显著降低了燃料消耗与发射成本。同时，高效能的三结砷化镓太阳能帆板与锂离子蓄电池的组合，为卫星提供了稳定可靠的能源保障，延长了在轨寿命。

（4）多波束天线与星间链路技术：多波束天线技术的成熟应用，极大地提升了卫星通信的覆盖能力与服务质量。相控阵天线的灵活波束控制功能，结合高速数字信息处理技术，实现了精准的波束成形与快速扫描，确保了低轨卫星通信的高质量与稳定性。此外，星间链路通信技术的发展，特别是激光链路的引入，为解决带宽瓶颈与频谱资源紧张问题提供了有效手段，为未来卫星互联网的高速星间组网提供了有力的技术支撑。

1.3.2　巨型星座的商业化浪潮

随着全球互联网渗透率的饱和与地面网络覆盖的局限性日益凸显，基于巨型星座的卫星互联网项目应运而生，并迅速成为行业发展的主流趋势。

一是 O3b、一网、星链等星座的崛起。这些巨型星座项目通过大规模部署低轨或中轨卫星，旨在实现全球无缝覆盖与高速互联网接入。从 O3b 的初步尝试到一网与星链的宏伟蓝图，这些项目不仅推动了卫星互联网技术的快速发展与应用普及，还为全球互联网市场的进一步拓展提供了重要支撑。

二是商业模式与服务创新。巨型星座项目的成功，离不开商业模式的创新与服务的持续优化。通过提供多样化的互联网接入服务、降低用户成本、提升服务质量等手段，这些项目正逐步改变着全球互联网市场的竞争格局与用户体验。同时，卫星互联网与地面网络的深度融合与互补发展，也为卫星互联网产业的可持续发展注入了新的活力。

三是作为全球通信基础设施的重要性被广泛认可。美国、俄罗斯等航天强国已经将卫星互联网的发展纳入国家战略，视其为提升国家竞争力、保障信息安全和推动经济发展的关键手段。联合国、国际电信联盟（ITU）、第三代合作伙伴计划（3GPP）等国际组织通过制定国际标准、规范频谱使用和协调轨道资源，开始在卫星互联网领域扮演更加积极的角色，推动国际的协调与合作，为卫星互联网的健康发展提供了重要保障。

1.3.3　全球通信的迫切需求

卫星互联网之所以能够持续快速发展，其根本动力在于人类对全球通信的迫切需求。

一是地面网络的局限性。尽管地面移动通信系统已覆盖全球大部分人口，但在偏远地区、海洋、高空等特殊环境下的通信需求仍难以得到有效满足。卫星互联网作为地面网络的补充与延伸，能够弥补这一不足，实现全球范围内的无缝覆盖与互联互通。

二是新兴应用领域的推动。随着航空、远洋、渔业、环境监测等应用领域的快速发展，以及国家战略与军事通信等需求的不断增长，对全域通信能力提出了更高的要求。卫星互联网以其独特的优势与潜力，正逐步成为这些领域不可或缺的重要通信手段。

三是未来通信系统发展的驱动力。面向未来，5G、6G及更高级别的通信系统将进一步扩展通信空间范围与交互类型。无人探测器、中高空飞行器、自主机器人等新型通信终端的广泛应用，将对通信范围及信息交互类型提出更高要求。卫星互联网作为实现全球无缝覆盖与全域通信的关键技术之一，将在这一过程中发挥重要作用并迎来更加广阔的发展前景。

卫星互联网的发展是技术进步、商用需求和全球通信愿景共同推动的结果。随着技术的不断成熟和市场的持续扩大，卫星互联网必将在未来通信领域扮演更加重要的角色。

｜1.4　发展趋势｜

当前，卫星互联网市场格局正在发生深刻变革，市场竞争不断加剧，系统和应用融合发展持续深入，总体上呈现以下发展趋势。

（1）高轨运营商积极应对低轨竞争，高中低轨联合运营成为一大趋势

低轨卫星星座大规模部署应用，极大冲击了传统高轨通信卫星市场。在此趋势下，高中低轨卫星联合组网、多星座互补并存的新业态已逐步成型。一方面，卫星运营商通过兼并重组进行业务布局整合。ViaSat 以 73 亿美元完成对 Inmarsat 的收购，将整合频谱、高低轨卫星和地面 5G 设施，打造全球高通量混合太空架构和地面网络，为政府、企业、航空、海运等用户提供更安全、更高速、低时延和低成本的通信服务；Eutelsat 并购 OneWeb，联合规划 OneWeb 二代星座；SES 公司将以 31 亿美元收购 Intelsat 公司，整合 100 多颗地球同步轨道卫星和 26 颗中地球轨道卫星资源，统筹民用 C、Ku、Ka 频段以及军用 Ka、X 频段和超高频频谱资源，共享地面段基础设施，提升服务交付能力。另一方面，主流运营商通过自建混合网络或合作推出多轨道解决方案。SES 公司同步发展 O3b mPower 中轨星座和高轨高通量卫星，为终端网络运营商和终端用户提供多轨道大容量、低时延灵活通信；Telesat 公司计划利用"光速"星座和已有的高轨高通量宽带系统，打造分布式的灵活的全球宽带架构；休斯公司与 OneWeb 合作，推出适应高低轨融合系统的通信应用和网关系统等。

（2）天地融合发展已成为业内共识，通导遥融合将成为大势所趋

天地一体网络技术目前已经得到了国内外学术界与产业界的高度关注，3GPP 已经形成了部分天地通信标准。业界正在开展天地统一网络架构、统一网络功能范式和统一系统运行控制技术研究。未来，围绕天地动态网络的弹性系统构建理论，以及天地的云网融合架构、多类型终端的泛在接入、立体空间无线资源管理等关键技术研究，将进一步增强网络的弹性和灵活性，提高网络的性能和效率，使得系统具备多网接入能力、空间动态组网能力、网络服务智能化能力、全球全时全域通信能力以及境外信息按需回传能力。

天地一体网络标准研究为卫星互联网建设运营、地面移动通信网络建设运营以及各类终端设备的研制提供了一致的技术规范，促进了不同设备的互操作性和协同工作。在卫星通信网络和地面移动通信融合的大趋势下，标准化研究具有重要的意义。

天地一体网络设计，将更多功能放在星上将成为必然趋势。当前标准化组织设计的卫星网络与地面移动通信网络的融合架构既有透明弯管转发模式，也有星上再生处理模式，两种模式在实现复杂度和应用场景上均不相同。长期看来，将地面部分功能逐步迁移到星上是发展趋势，能够有效降低处理时延，从而提高用户体验。为了实现地面终端一体化、小型化，卫星网络与地面 5G 网络的空中接口（简称空口）将逐步趋向融合，由于星上功率、处理能力约束以及天地链路高时延、大动态等特点，5G 新空

口在卫星系统中的适应性改造及优化是需要解决的主要问题。此外，频率资源仍是制约天地融合的主要瓶颈，随着低轨星座的大面积部署，频率冲突的问题将愈发严重，探索天地频率规划及频率复用新技术是实现天地融合需要解决的重要问题。

卫星互联网作为太空资源互联互通的关键设施，随着技术逐渐成熟，通导遥网络和一体服务将成为未来发展方向，通过多载荷集成、多星协同、天地互联、多网融合，依托智能移动终端，实现通信、导航、遥感等天基信息全天时、全天候、全地域服务。当前，美国在通导遥融合网络建设和应用服务方面走在世界前列。美军"扩散型作战人员太空架构"低轨星座可提供军事卫星通信、定位、导航和授时、导弹预警和跟踪、对地面/海面目标进行成像等能力。同时，SpaceX 的"星盾"计划提供通导遥综合服务；亚马逊"柯伊伯"星座计划在部分卫星上安装兼容军方标准的激光通信终端，可将商业遥感卫星数据直接传输到"扩散型作战人员太空架构"的传输层星座；铱星利用下行的信令信道波束实现导航增强信号播发，大幅提升抗干扰能力。

（3）手机直连卫星宽带系统对推动个人卫星服务意义重大

手机直连卫星宽带系统已成为卫星互联网应用服务新兴领域，多家卫星运营商和相关产业巨头积极布局，推动卫星部署、在轨测试和应用落地，抢占细分市场先发优势。美国 AST 和 Lynk Global 等初创企业继续推进建设用于手机直连卫星业务的低轨卫星星座，与地面运营商合作并开展多项在轨测试。AST 公司正推进建设由 BlueBird 卫星构成的 SpaceMobile 星座，面向存量手机或终端提供卫星直连 4G/5G 服务。Lynk Global 公司则正推进建设 Lynk 星座系统，面向存量手机或终端提供宽带、语音、文本消息等服务。此外，SpaceX 公司将利用"星链"星座基础，新发射大面积天线版本的增强型"星链"卫星作为"太空基站"，并配置提供无线接入服务的 eNodeB 调制解调器，与 T-Mobile 地面运营商合作提供直连卫星业务，2024 年已启动手机直连卫星的发射和试验，计划 2025 年提供语音通话和数据传输服务。

（4）新型载荷技术是卫星互联网适应多业务灵活服务的重要支撑

1）天线载荷从单波束向多波束，从抛物面天线向有源相控阵发展

从星载天线技术的发展趋势来看，随着高通量卫星系统的快速发展，采用多波束天线技术实现多次频率和极化复用从而成倍地提高卫星容量，已经成为重点的技术方向。在目前的多波束天线方案中，馈电阵列反射面和有源相控阵都获得了应用，高轨卫星上的多波束天线仍是以阵列馈元为主的反射面天线形式，以提供更大的波束增益。

多波束天线在天基/地基波束成形、波束重构、波束扫描以及波束跳变等方面具备

很强的技术应用潜力，对不规则区域的覆盖具有明显优势，使其成为促进未来通信卫星系统实现灵活波束覆盖的关键。受低轨卫星空间尺寸的限制，对星载天线的要求越来越高。SpaceX 的星链系统将多波束有源相控阵天线与卫星本体进行一体化设计，极大降低了卫星厚度，实现了一箭 60 星甚至更多的发射能力。另外，多波束有源阵列可以实现大范围内的高增益波束灵活扫描覆盖，可以适应未来多变的业务需求，提升了卫星互联网的整体效能。

长期以来，多波束有源阵列天线的制造成本和功率效率制约了其发展。近年来，随着微波集成等基础工艺以及一些关键器件和先进技术的发展，此类天线的研制成本已在逐步降低。随着低轨通信星座规模的逐步扩大，在更适合相控阵应用的低轨系统中实现规模化的生产，将进一步削减成本，推动更广泛的应用。同时，GaN 工艺的毫米波功率芯片水平不断提升，也为未来多波束阵列天线在卫星互联网上的大规模应用奠定了基础。

2）星上处理和软件定义能力将越来越强，网络灵活性越来越高

通信卫星在模拟和数字波束成形技术选择上的不同，对载荷的灵活性产生较大影响。从地面通信系统的发展情况来看，数字系统在信号传输、处理方面的兼容性、灵活性和经济性都要明显优于模拟系统，而在生产制造方面，数字系统的重复生产要比模拟系统容易得多。对于卫星而言，传统的透明转发式载荷由于仅对信号进行滤波、变频、放大等操作，采用数字化方案的优势并不明显。随着星上处理要求的不断增加，如调制解调、编码译码、变频和滤波等功能都可以通过数字信号处理器完成，这样原来需要用多个硬件设备实现的功能模块就可以集成在一个硬件平台上实现，大幅减少硬件规模，节约星上重量消耗，提升系统效率。随着星上数字信号处理芯片能力的增强，未来星上数字化处理将成为主流，更多的媒体接入控制层（MAC）、网络层功能将逐步上星。

软件无线电技术为通信卫星载荷带来的不仅是服务能力上的灵活性，在卫星研制方面也将产生巨大效益。对制造商来说，随着技术的进步，基于软件无线电的载荷硬件的通用性更好，产品更易实现标准化，有利于通过生产线的方式进行批量化的研制生产，可以大大降低投资风险。软件定义能力将在一定程度上颠覆现有的针对一个部件建立单一生产线的模式，极大地提升制造商的制造水平。未来卫星能力可根据业务需求进行实时软件重构，极大提升网络的服务能力。

3）载荷标准化、平台载荷一体化设计将成为趋势

升级系统设计理念，加快通用化的接口规范，制定平台与载荷标准化接口为卫星

平台、载荷统一的接口与参数标准，对于加快搭载有效载荷的建设和应用具有重要意义。统一的接口标准有助于打破平台与载荷无法互联、各自为战的局面，建立高效合理的设计、制造、发射和使用流程，促进搭载有效载荷与卫星平台在尺寸、重量、功率方面的兼容，提升搭载有效载荷的全链条应用能力。

第 2 章

网络架构

网络架构是网络体系的结构性表述，是对网络结构要素、协议规则的整体性设计。随着技术的不断进步和应用需求的增长，网络架构的演进已经成为网络体系创新发展的原动力。针对不断变化的应用场景，新型网络架构需要在传统的基础上进行拓展和创新，来满足日益增长的通信需求[1]。例如，物联网和边缘计算的兴起对网络架构提出了更灵活和智能的要求，便于支持大规模设备连接和实时数据处理。同时，卫星互联网架构应与地面网络紧密融合，以实现更高效的数据传输和服务交付。低轨卫星、巨型星座设计等方面的技术创新，将为卫星互联网提供更广阔的应用前景和更强大的通信能力，推动网络架构的进一步演进和优化。

| 2.1 卫星网络架构概述 |

卫星网络架构通常从物理结构、拓扑结构及网元结构等角度进行描述。

从物理结构来看，卫星通信网络通常由空间段、用户段和地面段组成，如图 2-1 所示。其中，空间段包括同步轨道卫星、中低轨卫星等，卫星运行在各自轨道上，并搭载通信载荷来承载和传输信号或者数据。当前通信载荷有两种实现架构，分别是透明载荷和再生处理载荷。其中，透明载荷也称为透明转发载荷，仅将卫星视作中继的链路，不处理信号内容。再生处理载荷能够对信号进行解码、处理，并重新编码后再传输，这种方式使卫星能够更主动地参与信号的处理和优化，从而提升卫星网络的性能和效率。地面段包括信关站、测控站和地面网络设备，用于地面网络与卫星进行通信连接，并将数据传输至用户段。用户段则主要是指最终的通信终端，主要包括地基用户、海基用户、天基用户、空基用户等。空间段、用户段和地面段协同工作，构成了完整的卫星通信网络，实现了全球范围内的高效通信服务。

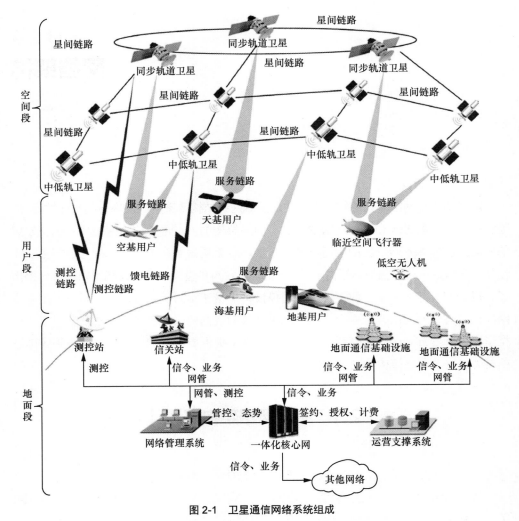

图 2-1 卫星通信网络系统组成

拓扑结构是指网络中各个节点之间连接的方式和组织结构，卫星通信网络中常见的拓扑结构主要包括星状、网状和混合拓扑结构。

星状拓扑结构：星状拓扑是最常见的卫星通信网络结构之一。如图 2-2 所示，在星状拓扑中，地面站作为中心节点，与多颗卫星、多个终端相连接，终端之间通过地面站进行中继而不直接通信。这种结构简单，易于管理和控制，适用于提供固定覆盖范围的通信服务。在卫星通信网络中，星状拓扑结构通常采用透明转发模式，即卫星将接收到的信号直接转发到地面站，而不对信号内容进行解析或处理。这确保了数据传输的高传输效率和低时延。

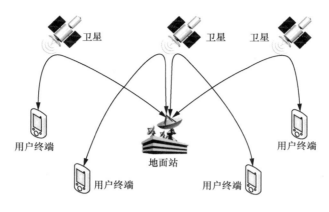

图 2-2　星状拓扑结构

网状拓扑结构：如图 2-3 所示，网状拓扑中终端经由卫星实现直接相互连接，也可以通过其他卫星进行中继传输，从而形成一个网状结构的通信网络。网状拓扑结构具有更高的灵活性和鲁棒性，能够在部分卫星故障或信号干扰情况下保持通信连通性。在卫星通信网络中，网状拓扑结构通常采用处理转发模式，卫星可根据数据包的目标地址以及网络拓扑结构进行路由决策，确定最佳的传输路径。处理转发模式适用于需要动态路由和灵活通信的网络场景，如移动通信、军事通信等。在这些场景下，网络拓扑和通信需求可能会不断变化，需要卫星具备灵活的路由决策和处理能力。网状拓扑结构实现了对数据传输的灵活管理和优化，满足了动态网络环境下的通信需求。

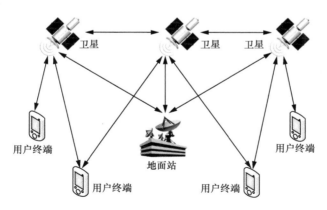

图 2-3　网状拓扑结构

混合拓扑结构：混合拓扑结构将星状拓扑和网状拓扑相结合，旨在满足多样化的通信需求。例如，可以将多个星状网络连接起来，构建一个覆盖更广、容量更高的网

络。混合拓扑结构可以根据实际情况灵活地调整，以适应不同的通信场景和需求。

上述分别介绍了物理结构及拓扑结构，然而本章的重点是从网元结构的角度对不同网络进行分析。针对宽带通信、移动通信和数据中继等不同的应用服务类型与应用场景，卫星互联网网络架构通常有不同的针对性设计。因此，本章从网元构成和功能的角度，分别对面向宽带通信、面向移动通信、面向数据中继的卫星通信网络架构进行详细描述。

| 2.2　面向宽带通信的网络架构 |

面向宽带通信的网络架构主要由欧洲电信标准化协会（European Telecommunications Standards Institute，ETSI）、3GPP、ITU 提出，重点服务于宽带卫星多媒体（Broadband Satellite Multimedia，BSM）系统，旨在提供高速率、大容量、交互式宽带多媒体业务，代表着当前卫星通信系统的先进形式。BSM 系统主要面向"固定卫星业务（Fixed Satellite Service，FSS）"，通常采用较高传输频段，如 Ku、Ka 频段，并应用时分复用/频分多址（Time Division Multiplexing/Frequency Division Multiple Access，TDM/FDMA）、时分复用/多频时分多址（Time Division Multiplexing/Multi-Frequency Time-Division Multiple Access，TDM/MF-TDMA）以及正交频分复用/正交频分多址（Orthogonal Frequency Division Multiplexing/Orthogonal Frequency Division Multiple Access，OFDM/OFDMA）等技术体制，以透明或再生处理方式为用户提供高效宽带通信服务[2]。宽带卫星系统主要涉及数字视频广播（Digital Video Broadcast，DVB）标准、3GPP 非地面网络（Non-Terrestrial Network，NTN）标准、IPoS 标准、RSM-A 标准等，本节就 DVB 和 3GPP NTN 两个主流的标准进行详细介绍。

DVB 最初是一种为数字电视广播设计的标准，随着卫星通信的发展，DVB-RCS、DVB-S2X 等衍生标准已经广泛用于卫星宽带通信服务。DVB 通过提供高效的频谱利用、灵活的调制方案，为卫星宽带通信提供了可行的解决方案。3GPP NTN 体制来源于地面 5G 移动通信技术，通过在卫星通信中引入一些新的特性，以适应移动通信终端在非地面网络环境下的需求，包括对卫星信道的适配、对地面移动通信空口协议的支持，以及对未来手机应用的灵活支持。3GPP NTN 适应了卫星设备多样化的需求，尤其在应急区域、偏远地区、海洋等地面通信网络难以触及的区域，展现了强大的发展潜力。值得注意的是，3GPP NTN 本身并不局限于宽带服务，其方案也涵盖了卫星移动通信常采用的低频段，这为 6G 的天地融合、宽窄带融合提供了途径。

2.2.1　DVB-S2/DVB-RCS

DVB 是数字视频广播标准的总称，卫星数字视频广播（DVB-S）于 20 世纪 90 年代由 ETSI 制定，其演进版本 DVB-S2 于 2004 年发布。DVB-RCS 是由 ETSI 于 2000 年通过的世界第一个双向宽带卫星通信标准。DVB-RCS 由于其开放性成为了一个被广为接受并且相当成熟的标准，被 SatNet、Alkatel、Nera、NewTec、Gilat 以及 Viasat 等卫星通信厂商所采用。

第二代双向宽带卫星通信标准 DVB-RCS2 于 2014 年发布。相较于 DVB-RCS，DVB-RCS2 的前向链路在原有的 DVB-S 体制的基础上兼容了 DVB-S2 体制，大大提高了系统的灵活性，并且包含了管理平面和控制平面的强制性规定。

在 DVB-S2 的基础上，ETSI 于 2019 年进一步发布了 DVB-S2X 标准。首先，通过引入更小的滚降系数选项提高了传输效率和灵活性。其次，增加更多的编码调制方式，提高了频谱效率。针对线性和非线性信道，采用新的星座选择来增强信号的适应性和性能。再次，支持多达 3 个信道的绑定，实现了更高的数据速率，满足了高速数据传输的需求。最后，其新增了甚低信噪比模式，在低至 -10 dB 信噪比的环境下也能够应用，有效地拓展了其适用范围，提升了通信的可靠性和稳定性。

2.2.1.1　网络架构

采用再生处理模式的 DVB-RCS 网络架构如图 2-4 所示，由回传信道卫星终端（RCST）、卫星处理器载荷（OBP）、再生转发卫星网关（RSGW）、管理站（Management Station，MS）等组成[3-4]。若网络架构为透明转发模式，卫星 OBP 相关星上处理功能由地面信关站实现。

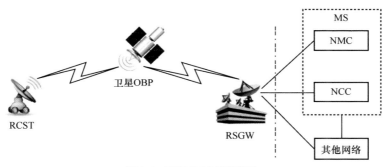

图 2-4　DVB-RCS 网络架构

（1）RCST：部署在用户侧，主要包括室内单元（Indoor Unit，IDU）与室外单元（Outdoor Unit，ODU）。IDU 为 DVB-S2/DVB-RCS 调制解调器，通过卫星为用户提供 0.5～8 Mbit/s 的业务速率。可通过局域网扩展链接多台 IP 主机，提供双向 IP 业务。

（2）OBP：网络的核心单元，负责用户链路和馈电链路的调制解调、路由处理和业务转发。

（3）RSGW：负责馈电侧链路的调制解调处理，为 RCST 提供对地面网络 PSTN、Internet 的接入。

（4）MS：主要由网络控制中心（Network Control Center，NCC）和网络管理中心（Network Management Center，NMC）两部分组成。NMC 负责所有网元的管理，以及网络和服务开通。NCC 负责交互式网络的控制，例如处理系统用户的服务卫星接入请求等。

2.2.1.2　部署场景

DVB-RCS 系统可以采用透明转发或再生处理两种部署场景。采用透明转发的卫星系统，星上仅对信号进行中继转发，不涉及信息处理；采用再生处理的系统，星上除中继转发外还需要完成高层协议处理。为了网络正常运行，DVB-RCS 系统除了包含用户 RCST、网关 RCST（GW-RCST）、MS 之外，还要部署卫星操作中心（Satellite Operations Center，SOC）、卫星虚拟网络（Satellite Virtual Network，SVN）等。根据不同的转发器类型，将卫星系统网络拓扑划分为透明星状、透明网状、再生网状等类型。

基于透明转发模式的卫星互联网系统可采取透明星状或透明网状拓扑。透明星状拓扑下，用户终端之间的通信通过信关站转发，信关站采用集中管理模式，完成用户终端管理与控制、无线资源分配与管理、业务交换与路由以及与地面网络互联互通功能，系统实现简单，但对信关站要求高、业务传输时延长。透明网状拓扑下，用户终端之间的通信无须经过信关站转发，可大大降低业务传输时延。信关站主要负责全网同步、无线资源分配与管理，所有信令（如资源申请信息）的处理，对用户终端要求较高，具体场景如图 2-5 所示。

基于再生处理转发器的卫星互联网系统可实现更加灵活的再生网状组网。卫星搭载星载处理器，具备星上处理、交换和路由功能，实现系统内多终端全网状通信，并在星上实现无线资源管理（Radio Resource Management，RRM）功能。例如，欧洲 AmerHis 系统就采用这种拓扑。AmerHis 系统上行链路基于 DVB-RCS 标准，采用 Turbo 编码/QPSK 调制方式，下行链路基于 DVB-S 标准，采用 RS 级联卷积编码/QPSK 调制方式，具体部署场景如图 2-6 所示。

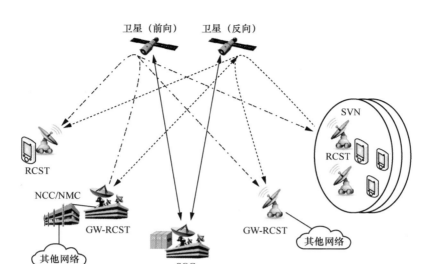

图 2-5　透明转发模式下卫星网络部署场景

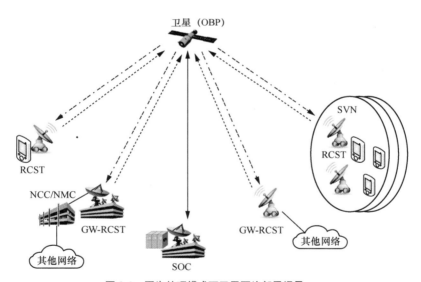

图 2-6　再生处理模式下卫星网络部署场景

2.2.2　3GPP NTN

3GPP NTN 是指使用机载或星载平台搭载传输设备中继节点或移动通信基站的网络。3GPP 组织从 R14 阶段开始关注卫星通信与 5G 的融合，重点分析了卫星对 5G 移动通信的优势。R15 启动了非地面网络研究项目，在 3GPP TR 38.811 和 TR 38.822 中详细阐述了 NTN 在 5G 系统中的作用、卫星接入网服务于 5G 的用例，以及非地面网络的候选架构和参考部署场景。R16 对卫星 5G 系统架构和支持非地面网络的新空口展开研究，在 3GPP TR 38.821 中进行了性能评估和对 5G 物理层、层 2 和层 3 的影响的分析。R17 聚焦于高低轨透明转发场景，同时增强了相关功能。此外，R17 启动了对非地面网络中窄带物联网（NB-IoT）/增强机器类通信（eMTC）的研究，致力于确定适用于 LTE-M 和 NB-IoT 的卫星场景。R18 主要针对 NTN 覆盖增强、移动性增强、10 GHz 以上频谱支持、物联网增强、用户设备（UE）位置服务规范等方面开展研究。

2.2.2.1 网络架构

3GPP NTN 网络架构如图 2-7 所示。

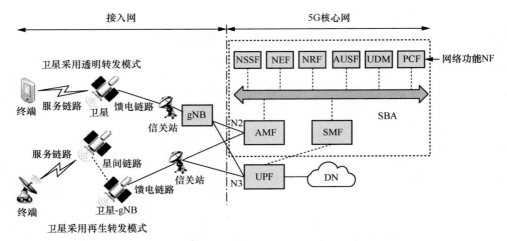

图 2-7　3GPP NTN 网络架构

非地面网络通常由接入网和核心网组成。其中，接入网主要包括基站（gNB）和用户设备（UE）。此外，核心网是 5G 核心网（5GC），采用服务化架构（Service-Based Architecture，SBA），通过将核心网模块化、软件化来更好地适配低时延、大带宽、广连接的需求，其主要由接入和移动性管理功能（Access and Mobility Management Function，AMF）、会话管理功能（Session Management Function，SMF）、用户平面功能（User Plane Function，UPF）、统一数据管理（Unified Data Management，UDM）、认证服务器功能（Authentication Server Function，AUSF）等网元构成。网络中不同网元的功能如下。

gNB：用于无线传输和接入处理，根据卫星采用透明转发模式或再生处理模式，可分别部署在地面和星上。

UE：目标卫星或空中载体平台的服务对象。NTN 终端包括手持终端和甚小口径天线终端（VSAT）。手持终端通常由窄带或宽带卫星网络直接服务，一般采用 S、C 频段，而 VSAT 通常用作移动平台的内部小型终端中继，并由宽带卫星网络直接提供服务，主要用于 Ku、Ka 频段接入场景。

AMF：负责 5GC 接入和移动性管理功能，执行注册、连接、可达性、移动性管理，为 UE 和 SMF 提供会话管理消息传输通道，为用户接入时提供认证、鉴权功能，是终端和核心网的控制面接入点。

SMF：负责管理和控制用户设备之间的会话，负责隧道维护、IP 地址分配和管理、UP 功能选择、策略实施和服务质量（QoS）中的控制、计费数据采集、漫游等。负责选择和控制 UPF，配置 UPF 的流量和定向，并转发至合适的目的网络。

UPF：负责核心网用户面处理，包括用户数据的传输和转发等，支持 GTP-U/C 与 PFCP 等协议接口与 5GC 其他网元通信，所有核心网数据必须经过 UPF 转发，才能流向外部网络。

UDM/AUSF：UDM 作为统一数据管理中心，能够为运营商提供 2G/3G/4G/5G 多种组网场景下融合的数据管理，具备高效的用户数据处理能力，简化组网，既能兼容原有业务，又可拓展 5G 业务，保护了运营商的投资，并且提供了用户网络切换连续无感知的功能。AUSF 为网络提供鉴权功能。例如在 UE 注册的鉴权流程中，AMF 先向 AUSF 发起鉴权请求，再由 AUSF 向 UDM 请求生成鉴权向量[5]。

2.2.2.2　部署场景

（1）基于透明转发卫星的 NG-RAN

图 2-8 所示为基于透明转发卫星的下一代无线接入网络（Next Generation Radio Access Network，NG-RAN），其中卫星载荷实现上下行频率转换和无线频率放大功能，类似于一个模拟射频转发器。在该架构中，从服务链路（用户和卫星间）到馈电链路（卫星和信关站间）均为 NR Uu 接口。

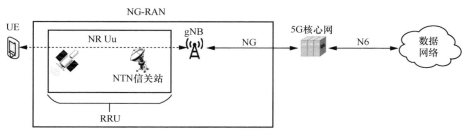

图 2-8　基于透明转发卫星的 NG-RAN

（2）基于再生处理卫星的 NG-RAN（gNB 载荷）

图 2-9 为无星间链路（Inter-Satellite Link，ISL）场景下基于再生处理卫星的 NG-RAN，其中卫星搭载 gNB 载荷来实现对接收信号的再生处理功能。在该架构中，卫星和 UE 间的服务链路采用 NR Uu 接口，信关站和卫星间的馈电链路采用卫星无线接口（Satellite Radio Interface，SRI）。

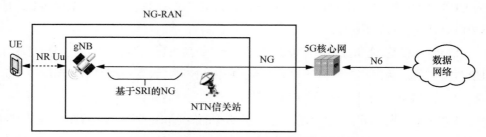

图 2-9　无星间链路场景下基于再生处理卫星的 NG-RAN

卫星也可能搭载星间链路载荷，星间链路是卫星间的传输链路，它可能是无线链路或激光链路，接口可以是 3GPP 定义的，也可以是非 3GPP 定义的。图 2-10 为有星间链路场景下基于再生处理卫星的 NG-RAN，其中卫星搭载 gNB 载荷。此时，UE 可以通过 ISL 接入 5G 核心网。

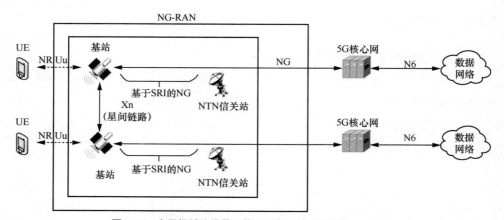

图 2-10　有星间链路场景下基于再生处理卫星的 NG-RAN

（3）基于再生处理卫星的 NG-RAN（gNB-DU 载荷）

3GPP TS 38.401 中描述了中央单元/分布式单元（Centralized Unit/Distributed Unit，CU/DU）分离的 NG-RAN 逻辑架构，图 2-11 给出了基于 gNB-DU 载荷再生处理卫星

的 NG-RAN。在该架构中，卫星和 UE 间的服务链路采用 NR Uu 接口，信关站和卫星间的馈电链路采用 SRI 来传输 3GPP 规定的 F1 协议。卫星载荷可能提供星间链路。NTN 信关站是传输层节点，支持所有必需的传输层协议。在此架构下，一个 CU 可以控制多个 DU，并通过 SRI 承载所有 F1 接口数据。

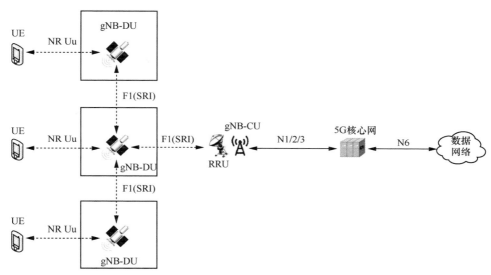

图 2-11　基于 gNB-DU 载荷再生处理卫星的 NG-RAN

（4）多连接

多连接技术允许用户同时使用两种无线网络，例如，通过与地面网络和非地面网络的双连接，在多种服务场景（火车、飞机等）中保障了用户的服务性能（数据速率、可靠性）。在网络服务较弱的小区边缘区域，地面无线网络的带宽受限，利用基于 NTN 的 NG-RAN 可以确保目标数据速率；在高速列车等移动场景中，当铁路沿线的地面网络服务不可用时，利用基于 NTN 的 NG-RAN 多连接可保障服务可靠性。因此，用户可以同时连接一个基于 NTN 的 NG-RAN 和一个地面 RAN，或同时连接两个基于 NTN 的 NG-RAN。

1）基于透明传输的 NTN NG-RAN 多连接

图 2-12 展示了基于透明传输的 NTN NG-RAN 和蜂窝 NG-RAN 的多连接场景。用户同时通过 NTN NG-RAN 和蜂窝 NG-RAN 接入 5G 核心网。假设 NTN 网关位于蜂窝无线接入网的 PLMN 区域。在该架构中，NTN NG-RAN 和蜂窝 NG-RAN 均有可能被选为主接入节点。对于无地面网络覆盖的区域而言，图 2-13 展示了基于双透明传输的 NTN NG-RAN 多连接场景，其中透明传输卫星可以一颗是低轨卫星另一颗是高轨卫星，

也可以是相同类型的卫星。低轨卫星时延相对较低，可满足时延敏感型业务的需求，而高轨卫星可以提供额外的带宽，以满足目标吞吐量需求。

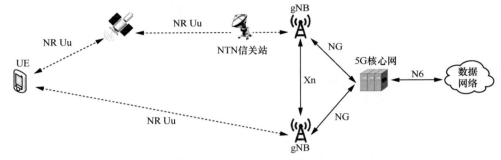

图 2-12　基于透明传输的 NTN NG-RAN 和蜂窝 NG-RAN 的多连接场景

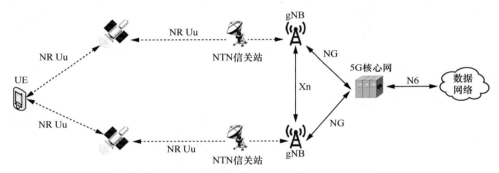

图 2-13　基于双透明传输的 NTN NG-RAN 的多连接场景

2）基于双再生处理的 NTN NG-RAN（gNB）多连接场景

如图 2-14 所示为基于双再生处理的 NTN NG-RAN（gNB）多连接场景，其中 NTN 节点为低轨或高轨卫星，并有星间链路。这种架构同样适用于为处在无地面网络覆盖区域的 UE 提供 5G 服务。

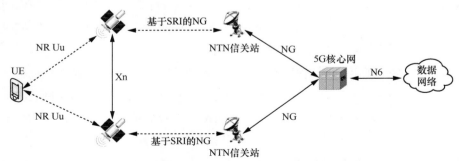

图 2-14　基于双再生处理的 NTN NG-RAN（gNB）多连接场景

3）基于再生处理的 NTN NG-RAN（gNB-DU）多连接场景

图 2-15 为基于再生处理的 NTN NG-RAN（gNB-DU）和地面蜂窝网络的多连接场景，该种架构适用于为处在地面网络服务性能较差区域的 UE 提供服务。除此之外，该架构也可以包含两个再生处理的 NTN NG-RAN（gNB-DU）。

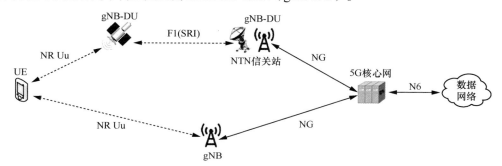

图 2-15　基于再生处理的 NTN NG-RAN（gNB-DU）和地面蜂窝网络的多连接场景

3GPP NTN 部署场景总结见表 2-1[6]。

表 2-1　3GPP NTN 部署场景总结

NTN 部署场景		载荷类型	星间链路	网元划分	连接架构
基于透明转发卫星的 NG-RAN		透明载荷	无	—	单
基于再生处理卫星的 NG-RAN（gNB 载荷）		再生载荷	无	星载 gNB，全协议栈	单
		再生载荷	有	星载 gNB，全协议栈	单
基于再生处理卫星的 NG-RAN（gNB-DU 载荷）		再生载荷	无	星载 gNB-DU CU-DU 分离	单
		再生载荷	有	星载 gNB-DU CU-DU 分离	单
多连接	基于透明传输的 NTN NG-RAN 和蜂窝 NG-RAN 的多连接场景	透明载荷	无	—	NTN 与地面蜂窝的多连接
	基于双透明传输的 NTN NG-RAN 的多连接场景	透明载荷	有	—	双 NTN 的多连接
	基于双再生处理的 NTN NG-RAN 的多连接场景	再生载荷	有	星载 gNB，全协议栈	双 NTN 的多连接
	基于再生处理的 NTN NG-RAN（gNB-DU）和地面蜂窝网络的多连接场景	再生载荷	无	星载 gNB-DU CU-DU 分离	NTN 与地面蜂窝的多连接

2.3.1.2　网络架构

"天通一号"卫星移动通信系统采用地球同步轨道卫星，用户终端以单跳方式通过信关站访问地面网络，以双跳方式实现网内用户终端之间的通信。系统提供对个人、车辆、飞机、船舶等用户的语音、短信、数据回传等通信业务，也可以直接面向行业提供全天候的移动通信业务，其最大速率可达 384 kbit/s。"天通一号"整体上采用了类似宽带码分多址（WCDMA）的体制，但是在空中接口并未采用码分多址（CDMA）技术，而是设计了窄带 MF-TDMA 传输方案。其网络架构如图 2-16 所示。

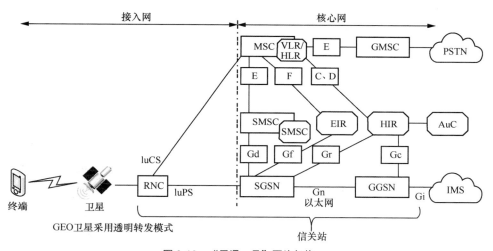

图 2-16　"天通一号"网络架构

与地面移动通信一样，天通卫星系统的网络架构也是由接入网和核心网两部分组成的。接入网主要包括无线网络控制器（Radio Network Controller，RNC）、UE 等。核心网是基于 3GPP WCDMA 的核心网，承担鉴权、业务管理、移动性管理和用户管理等功能，主要包括移动交换中心（Mobile Switch Center，MSC）、漫游位置寄存器（Visitor Location Register，VLR）、归属位置寄存器（Home Location Register，HLR）、GPRS 服务支持节点（Serving GPRS Support Node，SGSN）、GPRS 网关支持节点（Gateway GPRS Support Node，GGSN）、短消息中心（Short Message Service Center，SMSC）等网元。

RNC：由于卫星采用透明转发模式，因此 RNC 部署在地面，主要负责无线接入处理、无线资源管理功能、接入网信令控制功能等。

UE：用户终端是连接到天通卫星系统的设备，允许用户在不同地区进行卫星通信。这些终端可以是卫星电话、数据终端或其他支持天通卫星服务的设备。用户终端通过

卫星发送和接收通信信号。

MSC：负责电路域呼叫控制、服务提供等功能。

VLR/HLR：VLR负责存储其服务区域内已登记的终端的相关信息，用于提供呼叫接续的必要条件；HLR是一个中心数据库，包含被授权使用GSM核心网的各个移动电话签约用户的详细信息。

SGSN：负责分组域数据包的路由转发、移动性管理、会话管理、逻辑链路管理、鉴权和加密等功能。

GGSN：主要提供数据包在GPRS网络和外部数据网络之间的网关接口功能。它可以把GSM网络中的GPRS分组数据包进行协议转换，从而将这些分组数据包传送到远端的TCP/IP或X.25网络。

SMSC：负责提供短消息服务。

天通卫星系统采用的是透明转发的模式，两个终端通信需要经过信关站。卫星在接收到用户终端发送的信号后，将其转发到目标地点，不对信号进行处理。用户终端之间的通信是端到端的，不经过卫星系统的任何中间处理。天通卫星系统采用的是星状拓扑结构，卫星充当中心节点，用户终端通过卫星的中继转发进行通信。

2.3.2　瑟拉亚卫星移动通信系统

2.3.2.1　应用场景

Thuraya（瑟拉亚）系统是地球同步移动卫星系统，拥有3颗卫星，提供超过130个国家和地区的遍布欧洲、非洲和亚洲的卫星电信服务。瑟拉亚卫星电话结合了卫星、GSM和GPS系统，提供包括语音、数据、传真、短信和方位测定等一系列的服务。Thuraya采用GMR-1标准，该标准最初是制定基于地面标准的卫星移动通信系统空中接口技术规范，随着地面蜂窝GSM到GPRS再到3G标准的演进，GMR-1标准也随之演进，分别发布了对应的GMR-1 Release1、GMR-1 Release2（即GMPRS）和GMR-1 Release3（GMR-1 3G）。与"天通一号"系统类似，虽然在GMR-1 3G标准中采用了类似WCDMA的网络架构，瑟拉亚系统也采用了MF-TDMA技术的空中接口方案。

2.3.2.2　网络架构

Thuraya系统是混合型网络架构，同时兼容2G、2.5G（3GPP R97）和3G（3GPP R6）标准，其网络架构如图2-17所示。

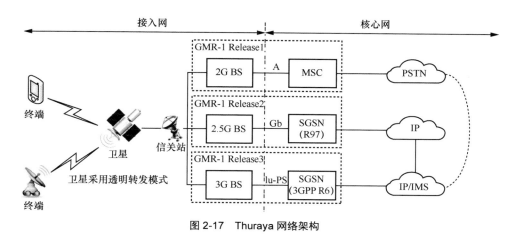

图 2-17　Thuraya 网络架构

其中，2G 核心网仅包含电路交换（Circuit Switching，CS）域，通过 MSC 提供呼叫控制、服务提供等功能。在此基础上，2.5G 和 3G 核心网引入了分组交换（Packet Switching，PS）域，通过 SGSN 完成分组数据包的路由转发、移动性管理、会话管理、逻辑链路管理、鉴权和加密等功能。由于卫星采用透明转发模式，Thuraya 系统将基站部署在地面，通过信关站与卫星相连，从而为终端提供服务。终端包括手持、车载和固定终端等多种类型。

2.3.3　全球星卫星移动通信系统

2.3.3.1　应用场景

基于低轨道卫星星座的全球星（Globalstar）系统采用 IS-95 标准，其优点是可以与地面 CDMA 系统兼容。卫星采用简单、可靠性强的"弯管"式透明转发模式设计，星上配备了 16 台 C 频段～S 频段转发器以及 16 台 L 频段～C 频段转发器，未配备星间链路和星上处理功能。截至 2007 年 5 月 29 日，第一代全球星共计发射 72 颗卫星，其中 60 颗发射成功。2015 年，第二代全球星完成全部发射任务，第二代全球星共计 48 颗，分布在 8 个轨道面上，每个轨道面上 6 颗卫星，轨道高度为 1 414 km，倾角为 52°，实现全球南北纬 70°之间的全覆盖。

第二代全球星系统不仅增强了系统容量和数据传输速率，还扩展了业务种类。除了继续提供移动语音和低速数据服务，还引入了互联网接入、自动识别系统（Automatic Identification System，AIS）、广播式自动相关监视（Automatic Dependent Surveillance - Broadcast，ADS-B）以及 M2M 等新业务，从而实现了多功能的综合服务能力。该系统致力于与地面业务的融合发展，推出了基于卫星的 Wi-Fi 服务（Sat-Fi）。其核心应用特征主要体现在 3 个方面：一是提供和转发定位信息，为海陆空用户提供紧急情况下的备选方案，使用户能够在紧急情况下迅速报告位置，并通过遥感信息实现监视和跟踪；二是支持全球电话会议，用户可灵活便捷地开展全球星用户电话会议；三是终端价格亲民，全球星通信系统推出了世界上最小的卫星及蜂窝电话双模手持终端，价格与普通蜂窝手机相近。

2.3.3.2　网络架构

全球星系统网络架构如图 2-18 所示，也包括接入网和核心网两个部分。

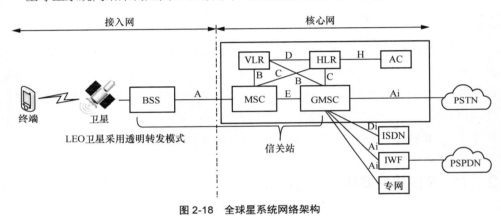

图 2-18　全球星系统网络架构

全球星系统基于星状拓扑结构，利用卫星作为中心节点来实现用户终端间的通信。该系统采用 3GPP2 组织设计的 IS-95（CDMA）架构，保留了扩频码分多址（CDMA）体制，空口采用扩展的 IS-95 CDMA 标准。接入网主要由基站子系统（Base Station Subsystem，BSS）和终端等组成。由于卫星采用透明转发模式，因此 BSS 部署在地面上，用于无线信号的收发和无线资源管理。核心网是基于 3GPP 2G 的核心网，负责执行鉴权、业务管理、移动性管理和用户管理等功能，由 MSC、VLR、HLR 等网元构成。

| 2.4　面向数据中继的网络架构 |

在早期航天时代，地球的曲率和无线电波传播特性限制了低轨卫星与地面站的通信时间，这给测控的轨道弧段和通信时间带来极大挑战。为了满足不间断通信的需求，中继卫星系统应运而生，将测控站移至太空，成为中低轨卫星提供数据中继、跟踪和测控服务的关键系统，被称为"卫星的卫星"。

2.4.1 网络架构

面向数据中继的卫星网络架构主要关注数据的可靠传输和中继功能。在此领域，国际空间数据系统咨询委员会（Consultative Committee for Space Data Systems，CCSDS）是目前广泛接受的数据标准，涵盖了数据编码、传输、存储等多个方面，旨在确保卫星间及卫星与地面数据通信的标准化和互操作性。CCSDS 是一个成立于 1982 年的国际性组织，致力于制定和推广空间数据系统的标准，其成员来自多个国家，包括主要的空间机构和产业合作伙伴，共同开发用于航天通信和数据处理的标准化协议。CCSDS 协议体系结构自下而上包括：物理层、数据链路层、网络层、传输层和应用层。通过提供一致的通信接口，CCSDS 的数据中继标准促进了不同国家、组织和任务的卫星之间的数据中继。该标准具有高度的灵活性、可扩展性和适应性，能够满足多样化的应用场景和任务需求。基于 CCSDS 的网络架构如图 2-19 所示。

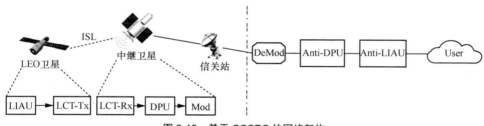

图 2-19 基于 CCSDS 的网络架构

基于 CCSDS 的网络架构由以下部分组成[9]。

LCT 接口适配单元（LCT Interface Adaptation Unit，LIAU）：将卫星需要中继的数据转换为适合激光通信终端（Laser Communication Terminal，LCT）传送的数据。

LCT 发射机/LCT 接收机（LCT-Transmitter/LCT-Receiver，LCT-Tx/LCT-Rx）：卫星将需中继的数据通过 LCT-Tx 发送至中继卫星，中继卫星通过 LCT-Rx 完成数据的接收。

数据处理单元（Data Processing Unit，DPU）：将 LCT 接收到的数据进行处理，转换为 GEO 帧，并进行后续的调制处理。

调制/解调器（Mod/DeMod）：中继卫星通过 Mod 完成数据的调制，从而通过信关站传至地面；地面通过 DeMod 对数据进行解调，从而对数据进行后续的处理。

逆向数据处理单元（Anti-DPU）：解调后的数据可通过 Anti-DPU 完成数据的逆处理过程。

LCT 接口解适配单元（Anti-LIAU）：完成 LIAU 的逆处理过程，与 Anti-DPU 一起将数据还原，从而完成数据中继。

2.4.2 部署场景

数据中继卫星系统显著提高了对低轨卫星的轨道覆盖率，通过两颗卫星和一个地面站实现了对不同高度卫星的轨道段覆盖，提升了测控和数据传输的时效性，增强了卫星与地面的信号传输和交互能力。中继卫星通过搭载多副高增益天线，能够为多个用户卫星提供高数据速率的服务。数据传输主要在真空中进行，减少了中间传输环节，从而显著提高了传输的可靠性。此外，中继卫星系统可以替代传统的地面测控站，包括成本高昂的海外站和测量船，从而显著降低了成本。

欧洲数据中继卫星系统（European Data Relay Satellite System，EDRS）、美国跟踪与数据中继卫星系统（TDRSS）均采用 CCSDS 标准。

2.4.2.1 欧洲 EDRS 数据中继卫星系统

欧洲航天局部署的新一代欧洲数据中继卫星系统利用激光通信技术，在地球静止轨道为近地轨道卫星、机载平台实时中继大量数据至欧洲地面站。EDRS 旨在 LEO 卫星和 GEO 卫星之间建立稳定可靠的链路，并支持高速率双向数据传输，被誉为"太空数据高速公路"[10]。

EDRS 系统由两颗静止轨道卫星组成，部署在欧洲上空以确保在轨冗余。两颗卫星均配备了 Tesat-Spacecom 的激光通信终端，能够提供高达 1 800 Mbit/s 的高速激光链路。此外，EDRS-A 卫星携带了 Ka 频段天线，用于与低轨卫星或国际空间站建立连接。两种连接类型均使用通用的射频设备，通过 Ka 频段将接收到的数据中继到地面。

EDRS 系统地面段核心部分如图 2-20 所示，位于空中客车防务与航天公司的任务操作中心（Mission Operations Center，MOC）负责与系统内所有组件进行交互，并协调整个任务流程。

EDRS 的网络构成包括以下部分。

卫星：EDRS 系统由地球同步轨道卫星组成，它们通过激光通信终端与地面站和其他卫星建立连接，实现高速数据通信。

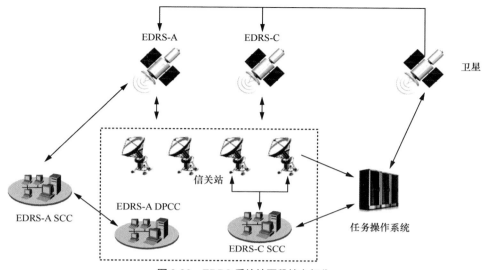

图 2-20 EDRS 系统地面段核心部分

信关站：信关站位于地球上的特定位置，负责与 EDRS 系统中的卫星进行通信。信关站不仅接收来自地球观测卫星等任务的数据，并通过激光传输到 EDRS 卫星，还接收 EDRS 卫星的数据并转发至地面接收站或其他目的地。

用户终端：EDRS 系统可服务多种类型的用户终端，如地球观测卫星、科学探测器、航空器等。这些用户终端通过 EDRS 系统能够实现高速数据传输和实时监测。

EDRS 卫星网络系统采用透明转发的模式以实现高效的数据中继服务。EDRS 系统的架构设计旨在为地球观测和其他空间任务提供高效的数据中继服务，为科学研究、环境监测等领域提供支撑。

2.4.2.2 美国 TDRSS 数据中继卫星系统

美国的 TDRSS 是全球最早的数据中继卫星系统之一。该系统利用同步轨道的中继卫星星座及相关地面系统，为低轨用户提供跟踪和数据中继服务。从 20 世纪 70 年代首次提出 TDRSS 以来，TDRSS 已经发展成了 3 代卫星同时在轨，多个地面站协同工作的空间网络系统。TDRSS 服务的对象包括低轨科学卫星、国际空间站、携带科学载荷的气球等。

TDRSS 能够与其他通信系统集成，形成新的卫星系统，以满足军事、通信等多种目的。例如，卫星跟踪、遥测和指令（Tracking, Telemetry, and Command，TT&C）系统由地面部分（包括任务控制中心（Mission Control Center，MCC）、信关站等）、空间部分（包括 GEO 卫星、TDRSS 等）、无线链路（包括地空链路、星间链路等）组成，以实现传输遥测遥令、保障卫星安全、支持导航和任务控制等功能，其架构如图 2-21 所示。

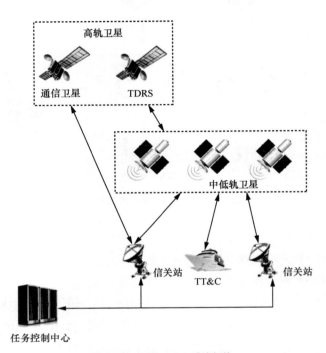

图 2-21　卫星 TT&C 系统架构

TDRSS 网络构成包括以下部分。

卫星：TDRSS 系统由多颗地球静止轨道（GEO）卫星组成以提供全球范围的覆盖。这些卫星负责接收太空任务数据，并将其中继至地面站或其他卫星。

信关站：信关站是 TDRSS 系统的关键组成部分，负责与 TDRSS 卫星通信，接收卫星数据并中继至地面接收站或其他目的地。此外，信关站还负责向卫星发送命令以控制其运行状态。

用户终端：用户终端包括各种太空任务中的探测器、卫星、航天飞机等，通过 TDRSS 系统传输数据，包括科学数据、图像、视频和遥测数据等。

MCC：MCC 是负责管理和监控 TDRSS 系统运行的地面设施。控制中心负责规划卫星轨道、调度通信任务、监控系统运行状态、处理故障等。

TDRSS 卫星通信系统采用透明转发模式，并采用星状拓扑结构。其中卫星充当中心节点，为地面站和用户终端提供通信服务。这种架构确保 TDRSS 系统能够实现全球覆盖，提供持续的通信服务，并支持与太空任务的高效通信和数据传输。

｜ 参考文献 ｜

[1]　汪春霆. 卫星通信系统[M]. 北京: 国防工业出版社, 2012.

[2]　潘申富，王赛宇，张静，等. 宽带卫星通信技术[M]. 北京: 国防工业出版社, 2015.

[3]　ETSI TS 102 429-1 V1.1.1 (2006-10). Satellite earth stations and systems (SES); Broadband satellite multimedia (BSM); Regenerative satellite Mesh - B (RSM-B); DVB-S/DVB-RCS family for regenerative satellites; Part 1: System overview[S]. 2006.

[4]　ETSI TS 101 545-1 V1.3.1 (2020-07). Digital video broadcasting (DVB); Second generation DVB interactive satellite system (DVB-RCS2); Part 1: Overview and system level specification[S]. 2020.

[5]　3GPP. Study on new radio to support non-terrestrial networks: TR38.811[S]. 2017.

[6]　3GPP. Solutions for NR to support non-terrestrial networks(NTN): TR 38.821[S]. 2023.

[7]　邹俊飞. 第五代移动通信核心网络架构与关键技术分析[J]. 电子测试, 2020(23): 76-77.

[8]　王海峰，周雷. 5G 移动通信网络架构与关键技术要点[J]. 通信电源技术, 2021, 38(2): 147-148, 151.

[9]　CCSDS 141.11-O-1. Optical High Data Rate (HDR) Communication — 1064 NM — Experimental Specification[Z]. 2018.

[10]　贾平，李辉. 从 EDRS 看国外空间激光通信发展[J]. 中国航天, 2016(3): 14-17.

第 3 章
传输组网

| 3.1 无线传输技术 |

3.1.1 基于多载波的星地传输技术

因为卫星与地面之间的传播距离非常远，并且非地球同步轨道卫星有着很高的移动速度，所以星地无线传输会体验大数量级的信号传输时延和/或多普勒频移。在克服"大传输时延"和"大多普勒频移"对时间和频率同步的影响方面，基于单载波的无线传输比基于多载波的无线传输更有优势，因此以 DVB-RCS2 技术体制为典型代表的、基于单载波的星地无线传输技术已被众多商用卫星通信系统采纳。随着益发精准的星历信息以及基于全球导航卫星系统（GNSS）的自身位置信息被恰当地加以利用，基于多载波的星地无线传输同样可以做到高质量地完成时频同步。目前，以 3GPP NTN 技术体制为典型代表的、基于多载波的星地无线传输技术正成为业界关注的热点[1-3]。

3GPP NTN 分为面向"非物联网"场景的 5G NTN 和面向"物联网"场景的 IoT NTN，下面将分别给予介绍。

3.1.1.1 3GPP 5G NTN

3GPP 5G NTN 是以"最初仅面向地面网络的 3GPP 5G 系统"为基础，进行了面向 NTN 的增强或适配性设计[1-2,4-7]。

到目前为止，3GPP 5G NTN 支持如下的卫星类型：地球同步轨道（GSO）卫星、包括低地球轨道（LEO）和中地球轨道（MEO）卫星在内的非地球同步轨道（NGSO）

卫星。此外，隐式地支持高空平台（HAPS）和民航地对空（ATG）通信。

GSO 卫星投射到地面的小区模式为地面静止小区（在某些文献中也被称为凝视小区），而 NGSO 卫星投射到地面的小区包括两种可能的模式：地面移动小区和地面准静止小区。地面静止小区是指卫星投射到地面的小区相对于地面静止；地面移动小区是指卫星投射到地面的小区跟着卫星一起移动（这种情况下卫星的天线一般是与地面垂直的）；地面准静止小区是指卫星在移动过程中通过调整天线指向角度，在一个有限的时间段内对地面上某个给定区域进行定点覆盖，然后在接下来的另一个有限的时间段内对地面上另一个给定区域进行定点覆盖。多种卫星小区场景如图 3-1 所示。

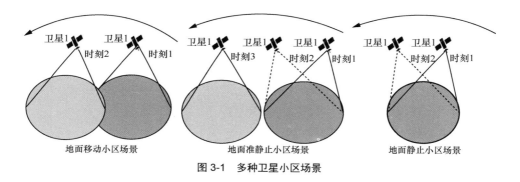

图 3-1　多种卫星小区场景

（1）针对星地链路的时间和频率同步增强

为了完成用户（UE）侧与网络侧之间的时间和频率同步，在 3GPP 5G 地面网络中，UE 通过接收同步信号和 PBCH 块（SSB），先基于对 SSB 中包含的主同步信号（PSS）和辅同步信号（SSS）的检测完成时间和频率的粗同步以及获取小区 ID，接着再基于对 PSS 或 PSS+SSS 的进一步检测完成更精细的时频同步，然后基于盲检物理广播信道（PBCH）的解调参考信号（DMRS）以及解调 PBCH 获取 SSB 索引以及主系统信息。至此，即完成了初始下行同步。后续，UE 会通过周期性地接收 SSB 和/或用于精细化追踪时频偏的跟踪参考信号（Tracking Reference Signal，TRS），来持续地与网络侧保持良好的下行时频同步。在 3GPP 5G NTN 中，初始下行同步的处理与地面网络一致，不需要额外的增强机制。只是在进行初始频偏捕获的处理时，UE 会在同步栅格附近扩大频率扫描的范围，这在一定程度上提高了 UE 侧的处理复杂度。此外，在后续对下行同步进行持续跟踪的处理，3GPP 5G NTN 会采用与地面网络相同的机制。

完成初始下行同步后，在 3GPP 5G 地面网络中，针对初始上行时间同步，UE 首先基于初始下行时间同步的成果在时频资源集合中选择合适的时频资源发送随机接入的

第一条消息（即包含随机接入前导码的消息 1（Msg1））；然后基站在被简记为消息 2（Msg2）的随机接入响应消息（RAR）中返回给 UE 一个初始的定时提前（Timing Advance，TA）值，用以让每个 UE 以基站的时序为参考基准来调整上行发送的时间。至此，UE 获得了初始的上行时间同步，并且可以开始发送上行信号。后续，基站还会通过对 UE 发送的上行信号（如探测参考信号（SRS）、物理上行共享信道（PUSCH）的 DMRS 或物理上行控制信道（PUCCH）的 DMRS）进行定时估计，来决定是否需要通过媒体接入控制层（MAC）的控制信元（CE）发送相应的 TA 命令给 UE 以对 TA 值进行调整，从而尽量预防"由于信道情况的改变或者 UE 以及基站的时钟漂移所导致的 UE 上行时间失步"。对于上行频率同步，在 3GPP 5G 地面网络中，不同于上行时间同步所用的方法，无须基于下行频率同步的成果，额外让 UE 侧进行频率调整。因为，即使在地面终端移动性最强的高铁场景，空闲态终端从接收 SSB 完成初始下行同步到后续发起随机接入的这段时间，额外产生的频偏也不会有很大的数量级，基站侧在解调上行信号时通过既有的手段即可良好应对。在 3GPP 5G NTN 中，对于上行链路的时频同步，不但需要 UE 为了上行时间同步进行定时调整而且需要在发送 Msg1 之前就进行对时延的预补偿，同时也需要 UE 为了上行频率同步进行频偏的预补偿，进行这些增强的具体原因和实施方法将在下面进行描述。

1）UE 对"大传输时延"和"大多普勒频移"的预补偿

星地链路的重要特点包括大数量级的信号传输时延和多普勒频移。对于 GSO 卫星，信号传输的往返时延（Round-Trip Time，RTT）会超过 500 ms。即使对于 LEO 卫星，RTT 也可能超过 10 ms。虽然 GSO 卫星相对于地球表面上的一个点（几乎）是静止不动的，但是，即使地面终端保持静止，NGSO 卫星与地面终端之间也总是存在相对运动，速度可高达约 7.5 km/s 的 LEO 卫星的快速运动会造成数量级很大的多普勒频移（比如在 2 GHz 的载频配置下造成最高达 50 kHz 的多普勒频移）。

如何克服"大传输时延"和"大多普勒频移"对时间和频率同步的影响是卫星通信系统面临的基本挑战。3GPP 应对这一挑战的解决方案是：要求 UE 在接入网络之前预先补偿传输时延和多普勒频移。为此，卫星在一条为 NTN 场景新定义的系统消息中广播星历信息（包括卫星的位置与速度的信息）。这条被称为 SIB19 的系统消息中会包含本星和邻星的星历信息，其搜索空间依赖于对 SIB1 的解码。此外，UE 需要配备 GNSS 模块，从而能够在接入网络之前获取自身的位置信息。于是，根据"由 GNSS 测量所获取的自身的位置信息"和"由接收卫星广播的系统消息所获得的星历信息"，UE 可计算出与卫星之间的距离和相对速度，从而可进一步计算出用于预补偿多普勒频移的频偏和用于预补偿传输时延的 TA。完成预补偿之后，即可帮助星地通信实现良好的上行时频同步。

如果某个 UE 没有获得有效的 GNSS 位置信息和/或有效的卫星星历信息，则该 UE 不与网络进行通信。直到这两种信息都能被有效地获取，该 UE 才会尝试与网络进行通信。

处于无线资源控制（RRC）状态中的连接态时，UE 应能持续地更新对"自身与卫星之间的距离和相对速度"的计算，从而做到持续地根据最新的状况来预补偿"大传输时延"和"大多普勒频移"。

2）TA 的估算

上面提到的由 UE 用计算出的 TA 来预补偿传输时延，其核心思想是沿用地面网络已商用多年的用于实现上行链路时间同步的 TA 机制。基于该机制，对于在相同的时隙进行上行链路传输的 UE，若它们与卫星之间有着不同距离，则发射时会采用不同的时间提前量，从而可以使这些具有不同传输时延的 UE 达成上行时间对齐。在地面网络中，TA 的初始值是 UE 发射 Msg1 后由基站在 Msg2 中返回给 UE 的。在 NTN 中，对 Msg1 的发送时间进行了不同于地面网络的额外的优化，让 UE 提前足够的时间（具体的提前量为"UE 与基站之间的 RTT"）来发送 Msg1，这就等价于把 TA 机制用到了 Msg1 的传输上。基于 UE 侧的这个优化，对于 NTN 而言，物理随机接入信道（PRACH）的前导码沿用地面网络在使用的格式即可，无须因为小区半径的显著增大而去拓展 PRACH 前导码的时域长度。作为对比，在地面网络中，因为没有对 Msg1 进行提前发送，在对组成 PRACH 前导码的保护时间、码序列和循环前缀进行设计时，各自的时域长度都需要大于或等于"由小区半径决定的小区远点与卫星之间的 RTT"，以确保小区远点 UE 发送的 PRACH 前导码中的码序列可以无碰撞地到达基站。

把用于预补偿传输时延的 TA 记为 T_{TA}，不论是在对 NTN 小区发起随机接入之前还是在接入 NTN 小区之后，在 UE 侧计算 T_{TA} 的公式如下

$$T_{TA} = \left(N_{TA} + N_{TA,adj}^{UE} + N_{TA,adj}^{common} + N_{TA,offset} \right) \times T_c \tag{3-1}$$

其中，$N_{TA,adj}^{UE}$ 是 UE 自己针对星地用户链路所估计的 TA（即每个 UE 特定的定时提前量），用于补偿 UE 与卫星之间的传播时延；$N_{TA,adj}^{common}$ 是一个由服务卫星在 SIB19 消息中广播给终端的可配置的参量。若把卫星和图 3-2 中所示的"定时参考点（在 3GPP 协议中被称为 Reference Point，简称 RP）"之间的 RTT 记为公共定时提前量（Common TA），则 Common TA 的值即为 $N_{TA,adj}^{common}$。这个参量是 3GPP R17 里基于讨论"透明转

发"架构的 NTN 时所定义的，其中，作为逻辑上的参考点，RP 可以位于卫星、地面上的基站，甚至可以位于卫星与地面上的基站之间。对于"信号再生"架构的 NTN，RP 就位于星载基站，此时，$N_{\text{TA,adj}}^{\text{common}} = 0$。$N_{\text{TA}}$ 与 5G 地面网络的定义相同，表示闭环的 TA 调整量。具体而言，在初始接入流程中发送 PRACH 时其值为零，并根据随机接入响应消息（即 RAR 消息）中配置的 TA 值或由 MAC CE 下发的调整 TA 值的命令进行更新。$N_{\text{TA,offset}}$ 与 5G 地面网络的定义相同，是计算 T_{TA} 时所用的固定偏移值。T_{c} 为基本时间单位，定义为 $T_{\text{c}} = 1/(\Delta f_{\max} \cdot N_f)$，其中 $\Delta f_{\max} = 480 \times 10^3 \text{ Hz}$，$N_f = 4\,096$。

T_{TA} 和 Common TA 示意如图 3-2 所示。

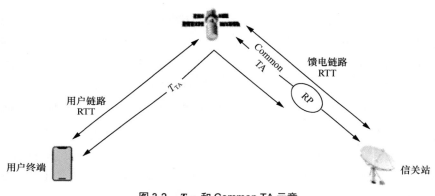

图 3-2　T_{TA} 和 Common TA 示意

网络侧如果有需要，也可以让 UE 在随机接入过程中或在连接态下把估算出的 T_{TA} 上报给网络侧。在连接态下，支持事件触发的 T_{TA} 上报。

3）时序关系增强

①大数值 TA 所致的时序关系增强

为了预补偿大数量级的信号传输时延，就需要使用大数值 TA（例如：对在轨高度为 1 200 km 的低轨卫星系统，TA 数值可以高达 40 ms）。大数值 TA 的使用会使得"对信号传输进行调度时所确定的某些时序关系"出现本不应有的错位。相应情况的典型示例包括：物理下行共享信道（PDSCH）与相应的混合自动重传请求（HARQ）反馈之间的时序关系错位（这两种信号按照地面网络协议所设计的时隙间隔记为 K1），用于上行调度的物理下行控制信道（PDCCH）与其调度的 PUSCH 之间的时序关系错位（这两种信号按照地面网络协议所设计的时隙间隔记为 K2）等。例如：对于一个在序号为 m 的下行时隙里接收到的 PDSCH 数据包，UE 根据地面网络协议的规定，预计会在

序号为 $m+K1$ 的上行时隙里发送相应的 HARQ 反馈。由于 UE 使用了大数值 TA，序号为 $m+K1$ 的时隙可能会被提前至序号为 m 的时隙之前，导致 UE 无法在正确的时间发送 HARQ 反馈。为了解决这类问题，3GPP 协议针对 NTN 场景新引入了一个可由网络侧进行配置的参量 K_{offset}。就上述的例子而言，让 UE 在序号为 $m+K1+K_{offset}$ 的上行时隙里发送相应的 HARQ 反馈。

小区级配置的 K_{offset} 值将放在系统消息中进行广播，K_{offset} 的数值需要大于或等于某个地面参考点（比如小区远点）与卫星之间的 RTT 与 Common TA 的和，即需要大于或等于 UE 位于该地面参考点时所需应用的大数值 TA。网络侧可使用 MAC CE 对 K_{offset} 进行用户级的调整。在实际的 NTN 中，一个具体实施的例子为：UE 在初始随机接入过程中使用小区级配置的 K_{offset} 值，网络侧要求 UE 把其估算出的 T_{TA} 进行上报，并且在获得 UE 上报的 T_{TA} 后，为 UE 进行用户级的 K_{offset} 值调整。利用 K_{offset} 处理大数值 TA 所致的时序关系错位如图 3-3 所示。

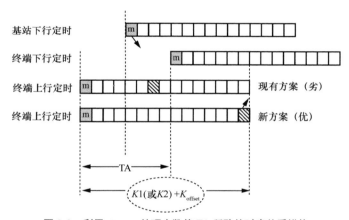

图 3-3　利用 K_{offset} 处理大数值 TA 所致的时序关系错位

② 基站侧上下行定时偏差所致的时序关系增强

如前所述，用于进行上下行时序对齐的 RP 的位置可能并不会位于基站，从而导致基站侧的上下行定时存在偏差。因此，3GPP 5G NTN 协议新引入了另一个会放在系统消息中进行广播的参量 k_{mac}，用于处理基站侧上下行定时偏差对时序关系的影响。具体地，k_{mac} 就对应于 RP 与基站之间的 RTT。

可利用 k_{mac} 进行时序关系增强的情况的典型示例包括：随机接入过程中对 RAR 窗口起始位置的合理延迟，波束失败恢复中从重新发起随机接入到开始监测 PDCCH 的时序延迟。利用 k_{mac} 处理基站侧上下行定时偏差对时序关系的影响如图 3-4 所示。

（2）HARQ 增强

1）增加所支持的最大 HARQ 进程数

如何克服"大传输时延"对混合自动重传请求（HARQ）操作的影响是卫星通信系统需要解决的另一个重要问题。HARQ 是一种"停止并等待（Stop-and-Wait）"协议，这意味着一个 HARQ 进程 ID 只能在相应的反馈被收到后（即在相应的 HARQ 进程完结后）才能被再次使用。在 NTN 中，星地链路上的"大传输时延"会使得在某些时段里所有 HARQ 进程均被使用且未完结，从而使得系统无法再发起新的数据传输。为了避免这种被称为"HARQ 停滞"的现象，3GPP 在 R17 中将 5G NTN 所支持的最大 HARQ 进程数从地面 5G 网络所支持的 16 个增至了 32 个。

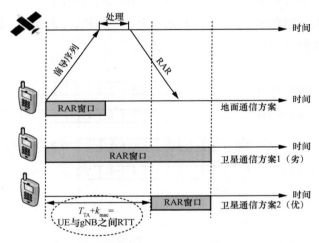

图 3-4　利用 k_{mac} 处理基站侧上下行定时偏差对时序关系的影响

2）禁用 HARQ 反馈

对于 GSO 卫星而言，信号传输时延过大（RTT 可高达数百毫秒），如果想采用上述办法来解决问题，需要将最大 HARQ 进程数增加到一个当前硬件实现不可接受的数目。因此，3GPP 在 R17 中还针对 NTN 增加了"禁用 HARQ 反馈"的可选功能，在具体实施时，"禁用"需以 HARQ 进程为颗粒度来进行。

对于某个 HARQ 进程，若其被配置为"禁用 HARQ 反馈"，则基站不必收到 HARQ-ACK 信息即可在同一进程调度新的数据传输。此时，重传可由 RLC 层所支持的较慢的反馈机制来处理。"禁用 HARQ 反馈"可区分下行链路（DL）和上行链路（UL）各自独立控制。

若 HARQ 反馈未被禁用（在上行链路又将这种情况称为 HARQ 模式 A），需考虑重传。此时，执行常规的 HARQ 操作。若系统开启了非连续接收（DRX），则 DRX-HARQ-RTT-Timer 的时长需要额外增加数值为"UE 与基站之间的 RTT"的长度。

若 HARQ 反馈被禁用（在上行链路又将这种情况称为 HARQ 模式 B），不考虑重传。此时，若系统开启了 DRX，不启动 DRX-HARQ-RTT-Timer 以及后续的 DRX-Retransmission-Timer。以 DL HARQ 为例，对于使用某个被配置为"禁用 HARQ 反馈"的 HARQ 进程来传输的 PDSCH 有两种可能的处理。

① 如果该 PDSCH 是用常规的动态调度的方式被调度的：当采用 Type1 HARQ 码本时（反馈为半静态排序），码本大小不变，只不过，对于"禁用 HARQ 反馈"的 HARQ 进程总是直接反馈否定应答（NACK）信号，而不用管相应的 PDSCH 的译码结果是成功还是失败；当采用 Type2 HARQ 码本时（反馈是按调度顺序排列），码本大小会减小，反馈的信息仅包括"HARQ 反馈未被禁用"的 HARQ 进程所对应的 PDSCH 的 HARQ-ACK（相应地，DAI 仅按照"HARQ 反馈未被禁用"的 HARQ 进程来计数）；当采用 Type3 HARQ 码本时（反馈是按进程排列），码本大小会减小，UE 会跳过"禁用 HARQ 反馈"的 HARQ 进程的反馈。

② 如果该 PDSCH 是用半持续调度（Semi-Persistent Scheduling，SPS）的方式被调度的：对于第一个 SPS PDSCH，如果高层参数 HARQ-feedback Enabling for SPS active 配置为 enabled，则 UE 需要进行 HARQ 反馈，否则不进行 HARQ 反馈。对于除第一个 SPS PDSCH 之外的其他 PDSCH，不进行 HARQ 反馈。

（3）移动性管理增强

移动性管理也是 NTN 与地面网络相比存在显著差异的技术领域，这种差异在 LEO 卫星通信网络中尤为明显。由于 LEO 卫星相对地球在高速移动，因此即便某个终端在地面上保持静止，也会经历频繁的小区切换。这是因为之前给这个终端服务的卫星总会飞离该终端的上空不再覆盖该终端，然后由这颗卫星的一颗相邻卫星飞临该终端的上空来接续覆盖和保持业务连续性。在地面网络的某个小区里，终端位于小区中心和小区边缘时，会体验到明显不同的接收信号强度，这种接收信号强度的差异会被用于传统的移动性管理中（比如用于定义"基于信号质量的对比来触发越区切换的测量事件"）。在某颗卫星所覆盖的小区里，不同地点与卫星之间的距离的数量级比较接近，使得终端在小区中心和小区边缘所体验的接收信号强度只有较小的差异。

1）连接态移动性管理

针对 5G 地面网络，在 3GPP R15 里，源小区基站根据 UE 的测量上报来判断目标小区，但可能由于链路性能变差，导致 UE 与源小区基站间的控制面中断，从而收不到切换命令。于是，在 R16 里，面向高铁/高速公路等路线相对明确的场景，提出了"条件切换（CHO）"。在 CHO 中，源小区基站提前给 UE 发送执行切换的触发条件和候选目标小区的某些相关配置。UE 满足切换条件之后，既不需要向网络发送测量报告，也不需要等待来自网络的任何进一步命令，而是直接执行切换。

在 3GPP 5G NTN 中，终端处于连接态时的移动性管理可以依靠 CHO。在 R17 中，针对 NTN，利用终端的位置和卫星的星历信息进一步升级了 CHO。具体地，新增了两个 CHO 的触发条件。基于时间段的触发条件：只能在与"候选目标小区对应的卫星飞临终端上空的时间"相关的某个时段执行 CHO。基于终端位置的触发条件：终端与服务小区的参考点之间的距离变得大于相应阈值，并且同时终端与候选目标小区的参考点之间的距离变得小于相应阈值，其中服务小区和候选目标小区的参考点均为固定的地面参考点。这个"固定参考点"的设计对于采用"地面移动小区"设计的 LEO 卫星通信系统来说，需要网络侧频繁地更新参考点，反复配置测量事件，系统复杂度和终端能耗将会很高，因此 R18 针对"地面移动小区"场景将"地面参考点"从"固定的"改为"移动的"（与"地面移动参考点"相对应的位置信息会由网络侧通过系统消息广播给终端）。针对 NTN 新增的两个 CHO 触发条件如图 3-5 所示。

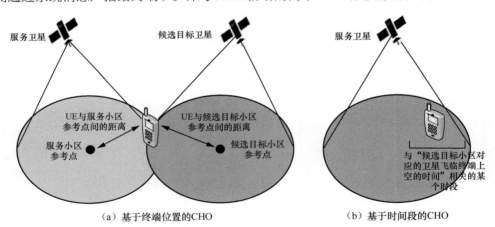

（a）基于终端位置的CHO　　　　　　（b）基于时间段的CHO

图 3-5　针对 NTN 新增的两个 CHO 触发条件

基于时间段或者终端位置的触发条件需要与地面网络一直在使用的基于信号质量测量的触发条件一起配置，即当 UE 判断出基于时间段或者位置的触发条件满足，并且基于信号质量测量的触发条件也满足时，UE 才会在候选目标小区中接入。可以在 NTN 场景的 CHO 中使用的基于信号质量测量的触发条件包括基于测量事件 A3、A4 或 A5

的触发条件。

2）空闲态/非激活态移动性管理

根据 5G 地面网络的机制，UE 处于空闲态/非激活态时，若当前服务小区的信号质量（比如接收信号强度）高于一定的水准，UE 可以不进行邻区测量以实现节电。如上所述，在 NTN 小区里，UE 在小区中心和小区边缘所体验的信号质量只有较小的差异，所以，需要进行面向 NTN 的优化。

在 3GPP 5G NTN 标准里，已针对"地面准静止小区"的 NTN 场景进行了以下优化。

小区重选时基于时间的邻区测量触发机制：网络侧会通过系统消息广播关于"服务小区何时会停止服务"的时间信息。不论当前服务小区的服务质量如何，UE 都需要在当前服务小区的服务停止时间之前开启邻区测量（具体的开启时间留给 UE 侧的工程实现来决定）。在此之前，UE 进行小区重选时，遵循传统的、基于信号质量的邻区测量触发机制。

小区重选时基于位置的邻区测量触发机制：网络侧会通过系统消息广播包括"服务小区参考点与距离阈值"在内的与位置相关的信息。对于服务小区的信号质量高于一定标准的情况：如果 UE 与服务小区参考点之间的距离小于距离阈值，则 UE 可以不对同频邻区以及具备相同或更低优先级的异频或异系统邻区进行测量；如果 UE 与服务小区参考点之间的距离大于距离阈值，则 UE 需要对同频邻区以及具备相同或更低优先级的异频或异系统邻区进行测量。

此外，在 3GPP R18 中，针对"地面移动小区"的 NTN 场景，对上述"小区重选时基于位置的邻区测量触发机制"进行了增强，具体而言，将"地面固定参考点"改为了"地面移动参考点"。

3）测量

UE 和不同卫星之间的传播时延是不同的，而且，对于 NGSO 卫星而言，相应的传播时延差（PDD）还可能会随着卫星的移动而变化。因此，UE 在基于"当前服务卫星对应小区的定时"而确定的 SSB 测量时序配置（SMTC）窗口内，可能搜索不到邻区的 SSB 信号，如图 3-6 所示。

为了解决上述问题，在 NTN 中，对于每个载频，网络侧可以给 UE 在现有 SMTC 配置之外再额外同时配置一个或多个 SMTC，其中，每个额外同时配置的 SMTC 对应一个或多个邻区。UE 在收到多个 SMTC 配置之后，同时按照这些 SMTC 执行测量。在进行异频测量时，基于多个 SMTC，网络侧可以同时给 UE 配置多套测量间隙，对不同频点的邻区的测量可以使用不同的测量间隙。

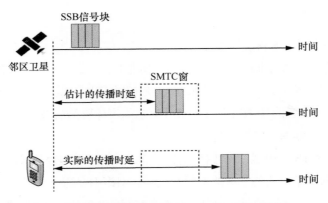

图 3-6 UE 可能会搜索不到邻区卫星的 SSB 信号的情况

对于连接态的 UE，网络侧可以根据 UE 上报的辅助信息（比如 UE 与服务小区和邻区的 PDD 信息）来调整这些 SMTC 配置，比如调整用于测量各个邻区的 SMTC 窗的起始位置。空闲态或非激活态的 UE 可以根据自身的位置信息及卫星广播的辅助信息（比如星历和公共定时提前量）来调整这些 SMTC 配置。

4）寻呼

在 3GPP 5G 地面网络的协议中，定义跟踪区域的目的是让网络侧知道用户位置所属区域的信息，以使得核心网可以让"用户位置所属区域所对应的基站"对该用户发起寻呼，即核心网知道在哪些区域寻呼用户。在 3GPP 5G NTN 中，与地面网络一样，跟踪区域的范围被设计为固定的地理区域。换言之，即使是在 NGSO 卫星系统中，跟踪区域也不会随卫星的移动而移动。

地面网络里一个跟踪区域的面积可能是一个市或市辖区，多个小区会属于相同的跟踪区域，但一个 NTN 小区的覆盖范围要大很多，可能覆盖一个或多个省市，因此一个 NTN 小区可以包含地面网络中多个跟踪区域的范围。可以看到，"小区和跟踪区域的包含关系"在 NTN 与地面网络中是相反的。每个跟踪区域都有一个对应的跟踪区域码（TAC），在 3GPP 5G NTN 协议中，面向更大的小区覆盖范围，在通过卫星对 TAC 进行广播的系统消息中，将每家运营商的每个小区可广播的 TAC 数目从地面网络中所支持的 1 个扩展到了最多 12 个（也就是在相应的系统消息中引入了用于表示跟踪区域列表的新信元）。5G NTN 中每个小区广播跟踪区域列表如图 3-7 所示。

3GPP 5G NTN 协议中的跟踪区域更新（TAU）流程与地面网络类似。终端从卫星广播的系统信息中获得跟踪区域列表，并判断这个列表中是否有至少一个跟踪区域属于终端在注册流程中获得的跟踪区域列表，如果没有，则触发 TAU 流程。

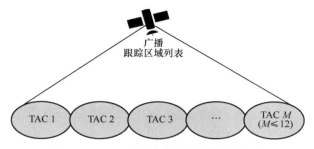

图 3-7　5G NTN 中每个小区广播跟踪区域列表

在"地面移动小区"的 NTN 场景中，每个 NTN 小区的覆盖区域和 TAC 的区域关系频繁发生变化。为了更好地支持这个场景，如果基站可以根据 UE 位置做出准确的 TAC 映射，则基站可以向核心网上报"基于 UE 位置的 TAC"。

5）终端位置信息上报

在 NTN 中，网络侧获取了 UE 的位置信息后，可以让网络更便于进行某些操作，比如：进行定时调整、波束调整等管理操作，进行合法拦截，以及根据用户设备所在国家选择合适的核心网等。

首先，终端可以进行粗略位置上报。此时，终端只上报其位置的经纬度信息，而且 UE 将经度和纬度的二进制表示中的一个或多个"最低有效位"设置为 0，以满足"误差为大约 2 km"的位置精度要求。3GPP 5G NTN 协议对粗略位置上报提供了两种上报机制：一种是在上报"传统测量报告"的消息中捎带终端的粗略位置信息；另一种是网络侧通过"终端信息请求消息"显式查询一次终端的粗略位置信息。

此外，理论上，终端也可以进行精细位置上报。此时，终端上报的与位置相关的信息包括地理坐标、时间戳、误差、速度。根据 3GPP 协议，精细位置上报需复用"最小化路测（MDT）"引入的上报流程，并伴随测量报告上报。

6）无须执行随机接入的越区切换

基于 3GPP 5G NTN 在 R18 的最新进展，UE 在两个 NTN 小区之间可以进行"无须执行随机接入的越区切换（RACH-less HO）"。

UE 执行 RACH-less HO 时，在越区切换的目标服务小区中进行的第一次上行传输可以基于网络侧的动态授权调度来进行，也可以基于网络侧在 RACH-less HO 命令中预先给予 UE 的配置授权调度来进行。对于第一次上行传输是基于动态授权调度来进行的情况，网络侧需要把"与某个特定波束相关的信息"携带在 RACH-less HO 命令中告知 UE，使得 UE 可以在恰当的波束方向上监听目标服务小区下发的 PDCCH，从而能及时获知动态授权调度信息。对于第一次上行传输是基于配置授权调度来进行的情况，UE会在完成第一次上行传输之后开始监听目标服务小区下发的 PDCCH。

UE 执行 RACH-less HO 时，在越区切换的目标服务小区中进行的第一次上行传输里会包含 RRC 重配完成消息。目标服务小区成功收到 UE 的第一次上行传输后会给 UE 做出确认，如果第一次上行传输是基于配置授权调度来进行的，UE 在得到网络侧的确认后，即会自主释放掉对相应的调度授权的配置。

此外，对于一个处于 RRC 连接态的 UE，当有上行数据发送需求时，若 UE 没有用于发送调度请求（Scheduling Request，SR）的 PUCCH 资源，通常会触发 UE 执行随机接入。不过，如果某个 UE 被配置了 RACH-less HO，则不再会因为要发送 SR 而触发 UE 执行随机接入。

在 3GPP 5G NTN 中，RACH-less HO 既可以在同一卫星内的越区切换场景中被支持（此时一颗卫星的覆盖区域被定义为多个小区），也可以在不同卫星间的越区切换场景中被支持（此时一颗卫星的覆盖区域被定义为一个或多个小区），不论越区切换时是否会发生馈电链路的切换。

7）PCI 不变的卫星切换（针对地面准静止小区）

基于 3GPP 5G NTN 在 R18 的最新进展，针对"地面准静止小区"的 NTN 场景，UE 可以完成物理小区标识（PCI）不变的卫星切换（即无须执行越区切换的卫星切换）。具体而言，若两颗卫星先后对地面某个给定区域进行定点覆盖，但这两颗卫星归属于相同的基站并且使用相同的频域资源来发送 SSB 信号，则认为虽然发生了卫星切换但所述给定区域在被相同的小区所服务，可以不执行越区切换。针对地面准静止小区的"PCI 不变的卫星切换"如图 3-8 所示。

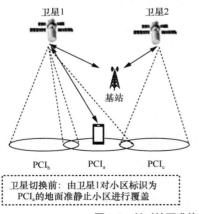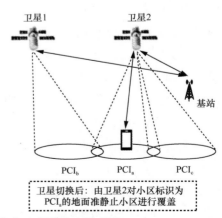

图 3-8　针对地面准静止小区的"PCI 不变的卫星切换"

网络侧可在信令中用参数 T-service 给 UE 指示，当前为所述给定区域提供服务的卫星何时会停止对该区域提供覆盖，以及用参数 T-start 给 UE 指示即将接替当前服务卫星来提供服务的目标卫星何时会开始对该区域提供覆盖。如果 T-start 未在信令中被提供，则可认为 T-start 等于 T-service。

对于这种服务小区的物理小区标识不变的卫星切换，又可分为"PCI 不变的卫星硬切换"（切换时相邻卫星没有重叠覆盖区域因而可能会有很短暂的业务中断）和"PCI 不变的卫星软切换"（切换时相邻卫星存在重叠覆盖区域）。至少对于"PCI 不变的卫星软切换"，网络侧会在系统消息中给 UE 广播当前服务卫星与即将接替服务的目标卫星之间的"SSB 发送时间偏移"。

如果 UE 在发起"PCI 不变的卫星切换"之前从网络侧收到了越区切换命令（即切换至具有不同 PCI 的一个小区的命令），则 UE 将会立即执行越区切换。可以对一个 UE 同时进行 CHO 和"PCI 不变的卫星切换"的相关配置。此时，这两个流程中的哪一个在 UE 侧被先触发，UE 就执行哪个流程。如果两个流程被同时触发，执行哪个流程取决于 UE 侧的工程实现。

8）NTN 与 TN 之间的移动性管理

上文描述的都是面向 NTN 与 NTN 之间的移动性管理。这里，简述一下 3GPP 5G NTN 技术体制中对 NTN 与地面网络（TN）之间移动性管理所考虑的增强。

可以基于配置，令 TN 小区的优先级高于 NTN 小区。

对于从 NTN 到 TN 的小区重选，可以让 NTN 小区为其所服务的 UE 提供相邻的多个 TN 小区的覆盖区域信息，以使 UE 为接下来对相邻 TN 小区的重选做好准备。对于 NTN 小区是地面移动小区的情形，网络侧给 UE 提供的关于相邻 TN 小区的覆盖区域信息可以包括"卫星在接下来将要覆盖的服务区域"的相邻 TN 小区，并且在对相邻 TN 小区的覆盖区域信息进行更新时可以存在信息的部分重叠，这样可以使所有被"滑动的 NTN 小区"所服务的 UE 都获得足够充分的 TN 邻区信息。携带"相邻 TN 小区的覆盖区域信息"的系统消息在作为当前服务小区的 NTN 小区里可以被周期性地广播、按需进行广播或者以专用的方式被发送。

对于从 TN 到 NTN 的小区重选，可以让 TN 小区为其所服务的 UE 提供"相邻 NTN 小区的星历信息"，以使 UE 为接下来对相邻 NTN 小区的重选做好准备。携带"相邻 NTN 小区的星历信息"的系统消息在作为当前服务小区的 TN 小区里可以被周期性地广播、按需进行广播或者以专用的方式被发送。

（4）上行覆盖增强

在对 NTN 的上行覆盖增强进行研讨时，重点关注如何把地面网络使用的上行覆盖增强方案合理应用于 NTN。在 3GPP 5G 地面网络中，上行覆盖增强所用的方法主要包括：增大信道编码输出的纠错比特占比，对 PUSCH 进行重复传输（包括基于时隙的"Type A 的 PUSCH 重复传输"和基于微时隙的"Type B 的 PUSCH 重复传输"），把一个 PUSCH 传输块散布到多个可用时隙进行传输以期获得更高的信道编码增益，对 PUSCH 进行跨时隙联合信道估计，对 PUCCH 进行重复传输（包括时隙级别和子时隙级别的重复传输），对 PUCCH 进行跨时隙联合信道估计，对于随机接入过程中的 Msg3 按照"Type A 的 PUSCH 重复传输"的方式进行重复传输，对 PRACH 进行重复传输，基于对信号的峰均功率比的进一步降低（比如通过利用频谱赋形技术或者子载波预留技术）来使终端的最大发射功率回退值实现合理的减少，对终端所用的上行波形在循环前缀正交频分复用（CP-OFDM）与离散傅里叶变换扩展正交频分复用（DFT-S-OFDM）之间进行动态切换等。

基于 3GPP R18 的最新进展，已经明确会被纳入 3GPP 5G NTN 协议中的上行覆盖增强方案包括对 PUCCH 进行重复传输和对 PUSCH 进行跨时隙联合信道估计。关于对 PUCCH 进行重复传输，在 NTN 场景下，首要考虑的是对随机接入过程中"携带 Msg4 HARQ-ACK 的 PUCCH"进行重复传输。在实现该增强功能时，若终端没有获得专用的资源配置，则可根据网络侧下发的参数"Number of PUCCH for Msg4 HARQ-ACK-Repetitions List"的指示，来确定 PUCCH 重复传输的时隙数。

关于对 PUSCH 进行跨时隙联合信道估计，更具体而言，这个功能是在对 PUSCH 进行重复传输时联合利用多个时隙的 DMRS 一起进行信道估计，以增强信道估计的精准度。要实现该增强功能，不论是在 NTN 还是在地面网络中，都必须保证 DMRS 在不同时隙上的相位一致性和功率连续性。为此，不同时隙的 PUSCH 传输需要满足一些条件，比如：调制阶数不变，传输功率水平不变，资源分配的频域位置不变（因此需引入新的跨时隙跳频模式），不会发生上下行切换（对 TDD 系统而言）等。

（5）其他与无线传输相关的技术

对于 3GPP 5G NTN 中其他的与无线传输相关的技术，选择有代表性的示例如下。

1）关于天线极化模式的复用

相邻的 NTN 小区配置不同的天线极化模式，可以实现 NTN 小区间干扰的规避。作为示例，可以让具有奇数 PCI 的小区使用右旋圆极化（RHCP）的天线配置，让具有偶数 PCI 的小区使用左旋圆极化（LHCP）的天线配置。

此外，因为使用不同天线极化模式的波束可以互无干扰地使用相同的频率资源，所以极化模式的复用还可有助于频谱效率的提高。

3GPP 5G NTN 协议支持在 SIB 信息和 RRC 信令里携带天线的极化信息。

2）关于卫星波束的管理

在 NTN 中，每颗卫星的覆盖面积相当广阔。作为示例，一颗低轨卫星的覆盖范围有上百万平方千米，若要一次性地完成全局覆盖，需要卫星同时发射数以百计或数以千计的波束。受限于卫星的总功率和天线能力等，卫星单次能够同时发送的波束个数通常是相当有限的。因此，在 NTN 中，就波束的发送方式而言，需要利用时分加空分的"跳波束"方式来对覆盖范围内的诸多用户提供服务。具体而言，即在每个发射时隙，卫星可相对独立地选择一组波束方向进行信号发送，不同的两个时隙所选择的两组波束方向可以完全不同，也可以有交集。基于这种波束发射方式，在一段持续的时间里会观察到波束方向的跳变，因此被称为"跳波束"。

此外，就卫星波束与 PCI 的关系而言，可以是每个波束具有一个 PCI，也可以是多个卫星波束具有相同的 PCI。对于每个波束具有一个 PCI 的情况，每颗卫星的覆盖区域会包含众多小区。对于多个卫星波束具有相同 PCI 的情况，常会被采用的配置是每颗卫星的所有波束都具有相同的 PCI，这会使小区 PCI 与卫星形成绑定关系，也即是每颗卫星的覆盖区域仅构成一个小区。

3）让网络认证终端上报的位置信息

网络侧需要基于 UE 上报的位置信息进行法规认证和核心网路由选择等操作，UE 上报的位置信息的真实性影响 NTN 通信安全和法规风险。此外，一些紧急场景下，需保证 UE 位置的准确性，以便开展后续搜救等工作。因此，3GPP R18 支持由网络去确认 UE 上报的位置信息的真实性，并针对一些与位置相关的业务场景（比如：紧急呼叫、合法拦截、公共预警、计费等），分析相应的法规要求。

5G NTN 的网络侧采用 5G 地面网络已经支持的 Multi-RTT 定位方法来对 UE 上报的位置进行验证。在地面网络，Multi-RTT 定位方法是让 UE 与至少 3 个基站互发用于定位的参考信号，然后基于 UE 和基站各自获取的收发时间差计算得到至少 3 个 RTT 测量值，进而以相应的每个基站为圆心、以"0.5×RTT×光速"为半径构造至少 3 个圆形，最后利用这些圆形的交汇之处来估算出 UE 的地理位置。而在 NTN 中，就卫星本身总是处于高速移动中的 LEO 卫星系统而言，Multi-RTT 定位方法是利用至少 3 个不同时刻下 UE 与服务卫星间的 RTT 测量值来估算出 UE 的地理位置。此外，在 NTN 中由网络侧对 UE 进行定位时，可接受的定位精度为 5～10 km。

（6）继续工作

在已经于 2024 年开启的 3GPP R19 的标准化工作中，对 5G NTN 继续进行增强。对于与无线传输相关的技术领域，3GPP 将在 R19 中对下列议题进行研讨[8]：对基于基站上星的"信号再生"架构的支持，下行链路覆盖增强，上行链路吞吐量/容量增强，基于 NTN 的组播广播业务，5G 轻量化终端对 NTN 的支持。

3.1.1.2 3GPP IoT NTN

3GPP 对面向 NTN 的物联网技术体制进行研讨时，只考虑了用继承自 4G 的窄带物联网（NB-IoT）和增强机器类通信（eMTC）（也被称为 LTE-M）来支持卫星物联网，并且把"面向 NTN 的 NB-IoT/eMTC"统称为 IoT NTN。

与 3GPP 5G NTN 相同，3GPP IoT NTN 支持的卫星类型也包括 GSO 卫星和 NGSO（包括 LEO 和 MEO）卫星。从 R17 开始到 R19，3GPP IoT NTN 仅考虑核心网是 4G 核心网的情况，也即是说，暂未考虑"核心网采用 5G 核心网并且 4G 基站需升级支持与 5G 核心网的连接"的情况。此外，3GPP IoT NTN 对最大发射功率为功率等级 3（即 23 dBm）或功率等级 5（即 20 dBm）的 NB-IoT/eMTC 终端都会给予支持。

在面向 NTN 的大传输时延和大多普勒频移等特点进行适配性或增强设计时，3GPP IoT NTN 尽可能重用了 3GPP 5G NTN 的解决方案。因此，这里只重点描述 IoT NTN 独有的适配性或增强设计[3,8-10]。

（1）针对 IoT NTN 的时间和频率同步增强

为了在下行同步时帮助物联网终端降低在频域上进行同步搜索的功耗，并降低误检率，可以在操作频段上引入 200 kHz 的信道栅格（注：4G 系统本身定义的信道栅格是 100 kHz）。如果在用于运营 IoT NTN 的操作频段上不能引入 200 kHz 的信道栅格，则可以把绝对频点号（ARFCN）的两个最低有效位（LSBs）携带在 MIB 消息中，这样即使终端首次接入网络时不能得到帮助，但是后续再从空闲态接入网络时，也可以利用记忆下来的绝对频点号信息，尽快锁定中心频点和相应的同步栅格扫描范围。

NB-IoT/eMTC 终端可以与网络侧零星偶发地建立短暂的连接，此时，在很快完成了小包传输后，无线连接就会被释放，然后 NB-IoT/eMTC 终端就进入深度睡眠状态（如图 3-9 所示）。对于这种情况，原则上，NB-IoT/eMTC 终端在接入网络后无须再次进行 GNSS 测量，因为 NB-IoT/eMTC 终端从 RRC 空闲态醒过来和尝试接入网络之前会进行一次 GNSS 测量以获取自身位置信息，然后就会进行"对大时延/大频移的预补偿"。NB-IoT/eMTC 终端自身可能会具有移动性（比如被用于物流追踪的物联网业务），并且如果是 NGSO 卫星系统，卫星本身总是处于高速移动中，因此，卫星与 NB-IoT/eMTC 终端之间的相对移动性可能会让"终端基于接入网络之前的那次 GNSS 测量所进行的时频偏预补偿"失效。所以，需要对 GNSS 测量结果合理地设定一个有效时间，以使得 NB-IoT/eMTC 终端在接入网络和进入 RRC 连接态后，根据承载小包传输的无线连接是否会在"GNSS 测量结果有效时间"内被释放，来决定是否还需再进行新的一轮 GNSS 测量。

图 3-9　物联网终端与网络侧零星偶发建立的短暂连接示意

对于某些业务场景，NB-IoT/eMTC 终端每次从有助于节电的睡眠状态醒来后，需要向网络侧传输相对较大的数据包（比如：需要借助大量重复传输实现上行覆盖增强）。为了支持此类需求，得益于对 DRX 技术的使用，NB-IoT/eMTC 终端可以与网络侧在相对较长的时段里保持连接，进行"长时上行传输"（如图 3-10 所示）。具体地，对 NB-IoT 终端，"长时上行传输"中的上行传输包括窄带物理随机接入信道（NPRACH）/窄带物理上行共享信道（NPUSCH）；对 eMTC 终端，"长时上行传输"中的上行传输包括 PUSCH/ PUCCH/PRACH。对于这种情况，支持让 NB-IoT/eMTC 终端在时域上分段进行上行传输和逐段进行"对大时延/大频移的预补偿"。换言之，NB-IoT/eMTC 终端完成一次分段的上行传输后，需要重新进行一次时频偏预补偿。对于上述的分段的配置（比如时域上的分段长度），将由网络侧通过 SIB 消息进行广播，并且可以通过 RRC 信令进行重配。此外，取决于 UE 能力，对于上述"长时上行传输"，相邻两个分段之间可以专门配置一个传输间隔。在这种业务场景下，相似地，当终端处于连接态时，每当 GNSS 测量结果失效后，即可再进行新的一轮 GNSS 测量。

图 3-10　物联网终端与网络侧在相对较长时段里保持连接示意

（2）GNSS 测量操作增强

关于上述的"GNSS 测量结果有效时间"，NB-IoT/eMTC 终端在成功完成一次 GNSS 测量后，会自主对其给予确定，并且通过 RRC 信令或 MAC CE 上报给网络侧。

如前所述，允许 NB-IoT/eMTC 终端在 RRC 连接态下进行 GNSS 测量，以确保 NB-IoT/eMTC 终端在跟卫星保持无线连接时可以始终通过比较精准的时频偏预补偿来维持良好的上行同步。从具体的操作而言，如果网络侧通过信令消息使能了 NB-IoT/eMTC 终端对"进行 GNSS 测量所需时长"的上报，则表示网络侧允许 NB-IoT/eMTC 终端在 RRC 连接态下进行 GNSS 测量；否则，NB-IoT/eMTC 终端在 "GNSS 测量结果有效时间"到期（即 GNSS 测量结果失效）之后，需要进入 RRC 空闲态再次进行 GNSS 测量。对于 NB-IoT/eMTC 终端在 RRC 连接态下的测量，有如下两种不同的触发方式。

1）自主触发（需网络侧预先通过参数配置来使能）：在触发测量的定时器到期后，连接态的 NB-IoT/eMTC 终端即会自主地进行一轮新的 GNSS 测量；如果网络侧允许终端在 GNSS 测量结果失效后仍可继续进行一段时间的上行传输，则前述"触发测量的定时器"为用于限定终端仍可继续进行上行传输的时长的"上行传输延长定时器"，否则前述"触发测量的定时器"就采用"GNSS 测量结果有效时间"来表征。

2）网络侧触发：网络侧可以在上述"触发测量的定时器"到期之前通过下发 MAC CE，去触发连接态的 NB-IoT/eMTC 终端进行新一轮的 GNSS 测量。

（3）面向不连续覆盖的增强

对于很多由 NB-IoT/eMTC 终端实现的物联网业务，相应的 NB-IoT/eMTC 终端每隔一段时间（比如 24 h）发射一次数据就足够了，因而可以接受不连续的覆盖。

面向不连续的卫星覆盖，为了减少物联网终端搜索小区而导致的耗电，需要让物联网终端感知非连续覆盖的情况。具体而言，为了使物联网终端能够比较准确地预测出在哪些时段自己会被卫星信号所覆盖，网络侧除去给物联网终端广播用于预测非连续覆盖的多颗卫星的星历参数，还可考虑把"相应的卫星小区的覆盖相关的信息（比如覆盖区域的重要地理位置参数和小区半径）"广播给物联网终端。此外，对于地面准静止小区，服务卫星结束覆盖和后续卫星开始覆盖的时间点也可以提供给终端侧。

当对无线链路失败（RLF）的判定被触发后，如果因为不连续覆盖使得物联网终端没有足够的时间完成 RRC 连接重建流程，物联网终端可以直接进入空闲态。

（4）移动性管理增强

eMTC NTN 会如同 5G NTN 一样支持 CHO 和相应的增强，但是 NB-IoT NTN 不但不支持 CHO，而且同面向地面网络的 NB-IoT 一样，完全不支持连接态下的移动性管理（即不支持越区切换），而只支持空闲态下的移动性管理（即小区重选）。此外，

eMTC NTN 在支持 CHO 时，不同于 5G NTN 的地方在于，在对"基于时间段或者终端位置的 CHO 触发条件"进行配置时，除去可以像 5G NTN 中那样需要与一个基于信号质量测量的触发条件一起配置，还可以独立配置。

NB-IoT/eMTC 终端不论是在连接态还是在空闲态，都支持基于时间或位置去触发邻区测量。需要注意的是，因为 NB-IoT NTN 不支持连接态的移动性管理，所以本来无须让连接态 NB-IoT 终端去支持邻区测量。但是让连接态 NB-IoT 终端在 RLF 发生之前（通常是在服务卫星即将发生变更之前）被触发去进行邻区测量，会获得如下好处：在 RLF 发生之后，NB-IoT 终端进行 RRC 重建以尝试返回连接态时，可通过利用"RLF 发生之前的邻区测量结果"，降低小区选择的时延。

（5）HARQ 增强

IoT NTN 无须像 5G NTN 那样去增加所支持的"最大 HARQ 进程数"。

对于下行链路传输的 HARQ，虽然也会与 5G NTN 一样，支持以 HARQ 进程为颗粒度的"禁用 HARQ 反馈"功能，但是不同于 5G NTN 的地方在于：网络侧除了可以像 5G NTN 中那样利用 RRC 信令半静态地配置"每个 HARQ 进程的 HARQ 反馈状态（即每个 HARQ 进程是否禁用 HARQ 反馈）"，还可以利用下行链路控制信息（DCI）动态地对每个 HARQ 进程指示其 HARQ 反馈状态。

对于上行链路传输的 HARQ，与 5G NTN 一样，支持利用 RRC 信令去半静态地对每个 HARQ 进程配置"禁用 HARQ 反馈"功能。对于 NB-IoT NTN，存在如下所述的不同于 5G NTN 的地方：若 NB-IoT 终端只开启了单个 UL HARQ 进程并且该进程被配置为"禁用 HARQ 反馈"，NB-IoT 终端将会在包括"相应 PUSCH 传输的最后一次重复传输"的子帧里启动 DRX-Inactivity 定时器。这是因为，在 NTN 场景下，NB-IoT 终端发送 PUSCH 的时候时常会进行大量重复传输以提升上行覆盖能力，若按照常规的操作，在接收完"调度新的 PUSCH 传输的 PDCCH"后即启动 DRX-Inactivity 定时器，那么如果不把 DRX-Inactivity 定时器的时长配置为不同于常规配置的大数值，PUSCH 的重复传输很可能将无法全部完成（毕竟 DRX-Inactivity 定时器到期后终端即会获得进入睡眠状态的权利）。对于 NB-IoT NTN，需注意："禁用 HARQ 反馈"不适用于"使用预配置的资源进行 PUSCH 传输"的情况。

（6）继续工作

在已经于 2024 年开启的 3GPP R19 的标准化工作中，对 IoT NTN 继续进行增强。对于与无线传输相关的技术领域，3GPP 将在 R19 中对下列议题进行研讨[11]：基于基站上星的"信号再生"架构支持存储转发，上行链路吞吐量/容量增强。

3.1.2 多波束协同传输技术

3.1.2.1 概述

传统的卫星通信一般采用单星单波束服务一个用户，这对用户的数据传输速率和容量带来一定的限制，可以采用多波束协同传输技术来突破这个限制。具体地，可以基于 MIMO 的多流并发传输思想，构建星内/星间多波束协同传输机制，以及基于多连接技术，研究星地协同传输技术，提升网络整体性能[12-16]。

3.1.2.2 单星多波束协同传输技术

（1）单星多波束用户速率增强

单颗卫星可以向单个终端同时提供多个波束用于多流数据传输，从而对用户级的数据传输速率实现提升。由于星地信道的高空间相关性，就信道容量（即最大数据传输速率）而言，卫星与终端之间的多波束信道容量等同于单波束信道容量。对此，系统需要采用某些技术来构建多个（近似）正交波束信道用于数据传输。比如，可让多个波束各自采用不同的天线极化模式，这多个波束即可互无干扰地使用相同的频率资源。单星多波束速率增强方案如图 3-11 所示。

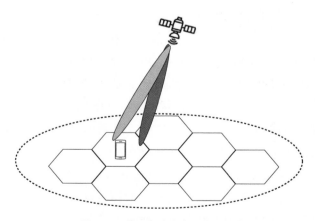

图 3-11　单星多波束速率增强方案

（2）单星多波束系统容量增强

基于相控阵天线，卫星基于波束成形可以一次性产生多个指向不同终端的波束（即可以使用多个波束同时与多个用户进行通信），从而对系统容量实现提升。虽然多用户共享时频资源可以有效提升系统资源利用率，但位置相邻的用户波束间的严重干扰会限制性能提升的程度。对此，可以参考地面通信网络中实现 MU-MIMO 时对用户间干扰的规避策略，使用迫零（ZF）算法、最小均方误差（MMSE）算法等抑制各个用户波束间的相互干扰，将资源利用率的提升转换为系统速率的提升。此外，还可以通过设计自适应的终端分簇策略，选择最合理的多个用户终端来参与联合传输，进一步优化对系统速率的提升。单星多波束多终端传输示意如图 3-12 所示。

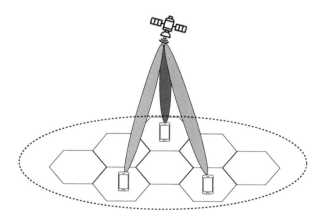

图 3-12　单星多波束多终端传输示意

3.1.2.3　多星多波束协同传输技术

（1）数据传输速率增强

对数据传输速率进行增强是针对多星可以覆盖相同区域的情况而言的。进行协同传输的多颗卫星使用多个波束向位于同覆盖地区内的单个或多个终端进行多数据流并发传输，从而实现速率提升。等效地，多星多波束协同传输构成了分布式大规模 MIMO 传输。

（2）星间波束时频同步

由于卫星位置的差异，每个波束所展现的传输时延和多普勒频移均不相同。各个波束承载的信号在接收天线处的叠加信号中会呈现时频错位，这将严重损害系统性能。对此，可通过卫星侧、终端侧的分段式时频补偿技术，确保卫星与卫星、网络与终端间的精准时频同步，消除时频同步误差对于系统性能的影响。

3.1.2.4　星地协同传输技术

由于卫星与地面之间实现信号级别的同步较为困难，难以实现波束级协同传输技术。鉴于多连接技术仅通过高层接口对数据传输进行协同，可以设计基于多连接技术的星地协同传输技术。在星地双连接协同传输方案中，卫星和地面基站中的任一方均可以作为主节点，然后另一方作为辅助节点。此外，需要通过地面网络与卫星网络之间的动态接口进行信息交互与资源协调。

网络可根据业务需求和信道条件，选择单条或两条传输链路为终端提供服务。在用两条传输链路为终端提供服务时，工作模式包括两种：分流模式（即两条链路以负荷分担的方式各自传输不同的业务数据）和重复模式（即两条链路对同样的业务数据进行重复传输）。基于分流模式，可以在卫星与地面网络间实现动态负载均衡，进而有助于达成星地网络传输效能的整体优化。

3.1.3　异质链路协同传输技术

3.1.3.1　概述

卫星和地面之间存在大气层。传统的射频信号在大气信道中传播时，由于受到信道中传播介质的影响，传输信号会产生变化，例如电磁波发射角与到达角的变化、散射以及衰落等。此外，大气湍流和大气层中的一些凝结物（如云、雨、雾等）对频率较高的射频信号也有着不可忽略的影响。激光信号在大气信道中传输时，会受到大气的吸收以及散射作用，从而大幅增加信号的衰减。大气层中的凝结物（尤其是厚云和浓雾）对激光信号造成的衰减相当严重，并且大气湍流会让激光信号的捕获跟踪变得异常困难（注：传统射频通信受大气湍流的影响相对较小）。在空间通信系统中，卫星与卫星之间的信道几乎是真空的，可充分利用激光实现数千甚至数万千米的通信距离。

为了有效地保障卫星与地面之间以及卫星与卫星之间的高效而持续的通信，未来的卫星通信系统可考虑采用射频与激光共存的异质链路协同通信技术[17-19]。在无线传播环境比较友好时，系统可利用具有大容量特点的激光链路去提供高速率的通信服务；而在无线传播环境不太友好时（比如恶劣天气），系统可使用射频链路来优先保障链路的可用性与可靠性。

从单星实现异质链路协同的角度，单星可装载射频激光一体化通信终端，通过监测链路的通信状态，在射频与激光通信之间进行切换。从多星实现异质链路协同的角度，可以让每颗卫星均装载射频激光一体化通信终端，也可让一部分卫星搭载星地激光通信终端而另一部分卫星搭载星地射频通信终端。

射频与激光协同传输系统架构示意如图 3-13 所示。

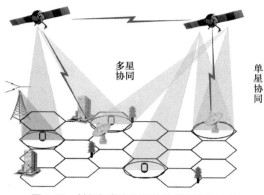

图 3-13　射频与激光协同传输系统架构示意

3.1.3.2　关键技术

（1）星载射频激光一体化天线

射频与激光协同传输技术的实现需要研制星载射频激光一体化天线，以便在满足通信能力需求的前提下尽可能共用星载平台的资源。

1）射频激光一体化天线轻质化技术

因为卫星平台的承载能力和搭载空间十分有限，所以星载射频激光天线的轻质化具有重大的意义。对于星地以及星间的远距离通信链路，光学天线和微波天线设计的共同点是：两种通信链路均需要采用经过合理布局的收发共用天线。在复合天线设计过程中，需重点对射频与激光天线的结构形式及材料进行优化。iROC 早期研制的射频激光一体化天线样机采用了基于抛物面结构的共用轻质主反射器来实现光学天线与微波天线的兼容与集成，其射频天线的主反射器材料为复合材料，光学天线主反射镜材料为铍，天线总重量为 17.5 kg。结构形式和材料优化后，射频天线采用网状天线镀金钼丝网设计，光学天线主反射镜材料选用复合材料，天线总重量成功地降为 8.2 kg。随着薄膜天线技术的不断进步，有望通过该技术进一步降低射频激光一体化天线的重量。

2）高性能射频激光复合薄膜技术

在射频激光一体化天线设计过程中，为了提高光学天线的反射效率，同时降低射频副镜对光学天线的遮挡以及光学透镜对射频信号的衰减，需要在光学镜面镀制特殊的反射膜。光学天线主镜的反射膜需具有"对射频和红外激光产生高反射率"的特性，而光学天线副镜在实现微波透过发射的同时需实现对红外光波的高反射。因此，在设计微波馈源时，必须考虑光学天线副镜的影响。此外，在设计光学天线副镜和射频馈源的支撑结构时，其材料需满足对微波透过的要求。

（2）射频激光混合链路的评估与自动切换

对于射频激光混合链路，需要对实际链路的信道状况进行评估，从而判断使用激光链路还是射频链路。两种链路之间的切换一般采用接收端的误码率或信噪比来作为切换判定的决策参量。就切换机制而言，作为示例，当激光传输所致的接收信噪比或误码率低于某一特定阈值时，通信链路可由激光链路转变为射频链路。实现链路切换的器件有很多种，比如机械式开关、矩阵切换开关和万能切换开关等。

（3）星地馈电异质链路协同调度

卫星互联网未来可能存在大量的空间链路数据需要回传至地面，当前单一的星地射频馈电链路可能不能满足该需求，可将射频与激光共存的异质链路协同应用于馈电链路来解决这个问题。激光通信的地面信关站可部署于全年平均天气条件较为理想的地区，射频通信的地面信关站可采用轻型化多站点部署形式，然后，基于恰当设计的调度策略，把有大流量馈电需求的业务数据通过星地激光馈电链路进行传输，将流量较小且需要尽快落地的业务数据选择最近的射频信关站就近落地。

（4）微波引导激光建链

快速捕获与稳定跟踪是实现卫星激光通信的前提条件。卫星围绕地球高速运动，由于地球密度不均匀导致引力变化，从而需要精密的跟瞄 ATP 系统来确保两颗卫星或卫星和地面站在上千千米之外准确对准。另外，由于卫星平台自身的高振动，导致星间链路对准质量处在实时波动状态。

激光通信的发射光束散角一般在微弧度量级，而微波通信的波束出射角度和远场覆盖范围远远大于激光通信。所以，可通过微波通信预先建立星间或星地通信可靠传输链路，并基于射频激光一体化天线，由射频链路上天线的相互对准来实现激光链路的前期预对准，以简化星间或星地激光通信的瞄准与捕获跟踪流程，实现激光链路的快速建链。

3.1.4 太赫兹传输技术

3.1.4.1 概述

太赫兹波是指位于 0.1～10 THz 频率范围的电磁波，在整个电磁波谱中位于微波和红外波频段之间，如图 3-14 所示。由于在电磁波谱中的特殊位置，太赫兹既具有微波频段的穿透性和吸收性，又具有光谱频段高带宽和高分辨率特性，具有超大带宽的频段资源可供利用，支持超高的通信速率。此外，利用太赫兹波的超宽带和高精度分辨率，对网络或终端设备的高精度定位以及高分辨率感知成像被认为是太赫兹波除去通信以外的主要应用方向。太赫兹在电磁频谱中的位置如图 3-14 所示。

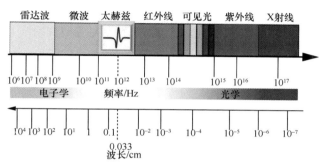

图 3-14　太赫兹在电磁频谱中的位置

太赫兹通信被认为是 6G 移动通信系统中面向某些特定场景（比如卫星通信、短距超高速地面局域网通信）提供超高速数据传输的空口技术备选方案[20-22]。面向卫星通信的场景，因为太赫兹波穿透大气层的能力差，因此更适用于星间通信。根据目前的研究，基于太赫兹波的星间通信的数据传输速率可达上百 Gbit/s。

就国内外太赫兹标准化的有实质性成果的进展而言，ITU 针对太赫兹无线通信的频谱使用，已经先后在 100～275 GHz 和 275～450 GHz 频率范围内为陆地移动业务和固定业务分配了在全球具有统一标识的业务频段。IEEE 于 2017 年发布了工作频率范围为 252～325 GHz 的、以物理层规范为核心的 IEEE 802.15.3d-2017。这是第一个工作在 300 GHz 的无线通信标准。

目前，卫星通信系统（尤其是低轨卫星通信系统）已从仅支持语音和低速数据传输，向支持大容量通信转变。传统用于卫星通信的 L、S、Ku、Ka 频段的带宽已成为限制大容量通信的瓶颈，因此发展具有更大带宽的太赫兹频段卫星通信已成为国内外的研究热点。此外，太赫兹对于突破"黑障"内的通信限制有其自身的优势，尤其适用于卫星通信。

3.1.4.2　关键技术

（1）太赫兹关键器件与原型系统

太赫兹关键器件/芯片/组件的研发和生产能力是太赫兹通信的核心技术能力，也是

目前太赫兹通信应用所面临的最大挑战。

首先，需要攻关的是模拟器件的研发和实现。太赫兹通信所需的高频模拟分立器件包括太赫兹功率放大器、太赫兹天线、太赫兹倍频器、太赫兹混频器、太赫兹滤波器、太赫兹低噪放等，而且，模拟器件的芯片集成化是必然发展趋势。

此外，太赫兹通信还面临超宽带数模/模数转换芯片、数字基带处理芯片等方面的技术挑战。由于太赫兹可用带宽（大于 2 GHz）远大于 4G/5G 移动通信系统使用的工作带宽（小于 800 MHz），目前的主流数模/模数转换芯片很难满足太赫兹通信对采样带宽的要求。另外，超大带宽信号的处理会给数字基带处理芯片带来非常大的功耗压力。因此，未来需要研发具有更高采样速率的超宽带数模/模数转换芯片和低功耗的超宽带数字基带处理芯片。

目前国内的太赫兹通信原型系统多为对无线传输能力的验证，面向未来的实际应用，还需要考虑通信距离、实时性、空分复用、功耗和成本等方面的能力指标。

（2）太赫兹传播特性和信道建模

太赫兹的电磁波可以轻易穿透陶瓷、纸张、木材、纺织品和塑料等介质材料，但很难穿透金属和水。在大气环境下，高自由空间损耗以及大气效应引起的额外衰减是一个巨大的挑战。此外，大气层中的一些凝结物（如雨滴或雾滴等）也会导致太赫兹波的高衰减或散射。在某些确定的太赫兹窗口频段处，依旧可以体验较低的衰减，因而可用于无线通信传输。

太赫兹频段的信道模型建模方法一般有参数化统计信道建模、确定性信道建模和参数化半确定性信道建模等 3 种类型。太赫兹通信的一些室内场景的实验测试结果显示，太赫兹频段的无线信号传播路径具有较强的稀疏性，因此，未来太赫兹通信的信道建模更倾向于使用确定性信道建模或参数化半确定性信道建模方法，比如射线追踪方法以及结合确定性和统计特性的数字地图混合建模方法等。

（3）太赫兹通信空口技术

与 5G 空口技术相比，太赫兹通信具有超大带宽的资源优势，但是现阶段太赫兹通信原型系统硬件链路存在变频损耗较大、采样带宽受限、基带处理功耗大等不理想因素。太赫兹通信空口技术除了在基带波形设计、帧结构和参数集的设计、调制编码、波束管理等技术链面临新的演进要求外，还受到太赫兹通信硬件系统能力的影响，针对系统链路各种非理想因素的算法设计和补偿也是太赫兹通信空口技术研究需要考虑的方向。

目前，相关的技术研究仍处于探索阶段，技术路线尚不明确，需要产业界共同参与研究，并积极探讨。某些技术环节的研究已经取得了一定的进展，作为典型示例，下面简单介绍距离自适应调制解调技术。在太赫兹频段，传输距离的微小变化会极大地影响其信道的大尺度传输特性，即随着距离的增加，频域上传输窗口的带宽会急剧下降。距离自适应多用户调制技术将太赫兹频谱窗口内的位于中心的子窗口分配给距离更远的用户，将位于边界的子窗口分配给更近的用户，同时对不同用户进行功率自适应分配。这会让不同距离的用户具有不同的可用带宽以及解调能力，并且在面向卫星高速移动的场景时具备对多普勒效应的鲁棒性。发射端进行调制处理时会采用多种调制阶数以及符号时长，与发射机有着不同距离的用户可根据自身的可用带宽确定解调阶数以及符号时长，从而能够有效提高整个系统的数据传输速率。目前，该技术在地面已经进行了充分研究，但在轨应用仍需解决空间传播环境的适应性等问题。

3.1.4.3　太赫兹星间通信系统

太赫兹星间通信系统可由分别搭载在不同星载平台的一对收发通信终端组成，通过高增益天线完成远距离太赫兹信号的发射和接收。为了实现星间远距离通信，按照目前的固态放大器输出能力，发射端仍需加入行波管功率放大器，在 220 GHz 可以实现 15 W 的功率输出。在该配置下，若采用 0.5 m 口径天线使得收发天线增益达到 54 dBi 时，采用 QPSK 调制并且不考虑信道编码的增益，可以实现 5 Gbit/s 的传输速率。进一步，还可通过提高行波管功放的输出功率来实现对速率的提升。太赫兹星间通信系统的组成架构如图 3-15 所示。

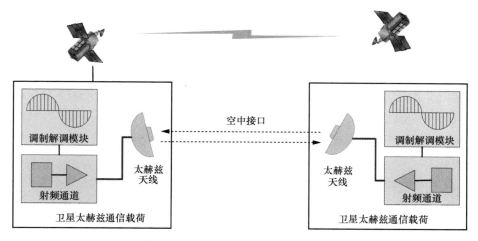

图 3-15　太赫兹星间通信系统的组成架构

| 3.2 多址接入技术 |

3.2.1 概述

在无线通信中，基本的物理射频资源包括时间和频率。当多用户要利用有限自由度的射频资源进行通信时，就要面临多址接入问题。多址接入（MA）技术涉及多个物理层和链路层信号处理模块，如编码、调制、预编码、资源映射、功率控制以及波形。当接入用户数量巨大且所有用户共用射频资源的全部自由度时，多址接入技术的设计目标是使整个系统容量最大化。随着卫星通信技术的持续发展和广泛应用，卫星通信系统可用的频谱资源已经越来越紧张。针对这种局面，有必要对卫星通信系统的多址接入技术进行深入的研究。

根据接入方式的不同，MA 技术通常分为两大类：正交多址接入（OMA）和非正交多址接入（NOMA）。本节将描述这些技术领域的研究进展[23]。

3.2.2 正交多址接入

正交多址接入是目前世界上大多数通信系统采用的主流接入技术。"正交"表示每个用户独自占有至少某一自由度的部分资源，主要包括频域、时域、空域和码域，这意味着用户的传输不会受其他用户的影响。根据正交的方式，主要技术方案包括：频分多址接入（FDMA）、时分多址接入（TDMA）、码分多址接入（CDMA）、空分多址接入（SDMA）和正交频分多址接入（OFDMA）。这些正交多址接入方式都可以被用于卫星通信系统，例如：DVB 技术体制中采用的是 TDMA，3GPP 5G NTN 技术体制中采用的是 OFDMA。

虽然一些现有技术可用于提高 OMA 系统的容量、用户体验和连接数量，但仍存在以下限制。

（1）同时服务用户数受限：用户数严格受限于 OMA 系统的正交信道数。

（2）信令和资源开销大：OMA 系统通常需要基站进行资源授权，以保证数据传输信道的正交，用户数量较多时，信令开销较大；尤其是对于 IoT 等场景，动态授权的方式可能使信令开销占据超过 50%的空口资源。

（3）信道状态信息（CSI）精度要求高：为保证信道的正交性，需要较高的 CSI 精度；且当用户数较大时，根据 CSI 进行天线预编码计算复杂度高。

3.2.3　非正交多址接入

为解决 OMA 技术的限制，NOMA 技术开始进入大家的视野[24-27]。NOMA 技术以 OMA 技术为基础，在发射端，通过特定的设计，使多个用户的信号占用相同的空口资源进行发射；在接收端，通过相应的信号处理技术（比如连续干扰消除技术）消除多用户干扰。通过让多个用户对相同空口资源（比如相同的时频资源）的叠加式的利用，系统的用户容量和信息传输吞吐率可获得显著提升。

因为卫星与地面之间的传播距离非常远，所以在卫星通信系统中为了实现星地无线链路的覆盖增强，主要的技术手段（如大量的重复传输）需要以用户容量/吞吐率的显著降低为代价。针对这种情况，可以考虑利用 NOMA 技术来改善星地无线链路的用户容量/吞吐率。

下面简要介绍 NOMA 技术的主要传输方案、信号接收算法以及其在基于竞争的免授权传输中的应用。

（1）传输方案

NOMA 传输方案大致分为 3 种类型：功率域、编码域、随机交织域方案。基于对这些类型的研究，最终产生了功率域非正交多址接入（PD-NOMA）、稀疏码分多址（SCMA）、多用户共享接入（MUSA）、图样分割多址接入（PDMA）、资源扩展多址接入（RSMA）、交织划分多址接入（IDMA）、交织网格多址接入（IGMA）等 10 余种具体的 NOMA 传输方案。

现今比较成熟的 NOMA 传输方案是功率域和编码域方案。功率域方案主要是 PD-NOMA；编码域方案主要包括 SCMA、MUSA 等。与 OMA 相比，在功率域或编码域 NOMA 传输方案中，多个用户的信号可在功率域或编码域以非正交的方式共享传输资源，进而提升传输的可达容量。更具体地，在接入许可授权阶段，多个用户可以用非正交方式并发地向网络侧的接入点发送接入请求，降低单用户平均接入时间；在有效传输阶段，多个用户可以用非正交的方式共享传输资源，降低单用户的平均调度等待时间。

下面列举 3 种常用的 NOMA 传输方案。

1）SCMA

SCMA 基于低密度扩频将正交幅度调制映射和扩频结合到一起。在发射端，每个用户都被分配一个 SCMA 码本，然后在信道编码器（比如 LDPC 编码器）之后，每个用户的编码比特根据其分配的码本映射到 SCMA 码字。进一步，基于与 OFDM 的结合，在每个时频资源上可叠加来自不同用户的多个 SCMA 码字符号。这些 SCMA 码字具有稀疏性（即在码字中只有少量的非零元素而大部分元素为零），正是这种码字稀疏性，降低了接收端使用消息传递算法（MPA）进行多用户干扰消除时的复杂度。但是 MPA 算法中不但有迭代运算还有大量的指数运算，复杂度还是很高的，因此已经有研究人员针对 SCMA 研究出了采用串行干扰删除（SIC）策略的低复杂度接收机。

2）PDMA

PDMA 的基本原理是在发射端和接收端进行联合优化设计，在发射端，在相同的时域资源内，将多个用户的信号通过图样分割技术合理分割后进行复用传输，然后在接收端采用 SIC 算法进行多用户检测。这种方案在理论上可逼近多址接入信道的容量界。图样分割技术通过在发送端利用用户特征图样进行相应的优化，加大不同用户间的区分度，从而有利于改善接收端进行串行干扰删除时可实现的性能。用户特征图样的设计可以在空域、编码域和功率域独立进行，也可以在多个信号域联合进行。

3）PD-NOMA

PD-NOMA 是指在发射端采用功率复用技术将多个用户的信号在功率域直接叠加，接收端采用 SIC 算法来区分不同用户的信号。功率复用不同于简单的功率控制，是遵循相关的算法把总的发射功率在多个用户之间进行功率分配，对不同用户分配的不同的发射功率会作为接收端区分用户的依据。

（2）信号接收算法

SIC 算法是应用 NOMA 技术时最常用的和主流的信号接收算法，其基本思想是采用逐级删除干扰的策略，依次逐个分离单个用户的数据，直至消除所有的多址干扰。本节将以 SIC 算法作为典型示例来介绍 NOMA 技术的信号接收算法。

常用的基于 SIC 算法的 NOMA 接收机结构如图 3-16 所示。

在 SIC 接收机中，需要先进行信号的检测和判决，才能进行后续的串行干扰删除处理。当 SIC 接收机中的信号检测算法采用常用的迫零（ZF）算法或最小均方误差（MMSE）算法时，可被称为 ZF-SIC 或 MMSE-SIC 接收机。

在具体的接收处理中，首先，利用信号检测处理，对多个用户的信号的接收功率大小进行排序；然后选取出信号接收功率最大的用户进行信号判决；接着将该干扰信号进行重构（即重新进行编码和调制），并从接收信号中减去。更新后的接收信号又作为下一次检测的输入，不断循环这样的操作，直至所有的多址干扰被删除。

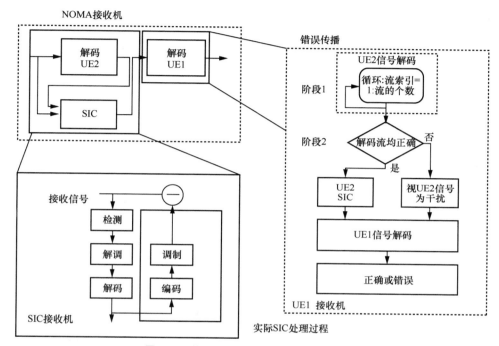

图 3-16　基于 SIC 算法的 NOMA 接收机结构

由于 SIC 接收机的迭代处理结构，在前一轮迭代处理中进行信号的检测和判决所产生的误码，会经过多轮持续迭代的累加，从而造成更大的误码传播，因此首轮迭代处理中的信号检测判决结果会对后续的信号检测判决性能产生直接的影响。可见，基于信号接收功率排序的依次处理是必要的，因为接收功率更大的信号更容易实现高性能的信号检测判决。在实际应用中，对信号接收功率排序也可以视情况改为对信号接收信干噪比（SINR）进行排序。

（3）在基于竞争的免授权传输中的应用

授权传输时，基站执行基于动态授权的资源调度。接入用户数量庞大时，基于动态授权的传输会导致信令开销和握手时延大的问题。为了解决这个问题，提出了免授权（GF）传输，其在 3GPP 技术体制中也被称为配置授权传输。在 GF 上行传输中，一个用户的资源在一个基站可配置周期内是半静态的，一旦配置完成，无须基站授权，用户可以立即使用该资源发起接入，从而保证低时延传输。GF 传输以 "arrive-and-go"

方式工作，尤其适用于数据包较小和突发流量的服务场景。

由网络侧预先配置的传输资源也可由多个 GF 用户共享，从而形成基于 NOMA 的 GF 上行传输。这样做可以提高预配置资源的利用率，因为某个用户在为其预配置的某些时频资源所对应的时间里可能并没有数据需要发送，引入 NOMA 则可以让相应的时频资源获得更多的被利用的机会。当然，在以共享方式为多个用户预配置的某些时频资源所对应的时间里，也会发生两个或更多的用户都有数据要发送的情况，此时，会发生传输碰撞，在基站侧可使用先进的 NOMA 接收机来消除多用户间的干扰。图 3-17 给出了免授权上行传输与基于授权的上行传输的对比。

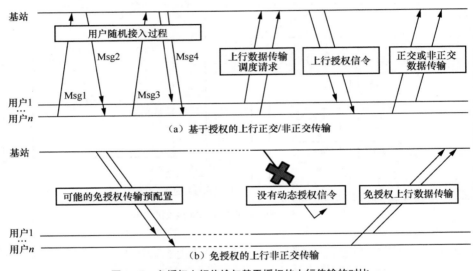

图 3-17　免授权上行传输与基于授权的上行传输的对比

| 3.3　无线资源管理技术 |

3.3.1　概述

在空天地一体化网络中，不仅要有空、天、地各自内部的无线资源管理，还要有三者之间的联合无线资源管理。可见，无线资源管理本身就是一个多级分布式的体系，包括跨域调度、载波间的协作、频谱共享与干扰抑制、多载波传输、多点协作、多制式物理技术协作等。下面重点介绍空天地联合无线资源管理技术[28-29]以及频谱共享与干扰协调技术[30]。

3.3.2 空天地联合无线资源管理技术

3.3.2.1 分布式多级协作的无线资源管理架构

无线资源管理需要遵循如下约束：

（1）不同小区间数据和控制信息传送的实时性需要与空口实时性一致；

（2）不同小区间协作控制的开销要低，不能成为系统的负担；

（3）能够按需实现大规模的小区间协作；

（4）尽可能降低切换时数据倒换流程的复杂度和冗余度。

分布式多级协作的无线资源管理方案需要结合协议栈本身的分层特性和设备分布式部署的特性来进行分布式和多层级的规划，通过多层次与多周期快慢结合的协作，满足空天地一体化和协作化需求。

如图 3-18 所示，把面向空口的需要进行协作的要求进行分类。这里，先比较粗地把协作要求划分为三大类，即 T_{RRM}、T_{MAC_Slow}、T_{MAC_Fast}。其中：

T_{RRM} 表示超慢速的协作，比如协作周期不低于几十毫秒的数量级的协作；

T_{MAC_Slow} 表示慢速的协作，比如协作周期不高于 10 ms、但不低于 1 ms 数量级的协作；

T_{MAC_Fast} 表示与空口实时性同步的协作。

根据图 3-18 所示的分布式多级协作的无线资源管理架构，无线资源管理（RRM）模块仍然沿用传统 RRM 的划分方式，主要负责超慢速的协作，诸如周期为 100 ms 的小区间协作、小区内资源分配等。MAC 模块按照对协作的实时性要求的高低，拆分成两个大层：T_{MAC_Slow} 层完成比空口实时性低的协作，诸如 10 ms 级别的资源调度、5 ms 级别的用户间协作等；T_{MAC_Fast} 层完成与空口实时性完全同步的协作，诸如 1 ms 以内的资源分配、信道质量估算等。

上述经过多级划分的协议栈架构可以灵活地分布在设备平台上，比如把 RRM 放到地面大型服务器上，与地面网络共用计算平台，用于负责大范围内的空天地无线小区之间的协作处理。把慢速 MAC 放到局部快速平台上，比如卫星上或者地面快速处理平台上，实现局部的快速调度。把快速 MAC 放到与 PHY 同一级别的平台上，比如星载基站上，实现二者同步的处理。

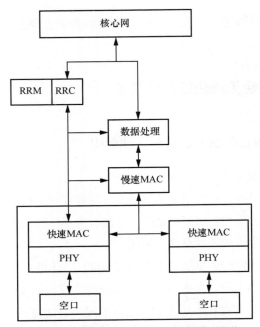

图 3-18　分布式多级协作的无线资源管理架构

　　为了适应空天地一体化网络的场景特点，还可对无线资源管理（RRM）/慢速 MAC/快速 MAC 再进行进一步的更细化的多层级划分，以适应不同的平台。

　　如图 3-19 所示，RRM、慢速 MAC 和快速 MAC 可以各自被进一步划分成多个实时性层次。

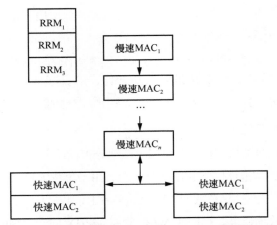

图 3-19　对 RRM/慢速 MAC/快速 MAC 的更细化的多层级划分

把 RRM 根据实时性要求进一步划分成多个实时性层次（比如小时级别、分钟级别、秒级别、100 ms 级别），然后根据需要管理的小区数目，进行逐级放置。把慢速 MAC 进一步划分成多个实时性层次，主要针对用户/资源的粗调度、信道的提前预处理等，对小区资源、用户资源、用户信道、用户能力等采用依据实时性要求高低的逐级处理，尽可能按实时性平滑地完成各级处理，并且可分散放置到不同的处理平台上，以方便发挥各种平台的处理优点。把快速 MAC 划分为两个实时性层次，其中，一个层次针对单个传输时间间隔（TTI）的资源分配及用户调度的实时性，另一个层次完全匹配 PHY 的实时性，并且需保证两个层次之间数据交互的时延最小。

3.3.2.2　RRC/RRM 架构

RRC 功能体对传统的 RRC 功能进行重构，实现用户设备（UE）和 RRM 的完全分离。具体地，把 RRC 功能体从功能上划分成 "UE"（用户上下文信息）和 "Cell"（以 Cell 为单位管理的无线资源）。其中，"UE" 负责管理所有与用户相关的上下文和控制过程以及用户的状态，同时新增对用户和小区的灵活绑定以及相应控制过程的管理。"Cell" 负责管理所有和小区相关的控制过程与状态，同时新增对多个小区间的协调、交互和相应控制过程的管理。

首先，重新定义用户上下文与小区的逻辑约束关系，把用户的上下文从小区中独立出来，不再隶属于某一个小区，而是隶属于为该用户提供服务的小区集（可能只包括一个小区，也可能是多个处于相互协作状态的小区的集合）。

其次，传统的 RRM 中，只有小区内（IntraCell）的无线资源管理功能。本方案中把无线资源管理功能分成小区间（InterCell）和小区内两个层次，其中小区间控制器负责对外给用户提供统一的无线资源申请接口，对内协调小区间的各种无线资源配置和协作，而各个小区内的无线资源仍然以小区为单位进行管理。当对用户的上下文进行建立、删除和修改时，用户直接向小区间控制器发起申请，小区间控制器根据用户的具体需求（比如用户能力可以支撑的小区数量）和各个小区的负载情况（比如本小区以及相邻小区的负载等）为用户选择合适的服务小区集合。

用户和小区分离进行无线资源控制/管理的架构如图 3-20 所示。"UE" 从 "Cell" 中独立出来后，考虑到空天地一体化网络中可能会有多个 "Cell" 以协作的方式为 "UE" 服务的情况，"Cell" 成为 "UE" 的一个属性。RRC 信令的内容需要把原来 "Cell 内的 UE" 的信令控制方式更新成 "UE 的 Cell" 的信令控制方式。这种方式上的更新同样适用于 RRM 的资源管理。

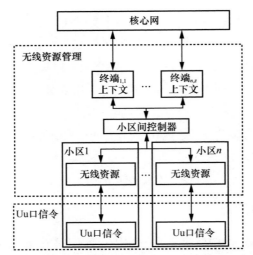

图 3-20 用户和小区分离进行无线资源控制/管理的架构

RRC 功能体完成用户和资源分配的重构后，实现了 UE 和 Cell（小区）的清晰分离。当 UE 移动时，如果 UE 仍然在为自身提供服务的某个小区集的覆盖范围内，即使该小区集包含多个小区并且 UE 在这个小区集内发生越区行为，也无须执行越区切换流程，实现了小区集内的"免越区切换"。只有当 UE 从一个小区集移动到另外一个小区集时，才需要执行越区切换流程，来让该 UE 与"目标小区集内某个小区所对应的基站"之间建立无线链路。可以看到，基于这种 RRC/RRM 架构的设计，降低了网络进行移动性管理时的信令开销和越区处理时延，提高了链路的健壮性和空口控制的实时性。

3.3.2.3 MAC 架构

多级 MAC 能够支撑灵活空口调度的需求。在传统 MAC 功能的基础上，增加了 MAC 对 UE 在一个 TTI 内使用的 Cell 的调度功能定义，从而让 MAC 具有"用户可用的服务小区的调度"和"服务小区内可用的时频域资源的调度"功能，即多级 MAC 具有 Cell 级和 UE 级两级调度功能。

如图 3-21 所示，相较于传统的 MAC，多级下行 MAC 定义了针对 UE 的"PDU 控制器""无线资源管理器"和"信道质量管理器"等功能。同时定义了"根据调度优先级为每个 UE 确定当前使用的小区集合""在小区中调度多个用户"以及"小区无线质量管理器"等功能。相比于传统 MAC，新定义的功能主要是"根据调度优先级为每个 UE 确定当前使用的小区集合"。

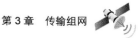

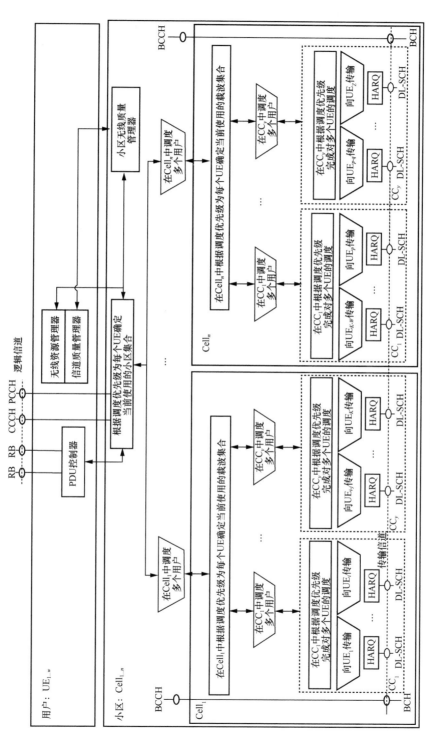

图 3-21 下行链路多级 MAC 架构

　　UE 的下行"PDU 控制器"模块根据 MAC 调度指示组建 MAC SDU。下行 MAC 在每个 Cell 内完成 UE 的调度后，确定 UE 在该 Cell 内发送的 SDU 的大小。对于"下行 MAC 在每个 Cell 内完成 UE 的调度"，具体而言，主要通过"根据调度优先级为每个 UE 确定当前使用的小区集合""在 $Cell_i$（$i=1, \cdots, n$）中调度多个用户""在 $Cell_i$（$i=1, \cdots, n$）中根据调度优先级为每个 UE 确定当前使用的载波（即 CC）集合""在 $Cell_i$（$i=1, \cdots, n$）内的 CC_j（$j=1, \cdots, y$）中调度多个用户""在 $Cell_i$（$i=1, \cdots, n$）内的 CC_j（$j=1, \cdots, y$）中根据调度优先级完成对多个 UE 的调度"和"向相应的 UE 传输"等功能模块来实现。

　　UE 的"无线资源管理器"模块主要管理 UE 在历史上对空口资源的占用统计和 UE 在当前对空口资源的使用。该模块管理两个方面的资源：一个是 RRC 配置的半静态的 UE 专用无线资源，比如 SRS 等；另一个是 MAC 以 TTI 为最小时间颗粒度所动态分配的空口资源，比如 PRB 的分配等。

　　UE 的"信道质量管理器"模块管理 UE 在可用的小区的信道质量，包括宽带、子带信道质量。该模块接收物理层的信道测量参数，按照一定的算法进行计算，用于 UE 在为其提供服务的小区集里每个小区内进行信道质量监测。每次 MAC 调度 UE 时，按照 UE 的信道质量进行无线资源分配。

　　"小区无线质量管理器"模块管理每个小区的无线空口质量，为小区间的协作提供参数支撑。该功能模块根据小区内每个 UE 的信道质量，采用相关算法计算每个小区的平均空口质量、相关干扰等，以确定小区的负荷能力。在 MAC 调度每个小区可以服务的具体 UE 时，需要根据小区的无线质量进行抉择。

　　"根据调度优先级为每个 UE 确定当前使用的小区集合"模块根据 UE 的信道质量（来自 UE 的"信道质量管理器"模块）、小区的空口质量（来自"小区无线质量管理器"模块）以及业务的特点（来自 RRC 配置）等控制信息，完成对"UE 当前使用的小区"的分配。换言之，本功能模块根据各种空口质量完成对"每个 UE 可用的小区集合"的调度，即完成从 UE 的逻辑信道到为该 UE 提供服务的小区的映射。

　　"在 $Cell_i$（$i=1, \cdots, n$）中调度多个用户"模块基于上述的"根据调度优选级为每个 UE 确定当前使用的小区集合"模块输出的调度结果，完成对每个 Cell 最终可以服务的 UE 的确定。换言之，本功能模块确定哪些 UE 于此 TTI 内在 $Cell_i$ 里被调度。

　　"在 $Cell_i$（$i=1, \cdots, n$）中根据调度优先级为每个 UE 确定当前使用的载波集合"和"在 CC_j（$j=1, \cdots, y$）中调度多个用户"这两个模块完成本小区内的用户到小区内载波的映射，以及完成 UE 从小区内载波到小区内载波承载的传输信道的映射。

　　"在 CC_j（$j=1, \cdots, y$）中根据调度优先级完成对多个 UE 的调度"和"向 UE 传输"

这两个模块完成本载波内的用户调度。其功能与传统的 MAC 功能相同，完成 UE 从小区内某个载波承载的传输信道到小区内该载波承载的物理信道的映射。

上行链路多级 MAC 架构如图 3-22 所示，多级上行 MAC 定义了针对 UE 的"PDU 控制器""根据调度优先级为 UE 确定当前使用的小区集合""确定小区为该 UE 提供的空口资源"等功能。相比于传统 MAC，新定义的功能主要是"根据调度优先级为 UE 确定当前使用的小区集合"。

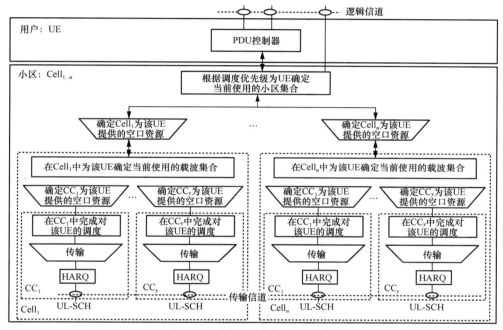

图 3-22　上行链路多级 MAC 架构

UE 的上行"PDU 控制器"模块根据 MAC 调度指示组建 MAC SDU。上行 MAC 收到的 MAC PDU 经过 MAC 解包功能得到 SDU 后，通过"PDU 控制器"发送给位于上层的 RLC 以进行后续的处理。"PDU 控制器"会根据相应的算法确保多个小区发送的 PDU 被平滑递交给上层。

"根据调度优先级为 UE 确定当前使用的小区集合"模块根据网络侧配置给 UE 的多个可选用的小区，完成对"UE 当前使用的小区"的分配，比如多个小区中的每个小区都给 UE 配置了周期性的调度请求（SR），UE 可以根据空口信道质量，选择合适的小区来发送 SR。用于辅助小区分配的参量的其他例子包括进行半持续调度（SPS）时分配的资源、周期性上报的信道质量指示（CQI）等。本模块用于完成从 UE 的逻辑信道到为该 UE 提供服务的小区的映射。

"确定 $Cell_i$（$i = 1,\ \cdots,\ n$）为该 UE 提供的空口资源"模块基于上述的"根据调度优先级为 UE 确定当前使用的小区集合"模块输出的调度结果，完成对每个 Cell 最终可以为该 UE 的数据传输提供的空口资源的确定。换言之，本功能模块确定哪些 PRB 于此 TTI 内在 $Cell_i$ 里被调度来传输该 UE 的数据。

"在 $Cell_i$（$i = 1,\ \cdots,\ n$）中为该 UE 确定当前使用的载波集合"模块完成 UE 在小区内的调度。具体来说，本功能模块完成 UE 对小区内载波的选择，即实现 UE 从小区到小区内载波的映射。

"确定 CC_j（$j = 1,\ \cdots,\ y$）为该 UE 提供的空口资源"模块完成对该小区内每个载波最终可以为该 UE 的数据传输提供的空口资源的确定。换言之，本功能模块确定哪些 PRB 于此 TTI 内在 $Cell_i$ 里的 CC_j 上被调度来传输该 UE 的数据，完成 UE 从小区内载波到小区内载波承载的传输信道的映射。

"在 CC_j（$j = 1,\ \cdots,\ y$）中完成对该 UE 的调度"和"传输"这两个模块完成 UE 在本载波内的调度。其功能与传统的 MAC 相同，完成 UE 从小区内某个载波承载的传输信道到小区内该载波承载的物理信道的映射。

3.3.2.4　小结

进行上下行调度时，MAC 首先进行小区级调度。具体地，根据与无线传输相关的小区级信息（包括负载、边缘的 PRB 数目等）和每个 UE 在与其相关的小区上的空口质量，MAC 完成一个 UE 和一个或多个小区之间的映射处理，即根据 UE 的需求为其配置一个或多个最合适的小区以完成数据在空口的传输。其次，MAC 根据 UE 的具体需求完成 UE 和小区级的无线资源之间的映射，并完成 UE 发送的数据包大小的计算。最后，如果是下行处理，根据数据包大小组建 MAC SDU；如果是上行数据，则等待 UE 发送数据。

3.3.3　频谱共享与干扰协调技术

3.3.3.1　概述

随着空间信息网络技术的发展，越来越多的国家开始重视发展低轨道通信卫星，相继部署了数量庞大的低轨星座，导致卫星频谱资源日益紧张。

频谱资源是一种不可再生、易污染的稀缺资源，其使用区别于其他资源，合理利用、科学规划和有效管理无线电频谱资源，能够发挥其最大的价值。当前无线电规则中，卫星移动业务、卫星固定业务和地面移动通信之间为了解决干扰问题，所使用频谱相对独立，难以共享，导致星上和地面频谱资源稀缺，限制了网络性能，且频谱利用率低。

为了满足未来卫星互联网对频谱资源使用的需求，可以考虑利用不同卫星通信系统间和星地通信系统间的频谱共享来提高频谱资源利用率。此外，还需要对不同系统间的干扰进行分析和评估，并采取合理的干扰规避措施。

3.3.3.2　动态智能频谱共享与接入

动态智能频谱共享要尽量减少（甚至完全避免）不同实体之间的频谱使用碰撞，同时允许它们以动态方式获取频谱。理论上，为了防止频谱碰撞，网络运营商可以交换相关的频谱使用信息。在实践中，需要实时获取每个实体的所有相关信息，这将导致巨大的通信开销，从而给动态频谱共享的实现带来了困难。人工智能技术可以通过预测其他实体的频谱使用情况，用有限的信息交换量来避免频谱碰撞。

3.3.3.3　多系统干扰评价体系

从干扰产生的机理出发，干扰主要受到链路夹角的影响。首先，可通过轨道动力学的分析，获得链路夹角在某一位置的概率分布，从而得到该位置上干扰发生的概率。进而，通过对卫星通信系统中卫星位置概率的分析，获得该位置上干扰大小的数学期望。最后，在全球进行遍历，可获得干扰发生的全景概率分布，从而可建立卫星互联网星座的构型与全景干扰的推演关系。

3.3.3.4　电子围栏技术

电子围栏技术是对某一区域设置一种虚拟地理边界，以达成如下所述的两个目的：一是适应不同国家和地区对卫星互联网的不同监管需求，需要设计针对落地监管的电子围栏，在卫星过顶前做到提前预警和调度；二是实现与地面移动通信系统、高轨卫星系统等合作同频设备的分区域共存，且协同服务于多模终端用户。

在卫星波束调度中，会遇到服务区域与电子围栏限制区域或地面基站保护区域发生重叠的情况，卫星波束则需保证在限制区域内的干扰水平，这是卫星波束调度的一个重要的约束条件。

随着卫星的移动，某些卫星波束的覆盖区域将逐渐接近电子围栏，直至与电子围栏的边缘相切。当面临波束覆盖到电子围栏的情况时，卫星需要通过调整调度波束的方式，在保证电子围栏内波束干扰低于设定值的情况下，使波束仍能服务到有业务需求的用户。例如：采用地理栅格的方式，在电子围栏限制区域的周围配置带有更多覆盖重叠的若干个波束方向，以便在较大程度上避免电子围栏外的一段空间内出现间歇性服务的情况。

| 3.4　星载路由交换技术 |

3.4.1　概述

星载路由交换技术可以分为交换和路由两类技术。交换技术针对数据转发层面，从不同交换颗粒度、交换介质的角度出发，星上交换包括信道化电路交换、时分电路交换、分组交换 3 类主要技术。路由技术是传统互联网的核心技术之一，也是卫星组网需要解决的根本问题，路由技术主要是在源卫星和目的卫星之间的多条可达路径中，按照给定链路代价度量选择最优路径。

3.4.2　信道化电路交换

信道化电路交换技术适用于频分多址系统，宽频带的信道被划分为多个子信道，用户利用子信道对应的载波承载信息，通过频带搬移完成多个载波之间的交换。信道化电路交换技术在本质上是一种基于数字域信号处理的电路交换技术。根据交换模块以及接收端/发送端的频段不同，信道化电路交换可以被分为射频信道化交换、光波长交换和微波光子信道化交换。

3.4.2.1　射频信道化交换

射频信道化交换是指交换模块和接收端/发送端的工作频段均处在射频频段。其中，柔性数字信道化技术是一种基于数字信号处理完成透明转发的典型射频信道化交换技术，通过基于载波的细粒度子信道交换，将交换过程与通信体制解耦，能够实现较高的频率及功率资源利用效率，柔性则是指子信道带宽灵活可变，极大地提高了多业务适应能力。如图 3-23 所示，卫星对上行信号进行子带提取、交换、重建，可实现任意子信道间单播、组播及广播功能。当前，采用柔性数字信道化技术的典型代表为宽带全球卫星系统，该系统采用 X 频段和 Ka 频段进行通信，2019 年已发射 10 颗，最新一代卫星单星容量可达 11 Gbit/s。

柔性数字信道化器原理如图 3-23 所示。

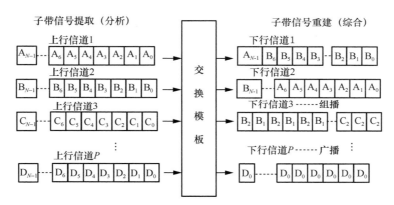

图 3-23　柔性数字信道化器原理

柔性数字信道化技术的关键问题在于如何将输入信号提取成不同带宽的各子信道（称为分析），并将交换后的各子信道重建为输出信号（称为综合）。其算法具有多种实现方式，其中多级法、多相傅里叶变换法、数字下变频法、解析信号法等可以支持的子信道数量较少或要求各子信道带宽相等。基于离散滤波器组（DFB）的数字信道化方法能够支持非均匀带宽子信道，但是该方法中滤波器设计与具体的用户子信道分配方案耦合，导致在子信道用户数量较多时，算法产生的存储开销极大，实用价值有限。与之对比，调制滤波器组（MFB）则有效克服了上述缺陷。MFB 的设计无须像传统 DFB 一样针对特定子信道划分方案设计滤波器组，而是简化为设计符合要求的低通原型滤波器，通过余弦或复指数调制动态改变其中心频率，以获得用于信号提取及重建的分析及综合滤波器组。其中，原型滤波器的通带带宽、阻带及过渡带幅频特性分别决定了最终调制所得的滤波器组的子信道带宽（颗粒大小）、阻带衰减及重构误差性能。此外，MFB 还能通过多项分解技术以高效的多相结构实现，这使得该方案在实际工程应用中具有很大优势。目前，基于 MFB 的数字信道化算法成为信道化技术的主流方案。

目前设计 MFB 的方法根据其优化过程可分为非线性优化技术及线性搜索技术。早期的设计方法多属于非线性优化技术，这些算法所得的滤波器组的阻带衰减及重构性能较好，但优化过程复杂，耗时多，对初始值敏感，在子信道数较多时难以确保获得满意的优化结果。随着卫星系统带宽及用户的增加，子信道的划分需要更高的通道数和更细的颗粒度，这使得采用线性搜索技术的原型滤波器设计方法逐渐发展起来。典型方法有基于加权窗函数的原型滤波器设计、基于频率取样法的重构性能优化，这类算法所得滤波器性能相对非线性优化算法稍弱，但其搜索过程易于实现，在子信道数较多的情况下仍能确保较好的优化结果。

除了 MFB 本身的设计方法之外，另一个技术问题值得关注：采用数字信道化技术后，星载控制器可对提取出的各子信道独立设置功率增益，有利于缓解卫星转发器中高功放的非线性效应。在传统多载波卫星通信系统中，转发器高功放的非线性效应所带来的交调作用，以及强信号对弱信号的抑制等问题，使得卫星转发器只能采用功率回退，功率利用率及系统容量难以提高。

对于射频信道化交换技术，目前的研究主要集中在优化各子信道增益分布以提高转发器功率效率[31]、获取最高通信容量[32]、获取最佳转发收益[33]等方面。已有研究均是在离线静态参数下的优化，计算过程耗时多。由于链路动态不断变化，未来如何设计适合动态环境下的在线增益调整将是值得关注的方向。

3.4.2.2　光波长交换

光波长交换是指交换模块和接收端/发送端均工作在光载波频段。星载激光终端接收到一定波长的调制光信号，将其耦合进光交叉设备。光交叉设备将该光信号倒换到对应的端口输出。若在输出端口该波长已经被其他光信号占用，还可以通过波长变换设备实现光信号的波长调整，从空闲的波长输出。光波凭借更高的载波频率和更宽的频带宽度，相比于射频可以提供更大的信道容量。

光波长交换的核心设备是光交叉连接（OXC）设备。OXC 设备主要由输入端、光交叉连接矩阵、输出端和管控单元组成。输入端接收波分复用（WDM）光信号，该信号通过光放大器和解复用器被分解成多个单个波长的光波，再被输入到光交叉连接矩阵。光交叉连接矩阵将对应的输入输出端口连接，实现光交换过程。输出端通过波长复用器将同一输出端口不同波长的信号耦合进同一光纤/发射天线中。若输出端多个信号占用了同一波长，波长变换器可变换某一输出光信号的载波频率到该端口空闲的载波频率上。

光交叉连接矩阵是光交叉连接设备的核心组件。可通过 $2N$ 个 $1 \times N$ 端口的光开关构建 $N \times N$ 端口的 OXC 模块，也可通过微机电系统（MEMS）微镜阵列芯片实现矩阵光开关。可重构光分插复用器（ROADM）是一种可在密集波分复用（DWDM）系统中使用的光交叉设备。ROADM 中光上下路单板和光线路板核心器件为波长选择开关（WSS）。WSS 可通过液晶（LC）阵列、微机电系统（MEMS）、微环谐振器（MRR）和马赫–曾德尔干涉仪（MZI）等方式实现[34]。

3.4.2.3　微波光子信道化交换

微波光子技术融合了微波技术和光子学，是一种使用光电器件和光电系统传输与处理微波信号的技术。微波光子技术将微波信号调制到光载波上，在光域实现分路合并、放大衰减、滤波等一系列处理，最后经过光电探测变换到微波域，输出微波信号。与微波技术相比，微波光子技术的优势在于：能够更好地适应高频段、宽频带信号的变频处理；通过与光交换结合能够有效克服微波开关矩阵的带宽、规模、损耗和干扰等方面的问题，支持宽带射频信号的大规模交换；由于元器件的尺寸与波长成正比，能更好地实现集成化和小型化。

在信道带宽提升和波束数量增长的驱动下，引入微波光子技术有望降低整体复杂度。微波光子技术与数字信道化技术相结合的星上有效载荷典型结构如图 3-24 所示。

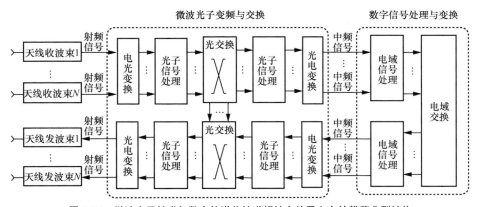

图 3-24　微波光子技术与数字信道化技术相结合的星上有效载荷典型结构

其利用微波光子变频交换技术以较低复杂度实现波束级的宽带信道交换。利用数字信道化技术实现载波级的窄带信道交换，满足业务的灵活性需求，提高资源利用率。其中，光子信号处理单元主要用于实现宽带信道的分路合并和放大衰减、滤波等信号处理功能，电域信号处理单元主要用于实现窄带信道的分析与综合滤波等处理功能。

欧洲航天局提出了利用微波光子技术实现卫星转发的相应方案，实现了 Ka 频段到 C 频段的变频以及 4×4 微电机械系统光交换矩阵转发，并完成了系统级的地面演示[35]。2014 年，欧洲航天局提出在下一代卫星有效载荷中引入微波光子技术[36]，使用光域的分布式本振网络支持变频处理，并分别基于微波技术和微波光子技术开展了 20 路 Ka 频段的下变频处理的仿真实验，结果表明基于微波技术的下变频功耗为 80 W，重量为 12 kg，而基于微波光子技术的下变频功耗为 11 W，重量为 5.2 kg。2017 年，一种将微波光子技术与数字信道化技术相结合的卫星有效载荷[37]，实现了 L、S、Ku、Ka 频段对应资源的多通道共享。2019 年，空中客车公司宣称通过 Optima 项目推进的微波光子卫星有效载荷技术准备级别已经达到 6 级，这是原型样机之前的最后一个级别，但是迄今未见微波光子变频与交换技术在轨验证的报道。

3.4.3　时分电路交换

载波级信道化电路交换的粗交换粒度在面对小颗粒的业务数据时，会造成资源利用率的下降。时分电路交换将交换粒度精细到时隙量级，实现更加灵活的电路交换。时分电路交换将一个波长/载波分成若干个时隙。交换网络中，每个业务会占用一个或者多个时隙。在交换节点处，交叉连接设备将时隙中的业务时间片在对应的时间倒换到对应的输出端口。

时分电路交换广泛用于地面承载网中，如同步数字体系（SDH）、光传送网络（OTN）、细颗粒光传送网（fgOTN）和切片分组网（SPN）等承载网技术中。SDH 技术中以同步传送模块（STM）为容器，实现 155 Mbit/s 粒度的数字同步电路交换。在 OTN 技术中以光通路数据单元（ODU）作为容器，实现 1 Gbit/s 粒度的时域电交叉连接。在 fgOTN 和 SPN 技术中，以细粒度光数据单元（fgODUflex）和小颗粒单元（FGU）作为容器，可以实现 10 Mbit/s 粒度的时域电交叉连接。

时分的电路交换可以在电域或光域完成。电域的时分电路交换通过数字交叉连接（DXC）设备实现。DXC 设备将输入信号分成多个并行的信号，再通过交换矩阵实现时隙交换功能。输出端将多个信号通过时分复用的方式整合，再将信号调制到载波上进行输出。在输出端光域的时分电路交换通过高速光开关实现。时分光交换目前正处在学术研究阶段，在地面承载网中鲜有商用案例，但时分光交换技术凭借资源利用率高、交换容量大、颗粒度小、能耗低等优势，在卫星平台能源受限、波长资源受限、载荷受限的情况下，具有一定的适配性，有助于节约能耗、体积和波长资源，有潜力在卫星网络中发挥更大的作用。

3.4.4　分组交换

（1）技术原理

分组交换也称为包交换，它将用户通信的数据划分成多个更小的等长数据段，在每个数据段的前面加上必要的控制信息作为数据段的首部，每个带有首部的数据段就构成了一个分组。首部指明了该分组发送的地址，当交换机收到分组之后，将根据首部中的地址信息将分组转发到目的地，这个过程就是分组交换。能够进行分组交换的通信网被称为分组交换网。分组交换的本质就是存储转发，它将所接收的分组暂时存储下来，在目的方向路由上排队，当它可以发送信息时，再将信息发送到相应的路由上，完成转发。其存储转发的过程就是分组交换的过程。

（2）星上 IP 交换

星上分组交换的对象是数字码流（报文），要求卫星支持用户波形信号的调制解调处理。早期的分组交换采用与地面网络相同的协议与相关技术，进行了一系列研究与系统试验，随着地面网络被 IP 协议所统一，为便于协议的兼容，在天基也可采用标准 IP 交换体制。已开展的在轨星上 IP 交换实验包括美国国防部的低轨连接（CLEO）计划和太空互联网路由（IRIS）计划，其中 CLEO 计划是在低轨卫星开展的，IRIS 计划是在同步轨道卫星开展的，二者搭载的是经过加固后的思科路由器。

在地面互联网络中，传统 IP 网络随着流量增加逐步体现出局限性，在分组交换网络中加入交换结构是解决问题的有效方案。多协议标签交换（MPLS）技术是参考了异步传输模式（ATM）的 QoS 理念，为了提高网络设备转发速度而提出的技术。MPLS 在 L2 数据链路层与 L3 网络层之间构建了"2.5 层"技术，相当于在 L3 的 IP 包外直接贴上了标签，支持 IPv4 和 IPv6 等多种 3 层网络，兼容 ATM、以太网等多种二层链路传输体制，同时具备 IP 路由的灵活性和标签交换的简捷性。

多协议标签交换技术提出初期，路由节点设备的性能较弱，路由器通过软件进行路由查表时效率较低，因此多协议标签交换技术在提高转发效率方面具有一定优势。与传统 IP 路由查表转发方式相比，多协议标签交换数据转发只在网络边缘分析 IP 报文头，中间节点的每一跳都无须再查看目的 IP 报文头，而是查找"2.5 层"的多协议标签交换报文头的标签字段，一定程度上节约了节点的路由查找时间。

在天基网络中，MPLS 技术的引入也能够有效降低星上路由查找开销。即将地面用户侧标准 IP 数据包封装在用于星间转发的标签中，通过卫星上的路由载荷进行高效的标签转发。

3.4.5　动态路由

（1）卫星网络路由特点

传统的地面网络路由协议主要包括开放最短路径优先（OSPF）和边界网关协议（BGP）等。但 OSPF 和 BGP 等分布式地面路由协议主要适用于具有静态拓扑结构的地面网络中换位场景，特点是路由算法占比很少，绝大部分内容用于维护拓扑和邻居关系。

地面网络一旦组网完成，拓扑就不会频繁变动，仅在添加新设备或设备发生故障等情况下需要进行拓扑维护。因此，OSPF 和 BGP 路由协议仅在网络初次生成路由条目时耗费较多的计算资源，不会出现频繁重路由的情形。

由于卫星网络的动态时变的特点，如果将 OSPF 和 BGP 等协议直接应用到卫星网络，将面临路由算法收敛慢、转发环路和路由振荡等问题。具体而言，卫星网络与地面网络的区别主要表现在以下 3 个方面。

1）地面网络一旦建成后，拓扑结构基本是静态的，往往不会有较大的改变。卫星网络因为是由许多运行在不同轨道上的卫星组成的，每颗卫星时刻都在不停地运转着，而且卫星网络的轨间链路切换频繁，所以卫星网络的拓扑结构时时刻刻在发生变化。卫星网络的拓扑结构虽然是动态变化的，但是每颗卫星都沿着特定的运行轨道不断地绕地球运动，所以其拓扑结构是周期性变化的，是可预测的。

2）由于地面网络属于不同的地域、组织、机构，因此往往没有固定的网络拓扑结构规律，网络拓扑具有较大的随机性。而卫星网络的拓扑结构往往比较规则，有较好的规律性。

3）地面通信网络的平均时延都比较小，对路由算法的收敛性要求不高。而卫星网络由太空上运行的卫星组成，星地和星间的传播时延都较大，对路由算法的收敛性要求比较高。

除了 OSPF 和 BGP 外，还有一些针对地面移动无线网络的路由协议。如谷歌热气球网络项目所采用的无线自组织网络按需平面距离向量路由（AODV）协议和移动自组织网络（MANET）所广泛采用的动态源路由（DSR）协议。虽然这些自组织自适应的无线路由协议具有支持网络拓扑动态变化并进行路由的重新发现和修正等优点，但这些无线路由协议由于路由算法收敛慢、支持的节点数目少而不适用于卫星网络。

根据卫星网络系统拓扑的动态时变的特性以及灵活可重构、弹性抗毁等需求，在设计卫星网络路由时应当遵循以下几点原则。

1）适应性。由于卫星网络拓扑高动态的特点，现有地面通信网络路由策略往往无法直接应用于卫星通信网络中，路由算法收敛过慢将会导致路由循环或路由超时失效。路由算法应当适应节点失效、临时入网与退网的情况，尽量减小收敛时间，保证数据传输的有效性。

2）安全性。卫星轨道的固定性，使卫星互联网容易遭受攻击和干扰。此外，日凌、高能粒子等恶劣的宇宙空间环境也会使卫星载荷或者星间链路发生故障，从而引发卫星网络拓扑变化。在各类突发异常情况下，路由算法应当具备能够保证卫星网络安全可靠、正确运行的能力。

3）先进性。随着卫星网络技术不断发展，各种轨道类型的异质连接和异构组网的巨型星座不断出现。路由技术应当适应各类卫星网络系统，并且能够实现与地面网络的融合。

4）经济性。由于卫星星载存储、计算及储能能力有限，在设计路由技术时，尽量减少算法设计的复杂性，从而降低计算开销和存储开销，节省宝贵的星载资源。

针对卫星网络的动态时变特性和星上资源受限的运行环境，卫星网络路由技术的设计主要包括两个方面：将动态时变的卫星网络拓扑简化成静态网络拓扑，然后借鉴成熟的地面网络路由技术设计卫星网络路由算法；采用集中式组网架构将复杂的路由计算放在地面信关站，而卫星节点只负责转发。下面将分别介绍这两种路由技术。

（2）动态拓扑解耦

卫星不断地沿着各自的轨道运转，导致整个卫星网络的拓扑结构快速而有规律地变化着。利用这些周期和规律，日凌、轨道调整、姿态调整等计划性的链路通断等引起的拓扑变化也可以被预测。

结合卫星轨道数据和可预测的拓扑变化信息，我们可以先采用虚拟化策略来屏蔽拓扑动态性，然后针对静态的拓扑序列，借鉴成熟的地面网络路由技术来设计卫星网络的路由算法。

常用的动态拓扑的解耦策略主要包括基于时间虚拟化的虚拟拓扑法和基于空间虚拟化的虚拟节点法。

1）虚拟拓扑法

如图 3-25 所示，虚拟拓扑法的策略是利用卫星星座运转的周期性和可预测性，将卫星网络的动态拓扑进行离散化。将一个系统周期 T 划分为若干个时间片

$[t_0, t_1), [t_1, t_2), [t_2, t_3), \cdots, [t_{n-1}, t_n), \cdots$，星间链路的变化仅在时间片的分割点 $t_1, t_2, \cdots, t_n, \cdots$ 发生。每个时间片内的拓扑均可看作静态，称为虚拟拓扑或者"快照"。在各个静态拓扑内可采用深度优先和迪杰斯特拉（Dijkstra）结合的最短路径算法找到所有成本最低的路径[38]。

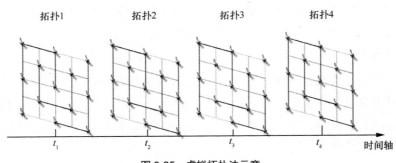

图 3-25　虚拟拓扑法示意

　　虚拟拓扑法策略的优点是基础路由可以在地面预先计算后上传给卫星。卫星载荷只需要在时间片的分割点更新星载路由表，从而减少星上的计算开销。同时星载路由表可以加入备用路径的选项，从而支持路由故障的快速恢复，加强稳定性。

　　尽管虚拟拓扑法可用于多层混合星座，但随着卫星数目的增加，拓扑维持时间将缩短而虚拟拓扑数目将增加，进而导致较大的拓扑管理和路由开销。

　　2）虚拟节点法

　　如图 3-26 所示，虚拟节点法的拓扑策略是从空间上将星座覆盖区域进行虚拟化，将地理区域划分为若干个小区，称为虚拟节点[39]。各虚拟节点分配有逻辑地址，与其上空负责覆盖的卫星建立映射关系，共享逻辑地址。当卫星不再覆盖该小区时，相应的地面虚拟节点映射至后续覆盖卫星，由后续覆盖卫星继承原卫星的逻辑地址和网络状态（包括路由表和链路状态等），从而通过虚拟节点与卫星的动态映射构建静态的虚拟网络。

　　在卫星发生切换时，路由表和链路队列等状态信息从当前卫星转移到后续卫星上。通过地理位置转化，我们在计算路由时，不必考虑卫星星座的动态性，只需要计算由虚拟节点构成的逻辑平面内最优路由。

　　虚拟节点的映射切换可发生在同轨道面卫星内或异轨道面卫星间。如果限定虚拟节点切换时仅由同一轨道面内的卫星继承，则虚拟节点间的连接关系保持不变，可形成静态的虚拟网络。如果虚拟节点切换发生在异轨道面卫星间，由于地球自转的影响，卫星轨道面会偏离原来的覆盖区域，因此映射的虚拟网络需要在运行一段时间后进行校正。基于地理区域划分的虚拟节点法可通过将用户与虚拟节点绑定实现用户移动性管理，根据用户地理位置即可推知其覆盖卫星的虚拟地址。

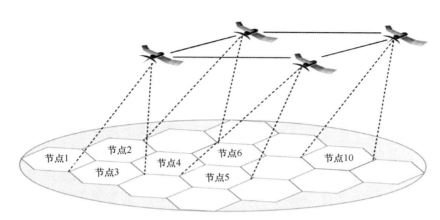

图 3-26 虚拟节点法示意

如图 3-27 所示，目前卫星天线系统主要有两种工作方式：卫星固定足印模式与地球固定足印模式。在卫星固定足印模式下，卫星与其足印同步移动。在地球固定足印模式下，卫星需要自动调整天线，使波束始终指向固定覆盖区，在一段间隔内保持足印固定不变。

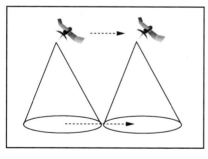

（a）卫星固定足印模式

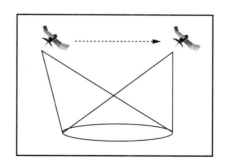

（b）地球固定足印模式

图 3-27 卫星天线的工作模式

为了显示不同拓扑控制策略的特点，表 3-1 对这两种拓扑控制策略进行了对比分析。与虚拟拓扑法相比，虚拟节点法仅适用于同构的单层星座，但具有拓扑固定不变、无额外计算负载的优点。虚拟节点法的天线工作模式需要采用地球固定足印模式，对天线的要求比较高。

表 3-1　虚拟拓扑法与虚拟节点法的比较

方法	天线类型	星座类型	卫星类型	拓扑数量	计算复杂度
虚拟拓扑法	不限	不限	不限	多个	高
虚拟节点法	地球固定足印	单层星座	同构	单个	低

卫星网络的拓扑控制策略直接影响到路由技术的设计。如果拓扑控制策略产生较多的拓扑变化，则不利于高效路由算法的实现。实际应用中，需要针对不同的环境采用相应的拓扑控制策略。例如，对于巨型星座，可以将虚拟拓扑法和虚拟节点法相结合，采用分级分域的管控方法，将大型星座按照逻辑地址划分成多个由虚拟节点组成的区域。对于域间的拓扑动态性，可以利用虚拟拓扑法处理，而对于域内拓扑动态性，则可以利用虚拟节点法处理。域间互相屏蔽域内拓扑，仅需交换域间的连接链路信息，同时将域间的多连接链路进行抽象聚合，进一步减少需要同步的信息量。通过分级分域的方法，域间网络的规模可以维持在少数节点的范围内。

在屏蔽了卫星系统拓扑结构的动态变化后，可以借鉴地面网络的路由算法，针对静态的卫星网络拓扑快照设计路由算法，如基于虚拟拓扑的有限状态自动机（FSA）路由算法和基于虚拟节点的分布式数据报路由算法（DRA）等。

（3）集中式路由

除了分布式路由技术，低轨卫星星座也可以采用集中式组网路由架构，由中央控制器为各卫星节点集中生成路由表。集中式路由法需提前获取全局网络状态信息，能对全局资源进行集中调度，在提高网络整体吞吐率的同时大大降低了对星上处理能力的要求。

在卫星网络中，一方面，随着星座规模的扩大，星间转发次数的增加在一定程度上降低了路由传输的可靠性，此外还面临着负载不均衡和网络拥塞的问题；另一方面，卫星数量的增加也使得两点间具有多条路径，有利于提高路由的冗余性和灵活性，所以通常采用集中式路由为主，分布式路由为辅的路由技术。

如图 3-28 所示，卫星网络集中路由组网架构可以采用软件定义网络（SDN）的思想，将卫星网络分为控制面和转发面。卫星只负责转发数据，以减少卫星的计算负荷。为实现卫星网络的灵活集中管理，在地面设置了一个 SDN 主控制器计算路由路径。

信关站分别收集卫星网络和地面网络的拓扑信息，然后发送给 SDN 控制器。SDN控制器收集和整合各个信关站的拓扑信息，为每颗卫星生成带有时戳的主路由表和多个备用路由表并通过信关站上传到卫星。卫星在收到下一次的 SDN 控制器所发的路由更新信息前,按照预定的时间片更新自己的路由表项。当主路由的某段链路发生故障时,卫星网络切换到备用路由,从而将卫星网络快速恢复到工作状态。当 SDN 控制器收到链路故障信息时,更新拓扑信息,重新计算相关卫星的路由表项,并将更新的路由表上传到相关卫星。

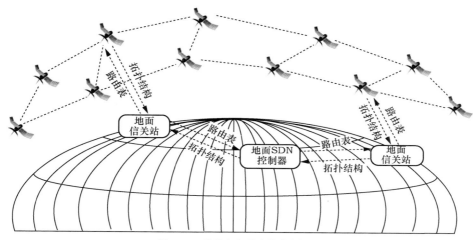

图 3-28 软件定义网络的路由技术

在集中式组网架构下,中央控制器负责维护拓扑和邻居关系,路由算法以应用形式部署于控制器,各个节点无须在本地维护网络拓扑信息,不仅有助于节约大量星上处理资源,而且控制器可以从全网视角进行路由设计,决定数据转发路径是否最优,实现精准优化,进而最大限度地提高网络整体性能。集中式路由的优点在于中央控制器可以根据全局网络状态信息,预留资源带宽,为业务数据建立端到端的路由。

对于节点规模大和网络复杂的巨型星座,如果整个路由协议的传输都集中在中央控制器,可能存在网络拓扑更新不及时的问题,另外控制通道的性能会影响整个卫星网络的控制,存在很大的风险。为了增加卫星网络的稳健性和灵活性,集中式路由可以与分布式路由联合,根据局部网络信息为数据包独立生成局部路由表项。分布式路由不要求卫星节点知道整个卫星网络的拓扑结构,只需要感知其与邻居节点之间的连接状态就可以根据各节点距离目的地的相对距离逐跳生成最优转发路径,可以有效地减少集中式路由的信令开销和传输时延,大大缩短了协议的收敛时间,提高了协议的运行效率。因此,虽然分布式路由单独使用无法保证全局最优,但作为集中式路由的辅助技术,分布式路由可以提高巨型卫星星座的稳健性和灵活性。

|3.5 网络可靠性保障技术|

3.5.1 概述

太空环境严酷，辐照、单粒子、日凌、低频振动频繁、温差大、真空负压等环境因素对元器件和设备的可靠性提出很高的要求。因此，卫星网络和地面网络一样都面临各种突发故障，如何在发生故障时减少丢包，在故障恢复时不丢包，是可靠性需要研究的问题[40]。

商业航天任务中，受成本因素制约，单卫星节点抵御空间环境干扰的能力较低，但可以借助其大规模部署的优势，以网络级可靠性弥补单节点可靠性的不足。在地面网络中，一般采用链路状态检测、快速重路由、路由快速收敛等技术提升网络可靠性，这些技术的设计思想和方法同样适应于卫星网络。

3.5.2 故障模式分析

在卫星互联网系统中，主要包括 3 类链路和两类网元：链路包括用户接入链路、星间通信链路和星地馈电链路；网元主要包括星载路由器、信关站。

网络故障是指受突发事件影响，通信链路状态和网络拓扑发生变化的场景，比如单粒子闩锁、供电异常引起链路通断状态变化。卫星互联网系统组网网元和链路故障场景包括：星间端口故障导致星间链路断开，触发路由重新算路，造成全网部分路径容量下降、丢失部分最短路径、端到端时延增加等。

3.5.3 网络故障检测

卫星通信链路由于受到空间环境影响，闪断频发，为了减小设备故障对业务的影响，提高网络的可靠性，网络设备需要能够尽快检测到与相邻设备间的通信故障，以便及时采取措施，保证业务继续进行[41]。

从支持业务的角度出发,参考地面网络突发故障时需要在 50 ms 内恢复业务流的指标要求，建议转发面切换备份路径处理时间为 20 ms，链路故障检测时间为 30 ms（间隔 10 ms，链路连续探测 3 次）。

在现有地面网络中，通常采用以下几种方法检测链路故障。

通过硬件检测信号，如同步数字体系（SDH）告警，检测链路硬件故障。它的优点是能够快速检测故障。

如果无法通过硬件信号检测故障，通常采用路由协议的 Hello 报文机制。采用路由协议的 Hello 机制进行故障检测存在一些问题，例如路由协议的 Hello 报文机制检测到故障所需时间比较长，超过 1 s，当数据速率达到 Gbit/s 级时，在此检测时间内，大量数据将会丢失。同时，在 3 层网络中，Hello 报文检测机制无法针对所有路由协议来检测故障（例如静态路由没有 Hello 报文检测机制）。

在卫星互联网系统中，主要采用的突发故障检测手段备选技术有 3 种：空间组网物理层硬件检测；空间组网链路层 MAC 连续性检测；空间组网网络层检测。

（1）空间组网物理层硬件检测

空间组网通信载荷本身会通过硬件检测信号（如 SDH 告警）进行端口故障和断链检测。空间载荷端口故障时，本地业务流量恢复时间为断链检测时间+快速重路由备份路径切换时间。馈电接口故障时，本地业务流量恢复时间为馈电链路检测时间+快速重路由备份路径切换时间。同时，将本地故障通告给网络其他节点，直至全网收敛。故障感知示意如图 3-29 所示。

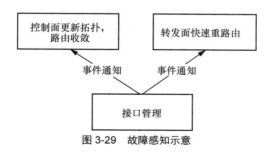

图 3-29　故障感知示意

（2）空间组网链路层 MAC 连续性检测

基于 ITU-T 提出的操作维护管理（OAM）协议 Y.1731，实现以太网链路状态一跳检测，以太网操作管理维护（ETH-OAM）的故障管理功能包括：

1）以太网连续性检测（ETH-CC）功能；

2）以太网环回（ETH-LB）功能；

3）以太网链路跟踪（ETH-LT）功能；

4）以太网告警指示（ETH-AIS/LCK/RDI）功能；

5）以太网测试信号（ETH-TEST）功能。

卫星互联网系统如采用以太网作为链路层接口通信技术，可以使用连续性检测功能进行故障检测，当检测到故障后支持故障告警。连续性检测功能主要包括连续性检测消息产生与发送、维护端点（MEP）数据库的建立、故障判定等步骤。连续性检测消息示意如图 3-30 所示。

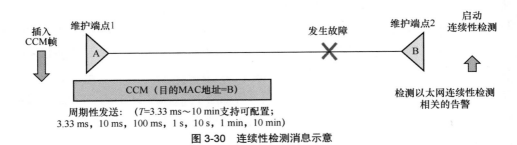

图 3-30　连续性检测消息示意

1）连续性检测消息产生与发送：当使能了连续性检测消息（CCM）发送功能的 MEP，周期性发送 CCM，发送周期 T 可选。报文格式如图 3-31 所示。报文格式定义如图 3-32 所示。

6	6	2	1	2	1	42~149 6	4
DMAC	SMAC	Type	Subtype	Flags	Opcode	Data/Pad	CRC

图 3-31　报文格式

字段	含义
DMAC	以太网OAM报文目的MAC地址，为慢协议组播地址：0x0180-C200-0002。由于慢协议报文不能被网桥转发，因此以太网OAM报文也不能被转发
SMAC	以太网OAM报文源MAC地址，为发送端的桥MAC地址，是一个单播MAC地址
Type	以太网OAM报文的协议类型，为0x8809
Subtype	以太网OAM报文的协议子类型，为0x03
Flags	Flags域，包含了以太网OAM实体的状态信息
Opcode	OAM PDU报文的类型
Data/Pad	数据/填充
CRC	循环冗余校验（帧校验序列）

图 3-32　报文格式定义

2）MEP 数据库建立：启动了连续性检测功能后，设备会建立 MEP 数据库，MEP 数据库中存储维护区域内所有 MEP 信息。

3）故障判定：当 MEP 在 N（大小可配置）个发送周期内没有收到另一端 MEP 发送的 CCM，则认为故障产生，并上报故障。

（3）空间组网网络层检测

空间组网网络层检测通过双向转发检测（BFD）的检测方式实现。RFC5880 中定义的 BFD 提供了一个通用的标准化的介质无关和协议无关的快速故障检测机制，用于检测两个转发点之间的故障。BFD 本质上是一种高速的独立 Hello 协议，两个节点在之间的某条链路上先建立一个 BFD 会话，然后进行 BFD 检测。如果发现链路故障就拆除 BFD 邻居，并立刻通知上层协议。

BFD 检测具有以下优点：

1）提供轻负荷、短周期的故障检测，故障检测时间可达到毫秒级，可靠性更高；

2）支持多种故障检测，如接口故障、数据链路故障、转发引擎本身故障等；

3）依赖硬件，能够对任何介质、任何协议层进行实时检测。

BFD 协议检测链路状态如图 3-33 所示。

BFD 检测会在 BFD 会话建立后周期性地快速发送 BFD 报文，如果在检测时间内没有收到对端 BFD 报文则认为该双向转发路径发生了故障，通知被服务的相关层应用进行相应的处理。BFD 检测本身并没有邻居发现机制，而是靠被服务的上层应用通知其邻居信息以建立会话。不管是物理接口状态、二层链路状态、网络层地址可达性，还是传输层连接状态、应用层协议运行状态，都可以被 BFD 感知到。

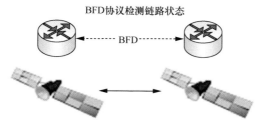

图 3-33　BFD 协议检测链路状态

3.5.4　网络故障处理

在卫星互联网系统中单点故障的大部分场景都可以通过快速重路由技术实现业务流

量的快速恢复。多点故障的场景不支持快速重路由，通过路由收敛的方式恢复业务流量。

网络故障时的业务恢复效率是衡量网络服务质量的关键指标，因此格外受到运营商的重视。为了实现任何一个节点或链路发生故障时业务倒换小于 50 ms 的要求，发明了快速重路由（FRR）技术，也称路由保护技术。其核心思想是预先计算一条备份路径，当主路径发生故障时，快速将业务切换到备份路径上，实现毫秒级保护[42]。

快速重路由技术可分为以下 3 种。

（1）无环路备份（LFA）：可覆盖 75%的场景；

（2）远端无环路备份（RLFA）：可覆盖 96%的场景；

（3）拓扑无关的无环路备份（TI-LFA）：理论上可覆盖 100%的场景。

TI-LFA 通过引入 SR 标签技术，以严格路径规划的方式，将报文绕过故障区域，避免了备份路由对拓扑的依赖，可实现拓扑无关的无环路由保护，提高了快速重路由技术的可靠性。TI-LFA 会给数据包增加新的路径分段信息，根据拓扑无环空间算法计算最短路径树，并计算备份出接口和修理清单。

TI-LFA 计算的基本要求：

（1）TI-LFA 路径必须保证无环；

（2）TI-LFA 路径与收敛后的路径保持一致；

（3）TI-LFA 路径标签栈长度满足设备约束。

网络拓扑故障 TI-LFA 快速重路由如图 3-34 所示。

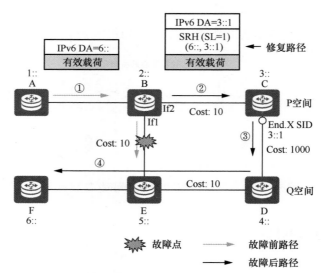

图 3-34　网络拓扑故障 TI-LFA 快速重路由

从 A 到 F 的最短路径为 A→B→E→F，以节点 B 计算 TI-LFA 快速重路由路径的过程举例。

（1）排除主下一跳（B-E 链路）计算收敛后的最短路径为：B→C→D→E→F。

（2）计算 P 空间：P 空间的定义是，使用最短路径算法可以从源节点（节点 B）到达且不经过被保护的链路/节点的网络节点的集合。在本例中，可知 P 空间中的节点为节点 B 和节点 C。

（3）计算 Q 空间：Q 空间的定义是，使用最短路径算法可以从目的节点（节点 F）到达且不经过被保护链路/节点的路由器集合。在本例中，可知 Q 空间中的节点为节点 D、节点 E 和节点 F。

（4）计算修复路径：我们把既在 P 空间又在 Q 空间的节点称为 PQ 节点。

PQ 节点满足如下两个特征：

（1）源头节点以该节点作为目的地址发送报文，报文不会环回到源节点；

（2）从该节点发送报文到目的节点，报文不会环回到源节点。

如果网络存在 PQ 节点，则修复段列表只需编排流量到达对应的 PQ 节点即可；如果不存在 PQ 节点，则修复段列表先将流量指向备份路径上距离本节点最远的 P 节点，再加上该 P 节点和离本节点最近的 Q 节点之间的逐跳严格路径，指导报文从 P 空间转发到 Q 空间，从而实现在任意拓扑上计算无环备份路径。在本例中，由于不存在 PQ 节点，则修复段列表为 C 节点上指向 D 节点的链路对应的邻接段标识。

| 3.6　网络服务质量保障技术 |

3.6.1　概述

随着卫星互联网的结构越来越复杂，规模和投入越来越大，未来天基网络必然面对多业务场景应用需求。一方面，不同的业务应用场景对应不同的网络服务质量保障机制，如何设计高效的服务质量保障机制为高优先级业务提供基于端到端的可靠传输，为低优先级业务提供尽力而为的网络服务，是卫星互联网天基承载网络的重要发展方向；另一方面，卫星互联网不仅要面对地面互联网中原有的服务质量问题，而且卫星通信、卫星网络的特性又使得服务质量问题在卫星互联网中更加复杂，设计出适用于该网络环境下的 QoS 保障方法是卫星互联网的重要研究课题[43]。

当前网络服务质量保障主要通过 QoS 模型、流量工程等技术实现，随着空间载荷能力提升、网络切片技术和确定性网络技术的逐渐成熟，未来卫星互联网将能够提供多维度服务质量保障技术。

3.6.2 流量工程

流量工程（TE）事实上是一套工具和方法，是使特定流量按照优化目标经由网络中特定路径（通常是非内部网关协议（IGP）最短路径）转发，是对网络工程或网络规划的一种补充和完善措施。

当前基础的 IP 路由协议本质上是无连接的，只基于目的 IP 地址和最短路径，忽略网络连接容量和包流量，这导致了网络的利用效率无法进行整体优化提升，而现有 IP 网络应用最广的 QoS 模型 DiffServ 并没有将网络中带宽直接分配给数据流，因此只能承诺相对服务质量，不能对用户提供端到端的绝对服务质量保障，也难以满足特殊业务高服务质量的需求。由于卫星网络带宽资源有限，星上处理能力较地面仍显不足，这样，面对高突发、复杂环境下的流量，卫星网络节点的拥塞问题将会十分突出，进而会大大降低网络资源利用效率，对服务质量产生不利影响。

借助流量工程技术可以实现指定业务所经过的端到端路径，进行全网业务规划，在卫星网络全网范围内为特定业务实现资源预留。目前常用的流量工程技术有 RSVP-TE 和分段路由流量工程（SR-TE）两种。

（1）RSVP-TE

RSVP-TE 的方式是基于资源预留协议（RSVP）采用 IntServ 业务模型实现的。在一条已知路径的网络拓扑上的各网元必须为每个要求服务质量保证的数据流预留想要的资源，即 RSVP 保证每个能发送的流量都有资源，不会丢弃，但是效率低，也不能感知全网状态从而实现网络的动态更新与配置，无法依靠全局网络视图来作为选路的参考。

（2）SR-TE

SR-TE 是使用分段路由（SR）作为控制协议的新一代的流量工程（TE）隧道技术，在运营商或大型的内容提供商网络中的控制流量传输路径部署中得到了越来越广泛的应用。面向卫星互联网多业务场景应用需求，卫星网络承载的业务种类多、特性差异大，如何保障不同业务的 QoS 需求，按照业务特性分配资源，就显得十分必要。

SR 技术是一种脱胎于 SDN 的源路由机制，继承了 SDN 集中控制的能力。SR 通过将报文转发路径切割为不同的分段，并在路径的起始点往报文中插入分段信息指导报文转发，实现了显性路由和源路由。不用在中间及出口节点维持流状态，此性质有助于网络调度大量流。从数据平面的选择来划分，SR 有两大类实现方式，一种是基于多协议标签交换（MPLS）的 SR-MPLS，另一种是基于 IPv6 的 SRv6。SR-MPLS 使用标签栈来描述通过网络所需的路径。标签交换路由器（LSR）观察标签，弹出并转发。SRv6 使用嵌入在 IPv6 数据包中的分段路由报头（SRH），支持 SRH 的节点读取报头、更新指针、交换目标地址并转发。

　　SR-TE 采用转发面与控制面分离的设计思想通过集中控制方式实现。结合 SDN 的集中控制特性，可基于全局视图进行网络管控，SR-TE 能够对网络变化做出快速响应，进行敏捷和灵活的流量工程。控制器负责计算隧道的转发路径，并将与路径严格对应的标签栈下发给转发器。转发器承载隧道业务，根据 SR 标签栈控制报文在网络中的传输路径。在这个过程中，路径的确定仅在路径的源节点决定，传输的中间节点仅需根据转发标签查找下一跳即可，无须进行复杂的策略查表，极大简化了中间节点的复杂度。在空间卫星网络中，SR 技术可以去除中间节点的状态，有利于降低移动节点的状态交互量。SR-TE 路径规划如图 3-35 所示。

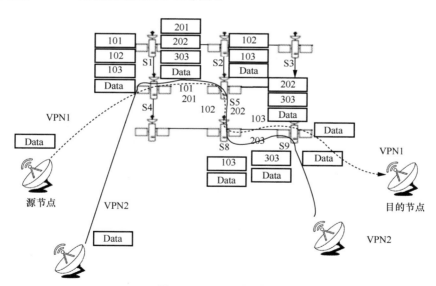

图 3-35　SR-TE 路径规划

　　基于 SR-TE 的流量工程对 QoS 的保障主要体现在两个方面。

　　1）特殊或应急业务的服务质量保障，这类业务除了低时延要求，还需保障带宽和可靠性等网络条件，因此，SR-TE 的流量工程为一次连接请求寻找一条有足够资源的、能满足一个或多个 QoS 需求的可行路径。

2）负载均衡，控制器通过监测网络中某处链路负载超过预设阈值后，给相关卫星下发流量重定向策略，引入指定的绕行路径，将一部分流量调整到其他轻载链路上。

基于 SR-TE 的负载均衡与流量工程可以对不同类别业务进行识别，针对不同业务的不同需求，进行集中调度，提供差异化的网络服务，为需求高的网络业务提供更多的网络资源。SR-TE 方式相较 RSVP-TE 方式更加简洁高效，更加适应大型广域网的大规模流量工程场景，也更加适应 SDN 对网络业务流量转发路径集中控制的要求。从卫星网络资源受限、天然支持集中控制方式的需求出发，SR-TE 是更好的选择。

3.6.3　网络切片

空间网络切片技术是卫星互联网技术体系中的重要组成部分，其目的主要是实现业务的隔离、网络物理设施的复用与服务质量的保障，进而实现不同业务子网的承载[44]。

卫星互联网中有大量的卫星终端设备接入，这些设备分属不同的行业领域，具有不同的特点和需求。卫星网络须具备端到端网络切片能力，以满足不同客户在安全性、可靠性、服务质量等不同维度的不同需求。通过空间网络切片技术，可以高效灵活地部署各种差异化需求业务网络并使其相互隔离，保证业务质量、实现独立运维运营，服务更多的场景领域，也实现卫星网络资源利用的最大化，达到网络与业务的高度适配。

目前该技术在卫星互联网的研究尚处于起步阶段，面临着在星载动态性强的情况下如何维护切片的稳定状态等问题，亟须开展相关研究。

空间网络切片技术主要依靠对虚拟专用网（VPN）的建立与对 QoS 的保障，来提供隔离性以及与资源隔离相对应的 QoS。该技术支持不同业务子网在卫星承载网络上基于统计复用的物理设施共享机制，根据业务组网需求进行切片划分。

网络切片实现基于以太网/IP 技术，以统计复用和存储转发为主要特征，VPN 技术实现软隔离，业务流量在虚拟网络中传输，通过虚拟局域网（VLAN）标签与网络切片标识的映射实现。网络切片具备唯一的切片标识，根据切片标识为不同的切片数据映射封装不同的 VLAN 标签，通过 VLAN 隔离实现网络切片在承载网络的隔离。这种隔离方式虽然将不同切片的数据进行了 VLAN 区分，但是标记有 VLAN 标签的所有切片数据仍然混合调度转发，无法做到硬件、时隙层面的隔离。QoS 保障技术通过流量监管/整形、拥塞管理/避免等基于共享缓存队列调度的机制实现不同业务的差分服务。VPN+QoS 的方式基于 IP/MPLS 的隧道/伪线，基于 VPN、VLAN 等的虚拟化技术，提供了一定的安全隔离和业务性能保障手段。VPN 技术实现切片业务隔离如图 3-36 所示。

图 3-36 VPN 技术实现切片业务隔离

3.6.4 确定性网络

导弹、无人机集群等场景由于地理位置高速变化需要卫星网络提供数据传输，这些场景对数据传输的时间精准度有着很高的要求，由于空间网络节点的高动态性，链路时延和丢包率等动态变化，有必要在卫星网络中引入确定性网络技术，提升卫星网络的通信质量保障。

确定性网络是一种通过对网络数据转发行为的控制，实现可预期、可规划的，将时延、抖动和丢包率等控制在确定范围内的网络技术。

确定性网络技术不是单一技术，而是一系列能保证业务的确定性带宽、时延、抖动、丢包率指标的技术合集，主要目的是保障 QoS。5 种典型的确定性 QoS 包括：低时延（上限确定）、低抖动（上限确定）、低丢包率（上限确定）、高带宽（上下限确定）、高可靠（下限确定），如图 3-37 所示。

其中确定性时延主要通过时钟同步、频率同步、调度整形、资源预留等机制实现；确定性抖动和丢包率通过优先级划分、抖动消减、缓冲吸收等机制实现；确定性带宽通过网络切片和带宽预留等技术实现；高可靠性通过多路复用、包复制与消除、冗余备份等技术实现。

通过在卫星网络中引入确定性网络技术，对卫星网络的感知、传输、计算、存储、通信协议、频率、任务等网络资源加以协调，实现将卫星通信服务的时延、抖动、丢包率的确定性控制。卫星网络中引入确定性技术存在着以下三个挑战。

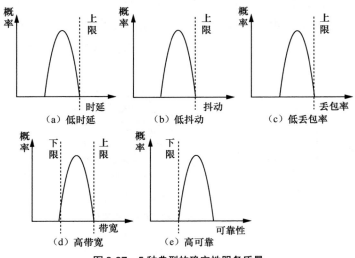

图 3-37　5 种典型的确定性服务质量

（1）分段时延由于传输路径变化而动态改变，节点的动态变化使得路由路径随时间改变，因此，面向相对静态网络场景设计的传统确定性技术方案需要进行一定的改进以适应卫星网络的特点。

（2）SR 技术可以提供端到端的确定路径，然而会增大转发过程中的转发开销，当SR 需要控制细粒度的队列周期时，所需要的开销也就更大。如何在保证卫星网络可编程的同时，降低数据平面的转发开销，摸索出星载 SR 数据平面协议与对应的整形和转发机制，是卫星确定性网络面临的第一个挑战。

（3）卫星网络具有规模庞大、拓扑高动态、端到端路径断续连通、星间链路不稳定等特点，难以实现全球范围内高精度的时间同步，难以利用现有时延保障技术提供确定性时延和抖动。在卫星网络中，星间链路的传播时延不可忽略，如何在跳变拓扑与渐变链路的背景下，保障业务全周期的确定性时延与抖动是第二个挑战。

（4）由于卫星网络的大规模及高动态、星地链路的高速变化、星地网络中多种节点的异构，传统的空间承载网络架构难以支持按时按需、准确无误的数据处理、星间路由交换、星地路由交换。因此，需要设计具有可编程的数据平面架构，以实现按需灵活的数据转发；需要设计高效的网络控制架构，以支持对高动态异构空间承载网的低开销、实时的管理与控制。如何在大规模卫星网络中，实现网络的高效可编程，是第三个挑战。

▎参考文献 ▎

[1] 3GPP TS 38.300. NR; NR and NG-RAN overall description; Stage 2 (Release 18), V18.2.0[R]. 2024.

[2] 3GPP TS 38.331. NR; Radio resource control (RRC); protocol specification (Release 18), V18.2.0[R]. 2024.

[3] 3GPP TS 36.331. E-UTRA; Radio resource control (RRC); protocol specification (Release 18), V18.2.0[R]. 2024.

[4] 3GPP T-doc. RP-221946 Rel-17 NR NTN WI_summary[R]. 2022.

[5] 3GPP T-doc. RP-240922 summary for Rel-18 NR NTN enhancements[R]. 2024.

[6] 爱立信技术评论, 基于 3GPP 技术实现卫星通信[Z].2023.

[7] 张路，王雪，芒戈，等.3GPP 5G NTN 接入网最新技术进展和发展趋势展望[J]. 天地一体化信息网络, 2024, 5(3): 86-95.

[8] 张路，王雪，齐崇清，等.3GPP IoT NTN 接入网技术进展和展望.

[9] 3GPP T-doc. RP-233261 summary for Rel-18 WI IoT-NTN enhancements[R]. 2023.

[10] 3GPP T-doc. RP-221547 Rel-17 IoT NTN WI_summary[R]. 2022.

[11] 3GPP T-doc. RP-234078 new WID - NTN for NR phase 3 in Rel-19[R]. 2023.

[12] 3GPP T-doc. RP-234077 new WID - NTN for IoT phase 3 in Rel-19[R]. 2023.

[13] RAMAMURTHY B. MIMO for Satellite Communication Systems[D]. Adelaide: University of South Australia, 2018.

[14] CHEN S Z, SUN S H, KANG S L. System integration of terrestrial mobile communication and satellite communication[J]. China Communications, 2020,17(12): 156-171.

[15] 未来移动通信论坛. 空天地一体化通信系统[Z]. 2020.

[16] 康绍莉，缪德山，索士强，等. 面向 6G 的空天地一体化系统设计和关键技术[J]. 信息通信技术与政策，2022, 48(9)：18-26.

[17] LI X, LI Y J, ZHAO S H, et al. Performance analysis of weather-dependent satellite－terrestrial network with rate adaptation hybrid free-space optical and radio frequency link[J]. International Journal of Satellite Communications and Networking, 2023, 41(4): 357-373.

[18] 李锐，林宝军，刘迎春，等.激光星间链路发展综述：现状、趋势、展望[J]. 红外与激光工程, 2023, 52(3): 133-147.

[19] ZHANG R F, ZHANG W R, ZHANG X J, et al. Research status and development trend of high earth orbit satellite laser relay links[J]. Laser & Optoelectronics Progress, 2021, 58(5): 1-113.

[20] HUANG K C, WANG Z C. Terahertz terabit wireless communication[J]. IEEE Microwave Magazine, 2011, 12(4): 108-116.

[21] AKYILDIZ I F, JORNET J M, HAN C. Terahertz band: next frontier for wireless communications[J]. Physical Communication, 2014, 12: 16-32.

[22] LIN C, LI G Y. Indoor terahertz communications: how many antenna arrays are needed?[J]. IEEE Transactions on Wireless Communications, 2015, 14(6): 3097-3107.

[23] VAEZI M, DING Z G , POOR H V. Multiple access techniques for 5G wireless networks and beyond[M].Springer, 2019.

[24] XIONG Q, QIAN C, YU B, et al. Advanced NoMA scheme for 5G cellular network: interleave-grid multiple access[C]//Proceedings of the 2017 IEEE Globecom Workshops (GC Wkshps). Piscataway: IEEE Press, 2017: 1-5.

[25] NIKOPOUR H, BALIGH H. Sparse code multiple access[C]//Proceedings of the 2013 IEEE 24th Annual International Symposium on Personal, Indoor, and Mobile Radio Communications (PIMRC). Piscataway: IEEE Press, 2013: 332-336.

[26] DAI X M, ZHANG Z Y, BAI B M, et al. Pattern division multiple access: a new multiple access technology for 5G[J]. IEEE Wireless Communications, 2018, 25(2): 54-60.

[27] ISLAM S, AVAZOV N, DOBRE O A, et al. Power-domain non-orthogonal multiple access (NOMA) in 5G systems: potentials and challenges[J]. IEEE Communications Surveys & Tutorials, 2017,19(2):721-742.

[28] HUI N, SUN Q, TIAN L, et al. Computation and wireless resource management in 6G space-integrated-ground access networks[J]. Digital Communications and Networks, 2024.

[29] SU Y T, LIU Y Q, ZHOU Y Q, et al. Broadband LEO satellite communications: architectures and key technologies[J]. IEEE Wireless Communications, 2019, 26(2): 55-61.

[30] 陈山枝, 孙韶辉, 康绍莉, 等. 6G 星地融合移动通信关键技术[J]. 中国科学: 信息科学, 2024, 54(5): 1177-1214.

[31] JO K Y. Optimal loading of satellite systems with subchannel gain-state control[J]. IEEE Transactions on Aerospace and Electronic Systems, 2008, 44(2): 795-801.

[32] LIU C L, YAN J, CHEN X, et al. Capacity and loading analysis of digital channelized SATCOM system[C]//Proceedings of the 7th International Conference on Communications and Networking in China. Piscataway: IEEE Press, 2012: 155-160.

[33] WANF S, YAN J, KUANG L. Efficient power allocation for profits maximization in digital channelized SATCOM systems[C]//IAF Space Communications and Navigation Symposium;International Astronautical Congress. [S.L.: s.n.], 2020.

[34] 李红军, 王东, 叶兵. 全光交叉技术发展及应用[J]. 中兴通讯技术（简讯）, 2023, 5(1): 32-36.

[35] SOTOM M, BENAZET B, LE KERNEC A, et al. Microwave photonic technologies for flexible

satellite telecom payloads[C]//Proceedings of the 2009 35th European Conference on Optical Communication. Piscataway: IEEE Press, 2009: 1-4.

[36] VONO S , PAOLO G D , PICCINNI M , et al. Towards telecommunication payloads with photonic technologies[C]//Proceedings of the International Conference on Space Optics — ICSO 2014. SPIE, 2017.

[37] LYU Q, ZHANG A X, HUANG N B, et al. Study on photonic and digital hybrid flexible satellite payload[C]//Proceedings of the 2017 International Topical Meeting on Microwave Photonics (MWP). Piscataway: IEEE Press, 2017: 1-4.

[38] TAN H C, ZHU L D. A novel routing algorithm based on virtual topology snapshot in LEO satellite networks[C]//Proceedings of the 2014 IEEE 17th International Conference on Computational Science and Engineering. Piscataway: IEEE Press, 2014: 357-361.

[39] LU Y, SUN F C, ZHAO Y J. Virtual topology for LEO satellite networks based on earth-fixed footprint mode[J]. IEEE Communications Letters, 2013, 17(2): 357-360.

[40] 田伟, 王健, 李烨. 天基信息系统的干扰来源及规避[J]. 中国无线电, 2019(6): 49-52.

[41] PAPAPETROU E, PAVLIDOU F N. QoS handover management in LEO/MEO satellite systems[J]. Wireless Personal Communications, 2003, 24(2): 189-204.

[42] PAPÁN J, SEGEČ P, MORAVČÍK M, et al. Overview of IP fast reroute solutions[C]//Proceedings of the 2018 16th International Conference on Emerging eLearning Technologies and Applications (ICETA). Piscataway: IEEE Press, 2018: 417-424.

[43] ORS T, ROSENBERG C. Providing IP QoS over GEO satellite systems using MPLS[J]. International Journal of Satellite Communications, 2001, 19(5): 443-461.

[44] DRIF Y, CHAPUT E, LAVINAL E, et al. An extensible network slicing framework for satellite integration into 5G[J]. International Journal of Satellite Communications and Networking, 2021, 39(4): 339-357.

第 4 章
链路预算

链路预算是卫星通信系统设计中非常重要的内容，通过链路预算可以知道整个系统的设计和性能，保证系统性能和主要设计指标满足国际标准及设计要求，确定地球站或卫星资源的最佳配置，得到地球站各设备之间的最佳接口电平。本章介绍卫星通信中微波通信链路、激光通信链路的基本组成和链路预算过程。

| 4.1 微波通信链路的组成 |

通信链路是指从信源开始到信宿结束的整个通路。以典型的透明转发卫星为例，其链路从信源开始，通过编码调制及微波上变频、功率放大器和天线，经由空间传播到卫星接收天线，通过卫星转发器、发射天线，再经由空间传播到地面接收天线，通过低噪声放大器及微波下变频、解调、译码，最后至信宿结束，如图 4-1 所示。

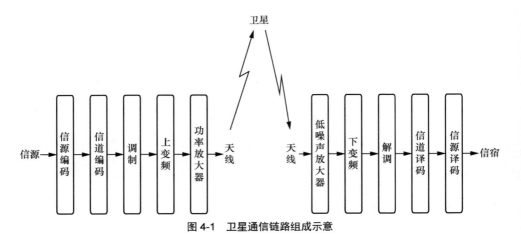

图 4-1 卫星通信链路组成示意

| 4.2　微波通信链路预算基本概念 |

4.2.1　传输链路基本概念

4.2.1.1　信息速率与传输速率

信息速率 R_b 定义为单位时间（每秒）传送的比特数，单位是 bit/s，一般是指信号在传输链路中信道编码之前的速率；传输速率 R_s 一般是指信号在传输链路中信道编码、调制映射之后的速率，又称符号速率。在链路预算中主要用的就是这两个速率。信息速率 R_b 与传输速率 R_s 的关系为[1]

$$R_s = \frac{R_b}{C_r \log_2 M} \qquad (4\text{-}1)$$

式中，C_r 为编码效率（C_r 小于 1），M 为调制指数，当采用卷积+RS 级联编码时，如果内码采用 3/4 码率卷积编码，外码采用（204,188）RS 编码，那么总的编码效率为

$$C_r = \frac{3}{4} \times \frac{188}{204} = 0.69 \qquad (4\text{-}2)$$

如果只是采用 3/4 卷积编码，则编码效率为 0.75。

4.2.1.2　误符号率与误比特率

误符号率 P_s 是指错误接收的符号数在传输总符号数中所占的比例，即

$$P_s = \frac{错误符号数}{传输总符号数} \qquad (4\text{-}3)$$

误比特率 P_b 是指错误接收的比特数在传输总比特数中所占的比例，即

$$P_b = \frac{错误比特数}{传输总比特数} \qquad (4\text{-}4)$$

误比特率是衡量卫星通信系统性能的重要指标，也是系统链路预算的重要设计参数，工程习惯上通常将误比特率称为误码率 P_e。

（1）正交信号误比特率与误符号率的关系

M 进制正交信号误比特率与误符号率的关系为

$$\frac{P_b}{P_s} = \frac{M/2}{M-1} \qquad (4-5)$$

当 M 趋于无穷大时，有

$$\lim_{M \to \infty} \frac{P_b}{P_s} = \frac{1}{2} \qquad (4-6)$$

（2）多相信号误比特率与误符号率的关系

采用格雷码的多相信号误比特率与误符号率的关系为

$$P_b \approx \frac{P_s}{\log_2 M} \qquad (4-7)$$

BPSK 与 QPSK 信号具有相同的误比特率，但两者的误符号率并不相同，对 BPSK 而言，$P_s = P_b$，而对 QPSK 而言，$P_s \approx 2P_b$。

4.2.1.3 载波带宽与载波功率分配

（1）载波带宽

1）载波等效噪声带宽

带通型噪声功率谱密度 $P_n(\omega)$ 如图 4-2 所示。

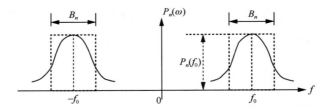

图 4-2 带通型噪声功率谱密度示意

假设功率谱密度 $P_n(\omega)$ 曲线下的面积与图中矩形线下面积相等[2-3]，即

$$\begin{cases} \int_{-\infty}^{\infty} P_n(\omega)\mathrm{d}f = 2B_n P_n(f_0) \\ B_n = \dfrac{\int_{-\infty}^{\infty} P_n(\omega)\mathrm{d}f}{2P_n(f_0)} \end{cases} \qquad (4-8)$$

B_n 定义为等效噪声带宽，其物理意义为：白噪声通过实际带通滤波器的效果与通过宽度为 B_n、高度为 1 的理想矩形带通滤波器的效果一样（噪声功率相同）。

载波等效噪声带宽是一个重要概念，在链路预算中要经常用到此带宽计算有关数值，特别是计算 C/T 与 C/N 的相互变换，以及 E_b/N_0 与 C/N 的相互变换。

工程计算中对数字调相信号一般取载波扩展因子为 1.2，那么等效噪声带宽计算公式为

$$B_n = 1.2R_s = \frac{1.2R_b}{C_r \log_2 M} \tag{4-9}$$

2）载波占用带宽

载波占用带宽是指载波实际占用的带宽资源，一般定义为−26 dB 带宽，即载波频谱从峰值下降 26 dB 时所占的频谱宽度。实际工作中占用带宽常用于确定载波的输入输出回退量，数字调相信号载波占用带宽的工程计算方法为

$$B_o = (1+\alpha)\,R_s = \frac{(1+\alpha)R_b}{C_r \log_2 M} \tag{4-10}$$

式中，α 为滚降系数。$C_r = 1$（无编码）时，不同制式调相信号占用带宽与信息速率的关系见表 4-1。

表 4-1　不同制式调相信号占用带宽与信息速率的关系（$C_r = 1$）

调制方式	占用带宽 B_o（$\alpha = 0.2$）	占用带宽 B_o（$\alpha = 0.3$）	占用带宽 B_o（$\alpha = 0.4$）
BPSK	$1.2R_b$	$1.3R_b$	$1.4R_b$
QPSK	$0.6R_b$	$0.65R_b$	$0.7R_b$
8PSK	$0.4R_b$	$0.43R_b$	$0.47R_b$
16APSK	$0.3R_b$	$0.33R_b$	$0.35R_b$

3）载波分配带宽

载波功率放大或功率放大器饱和等原因会导致载波带宽加大以致干扰到相邻载波，严重的还会导致相邻一个或多个载波业务中断。为了保护载波免于或减少被相邻载波干扰，或防止可能由于自身原因干扰其他载波，卫星公司分配频率带宽时，要在实际载波占用带宽的基础上加上一定的保护带宽，即载波分配带宽为占用带宽与保护带宽之和，保护带宽记为 B_g，则有

$$B_a = B_o + B_g \tag{4-11}$$

工程上一般保护带宽等于占用带宽的±2.5%，则有

$$B_a = (1+\alpha+0.05)R_S \tag{4-12}$$

α 为滚降系数，如载波分配的带宽位于转发器的边沿，保护带宽应考虑减半。一般来说，如果调制器的滚降系数为 0.2 或 0.25，载波分配带宽可压缩到符号速率的 1.25 倍或 1.3 倍。当载波带宽较小时（如小于 1 MHz 带宽），为保护其载波少受干扰，卫星公司给载波分配的带宽要更大一些，工程上一般取载波分配因子为 1.28～1.4，式（4-12）可表示为

$$B_\mathrm{a} = \begin{cases} (1.25\sim1.3)R_\mathrm{S}, & \text{载波带宽} \geqslant 1\,\mathrm{MHz} \\ (1.28\sim1.4)R_\mathrm{S}, & \text{载波带宽} < 1\,\mathrm{MHz} \end{cases} \tag{4-13}$$

4）3 dB 带宽或 10 dB 带宽

载波频谱从峰值下降 3 dB 或 10 dB 时所占的带宽宽度，称为 3 dB 带宽或 10 dB 带宽。注意：此 3 dB 带宽（或 10 dB 带宽）与 3 dB 天线波束宽度（或 10 dB 天线波束宽度）虽然字面上相同，但却是完全不同的两个概念，虽然都是由峰值下降 3 dB 后进行测量的带宽，但单位却一个是频率单位（赫兹），一个是角度单位（度）。

5）载波功率等效带宽

频率带宽和功率是卫星转发器的两个重要资源，二者都是有限的。平时常讲的是频率带宽，较少提到载波功率等效带宽。用户租用一定带宽，按照规定只能使用相应频率带宽的功率，不允许超功率使用。如用户租用 4 MHz 带宽却超功率使用 3 dB，则实际上已经相当于发射了一个 8 MHz 带宽的载波，这将对临道的信号造成强干扰。

（2）载波功率分配

用户所能占用的转发器功率应与租用的转发器带宽相平衡。在一般情况下，用户载波所占用的转发器功率与转发器总功率的比值，应该和用户租用带宽与转发器总带宽的比值大致相等。

转发器载波功率的输出回退值与转发器的输出回退值之差值，即为载波占用转发器功率的比值。当载波在转发器中的功率占用率与带宽占用率相平衡时，有

$$\mathrm{BO_{oc}} - \mathrm{BO_o} = 10\lg(B_\mathrm{T}/B_\mathrm{a}) \tag{4-14}$$

$$\mathrm{BO_{oc}} = \mathrm{BO_o} + 10\lg(B_\mathrm{T}/B_\mathrm{a}) \tag{4-15}$$

式中，$\mathrm{BO_{oc}}$ 为载波功率的输出回退值，$\mathrm{BO_o}$ 为转发器的输出回退值，B_T 和 B_a 分别为转发器带宽和载波分配带宽。上式表明，在转发器带宽一定的情况下，转发器输出回退值越低，或者载波带宽越宽，载波功率的输出回退值就越小，转发器分配给载波的功率就越高；反之，转发器分配给载波的功率就越低。

以上计算公式在卫星通信链路预算中非常有用，可计算载波在转发器中的功率占用率与带宽占用率相平衡时所需要的 $\mathrm{EIRP_S}$。

$$\mathrm{EIRP_S} = \mathrm{EIRP_{SS}} - \mathrm{BO_o} - 10\lg(B_\mathrm{T}/B_\mathrm{a}) \tag{4-16}$$

式中，$\mathrm{EIRP_{SS}}$ 为转发器饱和输出功率，$\mathrm{EIRP_S}$ 为转发器分配给载波的功率。

需要说明的是，由于载波占用带宽与载波分配带宽的数值相差不大（一般都小于5%），在工程设计中为简化计算，经常用载波占用带宽代替载波分配带宽，本章在后面的计算中主要用的也是载波占用带宽。

4.2.1.4　资源利用率

卫星转发器的载波频带利用率 η_{fc} 和功率利用率 η_{pc} 是在卫星通信链路预算中的两个重要指标，需要时还可以计算全转发器的频带利用率和功率利用率。

载波频带利用率 η_{fc} 定义为载波占用带宽（有时也用载波分配带宽）与转发器带宽之比

$$\eta_{fc} = \frac{B_o}{B_T} \times 100\% \tag{4-17}$$

载波功率利用率 η_{pc} 定义为载波占用功率与转发器总输出功率之比

$$\eta_{pc} = \frac{(EIRP_S)}{(EIRP_{SS} - BO_o)} \times 100\% \tag{4-18}$$

式中，$(EIRP_S)$ 为载波所需要的 $EIRP_S$ 真值，$(EIRP_{SS} - BO_o)$ 为转发器总输出功率真值。

4.2.1.5　系统设计的约束及均衡

（1）奈奎斯特最小带宽

奈奎斯特证明，理论上无码间串扰的基带系统，若符号速率为 R_s，需要的最小单边带宽（即奈奎斯特带宽）是 $R_s / 2$。这个基本理论限制了系统设计人员所能获得的最小带宽的极限。事实上，由于实际滤波器的限制，系统带宽一般是奈奎斯特最小带宽的 1.1～1.4 倍。

（2）香农-哈特莱容量定理

香农证明，在加性高斯白噪声信道下，系统容量 C 是平均接收信号功率 S、平均噪声功率 N 和带宽 B 的函数，香农-哈特莱容量定理表达式为

$$C = B \log_2 \left(1 + \frac{S}{N} \right) \tag{4-19}$$

理论上，只要比特速率 $R_b \leq C$，通过采用足够复杂的编码方式，该信道就能以任意小的差错概率进行速率 R_b 的信息传输；若 $R_b > C$，则不存在某种编码方式使传输差错概率任意小；若 $R_b = C$，则有

$$\frac{C}{B} = \log_2 \left(1 + \frac{E_b}{N_0} \frac{C}{B} \right) \tag{4-20}$$

或

$$\frac{E_b}{N_0} = \frac{B}{C} (2^{C/B} - 1) = \frac{1}{\log_2 (1+x)^{1/x}} \tag{4-21}$$

其中,

$$x = \frac{E_b}{N_0}\frac{C}{B} \tag{4-22}$$

由上式可知:当 $C/B \to 0$ 时,有

$$[E_b/N_0] = -1.6\,\text{dB} \tag{4-23}$$

该 $[E_b/N_0]$ 值就是香农极限,这意味着对于任何比特速率传输的系统,不可能以低于该值的 $[E_b/N_0]$ 进行无差错传输。

香农公式理论上证明了存在可以提高误码性能的编码方式或者说降低所需 E_b/N_0 的编码方式,并给出了理论极限,也就是说通过编码方式提高误码性能或降低所需 E_b/N_0 都是有限度的。例如,对于 BPSK 调制,误比特率为 10^{-5} 时所需的 E_b/N_0 值(未编码最佳调制)为 9.6 dB,由香农极限可知,未编码最佳 BPSK 调制还有 $9.6 - (-1.6) = 11.2\,\text{dB}$ 的提高。目前应用 Turbo 编码可以实现 10 dB 的编码增益,或者说 10 dB 的性能提高,应用 LDPC 编码,只要有足够的码长,就可以得到 11 dB 的性能提高,这样离香农极限已经非常近了,只差 0.2 dB,也就是说今后再提高,最多也只能改善 0.2 dB。对系统设计者来说,重点可能不是如何提高这 0.2 dB,而是在 E_b/N_0 与带宽、系统成本等方面取得最佳均衡,因为编码增益越高,译码就越复杂,译码时延也越大,或者将占用更多的系统带宽。在链路预算中,需要根据系统设计要求及系统资源情况,选择最佳的调制和编码方式以高效利用系统功率和带宽。

(3)带宽及功率的均衡考虑

系统设计的主要目标是:在满足系统误比特率要求的基础上,使系统的传输容量最大,系统所需的功率最小,也可以说在满足系统误比特率要求的基础上,使系统的频带利用率和功率利用率最大;当然也可以反过来,在系统占用频带和功率资源一定的情况下,使系统传输误比特率最小,频带和功率一直是数字通信系统设计的重要参数,但两者又是相互矛盾的,系统设计人员在设计任何这样的系统时都要考虑不同系统需求之间的权衡取舍。

在卫星通信系统中,功率和带宽资源是可以互换的。对于小站之间的通信,由于地球站发射功率较小、接收能力较差,可以采用带宽利用率较低而功率利用率较高的传输体制(如 BPSK、QPSK);而对于大站之间的通信,由于地球站发射功率较大、接收能力较强,可以采用带宽利用率较高而功率利用率较低的传输体制(如 8PSK、16APSK、16QAM)。当然以上只是需要考虑的一个方面,在真实系统中还是应该根据系统的实际情况进行全面考虑。

4.2.2　噪声温度

（1）噪声系数与噪声温度的定义

噪声源的等效噪声温度定义为能产生相同干扰功率的热噪声源估计温度，这是一个虚拟的温度，与绝对物理温度不同，比如一副天线的绝对物理温度为 300 K，它的等效噪声温度可能只有 35 K。

四端口器件的噪声系数定义为输出端有效噪声总功率与器件输入端噪声源形成的噪声功率的比，输入端噪声温度参考值是 $T_0 = 290\ \text{K}$，T 是四端口器件内部成分产生的噪声温度。

假设器件的功率增益是 G，带宽为 B，由噪声温度 T_0 驱动；输出的全部功率是 $Gk(T + T_0)B$。基于原噪声的分量是 GkT_0B，因而噪声系数为

$$F = (Gk(T + T_0)B) / (GkT_0B) = (T + T_0) / T_0 = 1 + T / T_0 \tag{4-24}$$

$$T = (F - 1)T_0 \tag{4-25}$$

$T_0 = 290\ \text{K}$，噪声系数通常以分贝（dB）表示，即

$$F = 10\log_{10}(1 + T / T_0) \tag{4-26}$$

举例，噪声系数为 0.5 dB 时，由式（4-25）可得对应的噪声温度为 $T = (10^{0.5/10} - 1) \times 290 = 35.4\ \text{K}$。

同样可以计算噪声系数为 3 dB 时对应的噪声温度大约是 288.6 K。噪声温度和噪声系数之间的关系曲线如图 4-3 所示。

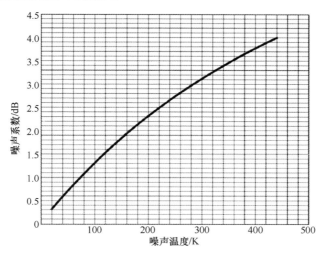

图 4-3　噪声温度和噪声系数之间的关系曲线

（2）级联设备的噪声系数及噪声温度

设想 N 个四端口部件级联一串，每个部件 j 有一个功率增益 G_j（$j=1,2,\cdots,N$），等效噪声温度 T_j，如图 4-4 所示。

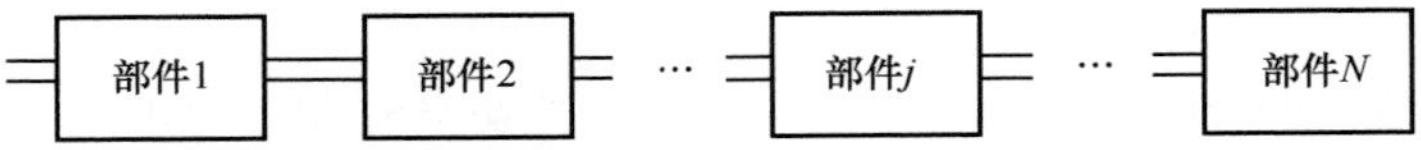

图 4-4　四端口部件级联示意

级联等效噪声温度为

$$T = T_1 + T_2/G_1 + T_3/G_1G_2 + \cdots + T_N/G_1G_2\cdots G_{N-1} \qquad （4\text{-}27）$$

级联噪声系数

$$F = F_1 + (F_2-1)/G_1 + (F_3-1)/G_1G_2 + \cdots + (F_N-1)/G_1G_2\cdots G_{N-1} \qquad （4\text{-}28）$$

4.2.3　天线发送与接收能力

（1）单载波输入饱和功率通量密度

单载波输入饱和功率通量密度（SFD）的含义是，为使卫星转发器处于单载波饱和状态工作，在接收天线的单位有效面积上应输入的功率，单位为 dBW/m²。SFD 反映卫星信道的接收灵敏度。通过调整转发器信道单元中的可变衰减器，可以在一定范围内改变 SFD 的数值。衰减越小，SFD 值越小，所要求的上行功率就越低，即很容易就把转发器推至饱和状态。不过一味提高 SFD 灵敏度也不是好事，因为灵敏度提高了，虽然降低了对上行功率的需求，也相应降低了上行载噪比。此外，灵敏度过高，噪声等也会容易进入，会降低上行链路的抗干扰能力。

SFD 是上行链路的重要参数，在链路预算中的主要作用是计算地球站的上行全向辐射功率，进而计算出所需的发射站天线口径和功放大小。

（2）有效全向辐射功率

有效全向辐射功率（EIRP）是卫星或地面站在某个指定方向上的辐射功率的度量，它表示的是如果有一副理想的全向天线（即能均匀地向所有方向辐射功率的天线）在该方向上要达到与实际天线相同的信号强度，那么这个理想天线需要发射的功率。简而言之，EIRP 是考虑了实际天线增益和功率损失后，在最大辐射方向上等效的全向辐射功率。

假定发射机的输出功率为 P_T，天线发射增益为 G_T，发射机和天线之间的馈线损耗为 L_{FTX}，则有效全向辐射功率为 $P_T \times G_T/L_{FTX}$，如果用 dB 单位计算，则公式表示为

$$\text{EIRP} = P_T + G_T - L_{FTX} \qquad （4\text{-}29）$$

EIRP 的单位为 dBW，dBW 全称为"分贝瓦"，是一个表示功率绝对值的单位，它是以 1 W 为基准的功率测量单位；dBm 全称为"分贝毫瓦"，与 dBW 一样，也是一个表示功率绝对值的单位，它是以 1 mW 为基准的功率测量单位。dBm 和 dBW 的换算公式为：dBW=dBm+30。

（3）天线增益

天线增益是指在给定方向上天线每单位角度功率辐射密度（或接收）与馈送相同功率的全向天线每单位角度上功率辐射密度（或接收）之比。在最大辐射方向上（也称轴向）增益最大，其值为

$$G_{\max} = (4\pi / \lambda^2) A_{\text{eff}} \tag{4-30}$$

其中，$\lambda = c / f$，c 是光速（$3 \times 10^8 \text{m} / \text{s}$），$f$ 是电磁波的频率（Hz），A_{eff} 是天线等效口径面积。对于一个直径为 D 的圆反射面天线，几何面积 $A = \pi D^2 / 4$，$A_{\text{eff}} = \eta A$，这里 η 是天线效率，因而

$$G_{\max} = \eta (\pi D / \lambda)^2 = \eta (\pi D f / c)^2 \tag{4-31}$$

实际工程上经常用 dBi（相对于全向天线的增益）表示

$$G_{\max} = 20.4 + 20\lg(Df) + 10\lg\eta \tag{4-32}$$

式中，D 为天线口径（m），f 为频率（GHz），效率 η 的典型值是 55%～75%，$G_{\max}$ 的单位为 dBi。

（4）品质因数

品质因数 G/T 是衡量地面站或卫星接收系统性能的一个重要技术指标，它定义为天线系统的增益 G 与接收系统噪声温度 T 的比值，通常以分贝（dB）与开尔文（K）的比值（dB/K）为单位来表示。

$$G/T = G - 10\log_{10}T \tag{4-33}$$

G/T 值越大，表示接收系统在相同噪声环境下能够接收到的信号强度越强，即接收性能越好。它是评价地面站或卫星接收系统灵敏度和信号质量的重要参数，对 G/T 的计算必须准确，以反映传输链路及地球站的性能。为了更清楚准确地说明问题，图 4-5 给出了 G/T 分析模型。

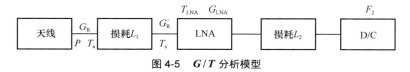

图 4-5　G/T 分析模型

图中 G_{R} 为天线接收增益（dB）；T_{a} 为天线折算到输出法兰盘的噪声温度（K）；

$P = \dfrac{\rho - 1}{\rho + 1}$，为反射系数，又称失配损耗，$\rho$ 为电压驻波比（VSWR）；L_1 为带阻滤波器损耗（dB）；T_s 为折算到低噪声放大器输入端的噪声温度（K）；G'_R 为折算到低噪声放大器输入端的天线接收增益（dB）；T_{LNA} 为低噪声放大器的噪声温度（K）；G_{LNA} 为低噪声放大器增益（dB）；L_2 为低损耗电缆损耗、微波分路器损耗及其他损耗（dB）；F_2 为下变频器噪声系数（dB）。

需要注意的是，在计算地球站 G/T 时，要确定一个参考点，也就是说增益和噪声温度都是针对同一点，通常选用的参考点是低噪声放大器的输入口，当然在其他点的计算结果也是一样的，只是计算过程不一样而已。以下的计算参考点就选择为低噪声放大器的输入口，这样就需要把天线接收增益和接收系统噪声温度都折算到这一点来计算。

（5）输入/输出回退

卫星转发器的功率放大器多采用行波管放大器（TWTA）或固态功率放大器（SSPA），这两种放大器在最大输出功率点附近的输出/输入关系曲线都会呈现非线性特性，固态功率放大器的线性特性比行波管放大器的要好一些。

当多载波工作于同一个转发器时，为了避免由于非线性产生的交调干扰，必须控制转发器不能输出功率过大以致进入非线性区。转发器一定要回退一定数值，数值多少以使放大器工作在线性状态为准，但此时，整个转发器的输出功率将远低于最大功率。为了减小这种损失，有的转发器配置线性化器以改善放大器的非线性。配置线性化器的转发器，一般输入回退是 6 dB，输出回退是 3 dB；不配置线性化器，则一般输入回退是 9～11 dB，输出回退是 4～6 dB。整个转发器只有一个大载波工作则不需要回退，转发器可以使用饱和最大功率输出。

对于多载波工作的转发器，首先就必须设置转发器的输入和输出回退点，然后在此基础上每个载波再按照分配的转发器带宽（有时也用载波占用带宽，对工程计算来说，两种带宽可以混用，误差很小），按比例进行回退。这就要求每个载波都按照相应比例，发射自己应该发射的那份功率，即使整个转发器安排满了载波，转发器的总输出功率也会被控制在输出回退点上。

注意上面讲了两个概念：一个是转发器的输入/输出回退，分别记为 $\mathrm{BO_i}$ 和 $\mathrm{BO_o}$；另一个是载波的输入/输出回退，分别记为 $\mathrm{BO_{ic}}$ 和 $\mathrm{BO_{oc}}$。

还有一个载波回退值的概念，计算公式为

$$\mathrm{BO_c} = 10\lg(B_T / B_o) \tag{4-34}$$

其中，B_T 为转发器带宽，B_o 为载波占用带宽。

载波输入/输出回退与转发器输入/输出回退的关系为

$$BO_{ic} = BO_c + BO_i \qquad (4\text{-}35)$$

$$BO_{oc} = BO_c + BO_o \qquad (4\text{-}36)$$

上面讨论的是针对卫星转发器的输入/输出补偿及载波输入/输出补偿，但其概念和计算方法同样可以用在地球站的功率放大器上。地球站功率放大器的输入/输出补偿用于计算载波的上行 $EIRP_E$，卫星转发器的输入/输出补偿用于计算载波下行 $EIRP_S$。

4.2.4 信号衰减

卫星通信电波在传播过程中要受到各种损耗，具体包括自由空间传播损耗、大气吸收损耗等。

4.2.4.1 自由空间传播损耗

自由空间传播损耗指的是信号在空间传播过程中因为衰减和散射而损失的功率。路径损耗的计算通常依赖于信号传输的具体环境和条件，包括传播距离、信号频率等。

自由空间传播损耗可以通过多种模型进行计算，其中通过自由空间传播模型计算是一种常用的方法。自由空间传播模型的计算公式如下

$$L_F = \left(\frac{4\pi d}{\lambda}\right)^2 = \left(\frac{4\pi d f}{c}\right)^2 \qquad (4\text{-}37)$$

其中，d 为传播距离，λ 为工作波长，c 为光速，f 为工作频率。L_F 通常用 dB 表示，当 d 用 km、f 用 GHz 表示时，上式可表示为

$$L_F = 92.45 + 20\lg(df) \qquad (4\text{-}38)$$

这个公式考虑了信号在自由空间中的传播特性，适用于没有障碍物和大气衰减的理想情况。在实际应用中，由于大气条件、地形地貌、天气变化等因素的影响，路径损耗可能会偏离这个理想值。

4.2.4.2 大气吸收损耗

大气对电磁波传输产生的影响主要有降雨衰减、大气吸收衰减、云或雾衰减、沙尘暴衰减、闪烁衰减、法拉第旋转衰减等，在链路预算中，需要根据不同的气候条件计算相应的衰减。

（1）降雨衰减

在链路预算中，有关降雨有 3 个重要概念：降雨率，用 R_p 来表示，单位为 mm/h；

降雨出现的年时间概率百分比，用 p 表示；降雨可用度，用 a 表示，它是降雨出现的年时间概率百分比 p 的相反表示 $a=1-p$。

降雨引起的衰减值 A_{RAIN} 是路径衰减因子 γ_{R}（dB/km）与电磁波在雨中的有效路径 L_{E}（km）的乘积

$$A_{\text{RAIN}} = \gamma_{\text{R}} L_{\text{E}} \tag{4-39}$$

γ_{R} 的值依赖于频率和降雨率 R_p（mm/h），结果是 p 时间内超出的衰减值。A_{RAIN} 的计算可参考 ITU-R P618-7 的建议。具体分为以下几个步骤。

1）确定平均年份中超出 0.01%时间的降雨率 $R_{0.01}$。

2）按 ITU-R P839-3 给出的方法计算有效降雨高度 h_{R} 为

$$h_{\text{R}} = h_0 + 0.36 \tag{4-40}$$

这里 h_0 是高于海平面上的平均 0°C 等温线高度。

3）计算斜路径长度 L_{s}，在雨的高度下面为

$$L_{\text{s}} = \frac{h_{\text{R}} - h_{\text{s}}}{\sin(\text{el})}, \text{el} \geqslant 5° \tag{4-41}$$

式中，el 是仰角。

4）计算斜路径的水平投影 L_{G} 为

$$L_{\text{G}} = L_{\text{s}}\cos(\text{el}) \tag{4-42}$$

5）衰减值 γ_{R} 是 $R_{0.01}$ 和频率的函数，可以参考 ITU-R P.838 给出的计算公式

$$\gamma_{\text{R}} = k(R_{0.01})^{\alpha} \tag{4-43}$$

$$k = \left(k_{\text{H}} + k_{\text{V}} + (k_{\text{H}} - k_{\text{V}})\cos^2(\text{el}) \cdot \cos(2\theta_{\text{p}})\right)/2 \tag{4-44}$$

$$\alpha = \left(k_{\text{H}}\alpha_{\text{H}} + k_{\text{V}}\alpha_{\text{V}} + (k_{\text{H}}\alpha_{\text{H}} - k_{\text{V}}\alpha_{\text{V}})\cos^2(\text{el}) \cdot \cos(2\theta_{\text{p}})\right)/2k \tag{4-45}$$

式中，θ_{p} 是相对于水平面的极化倾角（对圆极化 $\tau = 45°$）。k_{V} 和 α_{V} 为计算垂直极化系数，k_{H} 和 α_{H} 为计算水平极化系数，其取值与频率有关。

6）计算 0.01%时间的水平衰减因子 $r_{0.01}$ 为

$$r_{0.01} = \left(1 + 0.78\sqrt{L_{\text{G}}\gamma_{\text{R}} / f} - 0.38(1 - e^{-2L_{\text{G}}})\right)^{-1} \tag{4-46}$$

7）计算 0.01%时间的垂直调整因子 $v_{0.01}$

$$\zeta = \arctan\left(\frac{h_{\text{R}} - h_{\text{s}}}{L_{\text{G}}r_{0.01}}\right) \tag{4-47}$$

$$L_{\text{R}} = \begin{cases} L_{\text{G}}r_{0.01} / \cos(\text{el}), & \zeta > \text{el} \\ (h_{\text{R}} - h_{\text{s}}) / \sin(\text{el}), & \text{其他} \end{cases} \tag{4-48}$$

$$\chi = \begin{cases} 36 - \alpha, & \alpha < 36° \\ 0, & \text{其他} \end{cases} \tag{4-49}$$

$$v_{0.01} = [1 + \sqrt{\sin(\text{el})}(31(1 - e^{-(\text{el}/(1+\chi))})\sqrt{L_R \gamma_R} / f^2 - 0.45)]^{-1} \tag{4-50}$$

8）有效路径长度是

$$L_E = L_R v_{0.01} \tag{4-51}$$

9）对于平均年份可以得到超过 0.01% 的衰减预测

$$A_{0.01} = \gamma_R L_E \tag{4-52}$$

10）对于平均年份超出其他百分比（范围 0.001%～5%）的衰减估计可以从超出 0.01% 的衰减得到

$$\beta = \begin{cases} 0, & p \geqslant 1\% \text{或} \alpha_1 \geqslant 36° \\ -0.005(\alpha_1 - 36), & p < 1\% \text{或} \alpha_1 < 36°, \text{el} \geqslant 25° \\ -0.005(\alpha_1 - 36) + 1.8 - 4.25\sin(\text{el}), & \text{其他} \end{cases} \tag{4-53}$$

式中，α_1 为地球站所在纬度。

$$A_p = A_{0.01}\left(\frac{p}{0.01}\right)^{-(0.655+0.033\ln p - 0.045\ln A_{0.01} - \beta(1-p)\sin(\text{el}))} \tag{4-54}$$

有时需要估计超过任意月份的百分比 p_w（指最坏的月），对应的年百分比

$$p = 0.3(p_w)^{1.15} \tag{4-55}$$

通常的性能目标是 $p_w = 0.3\%$，这对应着年百分比为 0.075%，因而

$$A_{\text{RAIN}}(p_w = 0.3) = 0.435 A_{\text{RAIN}}(p = 0.01) \tag{4-56}$$

一个平均年份超过 0.01% 降雨衰减的典型值可从前面的步骤中得到，对于不同的区域，超过平均年份 0.01% 时间的降雨率 $R_{0.01}$ 的范围是 30～50 mm/h。降雨衰减的典型值为：当电磁波频率为 4 GHz 时，衰减为 0.1dB；当电磁波频率为 12 GHz 时，衰减为 5～10 dB；当电磁波频率为 20 GHz 时，衰减为 10～20 dB；当电磁波频率为 30 GHz 时，衰减为 25～40 dB。

计算 A_p 除了利用式（4-54）外，还有另外一种工程计算方法，需要用链路可用度 a 的概念，那么有：$a = 1 - p$。工程计算以 $A_{0.01}$ 为基础，也就是说以链路可用度为 99.99% 时的雨衰为基础。

当 $a < 99.9\%$ 时，

$$A_p = 0.12 A_{0.01}\left((1-a) \times 100\right)^{-0.5} \tag{4-57}$$

当 $99.9\% \leqslant a \leqslant 99.99\%$ 时，

$$A_p = 0.15 A_{0.01}\left((1-a) \times 100\right)^{-0.41} \tag{4-58}$$

例如，对于 Ku 频段，某地的 $A_{0.01} = 12$ dB，则有：

当链路可用度要求为 99.5% 时，

$$A_{0.5} = 0.12 A_{0.01} \left((1-a) \times 100 \right)^{-0.5} = 2 \text{ dB} \tag{4-59}$$

当链路可用度要求为 99.9% 时，

$$A_{0.1} = 0.15 A_{0.01} \left((1-a) \times 100 \right)^{-0.41} = 4.6 \text{ dB} \tag{4-60}$$

对于 Ka 频段，某地的 $A_{0.01} = 20 \text{ dB}$，则有：

当链路可用度要求为 99.5% 时，

$$A_{0.5} = 0.12 A_{0.01} \left((1-a) \times 100 \right)^{-0.5} = 3.4 \text{ dB} \tag{4-61}$$

当链路可用度要求为 99.9% 时，

$$A_{0.1} = 0.15 A_{0.01} \left((1-a) \times 100 \right)^{-0.41} = 7.7 \text{ dB} \tag{4-62}$$

此外，在实际系统中，卫星公司经常会提供该公司卫星覆盖范围内各地的雨衰值供设计人员参考，设计人员可据此换算为符合链路可用度要求的雨衰值。

（2）大气吸收衰减

电磁波在大气中传输时，要受到大气层中氧分子、水蒸气分子等的吸收，造成信号衰减，衰减记为 L_a，大气吸收衰减与频率、地球站仰角等参数有关，图 4-6 给出的是频率低于 35 GHz 时的标准大气吸收衰减与频率及仰角的关系曲线，工程上近似计算公式为[4]

$$L_a = \frac{0.042 \cdot e^{0.0691 f}}{\sin(\text{el})} \tag{4-63}$$

式中，el 为天线仰角，f 为频率（GHz）。

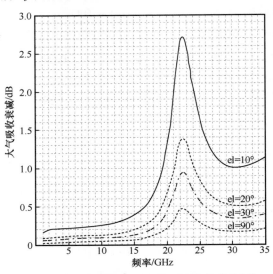

图 4-6 标准大气吸收衰减与频率及仰角的关系曲线

当天线仰角为 30°时，C 频段的大气吸收损耗典型值为 0.1 dB，Ku 频段的大气吸收损耗典型值为 0.2 dB，Ka 频段的大气吸收损耗典型值为 0.35 dB。

（3）云或雾引起的衰减

由于云或雾引起的衰减 γ_C，可以按照 ITU-R P.840 给出的计算公式计算

$$\gamma_C = KM_c \qquad (4\text{-}64)$$

这里 K 的值大约为 $1.2 \times 10^{-3} f^{1.9}$（dB/km）/（g/m³），$f$ 以 GHz 表示，从 1 GHz 到 30 GHz，M_c = 云或雾的水浓度（g/m³）。

雨云或雾的衰减通常小于降雨引起的衰减，衰减是以大于时间的百分数观察。对于仰角 el = 20°，由雨云在一年中超过 1%时间内引起的衰减量级是：在北美和欧洲，当电磁波频率为 12 GHz 时，衰减为 0.2 dB；当电磁波频率为 30 GHz 时，衰减为 1.1 dB。在东南亚，当电磁波频率为 12 GHz 时，衰减为 0.8 dB；当电磁波频率为 20 GHz 时，衰减为 2.1 dB；当电磁波频率为 30 GHz 时，衰减为 4.5 dB。对于浓雾（$M_c = 0.5$ g/m³），当电磁波频率为 30 GHz 时，衰减量级是 0.4 dB/km；冰云引起的衰减更小。

（4）沙尘暴引起的衰减

由沙尘暴引起的衰减与粒子潮湿度及电磁波穿过沙尘暴的路径长度有关。对于干燥粒子在 14 GHz 的衰减是 0.03 dB/km 的量级，湿度大于 20%时的粒子衰减是 0.65 dB/km 的量级。

（5）电离层吸收衰减

电离层中除自由电子外，还存在正离子、负离子和中性的气体分子和原子。当电磁波频率与等离子体碰撞频率接近时，吸收功率达到峰值。当电磁波频率比等离子体碰撞频率低时，电磁波频率越高，被吸收的功率越多，卫星通信使用的微波频率远高于等离子体碰撞频率，不会引起电磁波与电子的共振，所以通常能够低反射、低吸收地穿过电离层，频率越低，功率吸收越强烈。电磁波穿过电离层引起的吸收衰减量随入射角而变化。垂直入射时，衰减量[5]一般不超过 $50/f$（dB），f 为电磁波频率，单位为 MHz。

（6）闪烁

电离层中不均匀气体使得电磁波穿过时发生折射和散射，造成电磁波信号的幅度、相位、到达角、极化状态等发生短期不规则的变化，这就是电离层闪烁现象。

电离层闪烁发生的频率和强度与时间、太阳活动、纬度、地磁环境有关，衰落强度还与工作频率有关，对 VHF、UHF 和 L 频段的信号影响尤其严重。在亚洲地区，地磁中纬度区的电离层闪烁夏季最严重，冬季最小，电离层闪烁现象一般持续 30 分钟到

数小时，通常发生在日落后（18 时）至深夜（24 时），子夜时出现衰落最大值，中午前后可能出现第二大值。地球上有两个电离层闪烁较为严重的地带：低纬度区（指地球赤道至其南北 20°以内的区域）和高纬度区（50°以上，尤其是 65°以上的区域）。

电离层闪烁的影响主要由电波条件决定，衰减近似与频率的平方成反比。当频率高于 1 GHz 时影响一般较轻，卫星移动通信系统的工作频率一般较低（以 1～2 GHz 为主），必须考虑电离层闪烁效应，曾经在太阳活动峰年监测到赤道异常区 L 频段信号闪烁强度达 20 dB 量级。据 ITU 统计，在 4 GHz 的 C 频段，电离层闪烁可能造成幅度超过 10 dB 的峰峰值变化，频率变化范围为 0.1～1 Hz。Ku 频段的信号，在地磁低纬度的地区也可能受到电离层闪烁的影响，例如日本冲绳曾记录 12 GHz 卫星信号最大 3 dB 值的电离层闪烁事件。

电离层闪烁影响的频率和地域都较宽，不易通过频率分集、极化分集、扩展频谱等方法解决，但可通过编码、交织、重发等技术来克服衰落，减少电离层闪烁的影响。

（7）法拉第旋转

电离层会使线极化波的极化平面产生旋转，这种旋转称为法拉第旋转，旋转角度与极化方向相反并与频率的平方成反比。它是电离层中电子成分的函数并随着时间、季节和太阳周期变化。在 4 GHz 频率，它的量值是几度。

交叉极化分量的表现是降低交叉极化分辨率 XPD，与极化旋转适配角 θ_p 的关系为

$$XPD = -20\lg(\tan\theta_p) \tag{4-65}$$

对于在 4 GHz 频率上 $\theta_p = 9°$ 的情况，由式（4-65）有：$XPD = 16\ dB$。

地球站的上行链路和下行链路的极化旋转平面在相同的方向，如果天线收发共用，靠旋转天线的馈源系统抵消法拉第旋转是不可能的。

有一种计算方法是使用经验公式得出某频率电波通过电离层的最大极化旋转角，即极化面旋转量不超过

$$\theta_p = 5 \times (200/f)^2 \times 360 \tag{4-66}$$

其中，f 为电磁波频率，单位为 MHz。1 GHz 时旋转角度在 72°以下，4 GHz 时旋转角度在 4.5°以下，6 GHz 时旋转角度在 2°以下，12 GHz 时旋转角度在 0.1°以下。因此，一般情况下，电离层对工作在 Ku 或 Ka 频段电磁波的极化影响很小，基本可以忽略，但工作在 L 频段的线极化的电磁波极化面会明显旋转，从而严重影响通信质量。

C 频段的卫星通信转发器采用线极化时，极化旋转角依然比较大，在电离层活动高峰期，如果不能对极化进行跟踪调整，哪怕 1°的误差都将会对极化隔离度造成较大影

响，造成转发器或地球站受到交叉极化干扰。如果电离层处于扰动状态，将导致 C 频段信号的极化隔离度无法稳定下来，这时最好能使用极化跟踪装置。对上行极化的跟踪比较复杂，一般地球站不会采用极化跟踪装置，实际工作中常用的办法是尽量将极化隔离度调高以增加储备余量和安装下行极化跟踪装置。一般卫星公司要求上行载波的极化隔离度在 33 dB 以上。

法拉第旋转效应无法改变圆极化波的极化方向，因此圆极化波不受影响。

4.2.4.3　天线极化损耗与指向损耗

（1）波束宽度

波束宽度被定义为在最大辐射方向两侧，辐射强度降低到某一特定值（通常是最大辐射强度的一半或某个其他指定的百分比）时，这两点之间的夹角。波束宽度越窄，方向性越好。图 4-7 中所示的 3 dB 波束宽度 θ_{3dB} 是经常使用的，3 dB 波束宽度对应于在最大增益方向上衰落一半的角度，又叫半功率波束宽度，其值与 λ / D 及照射系数有关。对于均匀照射，系数的值是 58.5°；对于非均匀照射，会导致反射器边沿衰减，3 dB 波束宽度增加，系数的值依赖于照射的特性，该值通常用 70°，于是有下面表达式

$$\theta_{3dB} = 70(\lambda / D) = 70(c / fD) \tag{4-67}$$

式中，D 为抛物面天线主反射器的口面直径（m）。在对应视轴的 θ 方向，增益值表示为

$$G(\theta)_{dBi} = G_{max} - 12(\theta / \theta_{3dB})^2 \tag{4-68}$$

该公式只在 $0 \leqslant \theta \leqslant \theta_{3dB} / 2$ 时有效。

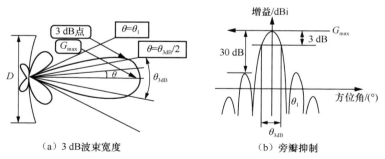

（a）3 dB 波束宽度　　　　　　　　（b）旁瓣抑制

图 4-7　天线辐射示意

整合式（4-31）和式（4-68），可以发现天线的最大增益是 3 dB 波束宽度的函数

$$G_{max} = \eta(\pi Df / c)^2 = \eta(70\pi / \theta_{3dB})^2 \tag{4-69}$$

如果考虑 $\eta = 0.6$，则

$$G_{\max} = 29\,000 / (\theta_{3dB})^2 \tag{4-70}$$

式中，θ_{3dB} 的单位为度。

（2）极化损耗

当接收天线的极化方向与接收电磁场的极化方向不完全吻合时，需要考虑极化适配误差带来的损耗，用 L_p 表示。

对于圆极化链路，发射波只在天线轴向是圆极化，偏离该轴就变为椭圆极化。在大气中传播也能使圆极化变为椭圆极化，假设收发电压轴比分别为 X_R、X_T，两轴之间的夹角为 α，则有

$$L_p = -10\lg\left(\frac{1}{2}\left(1+\left(\frac{\pm 4X_R X_T + (1-X_T{}^2)(1-X_R{}^2)\cos\theta_p}{(1+X_T{}^2)(1+X_R{}^2)}\right)\right)\right) \tag{4-71}$$

式中的 ± 符号取决于接收的电磁波信号极化旋转方向与接收设备的极化方向是否一致，一致时取 +，相反时取 −。理想情况下，$X_R = X_T = 1$，$\theta_p = 0$。若旋转方向一致，则取 +，没有极化损耗，即 $L_p = 0$。若旋转方向正好相反，则取 −，此时 $L_p \to \infty$，相当于起到了极化隔离的作用。现在许多大天线的轴比都优于 1.06，$L_p \approx 0$。

对于线极化链路，在大气中传播时，电磁波会在它的极化平面上产生旋转，假设极化面旋转角度为 θ_p，相当于发射信号线极化方向与接收设备所要求的线极化方向之间的夹角。则有极化适配损耗计算公式为

$$L_p = -20\lg(\cos\theta_p) \tag{4-72}$$

对于 C 频段有：6 GHz 时，$\theta_{pmax} = 4°$，此时 $L_p = 0.02\,\text{dB}$；4 GHz 时，$\theta_{pmax} = 9°$，此时 $L_p = 0.11\,\text{dB}$。

需要说明的是：利用圆极化天线接收线极化波或线极化天线接收圆极化波的情况下，极化损耗 L_p 都是 3 dB。

（3）指向损耗

图 4-7 显示了发射和接收天线偏离轴向的几何关系，当天线指向偏离最大增益方向时，其结果是造成天线增益降低，该天线增益降低值就叫作指向损耗。指向损耗是偏离角度 θ_e 的函数，可由式（4-73）计算

$$L_e = 12(\theta_e / \theta_{3dB})^2 \tag{4-73}$$

引起天线指向误差的因素主要有 3 种：

1）由于星体漂移引起的误差 θ_s，典型值为 0.05°；

2）天线初始指向误差 θ_a；

3）由风等因素引起的误差 θ_{w}。

天线指向误差（偏离角度）为以上 3 项的均方和

$$\theta_{\mathrm{e}} = \sqrt{\theta_{\mathrm{s}}^{2} + \theta_{\mathrm{a}}^{2} + \theta_{\mathrm{w}}^{2}} \tag{4-74}$$

需要注意的是，偏离角度 θ_{e} 是单边角，而 θ_{3dB} 是双边角，当 $\theta_{\mathrm{e}} = \theta_{\mathrm{3dB}} / 2$ 时，天线指向损耗为 3 dB。

具体地可以将天线指向损耗分为发射天线指向损耗和接收天线指向损耗，它们分别是发射偏离角 θ_{T} 和接收偏离角 θ_{R} 的函数，由式（4-73）有

$$L_{\mathrm{T}} = 12(\theta_{\mathrm{T}} / \theta_{\mathrm{3dB}})^{2} \tag{4-75}$$

$$L_{\mathrm{R}} = 12(\theta_{\mathrm{R}} / \theta_{\mathrm{3dB}})^{2} \tag{4-76}$$

当地球站配置了天线跟踪设备时，可减小天线指向误差，一般跟踪精度为 $1/10 \sim 1/8$ 的半功率波束宽度。这样天线指向损耗为 $0.12 \sim 0.2\,\mathrm{dB}$。

在链路预算中，有时还要考虑天线面精度不够而引起的增益损失，典型计算公式为

$$\Delta G = 0.007\,61(ef)^{2} \tag{4-77}$$

式中，e 为天线表面均方根误差（mm），f 为频率（GHz）。例如在 6 GHz 时，1 mm 的表面精度误差会造成 0.27 dB 的增益损失；在 20 GHz 时，0.5 mm 的表面精度误差就会造成 0.76 dB 的增益损失。表面精度误差还会造成天线旁瓣性能恶化，因此系统设计时不能忽视对天线表面精度的要求，尤其是对 Ka 频段及 EHF 等高频段天线。

4.2.5　载波与噪声功率比

无线电信号通过卫星传输时，无论是在地球站、卫星转发器，还是在空间传播，都会有噪声引入，假定传输线路的噪声均匀功率谱密度为 N_{0}（W / Hz），载波功率为 C（W），则传输线路的载波噪声功率比为 C / N_{0}（Hz）。

所有导体内的电子热运动都会产生热噪声，热噪声功率谱密度在 1 THz（又叫太赫兹，$10^{12}\,\mathrm{Hz}$）以下为常数，称之为白噪声，通信接收机一般将热噪声过程看成加性高斯白噪声（AWGN）。

假定噪声功率叠加在带宽为 B 的已调载波上，其功率谱密度 N_{0} 在频率带宽内是恒定的，通常等效噪声带宽与 B 匹配（$B_{n} = B$），接收机在等效噪声带宽 B_{n} 内收到等效噪声功率 N 为

$$N = N_{0}B_{n} \tag{4-78}$$

由于绝对温度 $T(\mathrm{K})$ 相当于每 $1\,\mathrm{Hz}$ 产生 $kT(\mathrm{W})$ 的噪声，因此有

$$N_0 = kT \tag{4-79}$$

$$N = kTB_n \tag{4-80}$$

式中，T 为绝对温度，单位为 K；k 为玻尔兹曼常数（$1.38 \times 10^{-23}\,\mathrm{J/K}$）。

C/N_0 也可以用载波功率与等效噪声温度比 C/T 来表示，两者真值的换算关系为

$$\frac{C}{N_0} = \frac{C}{T} \cdot \frac{1}{k} \tag{4-81}$$

$$\frac{C}{N} = \frac{C}{N_0} \cdot \frac{1}{B_n} = \frac{C}{T} \cdot \frac{1}{kB_n} \tag{4-82}$$

两者的分贝表达式为

$$[C/T] = [C/N_0] - 228.6 \tag{4-83}$$

$$[C/T] = [C/N] + [B_n] - 228.6 \tag{4-84}$$

式中，$[C/T]$ 为用分贝表示的载波功率与等效噪声温度比（$\mathrm{dBW/K}$）；$[C/N_0]$ 为用分贝表示的载波功率与噪声功率谱密度比（$\mathrm{dBW/Hz}$）；$[C/N]$ 为载波功率与噪声功率比（dB）。

C/N_0 与 E_b/N_0 的真值换算关系为

$$\frac{C}{N_0} = \frac{E_b R_b}{N_0} \tag{4-85}$$

用分贝表示为

$$[C/N_0] = [E_b/N_0] + 10\lg R_b \tag{4-86}$$

$$[C/T] = [E_b/N_0] + 10\lg R_b - 228.6 \tag{4-87}$$

R_b 的单位为 bit/s。

系统设计应该考虑的问题是：当有确定的调制编码方式和传输性能要求时，得到传输线路需要的 C/T 值；已知传输线路的调制编码方式和 C/T 值，得到系统的传输性能。C/T 与 C/N_0、C/N 及 E_b/N_0 的关系可按照式（4-83）、式（4-84）及式（4-87）进行换算。

4.3 透明转发器链路预算

卫星转发器分为再生处理转发器和透明转发器，如图 4-8 所示。

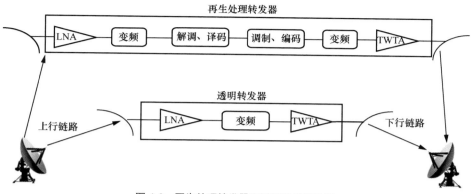

图 4-8　再生处理转发器和透明转发器示意

在卫星通信链路中，透明转发器相当于信号放大、衰减及噪声、干扰的累加，透明转发器卫星链路的总载噪比与上行载噪比、下行载噪比及各干扰信号载噪比有关。本节重点介绍透明转发器的链路预算。

4.3.1　上行链路

（1）上行链路载噪比

上行链路载噪比的计算公式为

$$[C/T]_{\mathrm{U}} = \mathrm{EIRP}_{\mathrm{E}} - L_{\mathrm{U}} + [G/T]_{\mathrm{S}} \qquad (4\text{-}88)$$

式中，$[C/T]_{\mathrm{U}}$ 为上行链路载噪比，L_{U} 为上行链路传播损耗，$[G/T]_{\mathrm{S}}$ 为卫星接收品质因数，$\mathrm{EIRP}_{\mathrm{E}}$ 为地球站全向有效辐射功率，通过下式计算

$$\mathrm{EIRP}_{\mathrm{E}} = P_{\mathrm{T}} + G_{\mathrm{T}} - L_{\mathrm{FTX}} \qquad (4\text{-}89)$$

由 4.2 节讨论有

$$L_{\mathrm{U}} = L_{\mathrm{FU}} + A_{\mathrm{RAIN}} + L_{\mathrm{a}} + L_{\mathrm{o}} \qquad (4\text{-}90)$$

式中，L_{FU} 为上行自由空间传播损耗，A_{RAIN} 为降雨损耗，L_{a} 为大气吸收损耗，L_{o} 为其他损耗。

对上行链路来说，还有一个重要的参数要考虑，就是卫星饱和输入功率密度，又叫灵敏度，假设卫星饱和输入功率密度为 SFD，为了使卫星转发器能够饱和输出，地球站所需发送的功率为 $\mathrm{EIRP}_{\mathrm{ES}}$，则两者的关系为

$$\text{SFD} = \frac{\text{EIRP}_{\text{ES}}}{4\pi d^2} = \frac{\text{EIRP}_{\text{ES}}}{(4\pi d / \lambda)^2} \frac{4\pi}{\lambda^2} = \frac{\text{EIRP}_{\text{ES}}}{L_{\text{U}}} \frac{4\pi}{\lambda^2} \qquad (4\text{-}91)$$

用分贝表示有

$$\text{SFD} = \text{EIRP}_{\text{ES}} - L_{\text{U}} + 10\lg(4\pi / \lambda^2) = \text{EIRP}_{\text{ES}} - L_{\text{U}} + G_1 \qquad (4\text{-}92)$$

式中，SFD 为得到卫星单一载波饱和输出，在卫星接收点所需的输入功率密度（dBW / m²）；EIRP_{ES} 为得到卫星单一载波饱和输出，需要地球站发送的 EIRP（dBW）；L_{U} 为上行链路传播损耗（dB）；$G_1 = 10\lg(4\pi / \lambda^2)$ 为单位面积天线增益（dB）；EIRP_{EM} 为实际工作状态下的地球站各载波 EIRP 总和（dBW）。

$$\text{EIRP}_{\text{EM}} = \text{EIRP}_{\text{ES}} - \text{BO}_{\text{oe}} \qquad (4\text{-}93)$$

式中，BO_{oe} 为地球站功率放大器的输出补偿。

由以上讨论可得上行载噪比的最大值为

$$[C / T]_{\text{UM}} = \text{SFD} - \text{BO}_i + [G / T]_{\text{S}} - 10\lg(4\pi / \lambda^2) \qquad (4\text{-}94)$$

式中，BO_i 为转发器输入补偿；$[C / T]_{\text{UM}}$ 为放大多个载波时，进入该转发器的全部载波功率集中起来才能达到的总的 $[C / T]_{\text{U}}$，它表示各载波 $[C / T]_{\text{U}}$ 的上限。

在卫星上天以后，天线口径、单位面积增益以及转发器功率特性都确定了，因此式（4-94）中的后 3 项都是不变的，唯一可调的就是卫星灵敏度。降低卫星灵敏度（相当于加大 SFD，例如由-95 调为-85），就可以提高 $[C / T]_{\text{U}}$，卫星灵敏度的调整是通过调节衰减器的档位来实现的，降低卫星灵敏度就是降低卫星转发器的增益。降低卫星灵敏度以提高上行载噪比的同时，也相应增大了地球站发送功率的要求，因此，在实际系统设计中，应合理地设置卫星灵敏度，使得可以在上行载噪比和要求地面发射功率两方面取得最合理的折中。

把式（4-94）中转发器输入补偿 BO_i 换成载波输入补偿 BO_{ic}，可得上行单载波的载噪比表达式为

$$[C / T]_{\text{U}} = \text{SFD} - \text{BO}_{\text{ic}} + [G / T]_{\text{S}} - 10\lg(4\pi / \lambda^2) \qquad (4\text{-}95)$$

（2）地球站上行功率 EIRP_{E}

由式（4-88）和式（4-95）可得地球站单载波上行 EIRP_{E} 的计算公式为

$$\text{EIRP}_{\text{E}} = \text{SFD} - \text{BO}_{\text{ic}} - 10\lg(4\pi / \lambda^2) + L_{\text{U}} \qquad (4\text{-}96)$$

（3）举例——上行链路计算

设想一个地球站发射天线的直径 $D = 5$ m，天线的功率是 80 W，即 19 dBW，频率 $f_{\text{U}} = 14$ GHz，它把该功率发向距该站天线轴向 40 000 km 的同步卫星。卫星接收天线

波束宽度 $\theta_{3dB} = 2°$。假设地球站位于卫星天线覆盖区域中心，能得到天线的最大增益。设卫星天线的效率 $\eta = 0.55$，地球站天线效率 $\eta = 0.65$，可以计算出卫星接收的功率通量密度、功率及上行链路载噪比。

1）卫星接收的功率通量密度

地球站天线轴向的卫星功率通量密度为

$$\phi = P_T G_T / 4\pi d^2 \tag{4-97}$$

地球站天线增益为

$$
\begin{aligned}
G_T &= \eta(\pi D / \lambda_U)^2 = \eta(\pi D f_U / c)^2 \\
&= 0.65(\pi \times 5 \times 14 \times 10^9 / (3 \times 10^8))^2 = 348\,920 = 55.4\ \text{dBi}
\end{aligned}
\tag{4-98}
$$

地球站的有效全向辐射功率（轴向）为

$$\text{EIRP}_E = P_T G_T = 19\ \text{dBW} + 55.4\ \text{dBi} = 74.4\ \text{dBW} \tag{4-99}$$

卫星接收功率通量密度为

$$
\begin{aligned}
\phi &= P_T G_T / (4\pi d^2) = 74.4\ \text{dBW} - 10\lg(4\pi(4 \times 10^7)^2) \\
&= 74.4 - 163 = -88.6\ \text{dBW/m}^2
\end{aligned}
\tag{4-100}
$$

2）卫星天线接收的功率

卫星天线接收的功率为

$$P_R = \text{EIRP}_E - L_F + G_{SR} \tag{4-101}$$

自由空间衰减为

$$L_F = 92.45 + 20\lg(df) = 207.4\ \text{dB} \tag{4-102}$$

晴天时链路损耗为

$$L_U = L_{FU} + A_{RAIN} + L_a + L_o = 207.4 + 0 + 0.2 + 0.4 = 208\ \text{dB} \tag{4-103}$$

卫星接收天线增益为

$$G_{RS} = \eta(\pi D / \lambda_U)^2 \tag{4-104}$$

由于 $\theta_{3dB} = 70(\lambda_U / D)$，因此得到

$$D / \lambda_U = 70 / \theta_{3dB} \tag{4-105}$$

且有

$$G_{RS} = \eta(70\pi / \theta_{3dB})^2 = 6\,650 = 38.2\ \text{dBi} \tag{4-106}$$

因此卫星接收功率为

$$P_R = 74.4 - 208 + 38.2 = -95.4 \text{ dBW} \tag{4-107}$$

3）上行链路载噪比

假定卫星接收的等效噪声温度为 $800\,\text{K}$，则卫星 G/T 值为

$$[G/T]_S = 38.4 - 10\lg(800) = 9.4 \text{ dB/K} \tag{4-108}$$

计算得到上行链路载噪比为

$$[C/T]_U = \text{EIRP}_E - L_U + [G/T]_S = 74.4 - 208 + 9.4 = -124.2 \text{ dBW/K} \tag{4-109}$$

4.3.2 下行链路

（1）下行链路载噪比

下行链路载噪比的计算公式为

$$[C/T]_D = \text{EIRP}_S - L_D + [G/T]_E \tag{4-110}$$

式中，$[C/T]_D$ 为下行链路载噪比（dBW/K），EIRP_S 为载波需要的卫星全向有效辐射功率（dBW），L_D 为下行链路传播损耗（dB），$[G/T]_E$ 为地球站接收品质因数（dB/K）。

$$L_D = L_{FD} + A_{RAIN} + L_a + L_o \tag{4-111}$$

式中，L_{FD} 为下行自由空间传播损耗，A_{RAIN} 为降雨损耗，L_a 为大气吸收损耗，L_o 为其他损耗。

由 4.1.4 节的讨论可知，在实际应用中，卫星转发器都要工作在回退状态，因此在计算时都要考虑输出回退，因此

$$\text{EIRP}_{SM} = \text{EIRP}_{SS} - \text{BO}_o \tag{4-112}$$

$$\text{EIRP}_S = \text{EIRP}_{SS} - \text{BO}_{oc} \tag{4-113}$$

其中，EIRP_{SS} 为卫星单载波饱和输出功率，EIRP_{SM} 为工作状态下卫星总的 EIRP。

$$[C/T]_{DM} = \text{EIRP}_{SM} - L_D + [G/T]_E \tag{4-114}$$

（2）卫星至地球站表面辐射功率限制

为了防止由于卫星下行信号过大对地面系统造成干扰，ITU 对卫星下行信号的辐射功率谱密度进行了限制。对于 Ku 频段系统，到达地球表面的辐射功率谱密度 PSD 限制为

$$\text{PSD} \leqslant \begin{cases} -148 + (\text{el} - 5)/2, & \text{el} < 25° \\ -138, & \text{el} \geqslant 25° \end{cases} \tag{4-115}$$

到达地球表面的辐射功率谱密度 PSD 的计算公式为

$$\text{PSD} = \text{EIRP}_S - L_D + 10\lg(4\pi/\lambda^2) - 10\lg(B_n/4) \tag{4-116}$$

式中，B_n 为等效噪声带宽（kHz）。

（3）举例——下行链路计算

设想给同步卫星发射天线的功率 P_T 是 10 W，即 10 dBW，频率 $f_D = 12\ \text{GHz}$，天线口径为 0.75 m。地球站处于卫星天线视轴方向 40 000 km 的位置，天线直径为 5 m。卫星天线效率假设为 $\eta = 0.55$，地球站天线效率 $\eta = 0.65$。可以计算出地球站接收的功率通量密度、功率及下行链路载噪比。

1）地球站接收的功率通量密度

到达地球站卫星天线轴向的功率通量密度为

$$\phi = P_T G_{\text{Tmax}} / (4\pi d^2) \tag{4-117}$$

地球站天线接收增益为

$$G_T = \eta(\pi D / \lambda_D)^2 = 20.4 + 20\lg(12 \times 0.75) + 10\lg 0.55 = 36.9\ \text{dBi} \tag{4-118}$$

卫星辐射功率为

$$\text{EIRP}_S = P_T G_T = 10\ \text{dBW} + 36.9\ \text{dBi} = 46.9\ \text{dBW} \tag{4-119}$$

地球站接收的功率通量密度为

$$
\begin{aligned}
\phi &= P_T G_T / (4\pi d^2) \\
&= 46.9\ \text{dBW} - 10\lg(4\pi(4\times10^7)^2) \\
&= 46.9 - 163 = -116.1\ \text{dBW/m}^2
\end{aligned}
\tag{4-120}
$$

2）地球站接收的功率

地球站接收的功率（dBW）计算公式为

$$P_R = \text{EIRP}_S - L_F + G_{\text{ER}} \tag{4-121}$$

自由空间衰减为

$$L_{\text{FD}} = (4\pi d / \lambda_D)^2 = 206.1\ \text{dB} \tag{4-122}$$

晴天时总的链路损耗为

$$L_D = L_{\text{FD}} + A_{\text{RAIN}} + L_a + L_o = 206.1 + 0 + 0.2 + 0.4 = 206.7\ \text{dB} \tag{4-123}$$

地球站接收的天线增益为

$$G_{\text{ER}} = \eta(\pi D / \lambda_D)^2 = 0.65(\pi \times 5 / 0.025)^2 = 256\,609 = 54.1\ \text{dB} \tag{4-124}$$

地球站接收的功率为

$$P_R = 46.9 - 206.7 + 54.1 = -105.7\ \text{dBW} \tag{4-125}$$

3）下行链路载噪比

假定地球站接收的等效噪声温度为 140 K，则地球站 G/T 值为

$$[G/T]_E = 54.1 - 10\lg(140) = 32.6 \text{ dB/K} \tag{4-126}$$

下行链路载噪比为

$$[C/T]_D = \text{EIRP}_S - L_D + [G/T]_E = 46.9 - 206.7 + 32.6 = -127.2 \text{ dBW/K} \tag{4-127}$$

4.3.3　干扰信号

采用极化复用、空间复用和缩小轨位间距等手段，可以大大增加系统容量，但在不同极化、重叠服务区，或者相邻卫星的系统之间也会引发难以避免的相互干扰。下文将介绍交调干扰、邻星干扰、交叉极化干扰及其他干扰对卫星通信链路性能的影响。

（1）交调干扰

卫星转发器和地球站设备中的功率放大器均为非线性放大器，当它以接近饱和功率放大多个载波时，载波之间产生的互调分量将抬高噪声，从而降低输出信号的载噪比。避免非线性放大器产生交调干扰的措施是限制输出功率，使放大器工作在线性区。

当卫星转发器工作在多载波状态时，交调噪声就会成为系统噪声的主要组成部分，交调载噪比主要取决于转发器工作的载波数、放大器的非线性特性曲线（工程设计时可以用在轨测试得到的实测曲线，也可以用设计曲线）。本节提供几种较常用的计算方法。

1）对国内通信卫星

载波互调比与转发器输入补偿 BO_i 的关系的典型值见表 4-2。

表 4-2　载波互调比与转发器输入补偿 BO_i 的关系的典型值

BO_i / dB	C/IM / dB
0	10.4
6	17.7
9	24.1
11	28.4

交调载噪比（C/T）$_{\text{IM}}$ 与载波互调比 C/IM 的关系为

$$[C/T]_{\text{IM}} = [C/\text{IM}] + 10\lg B_o - 228.6 \tag{4-128}$$

一般要求载波与三阶交调产物之间的差值应不小于 23 dB，此时有

$$[C/T]_{\text{IM}} = 23 + 10\lg B_o - 228.6 = 10\lg B_o - 205.6 \tag{4-129}$$

2）对于单路单载波（SCPC）系统，当转发器同时工作的载波数大于 100 个时，有近似计算公式[6]

$$BO_o \approx 0.82(BO_i - 4.5) \tag{4-130}$$

$$[C/T]_{IM} = -150 + 2BO_o - 10\lg n \tag{4-131}$$

式中，n 为系统载波数，BO_o 为转发器输出补偿。

3）若已知卫星交调噪声功率谱密度 IM_o，则有

$$[C/T]_{IM} = EIRP_s + [IM_o] - 228.6 \tag{4-132}$$

式中，$EIRP_s$ 为载波占用的卫星功率。

4）亚洲卫星公司提供的工程计算方法

$$[C/T]_{IM} = -134 - BO_{oc} \tag{4-133}$$

式中，BO_{oc} 为转发器载波输出补偿。

（2）邻星干扰

静止通信卫星的轨位间距通常在 2° 左右，工作频段相同的两颗邻星一般都有共同的地面服务区，由于天线波束具有一定的宽度，地面发送天线会在指向邻星的方向上产生干扰辐射（上行邻星干扰），地面接收天线也会在邻星方向上接收到干扰信号（下行邻星干扰）。为了限制相互之间的干扰，两颗邻星的操作者会按照国际电信联盟（ITU）颁布的《无线电规则》，对载波功率谱密度和地面天线口径进行适当的限制。因此，在一般情况下，邻星干扰可以容忍但必须控制在允许的范围内，在链路预算中应考虑邻星干扰带来的影响。以下介绍链路预算中常用的几种邻星干扰的计算方法。

1）《无线电规则》中给出的邻星干扰的计算方法

上行邻星干扰载噪比为

$$[C/T]_{UASI} = [C/I]_{UASI} + 10\lg B_n - 228.6 \tag{4-134}$$

下行邻星干扰载噪比为

$$[C/T]_{DASI} = [C/I]_{DASI} + 10\lg B_n - 228.6 \tag{4-135}$$

ITU-R M.585-5 建议对 $D/\lambda > 50$ 的天线，在 $1° \leqslant \theta \leqslant 20°$ 范围内，90% 的旁瓣峰值不应超过

$$G(\theta) = 29 - 10\lg\theta \tag{4-136}$$

分别以 C、Ku、Ka 频段的 6 GHz、14 GHz 及 30 GHz 为例进行计算，波长分别为 5 cm、2.14 cm 及 1 cm，对应的 C 频段的口径大于 2.5 m 天线，Ku 频段的口径大于 1 m 天线，Ka 频段口径大于 0.5 m 的天线必须满足以上要求。目前卫星公司对于小于上述口径的天线使用都是有条件使用或限制使用，因此在进行链路预算时应根据实际邻星

干扰情况具体对待。

以常见的 2° 邻星干扰为例，正常载波与可能来自邻星干扰的最大差值为

$$[C / I]_{\mathrm{ASI}} = G - (29 - 25\lg\theta) = G - (29 - 25 \times 0.3) = G - 21.5 \tag{4-137}$$

此时上行邻星干扰载噪比的最大值为

$$[C / T]_{\mathrm{UASI}} = [C / I]_{\mathrm{UASI}} + 10\lg B_n - 228.6 \tag{4-138}$$
$$= G_{\mathrm{et}} + 10\lg B_n - 250.1$$

式中，G_{et} 为地面发射天线增益，假如对卫星天线的旁瓣特性要求与地面一样，则有

$$[C / T]_{\mathrm{DASI}} = [C / I]_{\mathrm{DASI}} + 10\lg B_n - 228.6 \tag{4-139}$$
$$= G_{\mathrm{st}} + 10\lg B_n - 250.1$$

式中，G_{st} 为卫星发射天线增益。

需要注意的是，以上两个公式给出的是依据 ITU 规则计算的邻星干扰载噪比的最大值，在实际链路预算中，该值只能作为系统设计的参考。

2）ITU-R M.588 规定邻星地球站上行干扰对应的噪声占整个链路噪声的 10%，即损耗为 10lg0.9=−0.5 dB，ITU-R S.523 规定邻星下行干扰对应的噪声占整个链路噪声的 15%，即损耗为 10lg0.85=−0.7 dB，在链路预算中可以将该值计入总损耗中。

3）一般卫星公司都会给出所用卫星上下行邻星干扰的工程计算方法，如亚洲卫星公司给出的公式为

$$[C / T]_{\mathrm{UASI}} = -125.2 - \mathrm{BO}_{\mathrm{ic}} \tag{4-140}$$
$$[C / T]_{\mathrm{DASI}} = -154.3 - \mathrm{BO}_{\mathrm{oc}} + G_{\mathrm{er}} - G_{\mathrm{eri}} \tag{4-141}$$

式中，G_{er} 为工作地球站接收天线增益，G_{eri} 为工作地球站接收天线旁瓣在干扰卫星方向的增益，可用下面的公式计算

$$G_{\mathrm{eri}}(\theta) = 29 - 10\lg\theta \tag{4-142}$$

θ 为天线主轴偏离角，计算公式为

$$\theta = \arccos\left[\frac{d^2_{\mathrm{w}} + d^2_{\mathrm{i}} - 84\,332(\sin\beta / 2)^2}{2d_{\mathrm{w}}d_{\mathrm{i}}}\right] \tag{4-143}$$

其中，β 为两颗卫星的地心角，d_{w} 为工作地球站到工作卫星的距离，d_{i} 为工作地球站到干扰卫星的距离。

如果在工作卫星两边各有一颗干扰卫星，则 $G_{\mathrm{eri}} = 23.45\ \mathrm{dBi}$，因此有

$$[C / T]_{\mathrm{DASI}} = -177.8 - \mathrm{BO}_{\mathrm{oc}} + G_{\mathrm{er}} \tag{4-144}$$

（3）交叉极化干扰

为了充分利用有限的频谱资源，卫星通信采用正交极化频率复用方式，在给定的工作频段上提供双倍的使用带宽。交叉极化干扰为工作在不同极化的同频率载波之间

的相互干扰。为了避免交叉极化干扰，卫星天线和地面天线都应该满足一定的极化隔离度指标。卫星公司通常要求入网的地面发送天线在波束中心的交叉极化鉴别率（XPD）不低于 33～35 dB。

交叉极化干扰分为上行交叉极化干扰和下行交叉极化干扰，上行交叉极化干扰通常只出现在一个或某几个载波上，下行交叉极化干扰通常影响整个接收频段。

1）卫星公司一般要求天线在轴向及相对于峰值 1 dB 等值线以内，发射和接收天线交叉极化隔离度应大于 33～35 dB，因此有

$$[C/N]_{\text{XPOL}} = 33 \sim 35 \text{ dB} \tag{4-145}$$

$$\begin{aligned}[C/T]_{\text{XPOL}} &= [C/N]_{\text{XPOL}} + 10\lg B_n - 228.6 \\ &= 33 + 10\lg B_n - 228.6 = 10\lg B_n - 195.6\end{aligned} \tag{4-146}$$

此处，$[C/N]_{\text{XPOL}}$ 取 33 dB。

2）亚洲卫星公司提供的工程计算方法为

$$[C/T]_{\text{UXPOL}} = -122.4 - \text{BO}_{\text{ic}} \tag{4-147}$$

$$[C/T]_{\text{DXPOL}} = -124.4 - \text{BO}_{\text{oc}} \tag{4-148}$$

（4）其他干扰

在卫星通信系统中，除了前面讨论的交调干扰、邻星干扰、交叉极化干扰外，还有其他一些干扰分量，可按以下比例进行分配：

同频干扰损耗 0.5 dB（占总噪声的 10%）；

地面干扰损耗 0.5 dB（占总噪声的 10%）；

其他地面设备噪声 0.2 dB（占总噪声的 5%）；

地球站功放交调损耗（由于 21 dBW / 4 kHz 电平造成的典型损耗）。

总损耗为以上 4 项在均方和基础上的相加

$$L_{\text{RSS}} \approx 1 \text{ dB} \tag{4-149}$$

在工程设计中，有时为了简化设计过程，可以将所有干扰对系统载噪比的影响统一考虑，也就是说本节讨论的交调干扰、邻星干扰、交叉极化干扰及其他干扰合在一起考虑，一般系统的总干扰恶化量为 3～5 dB。

4.3.4　总链路性能

（1）链路总载噪比

以上分别讨论了卫星通信链路的上行载噪比、下行载噪比及各种干扰信号的影响，信

号从发送地球站到卫星，经透明转发器转发至接收地球站这样一条通信链路的总载噪比为

$$[C/T]_T^{-1} = [C/T]_U^{-1} + [C/T]_D^{-1} + [C/T]_{ASI}^{-1} + [C/T]_{IM}^{-1} + [C/T]_{XPOL}^{-1} \qquad (4\text{-}150)$$

式中，$[C/T]_T^{-1}$ 为总载噪比的真值的倒数，$[C/T]_U^{-1}$ 为上行载噪比的真值的倒数，$[C/T]_D^{-1}$ 为下行载噪比的真值的倒数，$[C/T]_{ASI}^{-1}$ 为邻星干扰载噪比的真值的倒数，$[C/T]_{IM}^{-1}$ 为星上交调干扰载噪比的真值的倒数，$[C/T]_{XPOL}^{-1}$ 为交叉极化干扰载噪比的真值的倒数。

$$[C/T]_T = 10\lg[C/T] \qquad (4\text{-}151)$$

由式（4-144）可知，5 个分项中数值较小的对总载噪比影响比较大，对大站发送小站接收链路，一般下行链路的载噪比比较小，因此下行链路对总载噪比的影响比较大，当下行功率严重受限时链路的总载噪比则基本上是由下行链路载噪比决定的；对小站发送大站接收链路，一般上行链路的载噪比比较小，此时上行链路对总载噪比的影响可能比较大；在某些特殊情况下，也不排除某种干扰载噪比对系统载噪比影响最大。

（2）链路余量

1）门限余量

假设 E_b/N_0 为满足系统误比特率要求，接收端解调器入口所需的单位比特能量噪声功率密度的比的理论值，R_b 为系统传输链路的信息速率（bit/s），则传输链路的门限载噪比计算公式为

$$[C/T]_{TH} = [E_b/N_0]_{TH} + 10\lg R_b - 228.6 \qquad (4\text{-}152)$$

$$[E_b/N_0]_{TH} = [E_b/N_0] - G_c + D_e \qquad (4\text{-}153)$$

式中，G_c 为编码增益，D_e 为设备性能损失（一般情况下小于 1 dB）。

链路的门限载噪比 $[C/T]_{TH}$ 是信号传输链路必须确保的最低载噪比，也就是说要保证信号达到系统要求的传输质量，链路总载噪比 $[C/T]_T$ 应确保大于 $[C/T]_{TH}$。在实际链路预算中，除了要考虑前面讨论的各种噪声及干扰的影响外，还要考虑其他一些不确定因素，如气候的变化、设备性能的不稳定及计算的误差等，因此在选择 $[C/T]_T$ 时，要留有适当的余量，即 $[C/T]_T$ 要比 $[C/T]_{TH}$ 大某个值，这个值我们就叫门限余量，又叫链路余量，记为 M_{TH}。

$$M_{TH} = [C/T]_T - [C/T]_{TH} \qquad (4\text{-}154)$$

2）降雨余量

在 4.2.4 节中我们讨论了降雨出现的年时间概率百分比和降雨可用度的概念，分别用 p 和 a 表示，降雨可用度 a 是降雨出现的年平均时间概率百分比 p 的相反表示（$a = 1 - p$），也就是说，在超过年平均时间概率百分比 p 的时间，降雨衰减都低于 $A_{RAIN}(p)$。

本节我们引入链路可用度的概念，链路可用度是在超过年平均时间概率百分比 p 的时间，链路性能都满足设计要求，或者说系统载噪比都大于或等于门限载噪比。例如，当链路可用度要求为 99.9% 时，就是要确保链路在一年 99.9% 的时间里都正常工作（满足设计要求），或者说在一年的时间里只允许其中 0.1% 的时间工作不正常（通信中断或低于设计要求工作）。在链路预算时，需要将链路可用度分解为上行链路 a_u 和下行链路 a_d。三者的关系为

$$a = a_u a_d = 1 - ((1 - a_u) + (1 - a_d)) \qquad (4\text{-}155)$$

可用度分配可以平均分配也可以根据具体要求来分配，平均分配就是使得上下行链路可用度相同，例如链路可用度要求为 99.9% 时，平均分配时上下行的链路可用度要求均为 99.95%；也可以分给上行链路可用度高一些（例如上行 99.98%，下行 99.92%）或下行链路可用度高一些（例如上行 99.92%，下行 99.98%），当地球站具有上行功率控制功能时，可以考虑给上行链路分配更高的可用度。

还有一个系统可用度的概念，包含地球站可用度和传输链路可用度，此时需要将系统可用度分解为地球站可用度和链路可用度，地球站可用度与设备的平均故障间隔时间（MTBF）与平均修复时间（MTTR）有关，本章只讨论链路可用度。

在计算雨衰或降雨余量时，工程上可以将链路可用度与降雨可用度的概念等同起来，即链路可用度也用 a 表示，由式（4-54）、式（4-57）及式（4-58）可以计算出不同可用度要求下的雨衰 $A_{RAIN}(p)$。$A_{RAIN}(p)$ 是时间百分比 p 或降雨可用度 a 的函数，它随着 p 的减小而增加，或随着 a 的增加而增加。

要完全补偿降雨衰减，就必须使得 $[C/T]_{RAIN} = [C/T]_{TH}$，这可以通过在晴天链路预算中增加降雨余量 $M(p)$ 得到，$M(p)$ 定义如下

$$M(p) = [C/T] - [C/T]_{TH} = [C/T] - [C/T]_{RAIN} \qquad (4\text{-}156)$$

式中，$[C/T]$ 为晴天条件下的载噪比，$[C/T]_{RAIN}$ 为雨天条件下的载噪比，具体也可以分为上行链路降雨余量 $M_U(p)$ 和下行链路降雨余量 $M_D(p)$。

$$M_U(p) = [C/T]_U - [C/T]_{URAIN} \qquad (4\text{-}157)$$

$$M_D(p) = [C/T]_D - [C/T]_{DRAIN} \qquad (4\text{-}158)$$

式中，$[C/T]_U$ 为晴天条件下的上行载噪比，$[C/T]_{URAIN}$ 为雨天条件下的上行载噪比，$[C/T]_D$ 为晴天条件下的下行载噪比，$[C/T]_{DRAIN}$ 为雨天条件下的下行载噪比。

根据上文的讨论，可以计算出以上各载噪比的具体值。

对于上行链路，

$$[C/T]_{URAIN} = [C/T]_U - A_{RAIN}(p) \qquad (4\text{-}159)$$

$$M_{\mathrm{U}}(p) = A_{\mathrm{RAIN}}(p) \tag{4-160}$$

对于下行链路，

$$[C/T]_{\mathrm{DRAIN}} = [C/T]_{\mathrm{D}} - A_{\mathrm{RAIN}}(p) - \Delta(G/T) \tag{4-161}$$

$$M_{\mathrm{D}}(p) = A_{\mathrm{RAIN}}(p) + \Delta(G/T) \tag{4-162}$$

式中，$\Delta(G/T)$ 表示由于噪声温度增加造成的地球站品质因数恶化值。

4.4 再生处理转发器链路预算

再生处理转发器的链路预算与透明转发器的链路预算最大的区别是必须把上行载噪比与下行载噪比分开来考虑，相互之间没有什么影响，可独立计算上行链路性能（如误码率、信噪比、链路余量等）及下行链路性能（如误码率、信噪比、链路余量等）。

对于再生处理转发器，各种噪声、干扰的影响仅限定在对一条链路的影响，比如上行链路的各种干扰只影响上行链路性能，不会对下行链路的性能造成任何影响。也就是说再生处理转发器阻断了上行噪声、干扰对下行链路的影响，从而提高了整条链路的性能，但也增加了星上的复杂度。

4.4.1 上行链路

上行链路主要是指从地球站的编码、调制，再到功率放大器和天线发射，经上行自由空间传播到卫星天线接收至解调、译码。

$$[C/T]_{\mathrm{UT}}^{-1} = [C/T]_{\mathrm{U}}^{-1} + [C/T]_{\mathrm{UASI}}^{-1} + [C/T]_{\mathrm{UXPOL}}^{-1} \tag{4-163}$$

式中，$[C/T]_{\mathrm{UT}}^{-1}$ 为上行总载噪比的真值的倒数，$[C/T]_{\mathrm{U}}^{-1}$ 为上行载噪比的真值的倒数，$[C/T]_{\mathrm{UASI}}^{-1}$ 为上行邻星干扰载噪比的真值的倒数，$[C/T]_{\mathrm{UXPOL}}^{-1}$ 为上行交叉极化干扰载噪比的真值的倒数。

在得到 $[C/T]_{\mathrm{UT}}$ 后，可以折算出星上解调器入口的 E_{b}/N_0，进而推算出上行链路的误比特率 P_{bu}

$$[E_{\mathrm{b}}/N_0]_{\mathrm{U}} = [C/T]_{\mathrm{UT}} - 10\lg R_{\mathrm{b}} + 228.6 \tag{4-164}$$

对于常用的 QPSK 调制，

$$P_{\mathrm{bu}} = \frac{1}{2}\left[1 - \mathrm{erf}\left(\sqrt{(E_{\mathrm{b}}/N_0)_{\mathrm{U}}}\right)\right] = \frac{1}{2}\mathrm{erfc}\left(\sqrt{(E_{\mathrm{b}}/N_0)_{\mathrm{U}}}\right) \tag{4-165}$$

4.4.2　下行链路

下行链路主要是指从卫星转发器的编码、调制，再到功率放大器和天线发射，经下行自由空间传播到地球站天线接收至解调、译码。

$$[C/T]_{\mathrm{DT}}^{-1} = [C/T]_{\mathrm{D}}^{-1} + [C/T]_{\mathrm{DASI}}^{-1} + [C/T]_{\mathrm{DXPOL}}^{-1} + [C/T]_{\mathrm{DIM}}^{-1} \tag{4-166}$$

式中，$[C/T]_{\mathrm{DT}}^{-1}$ 为下行总载噪比的真值的倒数，$[C/T]_{\mathrm{D}}^{-1}$ 为下行载噪比的真值的倒数，$[C/T]_{\mathrm{DASI}}^{-1}$ 为下行邻星干扰载噪比的真值的倒数，$[C/T]_{\mathrm{DXPOL}}^{-1}$ 为下行交叉极化干扰载噪比的真值的倒数，$[C/T]_{\mathrm{DIM}}^{-1}$ 为星上交调干扰载噪比的真值的倒数。

在得到 $[C/T]_{\mathrm{DT}}$ 后，可以折算出地球站解调器入口的 E_b/N_0，进而依据本章给出的计算公式或曲线图推算出下行链路的误比特率 P_{bd}

$$[E_b/N_0]_{\mathrm{D}} = [C/T]_{\mathrm{DT}} - 10\lg R_b + 228.6 \tag{4-167}$$

对于常用的 QPSK 调制，

$$P_{\mathrm{bd}} = \frac{1}{2}\left[1 - \mathrm{erf}\left(\sqrt{(E_b/N_0)_{\mathrm{D}}}\right)\right] = \frac{1}{2}\mathrm{erfc}\left(\sqrt{(E_b/N_0)_{\mathrm{D}}}\right) \tag{4-168}$$

4.4.3　总链路性能

链路误比特率 P_b 是由上行链路的误比特率 P_{bu} 和下行链路的误比特率 P_{bd} 构成的

$$P_b = P_{\mathrm{bu}}(1 - P_{\mathrm{bd}}) + (1 - P_{\mathrm{bu}})P_{\mathrm{bd}} \tag{4-169}$$

由于 P_{bu} 和 P_{bd} 与 1 相比都很小，这就有

$$P_b \approx P_{\mathrm{bu}} + P_{\mathrm{bd}} \tag{4-170}$$

P_{bu} 是 $(E_b/N_0)_{\mathrm{U}}$ 的函数，P_{bd} 是 $(E_b/N_0)_{\mathrm{D}}$ 的函数。具体与采用的调制解调方式有关。

总体上看，由于星上处理再生隔离了上下行的噪声干扰，其传输性能要优于透明转发器，当上下行载噪比相当时，星上处理转发器的性能改善最大，约 3 dB；当上下行载噪比相差较大时（例如超过 10 dB），星上处理转发器的性能改善的优势就不明显了，因为此时系统的总载噪比主要由那条比较差的链路载噪比决定。

|4.5 卫星 5G 接入网链路预算 |

随着 5G 技术的不断成熟，5G 接入网体制正在逐渐融入卫星通信，3GPP 在 R17 阶段制定了非地面网络的标准协议，其中包含基于新空口（NR）技术的卫星无线接入网技术。卫星 5G 接入网相比于传统卫星网络将实现更高的传输速率、更低的时延和更大的网络容量。

本节介绍基于 5G NR 体制的卫星无线接入网中各物理信道的链路预算。接入网链路是指终端与基站之间的链路，因此对于使用透明转发器的卫星网络，在进行接入网链路预算时需考虑卫星与用户之间的用户链路和卫星与信关站之间的馈电链路；而对于使用再生处理转发器的卫星网络，在进行接入网链路预算时只需考虑卫星与用户之间的用户链路。

4.5.1 5G 调制与编码技术

在 5G 通信系统中，正交频分复用（OFDM）技术被广泛应用，并作为其核心波形技术之一。不同于传统数字视频广播（DVB）系统采用单载波进行数据传输的模式，OFDM 通过将高速数据分割成多个低速数据流，并利用多个正交子载波进行并行传输，显著提高了频谱利用率和数据传输效率，如图 4-9 所示。

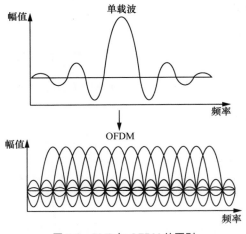

图 4-9　DVB 与 OFDM 的区别

基于 OFDM 技术的特点，5G 中将频域内一个子载波、时域内一个 OFDM 符号所构成的基本物理资源单位称为资源元素（RE）。为了便于频域资源的管理和分配，5G

中规定了资源块（RB）的概念，每个 RB 在频域上包含 12 个子载波[7]。

在信道编码方面，5G 中引入了低密度奇偶校验码（LDPC）编码技术。LDPC 是一种线性分组码，其核心是通过一个稀疏的校验矩阵（H 矩阵）来定义编码规则。这个矩阵的特点是其中大部分元素为 0，只有少数元素为 1，因此被称为"低密度"。编码过程中，原始信息比特通过与校验矩阵的运算（通常是异或运算），生成包含冗余比特的编码数据。这些冗余比特用于在接收端检测和纠正传输错误。

4.5.2　5G 物理信道

根据 5G NR 协议栈不同协议层之间的信息传输环节，信道可分为逻辑信道、传输信道和物理信道。

逻辑信道是媒体接入控制（MAC）层和无线链路控制（RLC）层之间的信道，它主要关注传输的内容和类别，或者说它只关心传输的是什么类型的信息，而不关心信息是如何在无线链路上传输的。

传输信道是物理层与 MAC 层之间的信道，它定义了不同类型的承载信息根据空口状况应采用的传输格式和传输方案。

物理信道定义了一组特定的时/频域资源，用于承载高层（在物理层之上的各层）信息。它是无线通信系统中用于传输信息的实际通道，对应着实际的射频资源。因此每个高层的逻辑信道和传输信道都会映射到相应的物理信道上进行传输，逻辑信道、传输信道和物理信道之间存在的映射关系如图 4-10 所示。

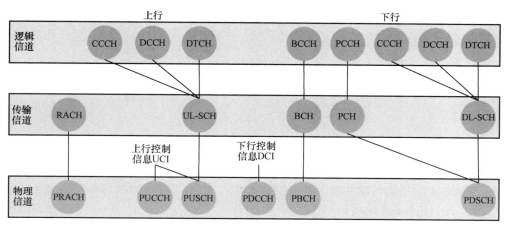

图 4-10　逻辑信道、传输信道和物理信道之间存在的映射关系

NR 的物理信道主要分为上行物理信道和下行物理信道两大类，上行物理信道包括以下 3 个。

（1）物理随机接入信道（PRACH），用于传输随机接入前导码。

（2）物理上行控制信道（PUCCH），用于传输调度请求（SR）、混合自动重传请求（HARQ）反馈结果和信道质量指示（CQI）等上行控制信息。

（3）物理上行共享信道（PUSCH），用于传输用户的上行数据，以及缓冲区状态报告（BSR）等 MAC 层控制单元。

下行物理信道包括以下 3 个。

（1）物理广播信道（PBCH），用于传输主信息块（MIB）消息。

（2）物理下行控制信道（PDCCH），用于传输下行链路控制信息（DCI）。

（3）物理下行共享信道（PDSCH），用于传输用户的下行数据和下行 MAC 层控制单元等内容。

4.5.3　下行物理信道链路预算

如 4.5.2 节所述，下行物理信道包含 PBCH、PDSCH 和 PDCCH，下行物理信道中信号的功率谱密度由基站直接控制。为保证数据传输满足误码率要求，基站在决定下行物理信道中信号的传输功率时，需满足如下要求。

（1）接收信号解调门限要求：需保证接收端接收信号的质量指标（比如载噪比）大于解调门限对应的最低质量指标，如下式所示。

$$\frac{C}{N} = \frac{C}{T}\frac{1}{kB_n} \geqslant \frac{C}{N_{\text{threshold}}} \tag{4-171}$$

解调门限是指在接收端对信号进行解调时所需的最低信号质量指标，上式中 $\dfrac{C}{N_{\text{threshold}}}$ 即为解调门限对应的载噪比最低指标，5G 中常用此指标作为功率控制等算法的参数。

PBCH 信道与主同步信号（PSS）和辅同步信号（SSS）共同组成同步信号块（SSB），如图 4-11 所示。PSS、SSS 和 PBCH 信号可能对应不同的解调门限。

PDCCH 信道中传输的用于业务信道调度的 DCI 信息可以使用不同的聚合等级（AL），5G 中支持的 PDCCH 聚合等级包含{1, 2, 4, 8, 16}，在传输时，不同聚合等级的 PDCCH 信号分别需要占用{72, 144, 288, 576, 1152}个 RE。聚合等级越高，DCI 所占

RE 的数量越多,解调门限越低,因此基站可根据实际传输时的无线信道状态对 PDCCH 聚合等级进行调整。

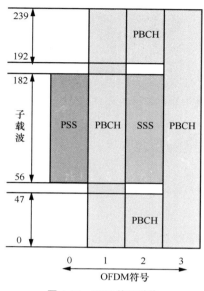

图 4-11　SSB 信号结构

PDSCH 进行数据传输可使用不同的调制编码方案(MCS)。MCS 是 5G 系统的一个重要参数,它决定了数据的调制方式和编码效率。MCS 档位调高通常意味着采用了更高阶的调制方式以及更高效的编码方式或更高的编码速率。调制方式的 MCS 档位越高,相同时频资源内能传输的比特数就越多。同时,MCS 档位越高对应的解调门限也越高。因此,5G 系统中 MCS 的设计使得网络在传输数据时可以动态调整调制阶数和码率,以适应信道传输条件的变化。

(2)动态接收范围要求:需保证接收天线接收到的信号功率在其动态接收范围内,如下式所示。

$$\text{minRP} \leqslant 10\log_{10}\left(\sum_{i=0}^{N_{\text{SCS}}} 10^{\frac{\text{RSS}_i}{10}}\right) \leqslant \text{maxRP} \tag{4-172}$$

动态接收范围定义了接收机能够正常接收并处理信号的输入信号强度的范围。式中 RSS_i 为接收端在系统带宽中第 i 个子载波上的接收功率,N_{scs} 为系统带宽中包含的子载波总数,minRP 为接收天线动态接收范围对应的最小接收信号功率,maxRP 为接收天线动态接收范围对应的最大接收信号功率。

（3）EIRP 限制：信号发送天线在一个符号上的发送总功率不大于其 EIRP，如下式所示

$$10\log_{10}\left(\sum_{i=0}^{N_{SCS}}10^{\frac{EPRE_i}{10}}\right)\leqslant EIRP \tag{4-173}$$

式中，$EPRE_i$ 为发送端在系统带宽中第 i 个子载波上的发送功率，N_{SCS} 为系统带宽中包含的子载波总数。

需注意，对于上述要求与限制，使用再生处理转发器的卫星 5G 接入网只需考虑用户链路；使用透明转发器的卫星 5G 接入网需考虑用户链路和馈电链路。

4.5.4 上行物理信道链路预算

如第 4.5.2 节所述，上行物理信道包含 PRACH、PUCCH 和 PUSCH。对于上行物理信道中传输的信号，首先由基站确定其期望接收功率或期望接收功率谱密度；再由终端根据基站下发的期望接收功率或期望接收功率谱密度结合信号衰减等因素计算确定。例如，对于 PUSCH，终端通过基站下发的控制信号可以确定基站在子载波间隔为 15 kHz 时，频域内每个 RB 上的期望接收功率 p_{O_PUSCH}，之后终端根据 PUSCH 信号在频域内所占物理资源情况和信号衰减情况等因素最终确定 PUSCH 信号的发送功率。

为保证数据传输满足误码率要求，基站在决定上行物理信道中信号的期望接收功率时，也需满足第 4.5.2 节提出的 3 个要求，但上行各信道对应的解调门限与下行信道不同，具体如下。

与 PDSCH 信道类似，PUSCH 信道进行数据传输时可使用不同 MCS，MCS 档位越高，在相同物理资源上可传输的数据量越多，对应的解调门限也越高，所需的最低发送功率谱密度越高。与 PDSCH 类似，基站也可通过调整 PUSCH 信道的 MCS 来适应信道传输条件的变化。

5G 系统中定义了 5 种格式的 PUCCH，分别是 PUCCH 格式 0～4，不同格式的 PUCCH 对应不同的时频域资源数量和可传输的比特数量[7]。可根据上行控制信息所需的传输比特数量确定其可使用的 PUCCH 格式。同时，不同的 PUCCH 格式也对应了不同的解调门限。

PRACH 同样支持多种格式和时频资源的分配方案[7]，也对应了不同的解调门限。

除此之外，在数据传输过程中，探测参考信号（SRS）用于上行信道探测。SRS 在频域为梳状结构，如图 4-12 所示，在频域所占的 RE 数量为：$n_{RE}=\dfrac{B}{SCS\times K_{TC}}$，其中 K_{TC}

为 SRS 的配置参数，B 为信号传输带宽。其解调门限一般与其他上行信号不同，因此在上行链路预算过程中需单独考虑。

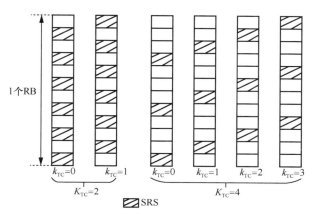

图 4-12　SRS 信号频域分布

4.5.5　物理信道链路预算案例

参考 Starlink 二代星参数，假设再生处理卫星运行的近圆轨道高度为 560 km，终端通信仰角为 40°；下行波束和上行波束的中心频点分别为 11 GHz 和 14 GHz；系统子载波间隔为 30 kHz；星载基站的 EIRP 为 32.7 dBW，G/T 为 8.4 dB/K。系统支持两种类型的终端，类型一终端的 EIRP 为 32 dBW，G/T 为 8 dB/K；类型二终端的 EIRP 为 25 dBW，G/T 为 5 dB/K。

（1）PDSCH 链路预算

根据卫星轨道高度和通信仰角可计算卫星和终端的通信距离 d 约为

$$d = \sqrt{R^2 \sin^2 \theta + h^2 + 2hR} - R\sin\theta = 826.2(\text{km}) \tag{4-174}$$

其中，$R = 6\,378$ km，为地球半径；$\theta = 40°$，为终端仰角；$h = 560$ km，为卫星距地面的高度。

获得通信距离后，即可算得下行自由空间传播损耗为

$$L_{\text{FD}} = 92.45 + 20\lg(df) = 171.6(\text{dB}) \tag{4-175}$$

晴天时下行链路损耗约为

$$L_{\text{D}} = L_{\text{FD}} + A_{\text{RAIN}} + L_{\text{a}} + L_{\text{o}} \approx 171.6 + 0 + 0.1 + 0.4 = 172.1(\text{dB}) \tag{4-176}$$

星载基站的总发送功率不会大于星载基站的 EIRP，即 32.7 dBW。不考虑干扰信号

时，终端在此仰角下的最大接收功率约为

$$P_{\text{recv,max}} \approx 32.7 - 172.1 = -139.4(\text{dBW}) \tag{4-177}$$

对于 PDSCH，假设某一时刻下行信号传输带宽为 528 个 RB，则此时类型一终端的低噪声放大器接收信号的最大载干比约为

$$\frac{C}{N} \approx P_{\text{recv,max}} - 10\lg k - 10\lg(BW) + \frac{G}{T} \tag{4-178}$$
$$= -139.4 - (-228.6) - 10\lg(528 \times 12 \times 30 \times 10^3) + 8 = 14.4(\text{dB})$$

类型二终端的低噪声放大器接收信号的最大载干比约为

$$\frac{C}{N} \approx -139.4 - (-228.6) - 10\lg(528 \times 12 \times 30 \times 10^3) + 5 = 11.4(\text{dB}) \tag{4-179}$$

（2）PUSCH 链路预算

在实际进行链路预算时，5G 卫星接入网的下行链路预算过程与传统卫星通信基本一致，但基于第 4.5.3 节中所述内容，上行链路预算过程需从基站侧期望接收功率开始推导。

假设通过基站控制信息参数算得 $p_{\text{O\_PUSCH}}$ 为 -143 dBm，据此可估算出基站低噪声放大器期望接收信号的载干比约为

$$\frac{C}{N} \approx p_{\text{O\_PUSCH}} - 10\lg k - 10\lg(BW) + \frac{G}{T} \tag{4-180}$$
$$= -143 - 30 - (-228.6) - 10\lg(12 \times 15 \times 10^3) + 8.4 = 11.4(\text{dB})$$

假设某一时刻对终端调度了 256 个 RB 的上行数据传输，此时基站的期望接收功率为

$$\text{RP} = p_{\text{O\_PUSCH}} + 10\lg(n_{\text{RB}} \times 2^{\mu}) = -143 - 30 + 10\lg(256 \times 2^1) = -145.9(\text{dBW}) \tag{4-181}$$

其中，n_{RB} 表示此次上行数据传输带宽包含的 RB 个数，μ 与子载波间隔有关，子载波间隔为 30 kHz 时 $\mu = 1$。基站需保证此接收功率在其动态接收范围内。

晴天时上行链路损耗约为

$$L_{\text{U}} = L_{\text{FU}} + A_{\text{RAIN}} + L_{\text{a}} + L_{\text{o}} \approx 173.7 + 0 + 0.2 + 0.4 = 174.3(\text{dB}) \tag{4-182}$$

在不考虑闭环功控等其他因素的前提下，终端为满足基站规定的 $p_{\text{O\_PUSCH}}$ 所需的发送功率约为

$$\text{TP} \approx \text{RP} + L_{\text{U}} = -145.9 + 174.3 = 28.4(\text{dBW}) \tag{4-183}$$

对于类型一终端，EIRP 为 32 dBW，此时使用 28.4 dBW 的功率发送上行数据；对于类型二终端，EIRP 为 25 dBW，此时只能使用 25 dBW 的功率发送上行数据。据此可算出若调度类型二终端，基站低噪声放大器实际接收信号的载干比约为

$$\frac{C}{N} \approx 25 - 174.3 - (-228.6) - 10\lg(256 \times 12 \times 30 \times 10^3) + 8.4 = 8.1(\text{dB}) \tag{4-184}$$

如上述案例所示，卫星互联网可能支持多种类型的终端，不同类型终端对应不同的品质因数和 EIRP，以及不同的扫描损失。

对于品质因数较低的终端，在进行下行数据传输时，为保证数据传输的准确性，可考虑降低 MCS 档位，也可以使用更大的信号发送功率谱密度（若基站的 EIRP 不足，可考虑减小下行数据传输带宽）；同理，对于 EIRP 较低的终端，在进行上行数据传输时，为保证数据传输的准确性，可考虑降低 MCS 档位，也可以降低传输带宽。

|4.6　空间激光通信链路预算|

空间激光通信链路预算就是综合考虑激光源发射功率、发射天线准直发射、光束空间链路传输、接收天线接收及探测器探测等因素，计算探测器接收功率与其灵敏度匹配关系的过程，是激光通信链路系统总体设计与激光通信终端方案设计必不可少的环节。空间链路激光束通常可近似为基模高斯光束（简称高斯光束）。为此，本节首先分析高斯光束空间传输模型和光学天线对链路功率的影响，之后介绍链路预算方法，并给出链路预算示例。

4.6.1　激光高斯光束空间传输模型

如图 4-13 所示，以高斯光束束腰中心 O 为原点，Z 轴沿光束中心线指向光束传输方向，光斑平面 XOY 垂直于 Z 轴，则参考点 (x, y, z) 的激光场振幅可表示为

$$\psi(x, y, z) = \frac{C}{\omega(z)} \cdot \exp\left(-\frac{r^2}{\omega^2(z)}\right) \cdot \exp\left(-i\left(k\left(z + \frac{r^2}{2R(z)}\right) - \arctan\left(\frac{z}{f}\right)\right)\right) \quad (4\text{-}185)$$

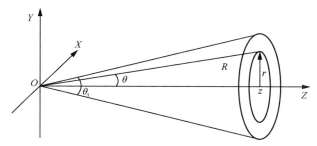

图 4-13　远场高斯光束传输示意

式中，C 为归一化系数，$k = 2\pi / \lambda$，$r = \sqrt{x^2 + y^2}$ 为参考点与光束中心线 Z 轴之间的距离，$\omega(z)$ 为参考点处电磁场振幅降到轴向的 $1/e$、强度降到轴向 $1/e^2$ 的光斑半径，f 为高斯光束的共焦参数，$R(z)$ 为参考点高斯光束的等相位面曲率半径。

$$\omega(z) = \omega_0 \sqrt{1 + \left(\lambda z / (\pi \omega_0^2)\right)^2} \tag{4-186}$$

式中，ω_0 为高斯光束束腰半径。

定义 θ_t 为高斯光束强度降到轴向 $1/e^2$ 的全角发散角，D_0 为束腰直径，则有

$$\theta_t = \lim_{z \to \infty} \left(\frac{2\omega(z)}{z}\right) = \lim_{z \to \infty} \left(2\omega_0 \sqrt{\frac{1}{z} + \left(\frac{\lambda}{\pi \omega_0^2}\right)^2}\right) = \frac{2\lambda}{\pi \omega_0} = \frac{4\lambda}{\pi D_0} \tag{4-187}$$

由式（4-185）可得高斯光束参考点的场强度（功率密度）为

$$p(x, y, z) = \frac{C^2}{\omega^2(z)} \exp\left(-\frac{2r^2}{\omega^2(z)}\right) \tag{4-188}$$

在不考虑信道衰减时，与高斯光束束腰相距 z 处光功率密度 $p(x, y, z)$ 在横截光斑面上的积分应等于发射天线出瞳面出射光功率

$$P_t = \int p(x, y, z)\mathrm{d}s = \int_0^\infty \frac{C^2}{\omega^2(z)} \exp\left(-\frac{2r^2}{\omega^2(z)}\right) 2\pi r \mathrm{d}r = \frac{\pi}{2} C^2 \tag{4-189}$$

由上式可得，$C^2 = 2P_t / \pi$。

在远场点 z 处指向偏角 θ 点，$r = z \tan\theta$，$\omega(z) = z \tan(\theta_t / 2)$，代入式（4-189）得

$$p(\theta, z) = \frac{2P_t}{\pi \omega^2(z)} \exp\left(-\frac{2r^2}{\omega^2(z)}\right) = \frac{2P_t}{\pi z^2 \tan^2(\theta_t / 2)} \exp\left(-\frac{2\tan^2\theta}{\tan^2(\theta_t / 2)}\right) \tag{4-190}$$

通常，激光发散角 θ_t 为小角度，对上式做小角度近似，可得与高斯光束束腰相距 z、指向偏角 θ 点对应的面积功率密度为

$$p(\theta, z) = \frac{\mathrm{d}P}{\mathrm{d}s} = \frac{8P_t}{\pi z^2 \theta_t^2} \exp\left(-\frac{8\theta^2}{\theta_t^2}\right) \tag{4/191}$$

根据上式，指向偏角 θ 处对应的立体角功率密度为

$$\frac{\mathrm{d}P}{\mathrm{d}\Omega} = \frac{\mathrm{d}P}{\mathrm{d}s} \frac{\mathrm{d}s}{\mathrm{d}\Omega} = R^2 \frac{\mathrm{d}P}{\mathrm{d}s} = \frac{8P_t}{\pi \theta_t^2} \exp\left(-\frac{8\theta^2}{\theta_t^2}\right) \tag{4-192}$$

指向偏角 θ 处对应的等效全向光功率 EIRP 为

$$\text{EIRP}(\theta) = 4\pi\frac{\mathrm{d}P}{\mathrm{d}\Omega} = \frac{32P_t}{\theta_t^2}\exp(-8\theta^2/\theta_t^2) \tag{4-193}$$

通常，以零指向偏角对应的最大等效全向光功率 EIRP 为激光链路的系统级指标，其计算公式为

$$\text{EIRP} = \frac{32P_t}{\theta_t^2} \tag{4-194}$$

与高斯光束束腰相距 R 处轴向（零指向偏角）接收点对应的最大光功率密度为

$$p(0,R) = \frac{\text{EIRP}}{4\pi R^2} = \frac{8P_t}{\pi R^2 \theta_t^2} \tag{4-195}$$

与高斯光束束腰相距 R 处指向偏角 θ 接收点对应的光功率密度可基于轴向最大光功率密度 $p(0,R)$，利用 $\exp(-8\theta^2/\theta_t^2)$ 进行指向损耗修正为

$$p(\theta,R) = p(\theta,R)\exp(-8\theta^2/\theta_t^2) = \frac{8P_t}{\pi R^2 \theta_t^2}\exp(-8\theta^2/\theta_t^2) \tag{4-196}$$

4.6.2　光学天线对链路功率的影响

上一节分析了激光自发射天线出瞳外到接收口径入瞳外的传输过程。在空间激光链路层面，通常将发射端出射光 EIRP 和接收端光功率密度 $p(0,R)$ 作为系统级指标。基于上述系统级指标的链路预算，仅需根据 EIRP 指标，由式（4-195）、式（4-196）计算接收端轴向、轴外光功率密度，并将其与入瞳光功率密度指标要求和终端入瞳光功率密度实测值比较，即可完成链路余量分析，其关联因素少，预算方法简单。

若链路预算覆盖自高功率放大器输出到探测器接收全链条，除上述空间激光传输过程外，还需考虑光学天线的影响因素。

光学天线对发射激光通道的作用包括：其一，实现高功率放大器输出光耦合至准直光学系统；其二，对激光束进行准直，按照指标要求的发散角出射。对链路光功率参数的影响主要包括对发射光功率的衰减效应和增益效应。

对高功率放大器输出光功率 P_s 的衰减效应，包括光学系统的透过率、遮拦比、截断比等，链路预算时无须细分，仅用发射效率 η_t 一个参数表征，由此可得

$$P_t = \eta_t P_s \tag{4-197}$$

对发射光功率的增益效应由天线发射增益表征，其值 G_t 等于 EIRP 与 P_t 之比

$$G_t = \frac{\text{EIRP}}{P_t} = \frac{32}{\theta_t^2} \qquad (4\text{-}198)$$

将式（4-187）代入上式可得 G_t 的另一种表征公式为

$$G_t = \frac{2\pi^2 D_0^2}{\lambda^2} \qquad (4\text{-}199)$$

式中，D_0 为高斯光束束腰直径。

通常，D_0 小于发射天线口径 D_t，仅当发射天线将激光束腰设计在通光孔径处，且达到衍射极限时，才有激光束腰直径与发射天线通光口径相等，方能将 $D_0 = D_t$ 代入式（4-199）计算发射天线增益。因此，激光发射天线增益需采用式（4-198）计算。

光学天线对接收通道的作用是将入射入瞳面的光信号汇聚到焦面，以实现两项功能：其一，成像于跟踪探测器光敏面，为伺服系统闭环跟踪提供跟踪角误差测量值；其二，耦合至通信探测器光纤端面，用于通信接收解调。对链路光功率参数的影响主要包括对接收光功率的增益效应和衰减效应。

对接收光功率的增益效应实质上就是利用较大的天线口径接收更多的光信号，接收光功率等于入瞳处光功率密度与天线入瞳（口径 D_r）面积之积。

目前，大部分激光终端采用无信标捕跟方案，信号光通过天线主镜接收后，利用能量分光片按一定分光比分为捕跟通道和通信通道。因此，天线对接收光功率的衰减效应需对两个通道分别考虑。捕跟通道的衰减率包括光学透过率 η_r 和分光比 η_{sa}，通信通道的衰减率包括光学透过率 η_r、分光比 η_{sc} 和光纤耦合效率 η_f。对采用偏振隔离和相干通信体制的激光终端，两个通道均需考虑与偏振态匹配度相关的偏振损耗 η_p。

4.6.3　激光链路预算公式

目前，激光终端普遍采用无信标捕跟方案，接收天线通常利用能量分光片将接收光分为捕跟和通信两个通道，因此，链路预算时需分别给出计算公式。

根据前述分析，参考式（4-196），捕跟通道链路探测器接收光功率由下式给出

$$P_{ra}(\theta, R) = \eta_t \frac{8P_s}{\pi R^2 \theta_t^2} \frac{\pi D_r^2}{4} L_s \eta_r \eta_{sa} \eta_p \exp(-8\theta^2 / \theta_t^2)$$

$$= \frac{2D_r^2}{R^2 \theta_t^2} L_s \eta_t \eta_r \eta_{sa} \eta_p \exp(-8\theta^2 / \theta_t^2) \qquad (4\text{-}200)$$

为了链路预算计算方便，对标微波链路预算分项，对上式进行拆分重组，可得捕

跟通道链路预算公式为

$$P_{\text{ra}} = P_{\text{s}}\eta_{\text{t}}\frac{32}{\theta_{\text{t}}^2}\left(\frac{\lambda}{4\pi R}\right)^2\frac{\pi^2 D_{\text{r}}^2}{\lambda^2}L_{\text{s}}\eta_{\text{r}}\,\eta_{\text{sa}}\eta_{\text{p}}\,\exp(-8\theta^2/\theta_{\text{t}}^2) \tag{4-201}$$

$$P_{\text{ra}} = P_{\text{s}}\eta_{\text{t}}G_{\text{t}}L_{\text{R}}L_{\text{s}}L_{\theta}G_{\text{r}}\eta_{\text{r}}\,\eta_{\text{sa}}\eta_{\text{p}} \tag{4-202}$$

同样可得通信通道链路预算公式为

$$P_{\text{rc}} = P_{\text{s}}\eta_{\text{t}}\frac{32}{\theta_{\text{t}}^2}\left(\frac{\lambda}{4\pi R}\right)^2\frac{\pi^2 D_{\text{r}}^2}{\lambda^2}L_{\text{s}}\eta_{\text{r}}\,\eta_{\text{sc}}\eta_{\text{p}}\eta_{\text{f}}\,\exp(-8\theta^2/\theta_{\text{t}}^2) \tag{4-203}$$

$$P_{\text{rc}} = P_{\text{s}}\eta_{\text{t}}G_{\text{t}}L_{\text{R}}L_{\text{s}}L_{\theta}G_{\text{r}}\eta_{\text{r}}\,\eta_{\text{sc}}\eta_{\text{p}}\,\eta_{\text{f}} \tag{4-204}$$

式中，P_{s}、P_{ra}、P_{rc} 分别为高功放输出光功率、捕跟探测器、通信探测器接收光功率；$G_{\text{t}} = \dfrac{32}{\theta_{\text{t}}^2}$ 为发射天线增益；$G_{\text{r}} = \dfrac{\pi^2 D_{\text{r}}^2}{\lambda^2}$ 为接收天线增益；η_{t}、η_{r} 分别为天线发射通道、接收通道光学效率，包括光学系统的透过率、遮拦比、截断比等；η_{sa}、η_{sc} 分别为捕跟、通信接收通道分光效率；η_{p}、η_{f} 分别为偏振损耗、光纤耦合效率。$L_{\text{R}} = \left(\dfrac{\lambda}{4\pi R}\right)^2$ 为自由空间链路损耗；L_{s} 为信道衰减，真空信道为 1，大气信道根据实际链路分析；$L_{\theta} = \exp(-8\theta^2/\theta_{\text{t}}^2)$ 为指向损耗，对跟踪链路、通信链路，指向偏角由跟踪误差和同轴度偏差均方合成，对捕获链路，指向偏角为扫描重叠边缘相对光束轴向的偏角。

如图 4-14 所示，设扫描螺距为 D，相邻扫描圈重叠宽度为 d，重叠边缘指向角 θ，定义扫描重叠系数为

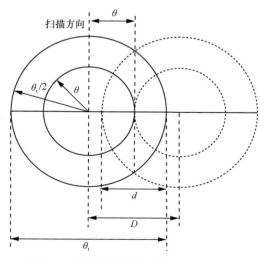

图 4-14　捕获扫描螺距与光束重叠关系示意

$$\eta_s = d / \theta_t \qquad\qquad (4\text{-}205)$$

则有

$$D = \theta_t - d \qquad\qquad (4\text{-}206)$$

$$\theta = D / 2 = (1 - \eta_s)\theta_t \qquad\qquad (4\text{-}207)$$

通常，要求扫描重叠点置于半功率点，对应的扫描指向损耗为−3 dB。表4-3给出了3种重叠系数对应的扫描指向损耗。

表4-3 不同重叠系数对应的扫描指向损耗

重叠系数 η_s	重叠宽度 d	扫描螺距 D	重叠边缘指向角 θ	指向损耗 L_θ/dB
0.3	$0.3\,\theta_t$	$0.7\,\theta_t$	$0.35\,\theta_t$	−4.26
半功率点 0.4113	$0.411\,3\,\theta_t$	$0.588\,7\,\theta_t$	$0.294\,4\,\theta_t$	−3.00
0.5	$0.5\,\theta_t$	$0.5\,\theta_t$	$0.25\,\theta_t$	−2.17
0.6	$0.6\,\theta_t$	$0.4\,\theta_t$	$0.2\,\theta_t$	−1.39

4.6.4 星间激光链路预算示例

下面给出一例星间激光链路预算项目。链路距离 5 200 km，激光终端发射光功率3 W，发射效率0.85，发散角65 μrad，跟踪误差5 μrad，同轴度8 μrad，扫描重叠半功率点，光学天线口径50 mm，接收效率0.75，通信、捕跟分光比9:1，光纤耦合损耗4 dB，偏振损耗0.95，通信灵敏度−51 dBm，捕跟灵敏度−60 dBm。基于上述参数，表4-4给出了详细预算结果，通信、跟踪、捕获通道链路余量分别为4.80 dB、8.26 dB、5.99 dB。

表4-4 BPSK（QPSK）体制 5 Gbit/s 通信及捕获跟踪链路预算

参数	通信链路	跟踪链路	捕获链路	备注
工作波长 λ		1 550 nm		—
发射光功率 P_s		34.77 dBm		3 W
EIRP$=\dfrac{32}{\theta_t^2}\eta_t P_s$		132.86 dBm		发散角 65 μrad
收端轴向入瞳功率密度：$\dfrac{EIRP}{4\pi R^2}$		−12.45 dBm/m² 56.84 μW/m²		空间链路系统级预算，链路距离 5 200 km
收端指向损耗入瞳功率密度	−13.18 dBm/m² 48.08 μW/m²		−15.45 dBm/m² 28.51 μW/m²	

续表

参数	通信链路	跟踪链路	捕获链路	备注
发射天线增益 $G_t = \dfrac{32}{\theta_t^2}$		98.79 dB		发散角 65 μrad
发射效率 η_t		−0.71 dB		0.85
空间链路损耗 $L_R = \left(\dfrac{\lambda}{4\pi R}\right)^2$		−272.50dB		链路距离 5 200 km
信道衰减 L_s		0		真空信道 1
指向损耗 $L_\theta = \exp\left(-8\theta^2 / \theta_t^2\right)$		−0.73 dB	−3.00 dB	跟踪精度 5 μrad，同轴度 8 μrad，扫描重叠为半功率点
接收天线增益 $G_r = \dfrac{\pi^2 D_r^2}{\lambda^2}$		100.11 dB		接收口径 50 mm
接收效率 η_r		−1.25 dB		0.75
偏振损耗 η_p		−0.22 dB		0.95
分光损耗 $\eta_{sc} : \eta_{sa}$	−0.46 dB	−10 dB		$\eta_{sc} : \eta_{sa} = 9 : 1$
光耦合损失 η_f	−4.00 dB	0	0	仅通信通道
接收功率	−46.20 dBm	−51.74 dBm	−54.01 dBm	
探测灵敏度	−51.00 dBm	−60.00 dBm	−60.00 dBm	5 Gbit/s@1e-7
链路余量	4.80 dB	8.26 dB	5.99 dB	

▏参考文献▏

[1]　樊昌信, 曹丽娜. 通信原理（第 6 版）[M]. 北京: 国防工业出版社, 2006.

[2]　SKLAR B. 数字通信——基础与应用（第二版）[M]. 徐平平, 宋铁成, 叶芝慧, 等译. 北京: 电子工业出版社, 2002.

[3]　PROAKIS J G. Digital Communications(Third Edition)[M]. 北京: 电子工业出版社, 1999.

[4]　汪春霆. 数字卫星通信信道设计[J]. 无线电通信技术, 1992, 21(6): 363-377, 381.

[5]　张啸飞. 卫星通信受电离层的影响与改善方法[D]. 广州: 中山大学, 2006.

[6]　川桥猛. 卫星通信[M]. 许厚庄, 等译. 北京: 人民邮电出版社, 1984.

[7]　张建国, 杨东来, 徐恩, 等.5G NR 物理层规划与设计[M]. 北京: 人民邮电出版社, 2020.

第 5 章
空间系统

空间系统作为卫星互联网的重要组成部分，涉及卫星星座、运载火箭、航天器测控、发射场等多个方面。卫星星座是实现空间信息处理及通信的关键节点，也是空间通信的基础设施。按照轨道高度不同，卫星星座分为高轨星座、中轨星座和低轨星座，其中以 Starlink 系统和 OneWeb 系统为代表的低轨星座，具有时延低、覆盖广、频带宽等优点，正在卫星互联网领域发挥着越来越重要的作用[1-2]。按照组网方式不同，卫星星座分为无星间链路星座和有星间链路星座[3]，无星间链路的组网方式本质上是"天星+地网"模式，卫星星座是一个有广域覆盖能力的局部通信系统，卫星业务开展依赖于地面信关站部署情况；基于星间链路的组网方式本质上是"天网+地网"模式，卫星业务开展不依赖于全球布站，仅需部署少量信关站即可。

随着卫星互联网系统建设步伐的逐步加快，世界各国对卫星互联网系统的认识在逐步加深，采用用户灵活接入、星间高速互联、系统弹性高效的空间混合星座网络架构，按照"星箭一体化、平台通用化、载荷模块化、接口标准化、组合多元化"的产品设计思路，支撑系统实现宽带互联网和移动通信服务能力，已成为未来卫星互联网空间系统发展的重要趋势[4]。卫星互联网空间系统架构如图 5-1 所示。

运载火箭、航天器测控和发射场是航天系统工程的重要组成部分。为适应大规模星座尤其是巨型星座的建设部署需求，业界提出了大量新技术和新方法，并且在工程实际中得到广泛应用。例如，SpaceX 公司研制的猎鹰 9 号火箭采用一子级回收技术，极大地降低了大规模星座部署所需的运载发射费用；采用随遇接入测控方法[5]和多波束测控天线技术[6]，有效缓解了有限的航天测控资源与日益增加的大规模星座测控需求压力；各国纷纷新建或扩建临海发射场、商业发射工位、海上发射平台[7]，优化卫星和运载火箭在发射场的发射测试流程，以保障大规模星座密集发射和快速组网。

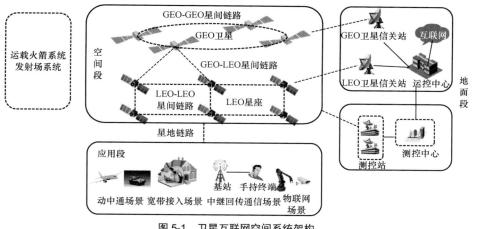

图 5-1　卫星互联网空间系统架构

| 5.1　卫星平台技术 |

作为卫星互联网系统天基中继站的卫星，由卫星平台和有效载荷两部分组成。卫星平台包括结构分系统、供配电分系统、热控分系统、姿轨控分系统、信息分系统等。有效载荷包括星地链路载荷、星间链路载荷、星上处理与交换载荷等。其中星地链路载荷分为星地用户链路载荷和星地馈电链路载荷，星间链路载荷分为星间微波链路载荷和星间激光链路载荷。卫星基本组成如图 5-2 所示。

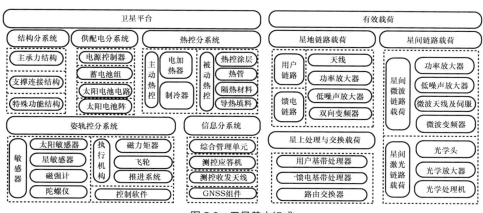

图 5-2　卫星基本组成

为了缩短建设周期、节约建设成本、快速形成能力，国内外主流卫星制造商均采用面向快速设计制造和高效组批发射的设计理念，平台设计追求轻量化、集成化和可批产化；具备标准化即插即用设备接口，支持多种类型设备快速总装集成；卫星构型大多采用梯形或平板构型，通过多层壁挂式或堆叠式布局实现一箭多星发射，提升组网部署效率。OneWeb 卫星和 Starlink 卫星分别是梯形构型和平板构型的典型代表。另外，卫星具备高度的自主管理能力，能够在长时间无地面运控参与的情况下实现稳定运行；同时采用开放安全的系统架构，支持应用软件按需加载、系统功能按需重构，增强灵活性和适应性。

5.1.1　卫星构型设计技术

面向快速设计制造和高效组批发射需求开展卫星总体设计是应对未来大规模卫星互联网星座建设部署的必然要求。一方面要开展先进的卫星构型设计，在匹配运载火箭发射能力的前提下，充分利用运载火箭整流罩内部的有限空间，实现高效的一箭多星发射，保证卫星星座快速完成部署；另一方面通过机电热一体化设计，实现多星组合结构和整流罩包络的合理匹配，通过模块化、批量化的卫星和火箭生产，满足缩短发射周期和降低发射成本的需求。

5.1.1.1　常用卫星构型

（1）梯形侧挂构型

梯形构型是传统低轨星座卫星使用最多的构型形式，铱星卫星、全球星卫星、OneWeb卫星、Telesat 卫星等均采用了梯形构型，采用侧挂方式安装于运载火箭中心承力筒实现一箭多星发射，其中单箭发射卫星数量最多的是 OneWeb 卫星，如图 5-3 所示。

图 5-3　OneWeb 卫星一箭多星示意

OneWeb 卫星系统目前规划在轨道高度 1 200 km 附近、轨道倾角约 87.9°部署 1 764 颗卫星，卫星分布在 36 个轨道面，每个轨道面部署 49 颗卫星。2015 年，OneWeb 公司与阿里安公司签订发射合同,利用联盟号火箭完成部署任务,自 2019 年 2 月首批 6 颗卫星入轨以来,OneWeb 公司已完成多批发射任务。除第一批任务为一箭 6 星外,采用联盟号火箭以一箭 34 星或一箭 36 星的方式、采用猎鹰 9 号火箭以一箭 40 星的方式执行发射任务,极大提高了星座建设部署效率。

（2）平板堆叠构型

SpaceX 公司在 Starlink 星座建设中,成功应用了平板堆叠式卫星构型,如图 5-4 所示。卫星在整流罩内的层叠排布方式为每层由 2 颗卫星交错叠压,层与层之间的卫星堆放依靠卫星的 A、B、C 柱实现,每层左右两侧的卫星共用 A 柱和 B 柱,C 柱单独承载。卫星之间以锥套自压紧的安装方式实现在火箭整流罩内的高密度叠放,进一步提高了一箭多星效率,大幅降低了单星发射成本。

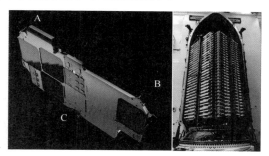

图 5-4　Starlink 卫星示意

除了 SpaceX 公司提出的长方体平板堆叠卫星构型外,美国沃尔伍德卫星有限公司还提出一种扇形平板堆叠构型,如图 5-5 所示[8]。

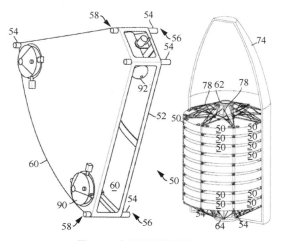

图 5-5　扇形平板堆叠构型

5.1.1.2 堆叠与分离技术

（1）堆叠连接方式

分析 Starlink 卫星可知，60 颗 Starlink 卫星共被分为两堆，每堆各 30 颗卫星。A 柱、B 柱、C 柱为 3 个圆环垂直承力支柱，用于卫星的堆叠并作为卫星的承力结构。三者高度并不一致，C 柱高度最高，A、B 柱高度为 C 柱一半。两堆卫星通过支柱交错堆叠在一起，形成"拉链式"的布局结构。

为保证整个结构在发射中的刚度，每一个承力柱都配备有一个张紧机构，它由两根长杆和长杆间的连接结构（类似于卡箍）及其附属电缆组成。承力柱是由每颗卫星的垂直柱堆叠构成的，主承力柱两侧的长杆即为张紧机构。卫星堆叠方式如图 5-6 所示。

图 5-6 卫星堆叠方式

在卫星堆叠最上方的垂直柱上设置一个横向轴销作为顶部压紧装置，通过两个张力杆连接的机构将轴销压紧，用于固定整体卫星组。当接到分离指令时，靠近载荷支架的张紧机构首先解锁，解除卫星组下端固定，接着张紧机构在分离能源带动下缓缓拔出，至特定位置后，解除上方固定。卫星顶部压紧装置如图 5-7 所示。

图 5-7 卫星顶部压紧装置

（2）多星分离技术

对于多星分离，最常见的星箭分离方式是弹簧弹射式。这些卫星通过火工装置等物理分离机构固定在载荷支架上，在分离时刻，按照预定分离时序解锁，一颗接一颗地被分离弹簧推离火箭，实现分离。

平板堆叠卫星采用了一种不同寻常的分离方法：在分离时刻，缓慢旋转火箭末级，然后释放火箭的有效载荷（多星组合体），即一整堆打包的卫星在初始转动角速度下逐渐分离。具体分离过程如下：

1）火箭在俯仰方向上主动施加一定的角速度，在相同的俯仰角速度下，距离火箭较远的卫星相对平动速度更大，从而形成了自然的分离能源，为卫星整体提供远离箭体的速度，同时由于堆叠位置差异造成远端卫星与近端卫星线速度不同，分离后不同层的卫星之间在该速度差异下拉开距离保证分离安全；

2）在滚转方向上施加一定的角速度，通过滚转产生的离心力，使得同一层的两颗卫星逐渐远离并保证分离安全。

采用这种分离方式，不需要单独为每颗卫星配置适配器和分离能源，这样既减轻了适配器的重量，也降低了分离系统的复杂度。

5.1.2　卫星电源技术

电源系统是卫星的"心脏"，为适应一箭多星发射，最大限度利用火箭的运力和发射空间，轻量化、小型化的电源系统是发展的必然趋势。太阳电池阵—蓄电池组电源系统是目前应用最为广泛的卫星电源系统，由太阳电池阵、蓄电池组和电源控制器组成。在光照期间，太阳电池阵给负载供电，同时给蓄电池组充电。在阴影期间，蓄电池组提供负载功率。本节重点介绍太阳电池阵—蓄电池组电源系统中比较关键的太阳电池发电技术和锂离子电池储能技术。

5.1.2.1　太阳电池发电技术

（1）概述

太阳电池阵是由若干个太阳电池组件或太阳电池板按一定的机械和电气方式组装而成的，有固定支撑结构的直流发电单元，是绝大多数卫星在轨运行的唯一能量来源，其通过光生伏特效应将太阳光的辐照能量转化为电能，保障卫星在轨能源需求，是卫星能源系统的关键产品。

太阳电池阵按基板类型，可分为刚性、半刚性和柔性太阳电池阵；按电池材质，又可分为硅基太阳电池、多元化合物薄膜太阳电池、聚合物多层修饰电极型太阳电池、纳米晶体太阳电池。其中硅基太阳电池阵和多元化合物薄膜太阳电池中的砷化镓太阳电池阵在卫星电源中应用最多、技术最成熟。

刚性太阳电池阵由刚性基板和刚性太阳电池组成，采用铝蜂窝夹层结构基板作为承载结构，基板厚度为 $20\sim30$ mm，表面贴装太阳电池，质量比功率为 $70\sim100$ W/kg，体积比功率约为 4 kW/m^3。目前，国内外通信、导航、遥感等领域的大多数卫星均使用这种技术成熟、可靠性高的太阳电池阵技术。但刚性太阳电池阵因机械部分的整体质量占比超过 50%，且在电池板之间需留有 20 mm 左右的安全间距，所以质量比功率和体积比功率相对较低。

半刚性太阳电池阵利用高强度框架和纤维网格作为基板，将太阳电池封装成为电池模块后与基板进行安装连接。半刚性基板通常采用碳纤维材料框架，相对较轻，质量比功率较刚性太阳电池阵有所提高，可在 $75\sim120$ W/kg，但体积比功率和刚性太阳电池阵大致相同。

柔性太阳电池阵采用复合薄膜结构作为基板，与刚性、半刚性太阳电池阵在收拢状态下基板之间需留有 20 mm 左右安全间距不同，柔性太阳电池阵在收拢状态下，每块基板均处于贴合压紧状态，对于大面积太阳电池阵来说，其收拢体积可以减少至刚性太阳电池阵的 1/10 左右。

当前空间用硅基太阳电池转换效率约为 15%（AM0、25 ℃），主流三结砷化镓太阳电池转换效率已达到 32%，如图 5-8 所示。从单体电池层面，硅基太阳电池相较砷化镓太阳电池具有跨数量级的成本优势。与砷化镓太阳电池相比，硅基太阳电池衰减较大、转换效率低，意味着同等功率需求条件下，硅基太阳电池阵面积更大，太阳阵结构和机构的重量、成本以及收拢和展开状态下的包络都将显著增加，且对卫星在轨姿态控制也将产生较大影响。因此，卫星选用何种形式和材质的太阳电池阵，需要综合考虑空间环境、重量约束、体积约束、成本约束等多方面因素。

随着卫星互联网系统功能的逐步拓展，卫星功能集成度和性能大幅提升，能源需求随之增加，对太阳电池阵提出了增加输出功率、降低产品重量、减小尺寸包络等方面的要求，多维展开大面积太阳电池阵技术和全柔性太阳电池阵技术，对于提高输出功率、减小太阳电池阵重量和体积具有较好效果。

（2）多维展开大面积太阳电池阵

一般低轨卫星采用"一维一次"的方式展开太阳电池阵，通常单个太阳电池阵可配置的帆板数量为 2～4 个。随着卫星功率需求的增加，在太阳电池阵光电转换效率无法大幅提升的情况下，只能增加太阳帆板数量。如果仍采用一维展开方案，太阳电池阵展开后呈"长条形"，会降低整星刚度，对卫星在轨姿态控制影响较大，因此可采用"二维二次"方式展开太阳电池阵。二维是指连接太阳基板的铰链轴线在展开后虽然处于同一平面内，但相互之间并非全部平行；二次是指太阳电池阵展开过程中有两个阶段。

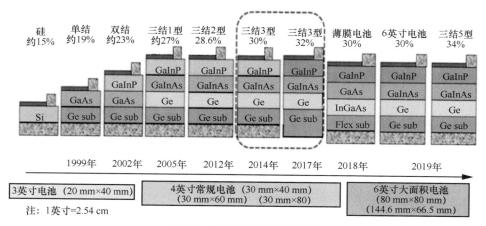

图 5-8　太阳电池研制发展历程

目前，多维展开技术在国内外大型通信卫星中已成熟应用，主要用于大面积天线展开和大面积太阳电池阵展开。在卫星互联网领域，为了在提升卫星通信能力的同时，有效控制卫星重量和研制成本，保证卫星组网部署效率，国内外研发机构在多维展开技术基础上，正在研究将太阳电池阵与相控阵天线合二为一，对天面为太阳电池阵，对地面为相控阵天线，称为"翼阵结构"。

（3）全柔性太阳电池阵

全柔性太阳电池阵采用柔性太阳电池、柔性基板和柔性伸展机构，可实现无间隙收拢，在满足不同功率需求的情况下，可大幅减小电池阵重量和收拢尺寸。目前，柔性砷化镓太阳电池及高性能柔性伸展机构作为影响全柔性太阳电池阵工程应用的两项关键技术，已经取得较大技术进展。

1）柔性砷化镓太阳电池

柔性砷化镓太阳电池是利用外延层剥离技术或衬底减薄技术获得的，具有一定柔性、可弯曲卷绕，比刚性太阳电池更轻薄、质量比功率更高，且适应基板形变的能力较强，非常适合应用于全柔性太阳电池阵。

目前，美国 Microlink 公司研制的金属柔性底 IMM3J 太阳电池的效率可达到 33%（AM0），日本夏普公司研制的 PI 柔性衬底 IMM3J 太阳电池的效率也可以达到 31.5%（AM0）。2013 年，基于柔性薄膜电池和超薄玻璃（50 μm）封装的太阳电池组件进行了飞行验证；2016 年，遥测数据显示，电池模块短路电流没有下降，而开路电压下降约 2%，符合空间辐照环境下的设计预期。

2）高性能柔性伸展机构

盘压杆、铰接杆、多级套筒杆等传统的柔性太阳翼展开机构虽然具有较好的展开刚度，但其重量较大、展开过程复杂，与薄膜电池及柔性基板搭配使用时，整体效率不高。为此，国内外相关科研人员近年来开发了许多新型一体化伸展机构。这些新型一体化伸展机构具有依靠自身弹性变形实现展开和收拢（展收）功能，并能将机构运动与结构承载相结合，如 ROSA 采用的薄壁开口管，LM2100 卫星太阳翼所采用的豆荚杆等。在中小型太阳电池阵领域，美国 Roccor 公司和 SolAero 公司开发了复合卷展式太阳电池阵。复合卷展式太阳电池阵基板由高性能复合材料支撑，整体呈弧形，可以为整个太阳电池阵提供较好的刚度与强度，电池贴附在基板内圆弧面上，利用电机驱动来实现太阳电池阵的展收，输出功率在 1 kW 时，太阳电池阵质量比功率约为 174 W/kg，体积比功率可达 35 kW/m³，较传统太阳电池阵有较大提升。

（4）发展趋势

刚性、半刚性太阳电池阵由于其技术成熟、制造成本相对较低，可基本满足现阶段不同卫星的应用需求，仍将在未来一段时期广泛应用于卫星互联网领域[9]。

对于功率需求更高的卫星来说，应用多维展开技术、高效多结太阳电池技术可有效增大太阳电池阵面积、提高输出功率。例如，采用四结结构可将现有电池（三结结构）转换效率由 32% 提升至 34%，五结电池效率可提升至 36%，六结电池效率可提升至 38%。

柔性太阳电池阵具有收拢体积小、重量轻、可重复展收等特点，质量比功率相对传统刚性太阳电池阵可提升 1 倍以上，收拢体积也能大幅减小。随着柔性伸展机构向小型化、轻量化发展，全柔性太阳电池阵将获得更为广泛的应用前景。

空间辐照强度较低的环境下，硅基太阳电池阵具有较好的应用前景。近年来，地面用硅基太阳电池转换效率提升较快，且制造成本大幅降低，国内外研究机构正在积极探索硅基太阳电池的空间应用场景，其中 SpaceX 公司的 Starlink 卫星是典型代表。

5.1.2.2　锂离子电池储能技术

蓄电池组的升级换代对卫星轻量化做出了巨大贡献，其比能量从镉镍电池的 30 Wh/kg 发展到氢镍电池的约 60 Wh/kg，再发展到如今锂离子电池的 100～180 Wh/kg。锂离子蓄电池具有比能量高、自放电小、寿命长、可串并联组合设计等一系列优点，已成为目前最常用的空间储能电源。从空间应用发展来看，高能量密度锂离子电池储能技术和充放电均衡管理技术快速发展并得到应用。

（1）高比能量锂离子蓄电池

1）比能量高

第一代卫星锂离子蓄电池采用钴酸锂（LCO）材料，单体电池容量为 10～30 Ah，采用不锈钢壳体的比能量为 110～120 Wh/kg，将不锈钢壳体更换为铝合金壳体，比能量可提高 124 Wh/kg 以上。这种电池在低轨运行条件下的设计寿命不超过 5 年。

为满足低轨卫星 8 年以上的寿命要求，采用循环性能更优的镍钴铝（NCA）材料，开发出了第二代卫星锂离子蓄电池，单体电池容量为 20～45 Ah，比能量为 125～150 Wh/kg。

在此基础上，通过提高材料能量密度、优化集流方式、改进外部电接口等方法，研发出第三代卫星锂离子蓄电池，单体电池容量提高 30～50 Ah，比能量提高 160～210 Wh/kg[10]。

随着锂离子蓄电池技术的快速发展，单体制备工艺日臻完善，针对常用的锂离子蓄电池体系，通过优化制备工艺的方法已很难再大幅提高锂离子蓄电池单体的能量密度，转而采用以下两种措施来提高蓄电池的比能量：采用高比容量的电极材料体系提高蓄电池的储锂能力，采用高电压正极材料提高电池的工作电压。

2）放电功率大

随着卫星有效载荷技术的发展，以相控阵、激光和星上处理设备为代表的大功耗载荷对储能电池的供电能力提出了更高要求，蓄电池组需具备提供短时 5～10 C 或者瞬时 100 C 以上的放电能力，功率型锂离子电池应运而生。法国 SAFT 公司 VL16 功率型锂离子电池具备 3 C 长寿命放电能力，VL34P 高功率锂离子电池 2 s 脉冲放电已经实现 20 kW/kg，在 100 C 以上。

（2）充放电均衡管理技术

不同卫星平台对电池放电深度要求不同，为防止个别单体电池因过充或过放提早失效，需要精确控制单体电池的电压离散度，实现高效自主的均衡管理及旁路管理，以确保锂离子电池组工作期间的安全性。锂离子电池管理系统（Battery Management System，BMS）是新型储能电池的安全管家，亦是整星关键环节之一[11]。

BMS 采用锂离子电池自主智能化管理方法，使用自主硬件均衡技术、By-pass 旁路驱动控制技术对锂离子电池管理做出精确控制，通过对锂离子电池进行定值线性均衡控制，旁路剔除失效的单体电池。

（3）发展趋势

锂离子电池技术的发展趋势主要包括以下几个方面。

锂离子电池材料体系优化升级。锂离子电池技术水平的提高主要依赖于电活性材料、功能电解液、高性能导电剂等核心材料的性能提升，因此，高容量正极材料、负极材料、高电压体系下宽电化学窗口的电解液体系的开发和应用是主要发展方向。通过新型电池体系的设计，卫星全密封锂离子电池比能量可在 300 Wh/kg 以上，寿命能满足低轨卫星 10 年、高轨卫星 18 年的应用需要。

生产工艺新技术应用。除了电池材料，锂离子电池的性能水平也受生产工艺制约，随着锂离子电池能量密度不断提升，充放电倍率不断增大，对电池的制造工艺和安全防护的要求越来越高。电极制造技术、电极表面功能涂层技术、补锂工艺技术、隔膜涂层技术等将取得长足发展。

新一代锂电池技术应用。目前，第四代卫星储能电池的发展尚处于探索阶段，瞄准目标为 400 Wh/kg 以上，主要探索方向包括全固态锂电池和锂硫电池。

5.1.3 综合电子技术

5.1.3.1 概述

综合电子的概念来源于航空领域，DO-297 将其定义为一组灵活、可重用、可互操作的软硬件资源，被集成在一起形成一个服务平台，执行各类航电任务。在空间技术领域，卫星综合电子在不同应用场景下概念有所不同，但都承担着遥控遥测、能源管理、热控管理、姿轨控管理、健康管理等卫星管理功能，主要特征包括：标准的接口和协议、数据信息的互联与共享、硬件资源可配置、软件功能可定义[12]。

综合电子从简单到复杂、从单机到分系统，经历了 4 代发展[13]。第一代综合电子主要特征是采用集中式供电方式、总线网络采用 RS485 总线，采用脉冲编码调制（PCM）格式遥测体制，功能相对简单；第二代综合电子主要特征是电子设备独立供电、总线网络采用 CAN 总线，采用分包遥测体制，支持程控、相对程控及卫星安全模式管理等功能；第三代综合电子是采用系统级封装（System In a Package, SIP）技术处理器和内嵌管理执行单元（MEU）下位机架构的电子系统，将遥测采集、热控管理等功能进行了集成；2005 年以后发展至第四代，即统一的电子工程环境和标准化接口时代，强调所有功能在一个共同的模块化环境开发，关注系统总体功能定义，具备星务管理、遥控指令分发、遥测数据存储分发、热控管理、载荷管理、高速数据上行、高速总线网络及卫星自主管理等特征。

5.1.3.2 功能、组成及原理

综合电子主要完成星地遥控遥测处理、直接指令/间接指令译码执行、遥控遥测加解密、整星能源管理、热控管理、姿轨控管理、时间管理与广播、GNSS 定轨定位校时、卫星数据存储、小功耗产品二次配电、通信与信号采集、磁力矩器及电机驱动等功能。

综合电子可根据功能需求由各种功能模块搭配组成，各功能模块通常均进行冗余备份设计。某型号卫星综合电子分系统组成见表 5-1。

表 5-1　某型号卫星综合电子分系统组成

组成		对应功能
综合电子	核心处理模块	星地遥控遥测、通信与信号采集、指令输出、能源管理、时间管理、热控管理、姿轨控运算、太敏/磁强计信号采集、数据存储等
	直接指令处理模块	指令明密判断、直接指令判断及处理
	加解密模块	数据加解密
	二次配电模块	二次电源转换及配电
	热控模块	实现热控加热回路开关控制
	磁力矩器驱动模块	磁力矩器磁控电流输出
	电机驱动模块	电机电流驱动、角度传感器信号采集
	GNSS 模块	导航定位、秒脉冲输出
GNSS 天线		接收导航星座导航信号
GNSS 高频电缆		传输导航射频信号

综合电子对卫星各任务模块的运行进行高效可靠的管理和控制，测量和监视整星

状态，协调整星工作，配合有效载荷实现在轨飞行任务的各种动作和参数的重新配置，以完成预定的飞行任务，获取相应的结果。综合电子构建了内外部总线网络，内部总线网络进行遥控管理、遥测管理、指令资源、A/D 采集资源、加热器开关控制资源的一体化管理，并与测控分系统配合实现测控数据的收发和处理；外部以整星 CAN 总线网络为中心，采用标准通信接口协议和数据通信格式的计算机通信网络，将星上分散的各功能单机有机地连接起来，形成星上统一实体，实现星上信息交换和共享，完成卫星运行管理、控制和任务调度。

由于卫星综合电子提供的服务功能较多，其先进性在很大程度上体现了卫星整体设计能力的先进性。

5.1.3.3 先进综合电子技术

（1）即插即用技术

即插即用（Plug-and-Play，PnP）是指不需要跳线和手动软件配置过程，当在支持即插即用的平台上插入一个即插即用设备时，可以在运行过程中动态地进行检测与配置[14]。即插即用技术采用标准化、模块化、软硬件复用等设计思想，是综合电子实现高功能密度和多功能通用化应用的关键[15]。

空间即插即用电子系统的提出，与美国国防部作战响应空间办公室提出的作战响应空间（Operationally Responsive Space，ORS）计划密不可分。为了达到空间平台能够快速完成设计、制造、总装、集成与测试的目的，ORS 计划利用空间即插即用技术对航天器内部设备进行优化重构。2007 年，现今国际上唯一公开的卫星模块化即插即用接口标准，即空间即插即用电子系统标准（Space Plug-and-Play Avionics，SPA）发布，它包括 4 个部分：即插即用物理接口、卫星数据模型、基于 XML 的电子数据表单、共用数据字典。自 ORS 计划和 SPA 标准提出之日起，世界各国对空间即插即用技术开展了一系列的研究和验证。

空间即插即用技术主要涉及以下功能：一是设备发现与识别功能，该功能主要实现设备连入硬件系统后，系统对该设备自动检测，发现并获取该设备描述信息，根据描述信息对该设备基本特点进行解析；二是设备参数自动配置功能，该功能主要实现对设备参数的识别、系统资源的配置、驱动程序的启动，然后将该设备功能告知系统，并广播该设备的连入与功能；三是通信通道的建立，该功能主要实现系统中两设备之间通信通道的建立、维护和取消，实现设备间数据、命令的传输与管理。即插即用的基本流程如图 5-9 所示。

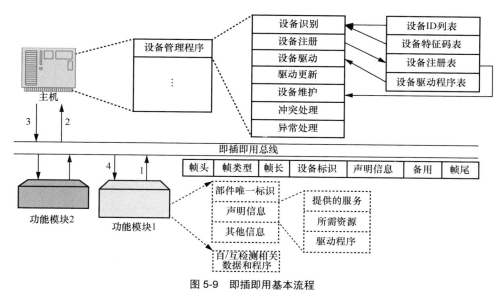

图 5-9　即插即用基本流程

（2）轻小型化硬件设计技术

卫星互联网系统任务日趋复杂，卫星功能集成度、结构轻量化要求越来越高，对综合电子提出了高可靠、高集成、低成本、轻量化的需求，星载片上系统（System on Chip，SoC）应运而生。SoC 将综合电子的全部或部分的功能集成到单个芯片上，典型的片上系统一般包括通信接口、I/O 接口、存储器、处理器等模块，实现信号采集、转换、存储、处理等功能。

SoC 技术是微电子技术发展到高级阶段的必然产物。近年来，随着导航卫星、遥感卫星、载人航天、深空探测等项目建设，航天产业迎来快速发展，市场对采用宇航级 SoC 芯片的卫星综合电子产品需求旺盛。SoC 技术有利于提高综合电子的功能密度，减轻综合电子系统的重量，提升卫星在轨自主管理能力，降低系统建设与运行成本，更能适应大规模星座建设需求。

考虑到卫星综合电子负责卫星信息、能源、控制等多方面业务，任何功能故障都将影响卫星的安全，因此 SoC 在轨应用的可靠性设计至关重要。

（3）并行化星载计算机技术

采用先进的并行计算机体系结构是解决星载计算机单处理器速度瓶颈的最好方法之一。卫星对星载计算机的高可靠性、高数据吞吐量以及星务任务管理密集型和粗粒度并行的要求，使得商用大型并行计算机难以直接在卫星上有效应用，因此需要研究适合于卫星综合电子的星载计算机并行化技术。

高性能并行计算机在商业上已经得到很多应用，技术成熟，然而卫星运行于空间轨道，有其自身特点，与商用并行计算机在设计和使用上有不同之处。这些区别主要包括以下 4 点。

1）可靠性要求不同：低轨卫星在轨运行过程中，可在地面干预的弧段有限，出现在轨故障时难以快速处理，影响卫星功能和网络服务能力。因此星载计算机除了要求有高处理性能外，更重要的是对系统的可靠性和自主修复能力要求高，这一点与商业并行计算机主要追求高处理性能的理念有所不同。

2）系统架构不同：星载计算机作为卫星的集中管理单元，需要和各分系统之间有较多的数据传输通道，这决定了星载并行计算机的设计不仅要考虑到双 CPU 并行结构和存储系统结构，也要考虑到外部总线的拓扑结构。

3）管理功能不同：星载计算机所执行的星务管理软件除姿态轨道计算需要进行数学运算外，更多的是进行任务调度和任务管理，这意味着星务管理任务不是计算密集型，而是管理密集型（或控制密集型），这决定了并行程序是以粗粒度并行为主。

4）时效需求不同：星务管理任务（如数据访问）多是并发任务，要求星务管理软件一般以多任务形式设计，因此星务任务需要保证任务运行有较高的实时性。

从这些不同之处可以归纳出星载并行计算机设计的目标主要是：更高的系统可靠性、更高的并行管理效率。

（4）智能化星务管理技术

卫星自主运行是卫星互联网星座设计的追求目标，从目前国内卫星发展情况来看，实现这一目标尚存在较大差距。

目前国内卫星的星务管理软件较为简单，一般采用支持多进程的嵌入式操作系统进行应用程序的编写，每个任务针对一个分系统进行程序设计。整个星务管理软件的控制方法较为粗放，缺少统一的任务规划和调度，每个任务对分系统的控制直接作用于总线接口层，这种面向过程的程序设计方法和控制模式容易造成星务管理软件设计不灵活、资源利用率不高、任务处理效率低等问题。

国外在卫星智能控制和自主管理方面进行了多年研究，已经取得较多成果，通过采用模糊控制、遗传算法等先进智能控制方法，使卫星自主管理能力得到较大提升。国内对星载综合电子硬件（如嵌入式微处理器）和软件（如多任务操作系统）的研究与使用仍需加强，先进智能控制理论在卫星上的研究与应用能力也有待提高，在现阶段实现卫星高可靠、自主化、智能化运行难度较大。

5.1.3.4　展望

为更好地适应卫星互联网需要，探索快速、集约、高效的卫星综合电子设计理念，需在系统软硬件设计、智能化管理等方面提升综合电子系统效能。总体上，可基于如下 3 个方面进行探索。

一是软件定义卫星技术：基于卫星高性能计算平台、通用化接口、操作系统软件环境，采用包括驱动软件、应用软件的开发者开放架构，支持星载设备即插即用、应用软件按需加载、系统功能按需重构，符合未来卫星互联网系统发展要求。

二是硬件芯片化设计：采用片上系统（System on Chip，SoC）和系统级封装（System In a Package，SIP）技术，将综合电子硬件功能全部或部分地集成到芯片上，提高综合电子功能密度，降低产品重量功耗，增强产品可批量生产能力，更好地适应卫星互联网系统功能要求和建设需求。

三是智能化星务技术：卫星安全自主运行是卫星互联网星座设计的目标之一，也是卫星互联网系统为用户提供安全稳定服务的前提保证。星务智能化包括智能化管理、智能化信息处理、智能化通信等方面。智能化管理主要完成卫星状态诊断、任务调度等，保证星座自主运行；智能化处理主要完成目标信息的智能提取与处理；智能化通信为卫星的智能化管理和智能化处理提供通信保障。

5.1.4　电推进技术

5.1.4.1　电推进概述

电推进的概念始于 20 世纪初期，工程研究从 20 世纪 50 年代末开始。随着地球同步轨道卫星的迅猛发展、空间探测任务的急剧增加和微小型航天器的日益兴盛，电推进在航天器上的应用更加广泛。电推进在 GEO 卫星位置保持、深空探测主推进、无拖曳控制、姿态控制、轨道转移等方面具有很好的应用前景。

在 GEO 卫星位置保持方面，美国波音公司在 BSS-702 卫星平台上利用 XIPS-25 离子电推进完成全部位置保持任务。欧洲 ALPHABUS 平台利用 PPS-1350 霍尔电推进完成南北位置保持。在卫星轨道转移方面，波音公司在 BSS-702 卫星平台上已经实施了应用 XIPS-25 离子电推进系统，完成最终 GEO 轨道圆化的部分轨道转移任务，俄罗斯在 2003 年发射的 YAMAL-201 和 YAMAL-202 卫星上应用 SPT-70 电推进完成了部分轨道转移[16-17]。在科学观测与试验航天器方面，2009 年欧洲发射的 GOCE 卫星应用

2 台 T5 离子电推进系统完成 240 km 高度轨道飞行的大气阻尼精确补偿（无拖曳控制），在 2 年内绘制出了高精度的全球重力场分布，截至 2012 年年底电推进系统累计工作 24 000 h。

5.1.4.2 电推进基本原理与分类

（1）电推进系统基本原理

电推进技术是利用电能加热、离解和加速推进剂形成高速射流而产生推力的技术。由于突破了推进剂化学内能对传统化学推进喷射动能的约束，电推进很容易实现比化学推进高一个量级的比冲性能。电推进除了具有高比冲的显著优势外，还具有推力调节方便、推力小、工作寿命长、安全性好等特点。在航天器上应用高比冲推进系统可以节省大量推进剂，从而增加航天器有效载荷承载能力、降低发射重量、延长航天器寿命等。

（2）电推进系统分类

根据电推进系统中将电能转化为推进剂动能方式的不同，电推进可分为电热式、静电式和电磁式三大类，如图 5-10 所示。

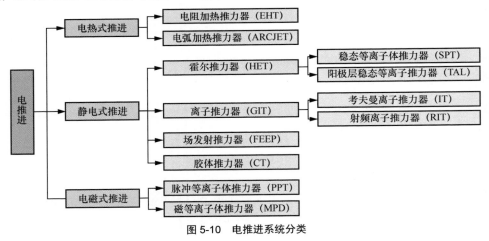

图 5-10　电推进系统分类

1）电热式推进系统

电热式推进系统利用电能加热推进剂，被加热的推进剂经拉瓦尔喷管加速喷出发动机，产生推力。电热式推力器是几种电推进中比冲较小的，和传统化学推力器比冲相当，但其优点是结构简单、价格便宜、安全可靠、操作和维护方便等。

2）静电式推进系统

静电式推进系统将推进剂气体原子电离为等离子体状态，再利用静电场将等离子体中的离子引出并加速，高速喷出的离子束流对推力器的作用力即为推进系统的推力，此外，有的静电式推进系统利用静电场加速带电液滴或液态金属离子产生推力。静电式推力器特点是比冲高、结构紧凑、重量轻以及技术成熟等。

3）电磁式推进系统

电磁式推进系统利用电场和磁场交互作用来电离和加速推进剂，产生推力。在电磁式推进系统中，推进剂离子的加速不是通过单独的电场来完成的，因此，喷出的离子束不受空间电荷的限制，即在等离子体中，通过磁作用比通过静电作用能获得更大的能量密度。电磁式推力器的特点是比冲高、技术成熟、寿命长等。

4）几种电推进系统的主要指标对比

电推进中推进剂喷出推力器时的动能是由电源的能量也就是功率决定的，因此理论上来说，只要电源系统的功率足够大，电推进系统的比冲可以远大于传统的化学推进发动机。实际上，电源系统始终是制约电推进发展的一个关键要素，当前应用的电源系统大部分为太阳能电池板，其功率较小。几种典型电推进推力器的性能指标见表 5-2。

表 5-2　几种典型电推进推力器的性能指标[18-21]

类型		功率范围	比冲/s	效率	推力/mN
化学单组元		几十 W～百 W	180～240	—	1 000～2 000 000
化学双组元		百 W	260～380	—	1 000～50 000 000
电热式推进	电阻加热推力器	几十 kW	150～700	30%～90%	5～5 000
	电弧加热推力器	kW～几十 kW	280～1 000	30%～50%	50～5 000
静电式推进	离子推力器	几 W～100kW	2 000～10 000	55%～90%	0.05～600
	霍尔推力器	kW～几十 kW	1 000～8 000	40%～60%	1～700
	场发射推力器	kW	6 000	—	—
	胶体推力器	kW	1 000～1 500	—	—
电磁式推进	脉冲等离子体推力器	几十 W～百 W	1 000～1 500	5%～15%	0.005～20
	磁等离子体推力器	kW～MW	1 000～5 000	10%～40%	20～200 000

（3）电推进系统组成

电推进的原理分为电热、电磁和静电等，实现形式多种多样，但其组成一般均包括 3 部分：电源处理系统（Power Processor Unit，PPU）、推进剂储存与供给系统和电推力器，如图 5-11 所示。

1）电源处理系统

电源处理系统用于转换能源系统的电能输出，以满足电推力器的需要。太阳能电池板供电的能源系统输出电压通常不超过 100 V，为了满足电推力器的需要，必须转换成近千伏的高电压。

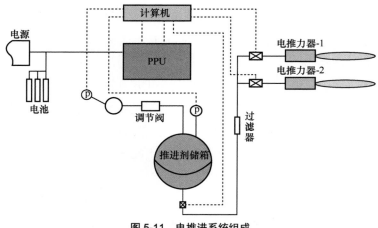

图 5-11　电推进系统组成

2）推进剂储存与供给系统

推进剂储存与供给系统和传统的冷气推进系统及单组元推进系统相近，包括推进剂储箱、电磁阀、过滤器和管路系统等。电推进系统的推进剂流量通常情况下较小而连续供给的时间很长，这给电磁阀的流量控制和防泄漏带来了困难，也增加了地面试验时流量测量的难度。

3）电推力器

电推力器将电源处理系统输送过来的电能通过一定的方式转化为推进剂的动能，能量转化率以及性能是衡量推力器优劣的重要指标。

（4）电推进系统的选用原则

电推进系统为卫星的轨道控制和姿态控制提供推力，其任务贯穿卫星在轨全生命周期。电推进系统在通信卫星中的应用主要体现在轨道转移和轨道保持等方面，这些需求以速度增量这一参数体现。选用推进系统时，在完成推进剂预算分析后，需结合卫星系统的重量、供电能力、寿命、对产品成熟度的要求和经费等方面，综合考虑选用合适的推进系统产品。

霍尔电推进功率在几百到千瓦量级、推力在几十 mN 量级，比冲在 1 500 s 左右。此功率范围内的霍尔推力器效率较高，具有良好的推力-功率比性能，且结构与电路简单、成本较低，有多种推进剂可供选择。当前世界各国卫星星座的电推进的选型情况见表 5-3。对于百千克量级到亚吨量级的卫星而言，基于卫星轨道爬升、轨道保持和降轨陨落三大任务，综合考虑推进系统重量限制、功率限制和成本限制等约束，目前在星座部署中选用最多的为霍尔电推进。

表 5-3　世界各国卫星星座的电推进选型情况[22]

序号	公司/机构	星座名称	卫星类型	规划数量/颗	已发射数量/颗	卫星重量/kg	电推进类型	电推进功率/W	电推进推力/mN	电推进比冲/s	工质	备注
1	SpaceX公司	Starlink	通信	4.2万	5 375	290/750	霍尔	400/4 200	18/170	1 300/2 500	氩/氪	Starlink V0.9~V1.5/Starlink V2.0 mini　不同功率对应的推力和比冲不同，下同
2	一网公司	一网	通信	6 372	635	147	霍尔	300/350	17/18	1 244/1 300	氙	—
3	DARPA	黑杰克	综合/军事	90	4	200	霍尔	100~450	4~30	700~1 500	氙或氪氙	中止
4	美国太空军	先进极高频	通信	6	6	6 168	霍尔	3 000~4 500	168~294	1 769~2 076	肼	—
5	泰雷兹公司	铱星	通信	66	95+81	689/860	电阻加热式	—	41~370	292	铟	—
6	行星实验室	鸽群	遥感	—	507	5	场发射电推进	40	0.35	3 500	氙	—
7	法国国家空间研究中心	三维光学星座(CO3D)	遥感	3	0	300	霍尔	350	17	1 244	氙	—
8	空客公司	热鸟	通信	—	—	4 500	霍尔	3 000/4 500	140/270	1 770/1 900	氙	—
9	VNIEM	Ionosfera	地球探测	4	0	400	脉冲等离子体	175	3.7	1 600	有氟塑料	—
10	银河航天		通信	—	6	227	霍尔	300	10	1 350~1 500	氙	—
11	天仪研究院	天仙	合成孔径雷达	96	1	—	电阻式	12~65	10~40	200	氨	—
12	零重空间	灵鹊	遥感		1	10	脉冲等离子体	烧蚀重量10μg/14.2μg	0.3~3	300/650	碘	不同烧蚀重量对应的比冲不同
13	未来导航	微厘空间	导航	160	100		双头碘离子	150	0.3~3	2 000	碘	—
14	微厘空间		导航	160	97		单头碘离子	100~300	4~13	800~1 200	碘	—
15	国电高科	天启	通信	38	15	50	霍尔	150	0.3~3	2 000	氙	—
16	上海垣信	千帆	通信	2.8万	36	250~280	霍尔	420	20	1 400	氙	—

5.1.4.3 新型工质霍尔推进系统

氙气霍尔推力器在航天任务中已得到广泛应用，但氙气在大气中含量较低，提取成本高，并且随着需求量的增加，其价格成本大幅增长，成为限制霍尔推力器商业化、规模化应用的主要因素之一。同时，出于对运营成本的考虑，需要减少推进工质携带量，增加有效载荷比例，对推力器的比冲提出了更高的要求。

（1）氪工质霍尔电推进系统

由于氙气的低储量和高成本特性，各国航天机构开始深入研究可替代工质，其中氪气因其具有与氙气相近的物理特性，成为变工质研究的热点方向之一。氪气的储量是氙气的 10 倍，且目前市场价格不足氙气的十八分之一。氪气相对于氙气有更低的原子质量，但是有更高的电离能，与氙气的特性差异见表 5-4。相同的外部条件下，氪工质的比冲理论上要比氙工质高出 25%[22-24]。推进系统执行空间任务时，大比冲意味着具备更大的优势。SpaceX 公司的一代星链卫星采用了氪工质霍尔推力器，完成卫星部分变轨、位保以及后期离轨任务，标志着氪工质霍尔推力器正式进入航天应用。

表 5-4 氪气、氙气与氩气典型物理特性参数比对[25-26]

特性参数	氙（Xe）	氪（Kr）	氩（Ar）
原子质量	131.293	83.798	39.948
第一电离能/eV	12.13	14.01	15.76
临界温度/K	289.77	209.41	150.86
临界压力/MPa	5.841	5.501	4.880
市场价格/（$·kg^{-1}）	3 000～10 000	500～1 500	5～17

国内商业航天公司星辰空间也研制出 600 W 氪霍尔推进系统，稳态工作推力可达 43 mN，稳态工作比冲 1 650 s，总效率 40%，总功率不大于 1 060 W，2024 年 11 月 30 日搭载银河航天研制的卫星互联网技术试验卫星开展在轨测试验证。

（2）氩工质霍尔电推进系统

2023 年 2 月 27 日，SpaceX 发布了二代星链拟采用的氩工质霍尔推力器的技术参数：推力 170 mN，比冲 2 500 s，总效率 50%，总功率 4.2 kW，重量 2.1 kg，阴极中置。氩工质霍尔推力器的推力和比冲分别是氪霍尔推力器的 2.4 倍和 1.5 倍。

氪气的价格相较氙气已有了大幅降低，而氩气的价格更可谓是"白菜价"，可大大降低卫星成本。采用氩气作为工质，推力器的比冲和推力会增加，但所需的电离功率也会更高。如何在实现高电离效率、高比冲、大推力的同时，尽可能降低推力器的功率，将是氙工质霍尔电推进系统在工程应用中的难点。

综合分析氪工质和氙工质技术，可得到以下结论：若卫星可提供推进分系统 3 000 W 以上功率，可使用氙工质推力器以兼顾低成本、高比冲与高推力；在 1 000 W 功率量级，氪工质性能表现良好，性能和成本的综合表现均衡；国内氪工质技术较为成熟，而氙工质技术研究处于起步阶段，产品成熟度较低，与国外先进水平差距较大。

（3）碘工质霍尔电推进系统

碘工质霍尔推力器相比于传统的氙气霍尔推力器，因其以固体作为推进剂，可以在很大程度上节省推进剂储存空间。碘工质价格低廉、存储密度高、可适应异形结构储供单元，在提升系统集成度，提高整星功能密度，降低航天器运行成本，拓展电推进应用场景等方面优势显著，已成为最具前景的新型推进剂之一[27]。碘工质与氙工质的基本性质比对情况见表 5-5。

表 5-5　碘与氙气的基本性质比对情况[28]

原子种类	碘（I）	氙（Xe）
相对原子质量	126.9	131.3
相对分子质量	253.8	—
常温状态密度/（mg·cm^{-3}）	4.9	1.6
熔点/℃	113.7	−112
10 Pa 状态沸点/℃	9	−181
电离能/eV	10.5	12.1
碰撞横截面积/（10^{-16}cm^2）	6.0	4.8

2011 年首次报道在地面测试了碘工质霍尔推力器 BHT-200[29]。随后，更高功率的碘工质霍尔推力器 BHT-600 和 BHT-8000 实现了地面测试[30]。BHT-200 的地面实验较为丰富，美国 Busek 公司通过实验研究得到当阴极流量为 0.5 mg/s，阳极流量为 1.02 mg/s 时推力器的比冲在 1 350 s 左右，推力约为 13.5 mN，并且在 80 h 的测试时间内，碘工质推力器工作温度、性能无明显衰减[31]。Busek 公司还针对 BHT-8000 进行了性能测试实验，得到当功率为 8 kW 时，推力为 449 mN，比冲约为 2 210 s。国内商业航天公司天仪研究院研制的一颗约 20 kg 的立方体卫星于 2020 年 11 月 6 日发射，搭载了法国 Trustme 公司的碘工质推进系统 NPT30-I2，其验证情况发表于 2021 年 11 月的《自然》期刊。

相比于氙工质推力器，碘工质阳极效率更高，羽流发散角较小，且羽流衰减作用更明显。但碘工质存在以下缺点：碘有毒，地面测试较为危险；碘在较低温度下呈固体，易给卫星其他部分（尤其是光学元器件与太阳帆板）造成污染；碘工质具有腐蚀性，会对推力器本体和阴极造成腐蚀，也有可能腐蚀卫星其他部分。

5.1.4.4 电推进的可靠性提升措施

随着电推进产品在中星系列、实践系列、亚太 6 号等高轨卫星上的应用，我国电推进应用进入快车道，后续任务对电推进产品除了提出更高性能需求外，对产品的成熟度及可靠性也提出了更高的要求。当前在轨存在霍尔电推进打火现象、离子电推进束流闪烁问题等，电推进的可靠性还需要进一步提升。

霍尔电推进打火会影响卫星控制的连续性，可能会影响变轨任务的时效性，甚至影响电推进的在轨安全性和可靠性。电推力器打火现象是一种电极之间产生火花放电或电弧击穿的现象，发生打火的原因通常是导电多余物污染绝缘件或长时间点火使离子轰击导电物体表面产生溅射回流沉积在绝缘件表面。

国内外均已针对霍尔电推进的打火现象开展了多项专项试验及问题研究，分析认为推力器羽流角大小在溅射回流形成"碳打火"方面有一定影响。因此，在工程上可采取如下措施降低电推进打火现象：合理进行整星布局，严格控制推力器羽流角内不要出现遮挡物；针对暴露在外部触持极与推力器底座间的绝缘部分，阴极采用"伞式保护"遮挡绝缘部分，避免空间中的多余物接触绝缘件，造成多余物堆积；使用磁聚焦技术，减小羽流发散角，使羽流中的高能离子集中在中心轴线上，从而避免高能离子与推力器相互作用产生溅射物沉积；阳极加速通道采用"0 碳"陶瓷材料，使高能离子轰击陶瓷飞溅的碳原子数为 0，从而避免"碳打火"现象。

束流闪烁是离子电推进的固有特性，难以完全消除。通过机理分析和研究，可在工程应用上采用"阈值判定+束流重启"、多余物控制的抑制措施及稳定的处理流程，从而大幅降低其发生的频次和危害，减小对电推进性能、寿命和可靠性的影响。当前仍存在软硬件匹配控制及应用策略不成熟、组件产品性能一致性控制不佳等问题，需开展进一步机理及抑制方法研究。

5.1.4.5 新型电推进技术

传统的推进系统基本适应了现阶段通信卫星对电推进系统的需求，但随着卫星任务需求的不断增加，电推进系统会不断向前发展。新型电推进系统包括射频离子推进技术、水推进技术和螺旋波等离子体推进技术等。

（1）射频离子推进技术

射频离子推力器使用射频源作为电离能量注入手段，使用栅极加速等离子体。射频离子推力器具有体积小、比冲高（可达 4 000 s 量级）、寿命长等优点，但目前成熟产品的推力较小（10 mN），且系统结构复杂、研制水平较低。随着电推进技术逐渐成熟，未来射频离子推进可向小型化碘工质射频离子推力器、无中和器射频离子推力器等方向发展。

（2）水推进技术

当前使用的电推进存在诸多问题，例如带电粒子沉积在航天器表面、高能粒子轰击敏感器件以及电磁干扰等，使用前必须评估其影响并采取一定的手段进行规避。水推进不存在此类问题，基本原理是通过将水加热形成蒸气，随后喷出产生推力。目前，Aerospace、Tethers Unlimited、Bradford Space、Momentus 等公司以及普渡大学、东京大学等均在进行水推进技术的相关研究[32]。Aerospace 公司研制的一款水工质推力器，可以容纳 30 g 的水，产生 4 mN 的推力，该系统于 2019 年 8 月应用于 AeroCube 10 卫星上。

水推进的研究主要针对微小卫星，推力大小在 mN 量级，可以大大延长卫星寿命。不论是将水加热还是电离，水工质推进都具有清洁无毒、造价便宜等特点，其执行任务具有巨大的潜力，正在得到迅速的发展。

（3）螺旋波等离子体推进技术

螺旋波等离子体推力器基于螺旋波等离子体在膨胀磁场中存在的无电流双层效应加速离子形成高速离子束射流，从而产生推力，具有长寿命、可使用推进工质种类广泛、高比冲、功率和推力范围宽等特点[33]。

螺旋波等离子体推力器可以将某些固态废弃物转化的气态物质（主要包括 H_2、CO_2、CH_4、H_2O）用作推进工质。复杂气体工质螺旋波等离子体推力器中等离子体的形成以及离子加速受诸多因素的影响和制约，并且包括采用工质气体种类和比例、推力器放电室结构、天线构型、磁感应强度位形和大小等，目前尚未有成熟应用，但其具备的多种优点具有较大研究价值与探索意义。

5.1.5 卫星测控技术

5.1.5.1 测控系统概述

测控是"测量与控制"的简称，国际上通常称为 TT&C，其中第一个"T"是指"跟踪测轨"，第二个"T"是指"状态遥测"，"C"是指"指令遥控"。通常被测控的对象包括卫星、飞船、空间站、临近空间飞行器、飞艇、导弹、无人机等，根据运行高度不同可以分为航空飞行器（小于或等于 20 km）测控、临近空间飞行器（20～100 km）测控，低轨航天器（100～2 000 km）测控，中轨航天器（2000～20 000 km）测控，高轨航天器（大于或等于 20 000 km）测控等[5]。

航天器测控是指将航天器与地面测控站设备中获取或产生的信息进行相互传输，实现航天器状态监视与运行控制的过程，内容涵盖航天器平台、载荷正常工作所必须的各类业务管理及状态信息。随着航天器的不断发展，测控也被不断赋予新的内涵和使命。

20 世纪 50 年代人造卫星问世以来，航天器技术迭代发展推动航天测控技术不断进步并日益成熟，航天测控系统先后经历了分离测控系统、统一载波测控通信系统、跟踪和数据中继卫星系统、深空测控通信系统等 4 个阶段。随着 Starlink、OneWeb 等低轨星座大规模建设部署，在轨航天器数量迅速增加，现有航天测控系统缺乏对庞大数量航天器进行高实时、高速率、高可靠同时测控的能力。伴随大规模星座建设部署，持续补充配套地面测控站的传统思路，存在较大的能力制约：

第一，数量众多的地面测控设备带来较高的管理复杂度，地面站建设与后期维护管理成本高；

第二，传统测控模式传输速率低，大规模星座产生的庞大的全网遥测数据无法及时回传地面；

第三，境外建站难度大，仅靠境内测控站资源无法有效对出境卫星进行实时监视与管理。

因此，需要发展大规模星座实时高可靠测控技术，在有限地面测控资源条件下，实现对全空域乃至全星座范围内多航天器的实时、高速测控管理能力。

5.1.5.2 低轨卫星测控系统新技术

（1）测控通信一体化技术

测控通信一体化技术是指面向低轨大规模星座测控管理需求，将地面测控站与信关站能力融合，将传统测控体制与通信体制融合，将测控管理与网络管理融合的技术。通过卫星与地面设备软硬件状态高度统型与融合，将传统基于 CCSDS 体制的测控信息作为一项通信业务，承载在星间链路和馈电链路中，利用通信业务信道的高速传输能力，实现全网卫星遥测信息实时可靠回传，以及遥控指令在星座范围内实时稳定可达。测控通信一体化的优势在于：

第一，测控速率不受传统测控体制限制，在不对通信业务造成影响的阈值范围内，可按需调整传输速率，支持批量上注管理指令，并可回传大量原始遥测数据；

第二，遥控管理不受地域和测控弧段限制，可通过星间链路实时管理境外卫星，为运控中心按需调整星座控制策略带来极大便利性；

第三，全网可测控卫星数量不受限制，大规模星座全网任意卫星的测控信息，均可通过"星间链路-节点卫星-落地卫星-馈电链路"实时回传至地面；

第四，地面测控站可复用地面信关站射频组件，降低地面系统建设成本。

Starlink、OneWeb 等低轨星座已开始使用此类一体化测控技术，减少对测控站的过度依赖。这种测控模式也存在缺点：一是地面信关站波束窄，对航天器跟踪能力的要求较高，卫星姿态异常情况下的应急测控能力不及传统测控；二是馈电链路频段通常较高，链路性能受当地气象条件（雨衰等）影响较大；三是对网络稳定性有强依赖，易受星间链路、馈电链路断链影响，在星座组网稳定运行前无法脱离传统地面测控支持；四是无法实现星地测定轨功能，需要卫星具备自主 GNSS 定位定轨能力。

（2）随遇接入测控技术

传统地面测控系统通常利用单设备、单波束对过境单个航天器实施测控支持，基本步骤是定期申请测控资源、事先分配测控计划、按计划建立测控链路、开展测控业务。面向大规模星座管理，传统测控手段能力不足、效率不高，随遇接入测控应运而生。

随遇接入测控是指卫星进入天基或地基测控节点的全空域波束覆盖范围内，便可接入随遇测控网络执行测控任务。该技术充分借鉴了蜂窝移动通信的随机接入机制，将卫星、测控站分别看作移动终端和基站，将单圈次测控过程看作一次移动终端与基站的业务通信过程。与传统测控手段相比，随遇接入测控的优点主要体现在以下几方面[34]。

第一，对多星同时测控支持度高。卫星进入波束范围内发出接入请求，即可被分配信道资源。波束范围内使用码分多址区分多个目标卫星，相比单波束目标测控，能显著提升系统通信容量，有效解决未来因卫星数量激增而导致的测控资源不足问题。

第二，可降低资源调度复杂度。将单圈次跟踪测控任务由计划驱动模式改为卫星自主随遇接入模式，可以有效缓解传统资源调度难以适应测控业务量日渐密集的情况。

第三，测控可靠性高。卫星可同时与多个测控站建立测控链路，在必要时进行快速切换，一定程度上实现了多站冗余备份。

第四，长期测控管理效费比高。相比新建测控站实现多目标测控的模式来说，随遇接入测控实现了一站式多目标同时测控，节省了测控站建设、管理、维护成本。

尽管国内相关研究机构对随遇接入测控进行了广泛研究，但尚未开展实际工程应用，部分能力还有待进一步提升：一是通信速率低、回传频次低，仅能传输少量卫星健康状态信息；二是无法进行复杂指令上注与控制交互；三是测控数据不支持星间链路传输，主要依靠卫星过境完成信息获取；四是数据可靠性不及传统手段，尤其是前向链路数据传输稳定性有待工程实践检验。

（3）中继卫星测控技术

基于中继卫星的天基测控，是地球同步轨道通信卫星通过对地多波束覆盖实现低轨卫星多目标 S 频段多址接入的另一种新技术。最早将多波束技术应用于天基测控系统中的是美国的跟踪与数据中继卫星系统（Tracking and Data Relay Satellite System，TDRSS），在 1983 年和 1988 年发射的中继卫星上装有多波束相控阵天线，2019 年我国第二代中继卫星上也采用多波束天线实现了 S 频段多址接入（S-band Multiple Access，SMA）多目标测控。目前国内外主要以中继卫星作为天基测控平台开展的研究多集中在解决全景波束下的多目标间测控的多址干扰问题，以及提升多目标接入的系统容量问题。

从美国、欧洲、日本天基中继卫星系统的发展情况来看，未来的天基中继测控仍将以 S 频段、Ka 频段以及激光星间链路为主要发展方向。其中 S 频段用于低速、多目标接入，覆盖和测控效率更高，Ka 频段可用于高速测控和数据传输，激光通信具有高带宽、高速率、低功耗等特点，几种模式融合可以支持大规模低轨卫星并发测控数据的传输需求，是未来中继卫星与低轨卫星间开展高效、稳定测控信息交互的可行实践方向。

5.1.5.3　测控技术展望

随着低轨星座规模化测控需求不断增加，形成高可靠、高实时、高稳定的大规模星座测控能力，尽可能减少地面资源开销和星地信息交互是大势所趋，地面需要通过大数据对测控任务进行必要规划。卫星除了本节介绍的测控新技术以外，未来还可以在以下几个方面进行探索研究。

多测控能力复用与统型：低轨卫星搭载多种测控技术是新趋势，为了尽可能减少多种模式带来的整星设计"臃肿"，除了做到硬件复用和轻量化设计，软件协议的统型是关键，可以降低地面运控中心对多种测控模式的信息处理难度，便于开展系统间的指令互操作。

测控信息安全技术：随着低轨卫星数量越来越多，地面对卫星测控的信息安全问题也显得愈发重要，通过测控体制安全策略设计来预防外部伪造指令和恶意干扰，保证落地重要遥测参数点对点的安全传输，采取信息加密认证和密钥管理，保证测控信息的保密性、完整性和可用性。

卫星自主测控技术：当前卫星通过星载 GNSS 实现自主测定轨的技术已经趋于成熟，未来通过提升软件定义卫星能力，采用大数据分析和人工智能方法，赋予低轨卫星更强的自主管理、故障诊断与恢复能力，可有效减轻大规模星座对地面测控系统的依赖。

| 5.2 卫星有效载荷技术 |

卫星互联网系统需要为用户提供高速率、大容量、低时延、高可靠的数据传输服务，对星间链路、星上处理、用户侧波束调度、馈电链路等有效载荷提出了更高要求。

在星间链路传输方面，需要实现星间数据的高速率传输，传统的星间微波链路已经难以满足需求，而日趋成熟的激光通信技术在高速数据传输、大容量通信、抗干扰抗截获等方面优势明显，已成为星间通信主流方向；在星上处理方面，卫星互联网对星上处理有高性能计算和通信处理、高能效设计、强大且灵活的通信处理能力、高可靠性、高数据安全性和适应多种应用场景的要求；在用户侧波束调度方面，采用多波束天线可以提高服务的灵活性，实现按需调度波束，节约星上能源，覆盖更广泛的地理区域，支持多用户同时进行通信，实现大规模、高密度的通信覆盖，同时可通过精确控制发射和接收波束的方向及形状，实现对不同区域和用户的定向通信，提高抗干扰能力、通信质量和可靠性；在馈电链路方面，需要实现数据的高速率、高可靠传输，由于星地激光通信受大气影响太大，馈电链路仍主要采用微波通信，工作频段通常选择在 Ka、Q/V 等高频段，对功放在大带宽下的线性指标、效率、可靠性提出了较高要求。

在低轨卫星上配置导航载荷，实现通导载荷一体化设计，有利于用户终端的一体化应用开发，能够更好地为用户提供通信服务、精密导航定位和精准可靠的时空参考，使卫星互联网数据服务的时效性和准确性更高，进一步提升网络服务质量。相比于独立建设低轨导航星座，通导融合的卫星互联网星座具有更低的综合成本和快速部署的优势，但同时也带来了系统更为复杂，需要解决卫星在高承载、高热耗工作状态下的时延稳定性和多频段载荷的电磁兼容等技术难题。

5.2.1 星间微波通信

5.2.1.1 概述

传统的卫星星座需要在全球建设大量地面信关站支撑系统运行，但是地面基础设施建设成本较高，且受到不同国家政策限制，境外建站难度大，因此星间链路技术成为新一代卫星互联网系统的应用和研究热点之一。

星间链路分为微波链路和激光链路两类。星间微波链路技术相对成熟，可靠性高，波束相对较宽，跟踪捕获较为容易，但其数据传输速率较低，波束抗干扰能力一般。

星间微波通信目前在轨有着广泛的应用，美国 GPS、欧洲 Galileo、俄罗斯 GLONASS 和我国的北斗系统等导航星座都采用微波链路进行星间通信和测距，中继通信卫星和铱星等低轨通信星座也配置了星间微波链路。

星间微波链路不会受到诸如雨衰和大气衰减的影响，既可以使用 Ka、Q/V 等微波频段，也可以使用太赫兹频段；微波信号在星地传输中受到大气衰减的影响，存在"大气窗口"，在 35 GHz、90 GHz、130 GHz、210 GHz 等频段星地传播时大气衰减相对较小，而在 22 GHz、60 GHz、120 GHz、180 GHz、320 GHz 等频段附近出现大气衰减极大值，通常这些出现衰减极大值的频段被用作星间链路。根据 ITU《无线电规则》2020 年版对无线电业务的划分，微波频段星间链路主要为表 5-6 所示的 11 个频段，且均为卫星间业务。《无线电规则》同时也通过脚注的方式，在应用类型、轨道位置、单入功率通量密度等方面对部分频段卫星间业务进行了用频限制。

表 5-6　ITU 划分给卫星间业务的 11 个连续频段[35]

频率/GHz	所属频段	所属业务	带宽/GHz	约束条件
22.55～23.55	Ka	卫星间业务	1	—
24.45～24.75	Ka	卫星间业务	0.3	—
25.25～27.5	Ka	卫星间业务	1.25	应用限制
32.3～33	Ka	卫星间业务	0.7	—
54.25～58.2	Q/V	卫星间业务	3.95	限于静止轨道内的卫星轨道，单入功率通量密度限制
59～71	Q/V	卫星间业务	12	部分限于静止轨道内的卫星轨道，单入功率通量密度限制

续表

频率/GHz	所属频段	所属业务	带宽/GHz	约束条件
116～123	E 频段以上	卫星间业务	7	限于静止轨道内的卫星轨道,单入功率通量密度限制
130～134	E 频段以上	卫星间业务	4	—
167～182	E 频段以上	卫星间业务	15	—
185～190	E 频段以上	卫星间业务	5	限于静止轨道内的卫星轨道,单入功率通量密度限制
191.8～200	E 频段以上	卫星间业务	8.2	—

5.2.1.2　载荷设计重点考虑的因素

低轨星座内通常每颗卫星需与周围 4 颗卫星建立星间链路,分为同轨链路和异轨链路两种。同轨链路一般是指与本卫星同轨前后卫星之间建立的固定链路,其星间距离、指向固定,而异轨链路一般是指与本卫星左右相邻轨道面内卫星之间建立的固定链路,其星间距离、指向在不停变化,进而需考虑相对速度、多普勒频移、天线跟踪控制等问题。

一般情况下,星间链路既要工作于发送模式,又要工作于接收模式,因此面临频分双工(FDD)或时分双工(TDD)两种选择,在通信容量较大的系统中需要选择 FDD 模式。在 FDD 模式下,需要收发各选用一个频率,为此把卫星分为 A、B 两类,同轨内两类卫星交错配置,每颗 A 类卫星与同轨相邻 2 颗 B 类卫星、与左右相邻轨道的距离最近的 2 颗 B 类卫星共形成 4 条星间链路,B 类卫星亦然。

星间微波链路设计考虑的重点是频段选择、天线形式及其波束控制。

低轨卫星互联网系统对 10 Gbit/s 以上星间容量的高速无线电链路有着巨大的需求,其中天线和放大器技术对于实现更好的信道效率起着至关重要的作用。要实现 10 Gbit/s 以上通信,需采用 E 频段以上的毫米波工作频段。

能否选择更高的工作频段,主要受限于功率放大器(PA)的成熟性,PA 是星间微波链路载荷的关键组件,通常使用 GaN 技术来实现更高的效率和功率,但在 V 或 E 频段(分别为 40～75 GHz 和 60～90 GHz)工作的 GaN 器件尚不够成熟。虽然 SiGe 和 CMOS 器件也可以在上述高频率下工作,但它们的功率水平低,需要采用多路功率合成技术才能达到星间链路所需的等效全向辐射功率(EIRP)。

相控阵和有源天线技术可以有效提高天线的增益和 EIRP,并提供波束控制能力。但是随着频率的增加,半波长尺寸变得更小,导致阵元间距过小而难以制造,因此采用阵列架构下阵元数少的高功率 GaAs 器件是 E 频段链路较好的解决方案。

采用相控阵天线可以实现波束的灵活控制，但其波束扫描角度通常只能做到 60° 圆锥角范围。在大扫描角的情况下，需要采用可转动机械反射面天线，使得结构、部署和指向机制变得复杂；需要增加展开机构、转动控制机构，使得其总体积较大、重量大，还要考虑安装布局、热控实施等方面的约束条件，增加了卫星平台的设计难度。需要说明的是，可转动机械反射面天线主要用于异轨卫星之间，同轨卫星由于卫星相对位置固定，一般无须采用转动机构。

5.2.1.3 链路预算

由于天线及转动机构质量较大，而发射功放需要有较大的功耗，在工程设计时对星间链路的 EIRP 与 G/T 指标分配需要在质量、功耗等代价之间进行综合考虑，而评估的依据是星间链路预算。星间链路预算按以下公式进行

$$\frac{C}{N} = \text{EIRP} + \frac{G}{T} - L_{\text{fs}} - L_{\text{add}} - \text{K} - B \tag{5-1}$$

其中，EIRP 为等效全向辐射功率（单位：dBW）；G/T 为天线增益与等效噪声温度比（单位：dB/K）；L_{fs} 为自由空间路径损耗（单位：dB）；L_{add} 为其他损耗如指向、极化误差等（单位：dB）；K 为玻尔兹曼常数（取值：228.6 dBJ/K）；B 为噪声带宽（单位：MHz）。

下面是一个工程实现星间链路的计算过程。在 33 GHz 工作频段，同轨星间距离 4 000 km，需要在 200 MHz 有效带宽（滚降因子 0.2），DVB-S2X 体制下实现 300 Mbit/s 传输速率。星间微波链路分析见表 5-7。

表 5-7　星间微波链路分析

参数	数值	备注
工作频率/GHz	33	—
工作带宽/MHz	200	—
天线口径/m	0.35	收发相同
天线增益/dBi	38	收发相同
发射功率/W	10	—
发射通道损耗/dB	2	—
发射 EIRP/dBW	46	—
星间距离/km	4 000	—

参数	数值	备注
路径损耗/dB	194.9	—
其他损耗/dB	0.5	指向偏差
接收机噪声系数/dB	3.2	—
天线噪声温度/K	150	—
接收通道损耗/dB	1	—
接收 G/T/（dB·K^{-1}）	14.1	—
载噪比（C/N）/dB	10.9	—
信息传输速率/（Mbit·s^{-1}）	300.0	—
调制码类型	QPSK LDPC 4/5	—
滚降因子	0.20	—
E_b/N_0/dB	8.8	—
E_b/N_0 解调门限/dB	3.4	—
解调损失/dB	2.5	—
余量/dB	2.9	—

5.2.2　空间激光通信技术

空间激光通信用于链路两端至少一端为太空飞行器的场景，包括地球轨道卫星之间，卫星到地（海）面、飞机（艇）、临近空间平台，以及月球、深空航天器到地面等多种链路类型。激光通信技术以激光信号作为载波实现高速信息传输，并可利用光速不变原理和激光信道高码元时间分辨率，实现高精度距离、钟差测量。激光载波频率（200 THz）比微波高 3～4 个数量级，其带宽资源极为丰富，波束宽度可做到极窄，使得激光通信测量技术具备高速率、高精度、远距离、高安全（抗干扰、抗截获）、高灵敏度、低功耗、小型化、轻量化、免频率申请等优势，非常适合航天平台强约束条件下的高速率远距离信息传输、高精度测定轨与时频传递应用。

极窄的波束在带来上述巨大优势的同时，必然要求终端具备极高的指向精度、收发同轴度和跟踪精度，这使得激光终端的技术难度极大。高指向精度和收发同轴度要求激光终端具有极高的光机设计、加工、装调精度水平。工程实践表明，受发射过程中的冲击振动、微重力应力释放，以及内外热流热形变等因素的影响，发射入轨后，激光终端在卫星平台上的坐标系安装误差和收发光轴平行度将会相对于地面发生显著恶化，使得首次激光捕获跟踪建链十分困难，必须通过指向差、同轴度在轨标校措施降低系统误差，实现建链通信。极窄的波束对跟踪精度也提出了极高的要求，卫星平台微振动已成为不可忽视的影响因素，激光终端伺服跟踪系统必须有足够高的响应带宽，以有效补偿高频微振动，确保实现高精度跟踪。通常，激光终端采用基于电机驱动的粗跟踪和基于快速反射镜驱动的精跟踪两级复合跟踪技术，前者用于实现低频大角度范围跟踪，后者用于高频微振动补偿，二者密切配合、互为补充，实现高精度跟踪。

空间激光链路包括穿越稠密大气层、云雾层的星地激光链路和穿越真空、稀薄大气、无云雾影响的星间链路。星间链路不受云雾影响，可做到全天候、全天时（日凌除外）工作，星地链路受云雾等气候特性影响严重，需通过多地面站来降低气候影响。星地链路的另一个影响因素是大气湍流，其对上行链路的不利影响包括光束扩展导致的接收端光功率密度降低和光斑功率密度起伏导致的闪烁效应，可通过多孔径发射或自适应光学预补偿等措施减弱其影响，湍流对下行链路的影响是使接收信号的像斑增大，进而导致光纤耦合效率降低，可通过自适应光学、模式分集等技术提高耦合效率。

空间激光通信涉及的技术领域多，很难通过有限的篇幅给予全面描述，为此，本节着重介绍空间激光网络总体设计所关注的激光终端组成与工作流程、技术体制、在轨标校技术、捕获跟踪策略、通信测量一体化原理、激光链路动态参数计算等。

5.2.2.1　激光终端组成与工作流程

（1）激光终端组成

激光终端通常包含光学头部、集成化处理机、光纤放大器 3 个部分。

1）光学头部

光学头部由粗跟踪伺服转台、光学天线（望远镜）、中继光学单元、恒星定向相机和基准棱镜等构成。

粗跟踪伺服转台用于实现方位和俯仰二维大角度范围内的激光光束指向和粗跟踪。

光学天线（望远镜）用于将大孔径空间光束信号缩束为小孔径空间光束信号，以便于中继光学单元的轻小型化设计。将中继光学单元发射的小孔径激光束扩束为大口径激光束，以便缩小发射光束束散角。

中继光学单元由捕获跟踪探测器、中继收发光路组成，用于空间光束收发隔离与合束，利用能量分光片将接收光分为通信和捕获跟踪两条支路，通过通信探测器和捕获跟踪探测器实现光电转换，提供处理机完成通信解调和跟踪角误差测量，并将光纤放大器输出的光信号准直成空间光信号，发射至目标卫星。中继光路配置精跟踪快反镜、超前瞄快反镜、章动跟踪快反镜。精跟踪快反镜收发通道共用，具有高响应频率和高驱动精度，用于消除粗跟踪剩余残差和平台微振动影响，确保高精度跟踪。超前瞄快反镜配置于发射通道，用于调整收发光轴间夹角，实现发射光束超前瞄准和发射光轴同轴度校准。章动跟踪快反镜为选配项，配置于光接收通道，通过章动寻找并锁定接收光纤耦合光能量最大点，以进一步提高光纤耦合效率，同时兼顾通信接收光轴同轴度校准。

恒星定向相机用于完成恒星指向标校和恒星实时定向。

基准棱镜为三面镀反射膜的立方体棱镜，用于标识激光载荷本体坐标系，为激光载荷安装与标定提供参考基准。

2）集成化处理机

集成化处理机由捕获跟踪控制模块、信号处理模块及二次电源模块构成。

捕获跟踪控制模块完成捕获跟踪探测器和通信探测器跟踪误差测量，并依据跟踪误差信息，控制粗、精跟踪机构执行捕获跟踪流程，实现对建链目标的初始捕获和高精度稳定跟踪，并完成双端轨道位置推算、坐标系变换、目标卫星指向计算、超前角计算、太阳角计算及日凌规避功能。

信号处理模块完成通信信号的调制、解调与链路距离钟差测量、信号编译码与加解扰、工作流程控制、遥测信号采集与发送、遥控信号接收与执行、与卫星平台及综合处理载荷的信息交互等功能。

二次电源模块对一次电源电压进行高效转换，为终端各模块提供电力，并采取隔离措施，避免内部器件失效影响一次电源。

3）光纤放大器

光纤放大器包括高功率光放大模块、低噪声放大模块。高功率光放大模块用于将加载基带调制信号的微弱激光信号进行功率放大，并耦合给光学天线发射出去。低噪声放大模块将微弱的接收光信号进行低噪声放大，供通信探测。

激光终端组成如图 5-12 所示。

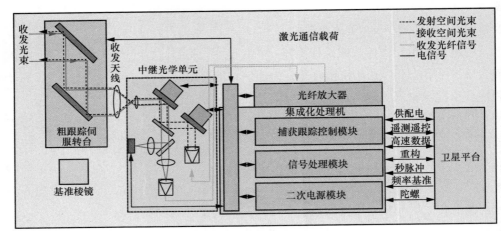

图 5-12 激光终端组成

（2）工作流程

激光终端的任务使命是利用激光建立星间/星地链路，实现高速信息传输和高精度距离钟差测量。基于此，要求其具备光信号生成与发射功能、捕获跟踪功能、高速数据传输与测量功能、在轨维护功能、指令控制与遥测监视功能等。激光终端接收卫星指令，各单机在控制单元的控制下相互协同工作，实现捕获跟踪、通信和测量功能，其工作流程如下。

激光终端根据本卫星位置、平台姿态信息和目标卫星位置信息计算指向角度，引导跟踪目标卫星并发射信号光。主动端按照不确定区域设置进行扫描，被动端采用引导跟踪凝视主动端，探测到信号光后，调整视轴指向精确瞄准主动端。双方激光终端均捕获到对方光信号后，进入稳定跟踪阶段，跟踪探测器测量视轴指向角误差，控制粗瞄机构和精瞄机构，使发射光束精准指向对方、接收光束精确耦合至光纤通信探测器，实现双向稳定跟踪和可靠通信。

激光终端对卫星平台送来的业务数据进行编码和调制，将电信号调制到激光载波上，并通过光放大器进行功率放大，由光学头完成光束扩束准直，并瞄准目标卫星。

激光终端接收到对方信号光后，按能量分光将接收的信号光分两路，一路用于跟踪误差测量，另一路耦合至光纤通信探测器，将光信号转化为电信号，并完成数据解调，实现双向通信、测距。激光链路工作原理示意如图 5-13 所示。

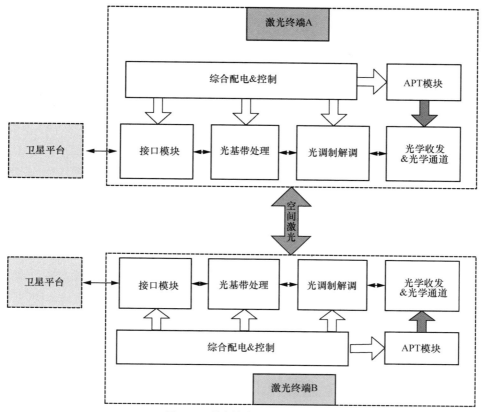

图 5-13　激光链路工作原理示意

5.2.2.2　技术体制

激光通信技术体制是决定技术路线和发展方向的基础性技术问题，主要包括调制探测、收发隔离、捕获跟踪建链、通信测量一体化等方面的要求。根据激光链路的任务使命和场景条件，存在激光通信技术体制的优化选择问题，必须根据实际应用场景深入论证，审慎确定。

（1）调制探测体制

在空间激光通信领域，现有的调制探测体制主要包括 OOK 调制/直接探测、BPSK（QPSK、QAM）调制/相干探测、DPSK 调制/自零差相干探测、PPM 调制/超导单光子探测 4 种。下面对 4 种体制进行简要比较，在体制选择论证时，还要根据 4 种体制优缺点，并结合工程系统的特点和重点需求进行详细分析。

OOK 调制/直接探测体制的调制解调技术较为简单，如图 5-14 所示，与 BPSK

（QPSK、QAM）/DPSK 体制相比，可采用激光器内调制，无须配置外调制模块、本振激光器、高速 A/D、数字相干处理等模块，对激光器的线宽和频率稳定度不做要求，因此，有利于降低技术难度，实现轻量化、低成本。但该体制探测灵敏度低，易受背景光影响，日凌规避角大（约需 5°）。

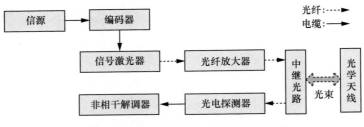

图 5-14　OOK 调制/直接探测通信系统框图

BPSK（QPSK、QAM）调制/相干探测体制的灵敏度高、背景抑制能力强，日凌角小（约 3°），可通过高阶调制进一步提高传输速率，如图 5-15 所示。但该体制需配置外调制模块、本振激光器、高速 A/D、数字相干处理等模块，对激光器的线宽、频率稳定度、偏振度要求高，技术实现难度大，不利于实现轻量化、低成本。

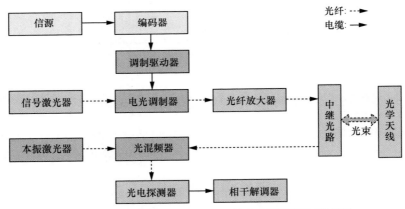

图 5-15　BPSK（QPSK、QAM）调制/相干探测通信系统框图

DPSK 调制/自零差相干探测体制将接收光信号按 1:1 分为 2 支路，其中一支路延时一码元与另一支路混频，之后进入光电探测与相干解调，其灵敏度介于 OOK 和 BPSK 之间。该体制与 OOK 体制相比，灵敏度稍高，但需增加差分检测光学和多普勒频移补偿功能，接收解调技术较为复杂，解调速率难以多档可调。与 BPSK 相比，不需要配置本振激光器和高速 A/D，但其抑制背景光的能力相对较弱，日凌规避角较大。

PPM 调制/超导单光子探测体制带宽利用率低，不利于提高通信速率；易受背景光影响，日凌规避角大。但该体制信号光脉冲时隙占空比低，在平均激光功率受限的 EDFA 高功率光放大机制下，易于获取更高的脉冲功率；同时，在相同数据速率条件下，该体制信号脉冲间隔时间较长，可利用恢复时间相对较长但探测灵敏度极高的超导纳米线单光子探测器。上述两种因素使得该体制通过牺牲带宽利用率而获得更高的灵敏度。由于超导单光子探测器制冷要求高，系统体积大，一般只能配置于地面站，适用于码速率要求不是太高（0.1～1 Gbit/s）、链路距离遥远的月地及深空下行激光链路。激光通信不同调制探测体制比较见表 5-8。

表 5-8　激光通信不同调制探测体制比较

体制	优点	缺点	适用场景
OOK 调制/直接探测	调制、接收技术简单，模块配置少，光源无须窄线宽要求	灵敏度低，易受背景光影响，日凌规避角大	适用于链路距离较近（小于 5 000 km）的低轨星地、星间链路；微纳卫星低速率（小于 100 Mbit/s）链路；大型低轨星座高速率（5～10 Gbit/s）链路
BPSK（QPSK、QAM）调制/相干探测	探测灵敏度高，抗背景干扰能力强，日凌角小；适用于远距离、高码率链路；低轨星间高速率链路光学口径小，发散角大，速率升级空间大，利于提升好用度。可采用高阶调制实现速率提升	接收技术复杂，需要本振激光器、混频器、平衡探测器和高速 A/D，激光频率锁相和多普勒频移补偿难度高，解调处理难度大；对激光器线宽及频率稳定性要求高	适用于中高轨星间、星地远距离高码速率链路，大型低轨星座高速率（5～100 Gbit/s）链路
DPSK 调制/自零差相干探测	探测灵敏度介于 OOK 和 BPSK 之间；无须本振激光器和高速 A/D	相对 OOK 直接探测，需增加差分检测光学模块和多普勒频移补偿模块，接收技术较为复杂；与 BPSK 相比，灵敏度偏低，抗背景干扰能力较弱，日凌角较大；解调速率难以实现多档可调	适用于大型低轨星座高速率（5～100 Gbit/s）链路；中高轨星间、星地远距离高码速率链路
PPM 调制/超导单光子探测	探测灵敏度最高；信号脉冲功率高，有利于遥远距离链路	需高消光比调制和高脉冲功率光源；超导单光子探测器制冷系统复杂，探测恢复时间长；带宽利用率低，通信速率受限；易受背景光影响，日凌角大；不利于实现轻量化、低成本	适用于月地及深空遥远距离的下行链路

（2）收发隔离体制

目前在用的激光收发隔离体制主要有 3 种：异频段波长隔离、异频段偏振隔离、同频段异频点偏振隔离。

异频段波长隔离体制要求双向链路激光具有较宽的波长间隔，终端采用分色片实现收发信号光隔离与合束。采用该隔离方式时，激光终端按照发射光波长不同被分为 A、B 两类终端，异类终端可以互联，同类终端不能互联。

异频段偏振隔离方式要求双向链路发射信号光具有左旋/右旋两种偏振态和较宽的波长间隔，终端首先采用偏振分光片实现收发信号光隔离与合束，之后再在接收通道进一步采取光学窄带滤波器滤除发射光串扰信号，通过两种光学隔离手段的串联可实现极高的光收发隔离度。该隔离方式配置两种波长激光器，通过光开关切换激光器发射波长，通过切换 1/4 波片改变发射/接收激光的左旋/右旋偏振态。该体制激光终端可统型为一种型号，通过激光光源切换和 1/4 波片旋转实现终端 A、B 两种状态的对称互换和链路互联互通。

同频段异频点偏振隔离方式要求双向链路发射光具有左旋/右旋两种偏振态和极窄的波长间隔，终端首先采用偏振分光片实现收发信号光隔离与合束，之后再通过电域隔离手段进一步提高收发隔离度。为了实现电域隔离，需在捕获跟踪建链阶段对信号光施加不同频率（MHz）的正弦强度调制，采用 QD 捕获跟踪探测器，通过电域窄带滤波器滤除本端发射光干扰信号。该隔离方式配置两种波长激光器，通过光开关切换激光器发射波长，通过旋转 1/4 波片改变发射/接收激光的左旋/右旋偏振态。该体制激光终端也可统型为一种型号，相互之间通过激光光源切换和 1/4 波片旋转实现终端 A、B 两种状态的对称互换和链路互联互通。

波长隔离的优点是容易实现高隔离度、无切换部件，结构简单易行，有利于减重。其缺点是激光终端区分两种型号，两种型号之间不具备对称互换性，组网灵活性、接入灵活性和可靠性备份能力受限。偏振隔离的优点是激光终端状态一致，可对称互换、灵活组网和相互备份，其缺点是需要配置 1/4 波片和两套激光光源，结构较为复杂，不利于减重。

同频段异频点偏振隔离采用一级偏振光学隔离手段和一级电域隔离手段实现高隔离度。电域隔离以光域偏振隔离度必须达到 70 dB 为前提条件，以确保串扰光信号未使 QD 捕获跟踪探测器饱和。对应 70 dB 的偏振隔离度，其实现难度较大，要求望远镜必须采用离轴三反光学结构形式，对镜面加工、装调精度和防污染措施要求极高，致使激光终端研制难度大，存在隔离度偏低风险，不利于轻量化和低成本。同时，该隔离方式必须采用 QD 四象限探测器，不利于增大接收视场，且其角分辨率较低。通信探测（含光纤章动跟踪）通道主要通过收发波长间隔对混频探测信号进行电域隔离，因此，该隔离方式仅适用于 BPSK（QPSK）相干体制，对 OOK 直接探测体制不适用。该隔离方式两种状态切换需要 4 个切换点：第一，通过 1/4 波片旋转实现偏振态左旋/

右旋切换，需要设置旋转驱动组件；第二，通过指令控制光开关实现发射激光波长切换；第三，通过指令实现电域隔离所需的信号光强度调制频率切换；第四，通过自主判决程序控制实现信号光强度调制与相位调制切换。激光星间链路不同收发隔离体制比较见表 5-9。

表 5-9　激光星间链路不同收发隔离体制比较

收发隔离名称	同频段异频点偏振	异频段偏振	异频段波长隔离
隔离实现措施	偏振光域+电域隔离	偏振+波长 2 级全光隔离	波长隔离
可否对称互换	可	可	否
光隔离度及难易	70 dB+（30 dB 电）难	大于 100 dB，易	大于 100 dB，易
天线可否同轴方案	否	可	可
可否采用相机跟踪	否	可	可
是否必须采用 QD 跟踪	是	否	否
频点中心空置宽度	窄（0.8 nm）	宽（大于 12 nm）	宽（大于 12 nm）
是否切换及切换项	1/4 波片（机械） 发射激光器 AM 强度调制频率 AM 调制—BPSK 调制	1/4 波片（机械） 发射激光器 接收滤光器 捕获跟踪探测频段	否
适用场景	BPSK（QPSK）	BPSK（QPSK）/DPSK/OOK	BPSK/DPSK/OOK
实现难度	高	中	低
案例	德国 TESAT 公司 LCT（$\Delta\lambda$=0.224 nm， Δf=28 GHz）	日本 CubeSOTA（LEO） ETS9-HICALI（GEO）	德国 Mynaric 公司 ONDOR 等

异频段偏振隔离采用偏振、波长二级光学隔离手段，容易实现高的隔离度，对望远镜结构形式、镜面加工装调精度和防污染措施无特殊要求，望远镜可采用同轴光学结构形式，实现难度低，无光域隔离度偏低风险，有利于轻量化和低成本。同时，该隔离方式可以使用红外焦平面探测器实现捕获跟踪，且捕获跟踪与通信全时段无须切换。由于焦平面探测器像元数多、阵面大，容易做到较大的视场和较高的角分辨率。该隔离方式无须电域隔离，对 OOK 直接探测体制和 BPSK（QPSK）相干体制均适用。该隔离方式在两种状态切换时，存在 4 个切换点：第一，通过 1/4 波片旋转实现偏振态左旋/右旋切换，需要设置旋转驱动组件；第二，通过指令控制光开关实现发射激光器切换；第三，指令控制光开关实现通信接收光纤滤光器切换；第四，通过特殊设计的光学系统方案实现捕获跟踪探测器切换。

（3）捕获跟踪建链体制

捕获跟踪体制可分为卫星平台捕获跟踪、卫星平台辅助激光终端捕获跟踪和激光终端自主捕获跟踪。前两种主要适用于低轨微纳卫星低速率星地链路，其目的是尽量减小激光终端重量，不适用于其他各类应用场景。下面主要对激光终端自主捕获跟踪进行分析。

激光终端自主捕获跟踪包括信标光捕获跟踪、信标光辅助信号光捕获跟踪、无信标捕获跟踪3种捕获跟踪体制。

信标光捕获跟踪要求激光终端配置与信号光波长不同的宽波束信标光（808 nm）发射及其捕获跟踪探测模块，链路捕获跟踪功能由信标光实现，信号光仅用于通信，无跟踪功能。另外，有的激光终端在配置信标光的基础上增配精信标光，专门用于跟踪，信号光无跟踪功能，此情况也属于信标光捕获跟踪体制。该体制的优点是信标光束散角和捕获跟踪视场较大，有利于提高捕获建链可靠性；其缺点是过分依赖信标光，不利于提高通信可靠性和终端轻量化。

信标光辅助信号光捕获跟踪要求激光终端配置与信号光波长不同的宽波束信标光（808 nm）发射及其捕获跟踪探测模块，并具备信号光能量分光捕获跟踪功能。信标光主要用于初始捕获跟踪，跟踪稳定后采用信号光跟踪，信标光发射可关闭。该体制的优点是信标光束散角和捕获跟踪视场较大，有利于提高捕获建链可靠性，同时具备信号光捕获跟踪功能，有利于提高捕获跟踪通信可靠性；其缺点是捕获跟踪通道要分一定比例的信号光，降低了通信灵敏度。

无信标光捕获跟踪体制舍弃了信标光发射和信标光捕获跟踪探测与跟踪处理模块，利用信号光完成捕获跟踪建链。由于信号光波束极窄，捕获跟踪视场也较小，在捕获不确定区域较大的场景，存在捕获难度大、建链时间长的风险。若通过恒星指向标校提高指向精度，减小捕获不确定区域，可有效规避该项风险。该体制需要将10%左右的信号光能量分给捕获跟踪通道，虽然使接收灵敏度有所降低，但是有利于实现终端的轻量化、低功耗、高可靠。

（4）通信测量一体化体制

激光星间链路采用通信测量一体化体制，既能实现星间高速通信，同时还能实现星间距离、速度、钟差、频差的高精度测量功能，从而为高精度自主定轨、时频传递和全网时间同步提供技术支撑。

在激光通信信道增加测量功能，只需在信息传输格式中设置等周期测距帧，通信解调处理模块识别测距帧，并采用码环跟踪技术精确测量测距帧同步码出发和到达时刻即可。星间链路增加测量功能的代价极小、意义重大，正因如此，测量通信一体化将是未来空间激光通信系统普遍采用的技术体制。

5.2.2.3 在轨标校技术

在轨标校包括指向标校和同轴度标校。指向标校通过对已知指向的目标进行观测，获得激光终端坐标系相对于卫星本体坐标系的旋转矩阵，实现对指向误差的校准。同轴度标校采用相应技术手段对发射光轴、接收光轴、跟踪光轴进行标定与校准，使得三轴的同轴度满足要求。

（1）指向标校

指向标校包括恒星、星地、星间 3 种标校方法，分别以恒星、地面站或已完成标定的在轨陪标卫星激光终端作为标校光源，被标定终端通过观星或星地、星间链路稳定跟踪，获得激光终端对标校光源的方位、俯仰指向测量值，进而给出该指向矢量的测量结果；根据实际陪标目标指向矢量的测量值与理论值可计算出激光终端相对于卫星本体坐标系的旋转矩阵。通过变换目标恒星、地面站、陪标卫星，进行多次观测，利用超量观测结果进行最小二乘法平差获得旋转矩阵最优估计，即可完成指向校正。指向标校具有自动化和人工参与两种模式。工程实践表明，标校后使指向误差在 1 mrad 左右，可以满足信号光捕获跟踪需求。

（2）同轴度标校

激光终端同轴度标校包括自主标校、星地标校和星间标校 3 种方法。自主标校利用激光终端内部的信号光源，通过特殊设计的角锥后向反射光自闭环入射捕获跟踪探测器和通信探测器，利用超前瞄快反镜二维调整发射激光指向，以通信探测器接收光功率最大时对应的超前瞄快反镜指向作为发射光轴零点校准位置，以对应的捕获跟踪相机成像点作为捕获跟踪相机跟踪零点和通信接收光轴的校准位置，实现发射光轴、跟踪光轴与通信接收光轴的一致性标校。星地标校、星间标校利用已经完成同轴度精确标校的地面站/陪标卫星激光终端，建立稳定的星地链路、星间链路；通过待标校终端捕获跟踪相机跟踪零点位置二维调整过程中，通信探测器响应最高点作为接收光轴和跟踪光轴校准位置，完成接收光轴与跟踪光轴的一致性标校；通过被标终端超前快反镜指向的二维调整过程中，陪标设备捕获跟踪探测器像点灰度最大点对应被标终端超前快反镜指向作为其发射光轴校准位置。

由于受角反射器 3 个反射面之间的垂直度加工精度的限制，自主标校精度难以做到最优，但自主标校对保障、配合条件要求低，不受天光地影条件约束，其标校工作效率高，可作为初始标校手段，为星地标校、星间标校提供良好的建链条件。星地标校、星间标校需要较为复杂的保障、配合条件和天光地影条件，工作效率低，但其标校精度高。工程实践中，需要 3 种标校方法互相配合，实现高精度与高效率的统一。

5.2.2.4　捕获跟踪策略

激光终端的捕获跟踪体制包括信标光捕获跟踪、信标光辅助信号光捕获跟踪、无信标捕获跟踪 3 种，为了更好地满足卫星平台的重量功耗约束，无信标捕获跟踪体制已成为主流趋势。

针对指向不确定区域小于、大于捕获跟踪视场两种场景，可分别采用扫描-凝视、扫描—跳步凝视两种捕获跟踪策略。通常，在轨指向差标校完成后，激光终端的指向不确定区域可做到优于 1 mrad，小于 3 mrad 左右的捕获跟踪视场，故默认采用扫描—凝视方式，当多次试验仍无法成功建链时，人工切换为扫描—跳步凝视方式。

采用扫描—凝视捕获跟踪策略时，两激光终端先根据本卫星位置、姿态，分别约定为主动端和被动端。主动端利用信号光进行螺旋扫描，要求扫描范围覆盖捕获跟踪视场，被动端凝视探测到信号光后，调整指向瞄准主动端实现双向捕获，跟踪稳定后进入正常通信状态。

当捕获不确定区域大于信号光捕获视场时，采用扫描-跳步凝视捕获跟踪方案：将不确定区域按照捕获跟踪视场全覆盖原则分为 N 个子区域，主动端按设定的不确定区域范围进行 N 个周期重复扫描；同时，被动端先在中心子区域凝视捕获，若捕获成功，结束扫描跳步程序，进入稳定跟踪状态；若在该子区域扫描周期内未能捕获，则被动端按照约定的顺序跳步到下一个子区域进行凝视捕获，直到跳步到第 N 个子区域，完成一次扫描—跳步凝视捕获流程。

通常可采用圆周跳步策略，设捕获跟踪探测器全视场为 $2r$，第一圈跳步在角半径为 $\sqrt{3}\,r$ 的圆周上均匀布置 6 个点，相邻点间圆心角为 60°，覆盖区域全角视场为 $4r$；第二圈跳步在角半径为 $3r$ 的圆周上均匀布置 12 个点，相邻点间圆心角为 30°，覆盖区域全角视场为 $7.056r$；第三圈跳步在角半径为 $4.528r$ 的圆周上均匀布置 24 个点，相邻点间圆心角为 15°，覆盖区域全角视场为 $10.592r$。

5.2.2.5　通信测量一体化原理

通信测量一体化包含两个工作环节：第一，激光终端采用帧同步码环路跟踪精确测时方法测量链路测距帧出发、到达时刻，并通过测控系统下传地面；第二，地面综合链路两个终端的测量数据，利用测量计算公式给出星间距离、径向速度、钟差、频差等测量结果。

（1）帧同步码环路跟踪精确测时方法

为实现通信测量一体化，需对链路传输协议进行特殊设计：第一，将链路传输帧设计为定长，并保证 1 s 内传输帧数为整数；第二，在传输帧中设置插入域，填充测距帧识别码及时间信息。测距频率为 1 Hz 时，可用秒内帧计数作为测距帧识别码，整秒发送帧计数设置为 0，并将整秒作为测距帧出发时刻；接收端判别帧计数为 0 时，精确测量测距帧帧同步码末位下降沿到达时刻，并读取填充的时间信息，合并作为测距帧到达时刻。可见，接收端测距帧帧同步码末位下降沿到达时刻测量是实现通信测量一体化的关键。

测距帧帧同步码末位下降沿到达时刻测量采用基于数字延迟锁相环（Digital Delay Locked Loop，DDLL）的帧同步码环路跟踪精确测时方法，其工作原理如图 5-16 所示。帧同步码跟踪过程主要包括积分清除、鉴相、环路滤波和码 NCO 4 个环节，具体工作流程如下。

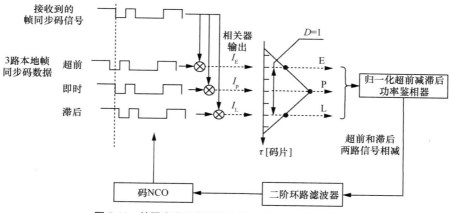

图 5-16　帧同步码环路跟踪精确测时方法工作原理示意

1）积分清除：积分清除就是相关运算。本地产生 3 路帧同步码数据，第 1 路为即时帧同步码数据，第 2、3 路分别比即时帧同步码数据超前、滞后一段时间，且超前与滞后量相等；3 路帧同步码数据分别与接收并已捕获到的帧同步码数据进行相关运算，输出 3 路积分清除（相关运算）结果 I_E、I_P、I_L。

2）鉴相：鉴相用于检测接收的同步码与本地产生的同步码之间的时间差（即相位差）。在图 5-17（a）中，本地即时支路的同步码正好与接收同步码对齐，即时支路的积分清除结果最大，超前与滞后支路的积分清除结果较小且相等，超前减滞后鉴相器输出为 0；在图 5-17（b）中，即时支路的本地同步码超前于接收同步码，超前支路（E

路）小于滞后支路（L 路）；在图 5-17（c）中，即时支路的本地同步码落后于接收同步码，超前支路（E 路）大于滞后支路（L 路）。基于上述原理，鉴相器根据超前与滞后支路的归一化相关幅值之差即可判决即时支路是超前或滞后。

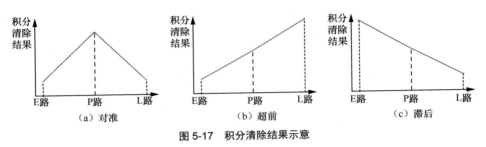

图 5-17　积分清除结果示意

3）环路滤波：环路滤波对输入的归一化鉴相结果进行滤波，以消除环路中的噪声干扰和同步中的部分动态，最终产生本地同步码的码频率控制字（FTW），并将 FTW 输入到本地同步码 NCO 产生模块。

4）帧同步码 NCO：帧同步码 NCO 模块根据输入的预期码速率控制字，采用数控振荡器的方式，产生新的 3 路本地同步码（超前、即时、滞后），用于新一次循环的积分清除。

5）同步跟踪：按照上述负反馈闭环跟踪流程，多次循环之后即可实现即时支路的本地同步码与接收帧同步码同频同相，进而实现帧同步码的精确同步跟踪。此时，根据即时支路本地同步码的产生时间即可得到接收帧同步码的到达时刻。

（2）测量方式

通信测量一体化存在多种测量方式，不同的测量方式要求获得不同的测量量，并采用不同的计算公式计算对应的测量结果。

1）异步应答测量方式

在进行卫星 E 和卫星 S 星间链路测量时，以卫星 E 为参考点，卫星 S 相对于卫星 E 处于运动状态。如图 5-18 所示，E 端和 S 端分别发射 1 对测距帧信号 A、C 和 B、D，4 个测距帧在 E 端和 S 端的出发、到达时刻对应的本地钟时间测量结果分别为 t_{E1}、t_{E3} 和 t_{E2}、t_{E4} 和 t'_{S1}、t'_{S3} 和 t'_{S2}、t'_{S4}。设 S 端相对于 E 端的径向速度为 v，S 端与 E 端间初始距离为 R_0，时刻 t 卫星 S 与卫星 E 间距离值可由函数表示

$$R(t) = R_0 + vt \tag{5-2}$$

以 E 端时钟、频率为基准，S 端钟面 0 时刻相对于 E 端的钟差为 τ，E 端、S 端的时钟频率之比 $\psi = f_E / f_S$，则 S 端时间测量值 t'_{Si} 对应的时间准确值为

$$t_{Si} = \psi t'_{Si} - \tau \tag{5-3}$$

根据测距帧 A、B、C、D 的传输过程，则有

$$ct_{E1} + R_0 = (c-v)\left(\psi t'_{S2} - \tau\right) \tag{5-4}$$

$$ct_{E2} - R_0 = (c+v)\left(\psi t'_{S1} - \tau\right) \tag{5-5}$$

$$ct_{E3} + R_0 = (c-v)\left(\psi t'_{S4} - \tau\right) \tag{5-6}$$

$$ct_{E4} - R_0 = (c+v)\left(\psi t'_{S3} - \tau\right) \tag{5-7}$$

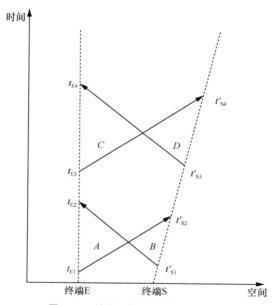

图 5-18　链路双向测量时空关系示意

将以上 4 式联立解方程组可得

$$\psi = \frac{1}{2}\left(\frac{t_{E3} - t_{E1}}{t'_{S4} - t'_{S2}} + \frac{t_{E4} - t_{E2}}{t'_{S3} - t'_{S1}}\right) \tag{5-8}$$

$$v = c\left(\frac{\left(t_{E4} - t_{E2}\right)\left(t'_{S4} - t'_{S2}\right) - \left(t_{E3} - t_{E1}\right)\left(t'_{S3} - t'_{S1}\right)}{\left(t_{E4} - t_{E2}\right)\left(t'_{S4} - t'_{S2}\right) + \left(t_{E3} - t_{E1}\right)\left(t'_{S3} - t'_{S1}\right)}\right) \tag{5-9}$$

$$\tau = \frac{1}{2}\left(\frac{t_{E3}t'_{S2} - t_{E1}t'_{S4}}{t'_{S4} - t'_{S2}} + \frac{t_{E4}t'_{S1} - t_{E2}t'_{S3}}{t'_{S3} - t'_{S1}}\right) \tag{5-10}$$

$$R_0 = c\left(\frac{\left(t_{E4} - t_{E2}\right)\left(t_{E3}t'_{S2} - t_{E1}t'_{S4}\right) - \left(t_{E3} - t_{E1}\right)\left(t_{E4}t'_{S1} - t_{E2}t'_{S3}\right)}{\left(t_{E4} - t_{E2}\right)\left(t'_{S4} - t'_{S2}\right) + \left(t_{E3} - t_{E1}\right)\left(t'_{S3} - t'_{S1}\right)}\right) \tag{5-11}$$

从而计算得到 t 时刻的距离。

从以上公式可以看出，速度和频比计算时，设备的时延已经相互抵消，故无须系统误差校正，但距离和钟差对应的设备时延无法抵消，必须进行零值校正。根据目前工程经验，距离、钟差零值可在数据处理过程中予以校正。

2）双向单程测量方式

双向单程测距原理如下：E 端（主测端）和 M 端（被测端）分别由其本地时统控制，按照相同的频率各自独立地发送测距帧信号。如图 5-19 所示，E 端测距帧信号在 t_{E1} 时刻发出，行进了 t_{EM} 时间，于 t_{M2} 时刻到达 M 端。在同一个收发周期内，M 端测距帧信号在 t_{M1} 时刻出发，行进了 t_{ME} 时间，在 t_{E2} 时刻到达 E 端。

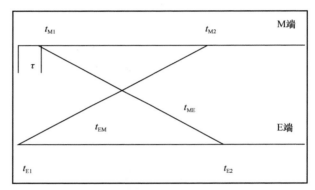

图 5-19　双向单程测距原理示意

在测距帧信号运行过程中，将存在一相遇点。想象在该相遇点安置一个双向后向反射器，如图 5-20 所示，则上述两测距帧信号的相向传输过程与两测距帧信号在该相遇点被后向反射的时序完全等效。

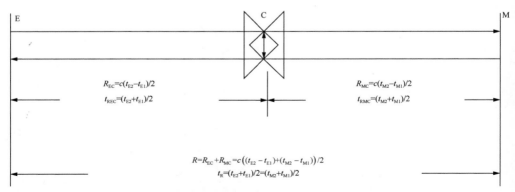

图 5-20　双向单程测距与反射式测距等效关系示意

根据该等效思想和传统的反射式激光测距原理，则 E 端和 M 端与该相遇点之间的距离分别为 $\frac{c}{2}(t_{E2}-t_{E1})$ 和 $\frac{c}{2}(t_{M2}-t_{M1})$，两端之间的距离为上述两距离之和，即

$$R=\frac{c}{2}(t_{E2}-t_{E1})+\frac{c}{2}(t_{M2}-t_{M1})\tag{5-12}$$

所测距离对应的时间（两光束相遇时间）为

$$t_R=\frac{1}{2}(t_{E1}+t_{E2})=\frac{1}{2}(t_{M1}+t_{M2})=\frac{1}{4}(t_{E1}+t_{E2}+t_{M1}+t_{M2})\tag{5-13}$$

配对测距对应两端测距帧出发时刻之间的时间间隔，即两端的钟差为

$$\tau=\frac{\big((t_{E2}-t_{E1})-(t_{M2}-t_{M1})\big)}{2+\dfrac{\dot R}{c-\dot R}}\approx\frac{\big((t_{E2}-t_{E1})-(t_{M2}-t_{M1})\big)}{2+\dfrac{\dot R}{c}}\tag{5-14}$$

式中，$\dot R$ 为两端的距离变化率，可由星历得到。

上述距离和钟差计算公式中未考虑设备时延对应的零值误差。考虑设备收发时延后，双向单程测距时序关系示意如图 5-21 所示。

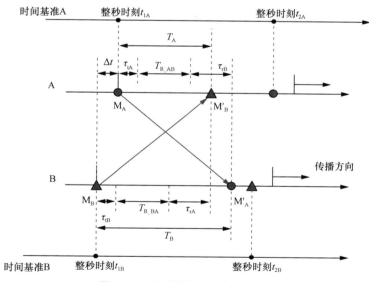

图 5-21　双向单程测距时序关系示意

对应的距离计算公式如下

$$R=cT_R=c\left(\frac{T_A+T_B}{2}-\frac{(\tau_{tA}+\tau_{rA})+(\tau_{tB}+\tau_{rB})}{2}\right)\tag{5-15}$$

式中，T_A 和 T_B 分别为两端接收测距帧到达时刻与发送测距帧出发时刻之间的时间间隔，由帧同步信号采样点的时间测量结果得到；$(\tau_{tA}+\tau_{rA})+(\tau_{tB}+\tau_{rB})$ 可通过系统零值标定的方法得到，工程应用中，通常在数据处理过程中予以校正。

由于测距帧出发时刻与秒脉冲严格锁定，测距帧出发时刻为整秒，该测量方式只需精确测量测距帧同步码末位下降沿的到达时间即可。

3）码元计数测量方式

在设计数据格式时，将在链路各传输帧固定位置设置帧计数，并周期性设置测距帧；当反向链路测距帧同步码末位下降沿离开 M 终端（被测端）时，测量本地时间 t_M，读取当前前向传输帧的帧计数值，测量当前非整帧的码元数和非整码元的精确值，并归一化为码元计数值 N_1；当反向链路测距帧同步码末位下降到达 E 终端（主测端）时，测量本地时间 t_E，读取当前前向传输帧的帧计数值，测量当前非整帧的码元数和非整码元的精确值，并归一化为码元计数值 N_2；综合两端归一化码元计数值，可根据以下 3 式得到两端间距离、距离时间和两端间的钟差。

$$R=\frac{1}{2}cT(N_2-N_1) \tag{5-16}$$

$$t_R=t_{M2}=t_{E2}-\frac{T}{2}(N_2-N_1) \tag{5-17}$$

$$\Delta t=(t_{M2}-t_{E2})+\frac{T}{2}(N_2-N_1) \tag{5-18}$$

式中，T 为 E 端码元时间宽度。

由上述测量原理可知，码元计数测量方法以反向链路测距帧出发、到达时刻作为采样点，而测量参数为前向链路在采样点对应的码相位。由于星间链路具有对称性，一条双向链路可据此测量原理通过主测端、被测端互换，获得一对测量结果。为此，可要求链路两端激光终端均测量 4 个参数：测量本地发送测距帧同步码末位下降沿出发时刻的整秒时间，该时刻对应的接收链路的码相位，接收测距帧同步码末位下降沿到达时刻时间，该时刻对应的本地发送链路的码相位。码相位包括帧计数、帧内码元计数（从帧同步码后第一个码元起计）和被采码元相位，其中由前两项可得码相位的整码元数，最后一项是被采码元的非整码元周期数。码元计数测距原理示意如图 5-22 所示。

4）双向双程测量方式

假设激光终端 A 与激光终端 B 之间进行双向激光通信和距离测量，其测量过程示意如图 5-23 所示。距离测量过程中，两端均将秒内计数为 0 的发送帧和接收帧的帧同步码最后一位码元的下降沿作为帧同步信号采样点，测量并记录该采样点对应时刻的本端接收帧和发送帧的码相位（包括帧计数、帧内码元计数和被采码元相位）。某采样时刻的码相位=采样时刻被采帧的帧计数×帧长码元数+采样时刻被采帧帧内码元计数（从帧同步码后第一个码元起计）+采样时刻被采码元相位，其中前两项的和为码相位的整码元数，最后一项是被采码元的非整码元周期数。

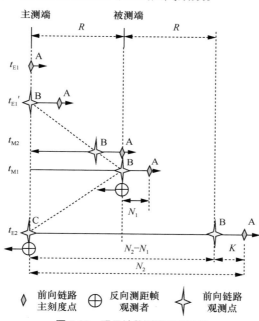

图 5-22　码元计数测距原理示意

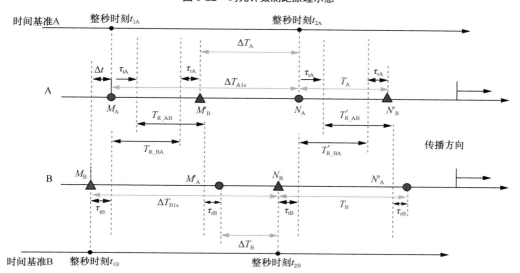

图 5-23　双向双程激光链路距离测量过程示意

测量过程中，激光终端 A 在整秒时刻发送秒内帧计数为 0 的传输帧，即将帧同步码组最后一位码元的下降沿与 1 PPS 有效沿对齐。将发送的测距帧同步信号采样点作为采样时刻，测量采样时刻的本地北斗时（BDT）整秒数、采样并记录正在发送的传输帧的周内秒计数，二者均为测距帧出发时间测量值；测量正在接收的传输帧周内秒计数和码相位（包括帧计数、帧内码元计数和被采码元相位），得到采样时刻接收链路与其测距帧同步码末位下降沿之间的时间间隔 ΔT_{A}。激光终端 B 接收激光终端 A 发送的激光通信信号并进行数据解调后，判断传输帧的循环帧计数是否为零。如果为零，将接收信号的帧同步信号采样点 N'_{A} 作为采样时刻，测量采样时刻的本地 BDT 整秒数，作为测距帧到达时间整秒数测量值；采样并记录激光终端 B 正在接收帧的周内秒计数作为该接收测距帧在激光终端 A 的出发时间；采样并记录激光终端 B 正在发送传输帧的周内秒计数和码相位（包括帧计数、帧内码元计数和被采码元相位），得到接收测距帧采样时刻 N'_{A} 与发送测距帧出发时刻的时间间隔 T_{B}，并可得到采样时刻 N'_{A} 的本地精确时间，即接收测距帧到达时间精确测量值。

同样，激光终端 B 在整秒时刻发送秒内帧计数为 0 的传输帧，即将帧同步码组最后一位码元的下降沿与 1 PPS 有效沿对齐。将发送信号的帧同步信号采样点 N_{B} 作为采样时刻，测量采样时刻的本地 BDT 整秒数，采样并记录正在发送的传输帧的周内秒计数，二者均为测距帧出发时间测量值；测量正在接收的传输帧的周内秒计数和码相位（包括帧计数、帧内码元计数和被采码元相位），得到采样时刻接收链路与其测距帧同步码末位下降沿之间的时间间隔 ΔT_{B}。激光终端 A 接收激光终端 B 发送的激光通信信号并进行数据解调后，判断传输帧的秒内帧计数是否为零，如果为零，将接收信号的帧同步信号采样点 N'_{B} 作为采样时刻，测量采样时刻的本地 BDT 整秒数，作为测距帧到达时间整秒数测量值；采样并记录正在接收传输帧的周内秒计数作为该接收测距帧在激光终端 B 的出发时间；采样并记录激光终端 B 正在发送的传输帧的周内秒计数和码相位（包括帧计数、帧内码元计数和被采码元相位），得到接收测距帧采样时刻 N'_{B} 与发送测距帧出发时刻的时间间隔 T_{A}，并可得到采样时刻 N'_{B} 的本地精确时间，即接收测距帧到达时间精确测量值。

由图 5-23 中的测距帧传输过程 $M_{\mathrm{A}} - M'_{\mathrm{A}} - N_{\mathrm{B}} - N'_{\mathrm{B}}$ 和 $M_{\mathrm{B}} - M'_{\mathrm{B}} - N_{\mathrm{A}} - N'_{\mathrm{A}}$，可得以激光终端 A、B 为主测端的距离测量结果分别为

$$R_{\mathrm{A}} = T_{\mathrm{R}} c = \frac{\left(T_{\mathrm{A}} + \Delta T_{\mathrm{A1s}} - \Delta T_{\mathrm{B}} - \left(\tau_{\mathrm{tA}} + \tau_{\mathrm{rB}} + \tau_{\mathrm{tB}} + \tau_{\mathrm{rA}} \right) \right)}{2} c \qquad （5-19）$$

$$R_{\mathrm{B}} = T_{\mathrm{R}} c = \frac{\left(T_{\mathrm{B}} + \Delta T_{\mathrm{B1s}} - \Delta T_{\mathrm{A}} - \left(\tau_{\mathrm{tB}} + \tau_{\mathrm{rA}} + \tau_{\mathrm{tA}} + \tau_{\mathrm{rB}} \right) \right)}{2} c \qquad （5-20）$$

式中，$\tau_{tA} + \tau_{rB} + \tau_{tB} + \tau_{rA}$ 可通过系统零值标定得到，ΔT_{A1s}、ΔT_{B1s} 分别为激光终端 A 和激光终端 B 的测距帧周期——1 s 时长，T_A、T_B、ΔT_A、ΔT_B 为测量量。

5.2.2.6　激光链路动态参数计算

激光链路动态参数主要包括用于捕获跟踪建链和断链复链的指向数字引导值——目标卫星方位 A、俯仰 E 和角速度 $\dot{A}$、$\dot{E}$，用于链路路径损耗和多普勒频移估计的距离 R、径向速度 $\dot{R}$，用于超前角计算的切向速度 V_{tx}、v_{ty}，以及对应的超前角 θ_{LaA}、θ_{LaE}。

（1）输入参数

上述动态参数计算的输入参数包括本卫星在 J2000 坐标系的位置、速度、姿态四元数，目标卫星在 J2000 坐标系的位置、速度。星地链路对应地面站的输入参数仅为地固坐标系站址坐标。

为了方便参数计算，除了 J2000 坐标系 $O_J - X_J Y_J Z_J$ 外，还要建立本卫星坐标系 $O_s - X_s Y_s Z_s$、激光终端坐标系 $O_l - X_l Y_l Z_l$、捕获跟踪相机坐标系 $O_c - X_c Y_c Z_c$。卫星坐标系原点位于卫星质心，X 轴指向卫星飞行方向，星间链路参数计算的输入参数如下。

本卫星位置速度：$P_{Js} = (X_{Js}, Y_{Js}, Z_{Js})$，$V_{Js} = (V_{Jsx}, V_{Jsy}, V_{Jsz})$。

目标卫星位置速度：$P_{Jt} = (X_{Jt}, Y_{Jt}, Z_{Jt})$，$V_{Jt} = (V_{Jtx}, V_{Jty}, V_{Jtz})$。

本卫星本体坐标系的四元数：$q_s = \begin{bmatrix} q_{s0} & q_{s1} & q_{s2} & q_{s3} \end{bmatrix}^T$。

（2）星间链路指向与速度解算

根据上述参数可计算 J2000 坐标系中目标卫星相对于本卫星的指向矢量、指向单位矢量、速度矢量

$$\boldsymbol{R}_J = \begin{bmatrix} X_{Jts} \\ Y_{Jts} \\ Z_{Jts} \end{bmatrix} = \begin{bmatrix} X_{Jt} - X_{Js} \\ Y_{Jt} - Y_{Js} \\ Z_{Jt} - Z_{Js} \end{bmatrix} \tag{5-21}$$

$$\boldsymbol{r}_J = \begin{bmatrix} e_{Jx} \\ e_{Jy} \\ e_{Jz} \end{bmatrix} = \frac{1}{\boldsymbol{R}_J} \begin{bmatrix} X_{Jts} \\ Y_{Jts} \\ Z_{Jts} \end{bmatrix} \tag{5-22}$$

$$\boldsymbol{v}_J = \begin{bmatrix} v_{Jx} \\ v_{Jy} \\ v_{Jz} \end{bmatrix} = \begin{bmatrix} v_{Jtx} - v_{Jsx} \\ v_{Jty} - v_{Jsy} \\ v_{Jtz} - v_{Jsz} \end{bmatrix} \tag{5-23}$$

由矢量 $\boldsymbol{R}_J$ 的模即可得到星间距离 R_J，星间径向速度可由下式给出

$$\dot{R} = \boldsymbol{r}_J \cdot \boldsymbol{v}_J = v_{Jx} e_{Jx} + v_{Jy} e_{Jy} + v_{Jz} e_{Jz} \tag{5-24}$$

为了求激光终端方位、俯仰指向引导参数,需将目标卫星指向矢量、速度矢量由 J2000 坐标系转换至激光终端坐标系,计算公式如下

$$R_1 = \begin{bmatrix} X_1 \\ Y_1 \\ Z_1 \end{bmatrix} = C_{sl} C_{Js} R_J = C_{sl} C_{Js} \begin{bmatrix} X_{Jts} \\ Y_{Jts} \\ Z_{Jts} \end{bmatrix} \tag{5-25}$$

$$r_1 = \begin{bmatrix} e_{1x} \\ e_{1y} \\ e_{1z} \end{bmatrix} = C_{sl} C_{Js} r_J = C_{sl} C_{Js} \begin{bmatrix} e_{Jx} \\ e_{Jy} \\ e_{Jz} \end{bmatrix} \tag{5-26}$$

$$v_1 = \begin{bmatrix} v_{1x} \\ v_{1y} \\ v_{1z} \end{bmatrix} = C_{sl} C_{Js} v_J = C_{sl} C_{Js} \begin{bmatrix} v_{Jx} \\ v_{Jy} \\ v_{Jz} \end{bmatrix} \tag{5-27}$$

式中,C_{sl} 为本卫星坐标系到激光终端坐标系的转换矩阵,可通过指向差标校给出,标校前默认为单位矩阵;C_{Js} 为 J2000 坐标系到本卫星坐标系的转换矩阵,可根据卫星平台输出的姿态四元数,利用下式求得

$$C_{Js} = \begin{bmatrix} q_{s0}^2 + q_{s1}^2 - q_{s2}^2 - q_{s3}^2 & 2q_{s0}q_{s3} + 2q_{s1}q_{s2} & -2q_{s0}q_{s2} + 2q_{s1}q_{s3} \\ -2q_{s0}q_{s3} + 2q_{s1}q_{s2} & q_{s0}^2 - q_{s1}^2 + q_{s2}^2 - q_{s3}^2 & 2q_{s0}q_{s1} + 2q_{s2}q_{s3} \\ 2q_{s0}q_{s2} + 2q_{s1}q_{s3} & -2q_{s0}q_{s1} + 2q_{s2}q_{s3} & q_{s0}^2 - q_{s1}^2 - q_{s2}^2 + q_{s3}^2 \end{bmatrix} \tag{5-28}$$

目标卫星指向的方位、俯仰指向参数可由下式给出

$$A_1 = \arctan\left(\frac{Y_1}{X_1}\right) = \arctan\left(\frac{e_{1y}}{e_{1x}}\right) \tag{5-29}$$

$$E_1 = \arcsin\left(\frac{Z_1}{R_1}\right) = \arcsin\left(e_{1z}\right) \tag{5-30}$$

$$\dot{A}_1 = \frac{d}{dt}\left(\arctan\left(\frac{Y_1}{X_1}\right)\right) = \frac{X_1 v_{1y} - Y_1 v_{1x}}{X_1^2 + Y_1^2} \tag{5-31}$$

$$\dot{E}_1 = \frac{d}{dt}\left(\arcsin\left(\frac{Z_s}{R_s}\right)\right) = \frac{v_{1z} - e_{1z} r_1 \cdot v_1}{\sqrt{X_1^2 + Y_1^2}} \tag{5-32}$$

(3)星间链路超前角解算

1)相机坐标系旋转矩阵

为了求解目标卫星相对于本卫星的切向速度,需要将目标卫星在 J2000 坐标系的速度矢量转换到相机坐标系。求解 J2000 到相机坐标系的旋转矩阵 C_{Jc},存在两条途径,

其结果可互为备份。

第一，由激光终端恒星定向相机观测恒星得到的相机坐标系四元数 $q_c = [q_{c0} \ q_{c1} \ q_{c2} \ q_{c3}]^T$，直接求解 C_{Jc}。

$$C_{Jc} = \begin{bmatrix} q_{c0}^2 + q_{c1}^2 - q_{c2}^2 - q_{c3}^2 & 2q_{c0}q_{c3} + 2q_{c1}q_{c2} & -2q_{c0}q_{c2} + 2q_{c1}q_{c3} \\ -2q_{c0}q_{c3} + 2q_{c1}q_{c2} & q_{c0}^2 - q_{c1}^2 + q_{c2}^2 - q_{c3}^2 & 2q_{c0}q_{c1} + 2q_{c2}q_{c3} \\ 2q_{c0}q_{c2} + 2q_{c1}q_{c3} & -2q_{c0}q_{c1} + 2q_{c2}q_{c3} & q_{c0}^2 - q_{c1}^2 - q_{c2}^2 + q_{c3}^2 \end{bmatrix} \quad (5\text{-}33)$$

该方法可消除卫星姿态误差、终端轴系误差、时间不同步误差 3 项误差源的影响，转换精度高，适用于激光终端配置有恒星定向相机，且能够连续可靠输出四元数的应用场景。

第二，综合卫星平台输出的姿态四元数、激光终端安装误差矩阵、相机坐标系旋转矩阵计算得到

$$C_{Jc} = C_{lc} C_{sl} C_{Js} \quad (5\text{-}34)$$

其中，C_{sl} 由指向标校给出，C_{lc} 可根据激光终端的方位 A_l、俯仰 E_l 求解。该方法的转换误差包含卫星姿态误差、终端轴系误差、时间不同步误差 3 项误差源，转换精度相对方法一偏低，但无须激光终端配置恒星定向相机。

C_{lc} 求解方法：相机坐标系是由激光终端坐标系旋转而得的，当视轴指向在激光终端坐标系中的方位为 A_l、俯仰为 E_l 时，由终端坐标系到相机坐标的旋转关系如下。

第一步：先绕 Z_l 轴沿 $X_l Y_l$ 方向旋转方位角 A_l，得 $X_c' Y_c' Z_c'$。

第二步：再绕新的 Y_c' 轴沿 $Z_c' Y_c'$ 方向旋转 $\theta_l = 90° - E_l$，得 $O_c - X_c Y_c Z_c$。

可见，上述旋转关系为 321 转序，旋转角分别为 A_l、θ_l、0，对应旋转矩阵为

$$C_{lc} = \begin{bmatrix} 1 & 0 & 0 \\ 0 & 1 & 0 \\ 0 & 0 & 1 \end{bmatrix} \begin{bmatrix} \cos\theta_l & 0 & -\sin\theta_l \\ 0 & 1 & 0 \\ \sin\theta_l & 0 & \cos\theta_l \end{bmatrix} \begin{bmatrix} \cos A_l & \sin A_l & 0 \\ -\sin A_l & \cos A_l & 0 \\ 0 & 0 & 1 \end{bmatrix} \quad (5\text{-}35)$$

$$C_{lc} = \begin{bmatrix} \cos\theta_l \cos A_l & \cos\theta_l \sin A_l & -\sin\theta_l \\ -\sin A_l & \cos A_l & 0 \\ \sin\theta_l \cos A_l & \sin\theta_l \sin A_l & \cos\theta_l \end{bmatrix} \quad (5\text{-}36)$$

$$C_{lc} = \begin{bmatrix} \sin E_l \cos A_l & \sin E_l \sin A_l & -\cos E_l \\ -\sin A_l & \cos A_l & 0 \\ \cos E_l \cos A_l & \cos E_l \sin A_l & \sin E_l \end{bmatrix} \quad (5\text{-}37)$$

根据上式即可得到视轴指向为（A_l，E_l）时，激光终端坐标系到相机坐标系的旋转矩阵 C_{lc}。

2）相机坐标系速度计算公式

在相机坐标系中目标卫星相对于本卫星的速度矢量可由下式给出

$$v_c = \begin{bmatrix} v_{cx} \\ v_{cy} \\ v_{cz} \end{bmatrix} = C_{lc}C_{sl}C_{Js}v_J = C_{lc}C_{sl}C_{Js}\begin{bmatrix} v_{Jx} \\ v_{Jy} \\ v_{Jz} \end{bmatrix} = C_{Jc}\begin{bmatrix} v_{Jx} \\ v_{Jy} \\ v_{Jz} \end{bmatrix} \tag{5-38}$$

径向速度 $\dot{R}$，X_c、Y_c 方向的切向速度分别为

$$\begin{cases} v_{Tx} = v_{cx} \\ v_{Ty} = v_{cy} \\ \dot{R} = v_{cz} \end{cases} \tag{5-39}$$

3）超前角计算公式

激光终端方位、俯仰方向上的超前角为

$$\begin{cases} \theta_{LaA} = 2\dfrac{v_{cy}}{c} \\ \theta_{LaE} = 2\dfrac{v_{cx}}{c} \end{cases} \tag{5-40}$$

（4）星地链路参数解算

星地链路与星间链路的主要区别是其地面站站址为地固坐标系中的固定点，由地固坐标系的高程 H、经度 λ、纬度 φ 来描述。星、地两端的输入参数不同，需采用不同的计算方法。

星载激光终端的输入参数为 t 时刻本卫星 J2000 坐标系的位置、速度、姿态四元数，地面站的站址球坐标（H, λ, φ）。为此，需要将地面站站址坐标由地固坐标系转换到 J2000 坐标系，此后即可参照星间链路解算方法计算各参数。

地面站的输入参数为地固坐标系站址坐标和目标卫星的 J2000 坐标系轨道根数。通常，先计算目标卫星 J2000 坐标系的位置、速度，之后将其转换到地固坐标系、测站坐标系、测站相机坐标系，参照星间链路解算方法计算各参数。

5.2.3　天基导航增强技术

5.2.3.1　概述

全球导航卫星系统（Global Navigation Satellite System，GNSS）作为重要的时空基础设施，能够为全球用户提供全天候、全天时、高精度的定位、导航和授时（Positioning

Navigation and Timing，PNT）服务，对国家安全和经济社会发展至关重要。经过三十多年的发展，GNSS 全球定位精度优于 10 m、授时精度优于 20 ns，已基本满足大众用户对 PNT 的需求。

随着电磁环境的恶化和 PNT 应用的拓展与深入，GNSS 也面临着易受干扰和欺骗的脆弱性，以及架构能否进一步优化以适应未来智能时代对实时高精度高可靠 PNT 服务需求等方面的挑战。GNSS 服务的广泛应用与其服务易受干扰和欺骗的脆弱性共同驱动了综合、弹性、安全可用的导航增强技术的发展。

近年来，低轨导航卫星系统因其独有的星座配置及信号特性，在全球导航卫星系统领域逐渐显现出潜力，预期将为未来导航卫星系统的发展带来新的增长点。低轨卫星系统可通过与导航卫星系统构成通导融合系统，对现有 GNSS 进行增强和补充；此外，低轨卫星具备独立播发测距信号能力，可作为备份导航卫星系统提供 PNT 服务。当前，在国际卫星导航领域，如何利用低轨卫星技术实现 PNT 增强、备份及补充，正成为研究和实践的热点话题。

美国铱星系统推出新型卫星授时与定位服务（STL），能够在 GPS 信号不可用、不好用的情况下，为 GPS 提供备份或补充；欧洲 Galileo 系统技术团队在积极推进开普勒系统研究，计划通过 4～6 颗低轨卫星构成的小规模低轨星座，利用高精度星间链路监测中高轨卫星，旨在提高 Galileo 星座的定轨精度。这些设计展示了低轨卫星在提升全球导航卫星系统性能方面的重要作用和潜力。

导航增强可以分为信息增强、信号增强两种形式。信息增强主要利用低轨卫星强大的通信能力，利用通信信道播发精密电文、区域差分改正数、完好性信息，增强 GNSS 用户的定位和授时精度。信号增强则是利用低轨卫星播发导航信号，实现基于载波相位的快速精密定位，提升用户定位精度，由于低轨卫星轨道低，落地功率高，因此能够提升导航抗干扰能力。导航信息增强与导航信号增强分别依托通信载荷和专用的导航载荷实现。

5.2.3.2　天基导航增强的技术原理

（1）天基导航信息增强技术原理

导航信息增强系统服务使用现有导航卫星信号，通过星地链路向用户播发地面系统计算的相关误差改正数或完好性信息，辅助提升用户定位与授时精度，提升服务完好性。

与导航信息增强不同的是，天基导航信息增强服务利用低轨导航卫星的下行通信链路，采用广播方式向用户播发改正数或者完好性信息，能够提供全球范围的精密单点定位，实现厘米级定位，并显著提升收敛时间。

天基导航信息增强播发的信息内容主要包括精度增强和完好性增强两种类型。精度增强由地面站计算相应的增强信息，通过卫星广播给 GNSS 接收机用户，主要包括精密轨道钟差产品、载波相位小数偏差、区域电离层和对流层改正数等；完好性增强则是通过地面或星基监测接收机对 GNSS 进行连续观测，获得 GNSS 星座的完好性信息，播发给民用航空等对完好性要求较高的行业用户，提供更高的导航完好性，提升导航定位精度。表 5-10 是国内外天基信息增强系统的性能对比。

表 5-10　国内外天基信息增强系统的性能对比

系统名称	运营方	建成时间	定位精度/cm	星座	收敛时间
全球差分 GPS 系统	美国喷气推进实验室（JPL）	2000 年	10	G	—
OminSTAR 系统	美国 Trimble 公司	2011 年	5～10（OminSTAR-HP）； 8～10（OminSTAR-XP）； 100（OminSTAR-VBS）	GR	45 min（OminSTAR-HP）； 45 min（OminSTAR-XP）； 小于 1 min（OminSTAR-VBS）
星火系统	美国 NavCom 公司	2011 年	5	GR	45 min
CenterPoint RTX 系统	美国 Trimble 公司	2011 年	4（centerpoint-RTX）； 20（fieldpoint-RTX）； 50（rangpoint-RTX）； 100（viewpoint-RTX）	GREB	小于 5 min
Veripos 系统	英国 Veripos 公司	—	2.5（Apex PRO）； 4（Apex5）	GREB	3 min（Apex PRO）； 30 min（Apex5）
千寻星鉴（Xstar）	中国千寻位置网络有限公司	2023 年	2.5	GREB	小于 5 min， 重点区域小于 50 s
Hi-RTP 系统	中海达卫星导航技术股份有限公司	2019 年	10	GREB	小于 15 min

（2）通导融合信号增强技术原理

美国铱星系统与 GPS 系统的融合，通过 Satelles 公司提供的 STL 服务，形成对 GPS 及其他 GNSS 的显著增强和备份能力。2019 年 1 月，新一代铱星系统部署完成，基于新一代铱星系统 STL 服务的 PNT 服务范围扩展至室内和峡谷地区，可满足 30～50 m 的定位精度和约 200 ns 的授时精度。此外，STL 服务信号落地功率较 GPS L1C/A 码信号功率强 300～2 400 倍（24.8～33.8 dB），室内可用性大幅度提升，大幅提升了在复杂地形和电磁环境下的导航可用性和安全性。

铱星系统的 STL 信号是一个专用的突发脉冲信号，经过重新设计后可适应铱星的单向信道，其多普勒频移特性使其与低轨卫星的快速运动速度相匹配，实现了高效的单星定位授时服务。STL 信号的结构包括高度编码的导频通道和数据通道，确保了即使在信号弱的情况下也能进行精确测量和数据传输，从而提供了一个强大的 GPS 系统补充和备份方案。铱星 STL 突发信号的格式如图 5-24 所示。

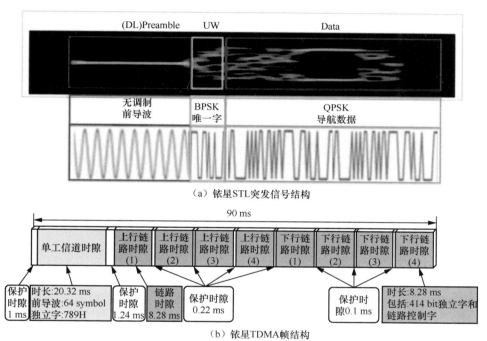

（a）铱星 STL 突发信号结构

（b）铱星 TDMA 帧结构

图 5-24　铱星 STL 突发信号的格式

（3）高精度信号增强技术原理

当前 GNSS 系统主要由中高轨卫星构成，为了进一步提升定位精度，以北斗为代表的 GNSS 系统开发了精密单点定位（PPP）功能，基于载波相位测量实现高精度定位。但是中高轨卫星星座几何构型变化慢，相邻历元间观测方程之间的相关性太强，因此在进行定位参数估计时，需要较长的时间才能估计和分离各类误差，进而固定载波相位模糊度、实现精密定位。因此，传统高精度定位的收敛时间一般为 15～30 min。

为提高定位的准确性，基于载波相位测量的精密单点定位技术得以深入研究与实现。然而，当前全球导航卫星系统主要由中高轨卫星组成，因中高轨卫星的星座构型变化缓慢，观测数据具有较高的时间相关性，模糊度、钟差等定位参数需要较长时间

（15～30 min）才能实现参数间降相关与精度收敛，制约了 PPP 技术在高精度实时动态应用及复杂地形和电磁环境下高精度 PNT 服务的推广。

低轨卫星系统因其较高的卫星运行速度和快速变化的星座几何构型特性，大幅度降低了信号时间相关性，提升了参数估计的收敛效率，从而有效提升了精密单点定位技术的收敛效率。理论上，低轨卫星 1 min 内的几何构型变化，约相当于中轨卫星运行 20 min 的几何构型变化。低轨卫星的轨道特性，有助于缩短收敛时间，大幅提升用户体验。

同时低轨卫星轨道高度低，落地功率更高，能够承载更高的信息速率和信号带宽，作为卫星导航基本电文及差分改正电文的播发通道，有利于提升低轨卫星的轨道和钟差性能，进一步消除各类误差源。

高精度信息增强是利用低轨卫星几何构型变化快的特点，播发双频的低轨导航信号，用户接收机进行载波相位测量，并通过双频信号消除电离层误差，利用更高精度的电文数据，修正各类测量误差，实现高精度定位快速收敛。相关研究表明，基于低轨星座的快速精密定位能够实现厘米级的定位精度，收敛时间能够缩短到 1 min 以内。

（4）低轨信号功率增强技术原理

低轨卫星的轨道大致在 1 000 km，与 GNSS 典型的中轨道（20 000 km）卫星相比，链路衰减降低 20～30 dB，这意味着导航载荷相同的 EIRP，低轨卫星落地功率比中轨卫星高 20～30 dB。

低轨卫星的功率增强不需要采用大规模高增益的天线、高功率放大器等设备，能够达到与中高轨卫星相同的功率增强效果，利于实现载荷小型化、集成化，有效降低载荷成本和发射成本。

5.2.3.3 天基导航增强载荷实现技术途径

天基导航增强依托不同的载荷设备实现，其中导航信息增强功能依托各类通信载荷，增强信息作为业务数据的一种类型，通过广播信道播发给用户，因此信息增强和通信业务复用载荷设备在此不再赘述。通导融合的信号增强技术依托通导融合载荷实现，由于通导融合是通过信号体制设计的，将导航功能与通信功能紧密结合，载荷硬件设备需要支撑通导融合体制设计。高精度信号增强技术依托专用导航载荷，播发双频导航信号。

（1）通导融合载荷

通导融合载荷的典型应用是美国铱星的 STL 载荷。铱星 STL 信号在卫星通信体制内，利用部分时频资源，在不改变时频单元划分和物理层设计的基础上，增加信号测距功能，播发低轨卫星星历，通过无线资源管理调度满足不同 PNT 性能要求，实现用户终端的定位、导航与授时。

铱星信号频率范围为 1 616～1 626.5 MHz，总带宽为 10.5 MHz，其中 STL 信号占用 0.5 MHz（1 626～1 626.5 Hz）的单通道播发，单通道又划分为 12 个子信道，每个信道频宽为 41.667 kHz 的工作带宽和 10.17 kHz 的保护间隔。系统采用频分多址和时分多址混合用户多址方式，每颗卫星 48 个点波束，按照 12 个波束使用一组频率的方式对总可用频带进行空分频率复用。

铱星通导融合载荷按照波束轮询方式进行地面小区扫描，导航信号同时向小区用户播发，依靠频率进行区分。铱星一代采用 3 副 L 频段相控阵业务天线，如图 5-25 所示。铱星二代采用了一体化的 L 频段相控阵天线，如图 5-26 所示，工作频段为 1 616～1 616.5 MHz，采用对地覆盖方式，铱星的足迹由 48 个波束构成，每个波束平均覆盖 600 km，48 个波束覆盖 4 700 km。

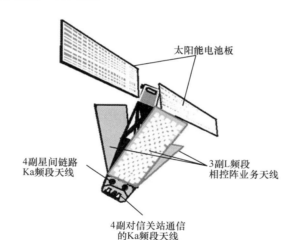

图 5-25　铱星一代卫星相控阵天线

图 5-26　铱星二代卫星相控阵天线

铱星 STL 信号实现了全球覆盖，落地信号功率相比传统 GNSS 信号有 30 dB 左右的提升，提升了为峡谷遮蔽和室内用户场景下提供定位授时服务的能力。

（2）高精度导航增强载荷

高精度导航增强载荷播发双频的导航增强信号，用户接收机接收导航增强信号，并进行载波相位测量，通过消除各种误差获得高精度测量结果。对于高精度导航增强，一个重要的方面是获取高精度的轨道和钟差数据，保证高精度的时空基准。高精度导航增强载荷由 3 部分组成，包括 GNSS 接收模块、时频基准单元和导航播发模块，具体如图 5-27 所示。

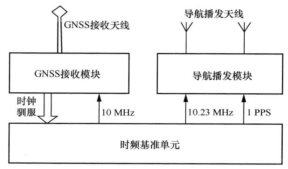

图 5-27　高精度导航增强载荷

GNSS 接收模块：利用低轨卫星可视性好的优势，接收 GPS、Galileo、北斗等中高轨导航系统信号，通过地面计算/卫星自主计算，获得高精度的轨道、钟差数据，用于低轨导航信号的电文播发。

时频基准单元：由星载铷钟、频率综合器构成，为 GNSS 接收模块、导航播发模块提供 10 MHz、10.23 MHz、1 PPS 信号，并与 GNSS 接收模块构成时钟驯服关系，确保低轨卫星频率与 GNSS 系统溯源同步。

导航播发模块：播发 L 频段导航双频信号。双频信号的频率相隔较远，一般采用两副螺旋天线播发。由于低轨卫星能够以较小的发射 EIRP 获得较大的落地功率，发射功率组件可采用体积更小的固态放大器。

高精度导航增强载荷要实现厘米级导航定位，需要严格控制载荷各类误差项，包括 GNSS 接收通道时延变化、发射通道时延变化、天线相位中心随外界环境的变化。

5.2.3.4　导航增强载荷的发展趋势

伴随全球导航卫星系统全面建成，结合国际竞争态势，建设和发展低轨导航卫星系统已然成为各航天强国在规划部署新一代导航卫星系统中的首要选择。利用低轨导航卫星系统实现对 GNSS 的信息增强与信号增强，提升 GNSS 完好性、连续性和可用性，为多星座卫星联合精密定轨、空间天气监测和室内外无缝定位等实际应用和科学研究带来新的发展机遇。同时，随着对低轨导航卫星系统技术的需求日益增长，以及其他外部导航增强手段的出现，低轨导航卫星系统建设存在诸多挑战。低轨增强技术发展和系统建设的发展需求及趋势如下。

（1）有效整合现有导航资源，推动低轨、广域、地基等增强系统的协同发展。实现多系统优势互补，避免功能重叠和资源浪费，充分发挥低轨导航卫星系统的优势，与其他技术形成互补，共建高效、协同的多导航卫星系统融合框架。

（2）推动低轨卫星通信、导航和遥感功能的融合，打造多功能、多层次的天基信息智能服务系统。借鉴国外先进低轨系统的建设经验，大力发展应用软件无线电技术的多功能、可重构载荷平台技术，构建载荷多用、星座组网的多层次、多模式、柔性化和可配置的低轨星座。最大化实现低轨星座平台资源协同效能，提升系统的综合服务能力。

（3）同步推进理论研究与技术应用。未来规划的低轨星座将涵盖数千颗甚至上万颗卫星。在精确定轨、时间同步、动力学建模等理论方面，以及频率兼容、星历播发、信号接收技术等应用领域，均存在挑战亟待解决。为此，须重视理论研究与应用技术的协同发展，充分利用新技术、新方法，推进低轨导航增强系统的工程实现。

伴随下一代移动通信规划纳入卫星网络技术，空、天、地、海泛在移动通信网络的构建将成为现实，推动低轨导航增强技术规模化应用。低轨导航增强将成为我国综合 PNT 体系的重要组成部分，多星座融合将为全球导航卫星领域带来新的变革与发展，特别是低轨星座将成为引领该领域发展的重要力量。

5.2.4　载荷综合处理技术

5.2.4.1　概述

在全球无缝覆盖、用户随遇接入需求的推动下，卫星通信系统开始从过去的单星独立组网向多星天地一体化组网发展。多星组网主要有基于数字透明转发技术和基于星上再生处理技术两种发展路线[36]。

（1）数字透明转发技术

数字透明处理（Digital Transparent Process，DTP）指包含星上信道化和信道合成处理的数字化有效载荷，因其在波束覆盖、波束带宽、波束频率、波束功率、上下行连接等方面的灵活性，广泛应用于卫星移动通信领域和宽带卫星通信领域。到目前为止，DTP 一共经历了 4 代发展，划代的主要依据是单端口处理带宽。ESA 给出的 DTP 发展路线见表 5-11[37]，从中可以看出，专用集成电路(Application Specific Integrated Circuit，ASIC)器件水平从技术上支撑了 DTP 的发展。

表 5-11　ESA 给出的 DTP 发展路线

对比项	单端口带宽	代表卫星	ASIC 工艺
第一代	几十 MHz	Inmarsat-4	650 nm
第二代	～125 MHz	WGS	180 nm
第三代	～250 MHz	Alphasat	180 nm
第四代	～500 MHz	Intelsat EPIC IS-29e	90 nm
未来	～2.9 GHz	SES-17	28 nm

在星上路由交换、星载网控和星间链路传输等技术成熟以前，传统的卫星通信大多采用透明转发方式，依托地面网络实现多星组网，卫星载荷主要对信号进行滤波、变频、功率放大处理[36]。星上采用模拟透明转发时，只支持星状网络，所有链路均需要通过地面信关站完成（两跳）；星上采用数字透明处理技术既可支持星状网络，又可支持网状网络，也支持环回，可以不经过信关站，直接实现端到端的连接（一跳），卫星变成网络交换的节点，降低了对地面信关站的要求，可支持更多种类的通信模式，如支持点到点、广播、组播等模式。另外，数字透明处理器的应用还可以实现卫星载荷资源的"池化"，提高资源的利用率和灵活性，使得运营商可以根据需求对资源进行灵活定制和调配，数字透明处理技术的主要发展方向是多端口、宽带以及大容量处理[38]。

（2）星上再生处理技术

随着星上处理需求的提升以及载荷处理器件性能的不断提高，调制解调、编码译码、变频滤波等功能通过数字信号处理的方式完成，能够将多个模拟器件完成的功能集中于一个处理平台，大大降低了硬件规模及星载能耗；同时利用数字器件的可编程、可重构特性，能够实现多种波形、体制、协议的在轨变更，极大地提升了处理的灵活性，提高了整个卫星系统的效率。

低轨再生处理技术的早期典型代表是铱星二代。其星上处理器硬件架构如图 5-28 所示[39]，单个处理器能够提供累计 1 TFLOP 的处理能力，含 3 块 CPU 板、4 块现场可编程门列阵（FPGA）板，处理系统具备可重构功能，一是便于软件配置项出现故障需要重新写入，二是可实现软件配置项升级和功能重构；高速卫星通信系统的核心是星载实时高速处理技术。欧洲航天局于 20 世纪 90 年代就开展了星上实时高速处理技术的研究，联合了法国空间中心、德国空间中心成立了"欧洲星上处理工场"，致力于空间应用的高速处理技术研究。2020 年 9 月，欧洲航天局发射了 PhiSAT 卫星，具备硬件加速和 AI 推理能力，采用的处理器主频 933 MHz，可提供超过 1 TFLOP 的运算能力。

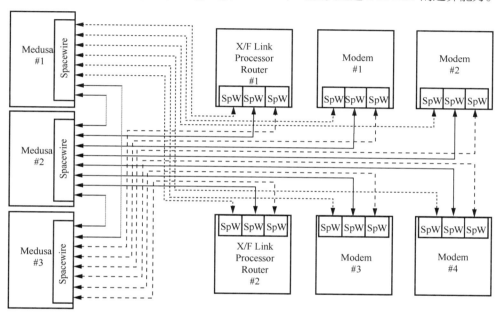

图 5-28　铱星二代星上处理器硬件架构[39]

　　尽管星上处理技术取得了不少进展，但低轨星座具有传输时延大、用户数量多和网络变化频繁等特点，基于星载处理的多星组网，面临网络规模受限、协议传输开销大和路由计算处理复杂等一系列问题，因此，需要通过研究轻量化协议栈设计、简化处理流程、优化算法等多个方面，降低对星载硬件处理能力的要求[36]。

5.2.4.2　载荷通信处理技术

（1）通信处理技术原理

　　随着卫星互联网与地面 5G 网络融合的发展，对星上处理技术的要求越来越高，星载高速处理载荷需实现信号的物理层、高层协议处理，支持星上无线资源管理，支持安全管理和用户终端移动性管理及资源调度等。

1）数字信号调制与解调

卫星通信系统由于传输距离远、受雨衰影响较严重，且受星上载荷能力的限制，随着通信容量需求的增加，在频谱资源紧张的情况下，卫星需采用具有较高的功率和频谱效率、较低实现复杂度等特性的调制/解调技术，目前多采用 QPSK、MSK、QAM 及其改进型以适应高速率传输的要求。

2）数字信号编码与译码

在信道编码方面，自香农定理提出以来，人们一直在寻找性能好、时延小、实现简单的纠错码，一种编码方案是否可行，取决于译码性能和复杂度。在数字移动信道中，通常采用纠错编码技术来提高传输的可靠性及降低对传输功率的要求。卷积编码、RS 编码、BCH 码、级联码、Turbo 码和 LDPC 码等都是现在较常用的编码技术，在性能上越来越接近香农信道编码定理的理论极限[40-41]。

另外，OFDM 作为一种典型的多载波传输方式，具有高频谱利用率、抗码间干扰等优点，在数字电视、蜂窝移动通信、无线局域网和宽带无线接入等领域得到了广泛应用。近几年，国外不少研究机构，比如希腊的空间和遥感研究院等开展了在 LEO 系统中利用 OFDM 实现高速可靠数据传输的研究，采用 OFDM 进行低轨卫星通信已经成为卫星通信技术发展的一个新趋势[42]。

3）数模/模数转换技术

收发通道的主要功能是完成有效信号的频谱搬移，并完成模数转换及相应的数字处理和数字接口功能。收发信道的设计主要包括低中频架构、零中频架构、射频直采架构。相比低中频架构，零中频架构减少了一级变频处理，集成度更高，在地面基站设计中广为采用。当前零中频架构的 ADC 器件的处理带宽一般不大于 400 MHz，而射频直采架构能支持更大的信号带宽，在毫米波（典型信号带宽 400 MHz、800 MHz）基站上广为应用，芯片经过两代演进，目前已逐渐成熟，且有国产化型号。

（2）通信处理技术应用

1）CCSDS 通信处理技术

国际空间数据系统咨询委员会（CCSDS）标准是国际上已经广泛应用的航天测控、通信标准。CCSDS 标准建立了 CCSDS 版本包、空间信道编码、虚拟信道概念，采用统一数据流思想，实现了航天测控、通信数据的综合传输与交换，简化了空地设备与任务保障系统，为航天任务的动态调控与国际合作奠定基础[43]。

CCSDS 标准中最主要的应用领域为深空通信。从信道编码的角度看，深空信道是一种很理想的信道，具有与无记忆的加性高斯白噪声（AWGN）信道非常相似的特点，同时信道的频带带宽很丰富，但深空通信传输距离远，信号能量衰减严重，需要采用高增益的信道编码技术，为此 CCSDS 建立了包括卷积编码、RS 编码、级联码、Turbo 码以及 LDPC 码的信道码标准[44]。

2）DVB 通信处理技术

数字视频广播（Digital Video Broadcast，DVB）标准是最早被全球卫星电视广播商大量采用的标准。DVB 标准分为卫星数字视频广播（DVB-S）、有线数字视频广播（DVB-C）与手持数字视频广播（DVB-H）。

DVB-S 传输速率低，无法传输高清电视（HDTV），无法进行 IP 组网，2004 年推出了 DVB-S2。相比于 DVB-S，DVB-S2 采用了更先进的 BCH+LDPC 信道编码方案，增加了 8PSK、16APSK 和 32APSK 的高阶调制类型，支持可变编码调制（Variable Coding and Modulation，VCM）与自适应编码调制（Adaptive Coding and Modulation，ACM），支持高效的多媒体传输，包括高清晰度电视、互联网卫星服务、交互式广播等。DVB-S2 目前广泛应用在卫星电视、移动通信、数据中继等领域，是全球使用最多的数字卫星广播标准[45]。

3）LTE 通信处理技术

LTE 技术是在第三代移动通信技术的基础之上，基于 OFDM、MIMO 构建的一套全新的移动通信演进标准，采用了更高效的无线接入技术和更灵活的频谱分配方法，支持多种部署方式，包括室内覆盖、室外覆盖、微蜂窝、宏蜂窝等，采用了更小的信令时延、更快的数据传输速率和更少的切换时间，在系统容量、部署灵活性、传输时延、业务质量和网络成本等方面具备较大优势，使用户获得了较好的宽带互联网体验[46]。

国际上已经有多个国家和地区开展了对应地面移动通信系统的高轨卫星移动通信系统商用工作。

4）5G 通信处理技术

5G 是第五代移动通信标准，支持增强移动宽带（eMBB）、海量机器类通信（mMTC）、超可靠低时延通信（uRLLC）三大应用场景，广泛应用于移动通信、工业自动化、智能交通、远程医疗、虚拟现实、增强现实、智慧城市等领域。

5G 与 LEO 卫星融合相对完整的标准化方案为 5G NTN。

5G 非地面网络（Non-terrestrial Network，NTN）是 5G 技术在非地面领域的应用扩展，为了克服传统地面通信网络在某些场景下的局限性，例如偏远地区、紧急救援、海洋覆盖等，它将地面基站和核心网能力迁移至卫星上，采用"再生有效载荷"模型，使 LEO 卫星支持与地面终端和地面核心网进行信令和数据的传输，通过中心卫星管控核心网内部星载基站，降低接入或切换等场景下的信号传输时延，保证星载基站带宽，提升用户的通信体验，整体架构如图 5-29 所示。

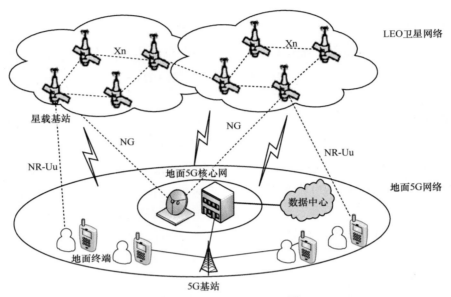

图 5-29　5G NTN 网络架构[47]

　　5G 星载基站由搭载了基站的 LEO 卫星节点组成，负责星地融合网络的用户面功能、提供 5G NR 协议功能、支持地面终端通过 NR 接口接入 LEO 卫星网络，并通过基站间的 Xn 接口在不同卫星节点间传输信令，通过 5G 星载基站与地面核心网的 NG 接口将信令传输至地面核心网处理，实现地面终端接入和切换请求、数据转发和会话管理等功能。

　　随着 5G 的大规模商用，各国研究人员和企业开始 5G 移动通信与卫星通信系统的融合开展技术研究和设备研制，SpaceX 与 T-Mobile 达成协议，将 T-Mobile 的 PCS 频段用于第二代 Starlink 卫星的美国地区短信和低速数据服务。OmniSpace 公司则计划利用自己拥有的 S 频段频率资源和基于 5G NTN 技术的终端设备，实现 5G 卫星和地面网络的无缝通信，并支持其中的 n256 频段，提供手机直连卫星服务。中国移动 2023 年 6 月完成国内首款 5G NTN 手机终端直连卫星实验室验证，实现了双向语音对讲和文字消息，直接把 5G 窄带 NTN 推到了预商用阶段。2023 年 9 月，中国移动又完成了 NR NTN 低轨卫星宽带业务实验室验证，全面验证了手机直连低轨宽带卫星的能力。

5.2.4.3　载荷网络处理技术

（1）网络处理技术原理

1）星载交换技术

星载交换技术主要有电路交换、报文交换和分组交换。

电路交换特点为实时性强、时延小、交换设备成本较低，但同时也带来资源利用率低、通信效率低、不同类型终端间不能通信等缺点。电路交换适用于固定用户之间大信息量的通信，如电话通信网。Intelsat-6、跟踪与数据中继卫星（Tracking and Data Relay Satellite，TDRS）系统等采用了电路交换，利用星载微波交换矩阵，实现不同波束间信息交换。

报文交换的基本原理是存储–转发，用户之间不需要事先建立连接通路，只需与交换机接通，由交换机暂时把用户要发送的报文接收和存储起来，交换机根据报文中提供的目的地址经过排队发送给对端[48]。报文交换可克服电路交换资源独占、通信线路利用率低、存在呼损、各种不同类型和特性的用户终端之间不能相互通信的问题，典型应用有电子邮件系统、电子商务系统、金融交易系统等，但报文交换有时延大、实时性差的缺点。

分组交换也叫包交换，是更加先进的报文交换。分组交换的概念起源于计算机网络，现阶段地面使用的交换方式以分组方式为主，分组数据头需要携带明确的地址，以便于网络能利用这个地址将数据从数据源传输到数据目的地，分组交换采用统计时分复用技术，解决了电路交换方式信道资源利用率低的问题，目前分组交换已逐渐成为卫星组网的主要交换方式。分组交换协议主要有 ATM、IP 协议、多协议标签交换（Multi-Protocol Label Switching，MPLS）、分段路由（Segment Routing，SR）。

ATM 是一种以高速分组传送模式为主，综合电路传输模式优先的宽带传输模式，结合了电路交换和分组交换的优点，具有统计复用、灵活高效和传输时延小、实时性好的优点。

IP 协议称为网际互联协议，可实现大规模组网、异构网络的互联互通，并分割顶层网络应用和底层网络技术之间的耦合关系，以利于两者的独立发展，提高网络的可扩展性，解决互联网问题。

MPLS 是利用标记进行数据转发的，将 IP 地址映射为简单的具有固定长度的标签，用于不同的包转发和包交换。当分组进入网络时，要为其分配固定长度的短的标记，并将标记与分组封装在一起，在整个转发过程中，交换节点仅根据标记进行转发。

SR 利用源路由，节点通过称为"段"的有序指令列表来引导数据包。一个段可以代表指令、拓扑、服务类型。段可以具有 SR 节点的局部语义或 SR 域内的全局语义。SR 提供了一种机制，允许将流限制到特定的拓扑路径，同时仅在到 SR 域的入口节点处保持每个流的状态。SR 可以直接应用于 MPLS 架构，无须改变转发平面，段被编码为 MPLS 标签，段的有序列表被编码为标签堆栈，要处理的段位于堆栈的顶部，节点转发时相关标签逐跳从堆栈中弹出。

2）星载路由技术

卫星网络路由机制的设计，需考虑卫星网络拓扑的高动态性和可预测性、星上资源有限性、链路传输时延长等特点。

路由选择算法是一种确定网络中信息传输路径的算法，它根据一系列规则和参数来确定数据包从源节点到目的节点的最佳路径。在选择路由选择算法时，需要考虑网络规模、拓扑结构、网络流量分布等因素。静态路由选择算法基于固定的网络拓扑和固定的节点信息来确定最佳路径；动态路由选择算法通过路由器之间的信息交互和协议来实现自动学习最佳路径。

① 最短路径算法，广泛应用于路由选择算法中，该算法以某个节点为起点，计算所有节点到起点的最短路径，并最终得到从起点到其他所有节点的最短路径。

② 距离矢量算法，路由信息协议（Routing Information Protocol，RIP）是一种基于距离矢量算法的协议，使用跳数作为度量值来衡量到达目的地址的距离。RIP 通过 UDP 报文进行路由信息的交换，路由器把所收集的路由信息用 RIP 通知相邻的其他路由器，路由信息逐渐扩散到了全网。

③ 链路状态路由选择算法，开放最短路径优先（Open Shortest Path First，OSPF）算法是一种开放式的链路状态路由选择算法，通过将自治系统内部和外部的路由选择协议进行划分，来实现自动学习最佳路径的功能。OSPF 区域内的路由器之间交互的是链路状态通告（Link-State Advertisement，LSA），路由器将网络中泛洪的 LSA 搜集到自己的链路状态数据库（Link State DataBase，LSDB）中，有助于路由器理解整张网络拓扑，并在此基础上通过最短路径优先（SPF）算法计算出以自己为根的、到达网络各个角落的、无环的树。

（2）网络处理技术应用

1）基于业务的星上路由技术

根据不同的业务类型，可将现有的星上路由技术分为单播路由算法、组播路由算法以及基于多协议标签交换的路由算法 3 类[40]。单播实现点到点的单条或者多条链路通信，组播的核心是构建一个组播树，数据仅在组播树的分支节点进行拷贝。MPLS 技术中，IP 层的路由参数映射到链路层，并用标记标识业务流，解决了 IP 协议和承载网络的交互问题。

面向服务的星上路由技术，主要涉及时延、带宽、可靠性 3 个方面。基于时延敏感服务、带宽服务的路由算法，需综合考虑对其他服务类型的影响。针对可靠性服务，应避免路径的拥塞和丢包。

针对卫星网络业务分布不均衡的特点，应开展星上负载均衡路由技术研究。采用选择性分流的全局负载均衡策略，解决低纬度 LEO 卫星网络中链路拥塞问题，采用基于交通灯的智能路由算法通过前期规划和实时调整相结合，得到近似最优的传输路径等[40]。

2）基于拓扑的星上路由技术

卫星网络路由技术分为静态路由和动态路由两种类型。

根据卫星运动的周期性和规律性，静态路由按照一定时间或空间划分，"固定"卫星网络拓扑，简化路由计算，特点是算法简单但缺乏灵活性。静态路由可分为虚拟拓扑路由、虚拟节点路由和地理路由 3 类。动态路由是通过链路感知实时获取网络状态，根据状态信息计算路由，特点是算法灵活但计算复杂、网络开销大[49]。

大规模 LEO 星座系统对路由协议的设计挑战较大，存在存储开销大、动态路由的收敛时间长、路由算法复杂等问题，还需考虑星地链路传播时延、信关站的位置和接入卫星的选择，克服大多普勒频移以及星地链路频繁切换等问题。因此，研究星地融合网络中的路由技术，解决巨型 LEO 卫星星座路由技术理论研究与工程结合的问题，提升网络覆盖能力和网络性能，成为下一代网络技术的研究重点[40]。

5.2.4.4　载荷高效协同处理技术

（1）用户接入控制技术

卫星互联网具有传输时延大、网络拓扑变化、用户分布广和突发接入需求量大等特点，需要向用户提供时延敏感业务、可靠传输、接入速率、QoS 优先级等差异化服务，需要研究时变信道的速率自适应传输、接入切换控制、网络资源的按需自适应灵活分配、大带宽高动态下时频快速同步等关键技术，以提高用户接入的可靠性和服务质量[50]。

（2）软件灵活重构技术

软件在轨重构技术，源于"灵活卫星"的概念，根据任务需求动态配置和执行不同的软件配置项，完成不同的任务。基于天基计算能力、高速数据接口、卫星通导遥一体化设计和人工智能技术的进步，卫星软件对于卫星功能和用户应用发挥的作用越来越大，软件灵活重构技术逐步在打破卫星封闭式研发与应用的模式。

软件灵活重构技术，既可以实现在软件配置项出现故障后重新写入，也可以实现软件配置项升级和功能重构。卫星在轨服役期间，针对商业模式或市场需求变化，可以动态调整星上资源，持续提供卫星通信服务，从应用的角度强调载荷服务能力上的灵活使用，从载荷设备的角度强调在同一个物理实体上实现多种通信模式、通信体制的兼容性设计及在轨功能的升级和更新[51]。针对大规模卫星组网，研究不影响正常业务功能执行的前提下，开展软件在轨多星并行重构与刷新技术，实现突破百兆比特级的大位流文件在分钟级的上注与更新，是当前的一项研究热点。

（3）计算存储一体化技术

随着卫星信息技术的发展，对卫星载荷的处理资源和存储资源需求越来越高，计算单元与存储单元之间存在大量频繁的数据移动，从处理单元外的存储器提取数据，搬运时间往往是运算时间的成百上千倍，会导致大的时延和较长的响应时间，整个过程的无用能耗非常高。计算存储一体化（存算一体）技术可以获得更高的性能和能效，将数据处理工作移到离数据更近的地方，可有效减小时延，提高效率。

比如，使用计算存储一体化系统，将存储服务器中的固态硬盘替换为内置有处理能力的计算存储介质，要查找某个信息，只需由主机服务器向存储服务器发送请求，请求其提供相关记录，这样每个计算存储硬盘中的处理器都会对信息进行预处理，仅返回相关信息，而不是移动整个含有百万条记录的数据库。这样的好处是，数据处理占用了更少的网络带宽，因为只有一小部分数据库通过网络发送；需要的主机 CPU 周期也会少得多，因为主机 CPU 只需要查看相关记录，而不是整个数据库。

（4）计算网络一体化技术

计算网络（算网）一体化是计算和网络两大学科深度融合形成的新型技术簇，是实现算力网络即取即用的重要途径。算网一体最基本的组成单元是计算设备和网络设备，由设备一体化向系统一体化发展、服务一体化演进，呈现以计算为主和以网络为主的两种发展路径与目标。前者的演进目标是一体化超级计算机，提供强大的算力，后者的演进目标是信息处理网络，算网一体从服务层次看，将逐步呈现一体化，可以实现算力即取即用的服务目标。

算网一体在设备层次，主要表现在设备同时具备一定信息处理功能和信息转发能力。技术要素融合在设备级算网一体中发挥着主要作用。比如算力路由、在网计算就是典型的设备级算网一体关键技术。算力路由技术，基于网络、计算、存储、服务的状态感知，将算力信息注入路由表，生成"网络+计算"的新型路由表。

算网一体在系统层次，计算系统的主要代表为云数据中心、超算中心等，网络系统的代表为互联网以及 5G 移动通信网络，算网一体系统包含了设备级算网一体，除融合计算、网络、存储等技术要素外，还充分融合了数、智、安、链等能力要素，在表现形式方面更为丰富。目前看来，6G 网络预计将成为算网一体系统，移动通信网络系统将和分布式云系统充分融合，云、边、端算力将借助网络实现高速泛在，一体融合。

（5）多业务融合处理技术

卫星多业务融合技术通过将多种不同的通信服务和功能集成到一个单一的卫星平台上，实现资源的高效利用和多样化服务的提供。这种技术的关键在于能够处理和整合包括数据传输、语音通信、视频广播、互联网接入等多种业务，使得卫星系统不仅能够服务于传统的广播电视和远程教育领域，还能够适应现代通信网络对于高速数据传输和实时互动的需求。例如，卫星可以同时支持地面站的数据传输、移动用户的即时通信以及紧急救援时的实时视频传输等多种服务。卫星多业务融合技术的应用范围非常广泛，它可以用于灾害监测与救援、航空航天探索、远洋航行等多个领域。随着技术的不断进步和创新，未来的卫星通信系统将更加智能化、多功能化，为人类的生产生活带来更多便利和可能性。

（6）设备架构标准化技术

目前国内外在轨的星上载荷数据处理系统采用的标准主要是 cPCI、OpenVPX 标准。随着卫星载荷数据速率的不断提升，cPCI 无法满足日益增长的高速传输与处理需求，且 cPCI、OpenVPX 并不是专门针对在轨应用的架构标准，系统可靠性容错能力有限，于是提出了 SpaceVPX 标准。相关国家已经开展了在轨处理技术应用以及卫星在轨通用化研究，星上数据处理设备的总线架构也从 cPCI、VME 逐步转向 VPX 航天专用总线架构，星上开展了在轨数据自主分析、多载荷数据融合等技术研究。cPCI、OpenVPX 标准见表 5-12。

表 5-12　cPCI、OpenVPX 标准

互联类型	cPCI	OpenVPX
支持的互联类型	PCI 总线以太网	PCI 总线 RapidIO、Spacewire
板间交互带宽	500 Mbit/s	8 Gbit/s
供电功率	70 W	400 W

SpaceVPX 是由 NASA、美国空军研究实验室、美国国防部等政府机构组织 28 家公司提出的，并于 2014 年底通过的下一代空间互联标准（Next Generation Space Interconnect Standard，NGSIS）。SpaceVPX 标准以 OpenVPX 标准为基础，增加针对空间应用的特殊需求，把 VPX 系列标准延伸到空间应用领域，在冗余备份、抗震、cPCI 模块兼容性等方面做了改进。它主要包括单点故障容忍、空间应用接口、冗余模块设计、冗余管理、状态监控和错误诊断等。SpaceVPX 重新定义了 OpenVPX 的载荷模块、交换模块和背板模块，并在应用平面增加新的模块来满足容错要求。

5.2.4.5 载荷处理技术发展趋势

（1）灵活载荷及智能化趋势

卫星互联网将面向陆、海、空、天各类用户提供服务，随着卫星载荷技术的发展，载荷承担的任务越来越复杂多样，涉及图像处理、电子侦察、智能感知、数据传输、语音通信、视频广播、互联网接入、卫星健康管理、运营维护等多种业务，不同类别的用户对网络服务质量和安全性等的要求不同，对卫星载荷处理资源动态管理调度和软件定义灵活部署提出了较高的需求，同时，载荷处理的运算量和带宽吞吐量也越来越大，特别是低轨卫星具有高动态时变的信息传输网络拓扑，空域、时域、频域等资源分配需要动态调整。构建这样一个灵活服务系统，对载荷处理技术的智能化及算力资源要求越来越高。虚拟化技术可以实现设备处理资源的虚拟共享和超强调度，通用处理器的资源池化技术，可以实现多个处理单元之间高带宽、低时延交叉互联。随着机器学习、深度学习、大模型等 AI 技术的发展，载荷设备将与人工智能技术深度融合，实现更智能化的卫星互联网领域多种应用。

（2）软硬件集成化程度趋高

随着卫星互联网的发展，有效载荷的集成化程度越来越高。为构建太空卫星网络，有些国家提出了新型卫星通信体系结构，通过融合和发展现有系统，强化骨干星间链路和星上路由能力，构建一个基于太空网络的可互操作的平台，使得卫星通信系统从一套独立运行的系统转变成一个集成的网络中心。星载处理载荷可集成不同的处理单元，为满足大规模星座高性能、低功耗、小型化、低成本的需求，集成化的方式主要有处理器异构集成技术、系统级封装技术、单片系统技术。

随着集成电路技术的发展，特别是在卫星采用与地面 5G 融合技术后，芯片的规模效应越来越明显，星载高性能处理芯片化将是一个发展趋势。ASIC/SoC 芯片采用高性能处理器加速的方式，在数据处理及协议处理方面相比传统的 FPGA 可实现数倍的性能提升。在系统中增加 DSP、GPU 等异构加速器件，可以在对系统改动较小的情况下，极大地增加系统的处理能力[52-53]。

（3）与地面通信技术深度融合

2021 年 9 月 IMT-2030（6G）推进组发布《6G 网络架构愿景与关键技术展望》白皮书[34]，认为 6G 时代天基、空基等网络将与地基网络深度融合，卫星互联网作为新一代网络将成为 5G/6G 中的重要组成部分。低轨卫星通信系统采用 5G/6G 技术设计，能够充分借鉴地面系统在灵活帧结构、信号波形、移动性管理、组网方式等方面的先进性，结合卫星通信系统的独特性，形成低轨卫星通信技术标准。卫星通信面临的挑战有：多普勒效应、时频同步、移动性管理、频繁波束切换和星间切换、传输时延大等多个方面[1]。未来的卫星通信将不仅是地面通信系统的补充，还会与地面移动通信系统紧密融合[54-56]。

（4）星地一体化规模组网技术

随着卫星互联网与地面 5G 网络融合的发展，通信业务种类增多和业务量快速增长，现阶段的卫星通信系统正在尝试异构网共存，提供多样化的接入服务。针对卫星互联网的空间信息应用需求，结合新型卫星互联网的网络特点及应用模式，需探究基于天地融合、多级协同的时空信息服务机理以及演化规律，设计实现卫星互联网智能化协同的时空数据智能服务体系与应用平台，完成高效、精准、敏捷、互信的时空数据处理与共享分发，落地卫星互联网的综合应用能力。比如，卫星高速移动使卫星网络与地面网络的连接关系不断变化，频繁的路由表更新会消耗大量星上通信资源，增加地面信关站数量可有效提高低轨互联网星座的承载带宽，降低通信时延，但低轨互联网星座的庞大卫星规模和较密集的信关站也将导致星地链路切换频繁，这些都对星地融合一体化网络设计提出了极高的要求[57]。

（5）高性能 COTS 器件的空间应用

近年来卫星领域显著的特点之一就是小卫星特别是微纳卫星的发射数量大幅增加，特别是随着商业卫星的兴起，卫星的成本问题得到了越来越广泛的重视。随着卫星及载荷技术的进步，通过小卫星的编队组网可以实现的功能越来越多。目前大多数卫星内部所采用的器件主要还是宇航级器件，传统的宇航级器件虽然具有高抗辐射指标和可靠性，但价格昂贵且技术发展相对缓慢，这在一定程度上限制了卫星技术的普及和应用。因此，商用 COTS 器件的空间应用成为通信技术发展的一个新方向。COTS 器件，即商业现货器件，具有成本低、技术更新快等优势。虽然其在抗辐射和可靠性方面可能稍逊于宇航级器件，但通过合理的设计和优化，仍可以满足大多数卫星任务的需求。此外，随着商业卫星市场的不断扩大，越来越多的公司开始尝试将 COTS 器件应用于卫星制造和发射中，进一步推动了卫星技术的商业化和普及化。

5.2.5　多波束天线与波束成形技术

随着无线通信的迅速发展，天线作为可将信息从空间一端耦合到另一端的设备，在远距离无线通信中扮演着重要角色，其性能对通信系统性能影响很大[58-61]。目前，传统单波束天线已不能满足应用需求。多波束天线技术利用单一辐射面产生多个子波束，子波束间相互叠加可形成指向及形状灵活可变的高增益波束，以覆盖特定的区域。多波束天线具有辐射增益高、覆盖范围广、指向控制灵活等优点，目前在地面基站、卫星通信、安全防护等方面有着广泛的应用。

近年来，为实现更高增益的区域覆盖，满足日益增长的信道容量需求和多目标区域通信需求，解决卫星在扩大通信覆盖范围的同时保持高增益辐射间的矛盾，卫星移动通信系统普遍采用了多波束天线技术。星载多波束天线的应用主要具备了以下几方面的优点。

多波束天线利用不同波束间的物理隔离、极化隔离和频率隔离，可降低波束间干扰，同时利用基于正交极化复用原则和不同波束角度下的频率复用原则，在不提高带宽的前提下增加卫星通信系统容量。

多波束天线利用波束成形技术可提高波束增益和指向精度、减小波束宽度，便于用户终端利用小型移动天线进行信号收发，实现卫星通信，进而实现移动终端全球漫游通信。

多波束天线可灵活实现波束重构和波束扫描，具有多功能一体化复用能力和高空域抗干扰能力，极大提高了卫星在轨的生存能力。

总的来说，多波束天线技术和卫星通信技术相互促进、相互发展。根据关键组件类型进行划分，高增益多波束天线主要分为透镜多波束天线、反射面多波束天线、相控阵多波束天线 3 种。其中，透镜多波束天线和反射面多波束天线结构相似，通常由波束汇聚器件（反射镜或透镜）、馈源辐射阵列（喇叭天线或其他天线）以及其他相关组件（馈源幅相控制器、波束成形网络等）组成。反射或透射镜通过精准的曲面弧度控制，对空间中传播的电磁波进行路径补偿，以达到波束汇聚、实现高增益的目的。同时，利用伺服系统或幅相可调馈源阵改变入射电磁波的特性，可以实现辐射波的空域扫描。目前，由于体积和重量的限制，透镜天线很少用于卫星通信中。

相控阵多波束天线则主要由辐射天线阵面、幅相控制器以及波束成形网络组成。通过对阵面各单元进行加权计算，可得到在不同波束指向、波束形状下，相控阵天线的单元幅相参数，再利用电控可实现波束的瞬间控制，完成传统机械多波束天线不断转动下才能实现的功能。近年来，为了满足卫星通信对波束方向图更加具体的要求，如高增益、低旁瓣、主瓣波束成形及部分旁瓣包络抑制等，波束成形技术被广泛应用于相控阵多波束天线的设计中，如粒子群优化算法、遗传算法等，实现了更灵活的多波束方向图设计、零点填充、旁瓣抑制等功能，推动了星载相控阵多波束天线技术的研究及应用[62-63]。

5.2.5.1 波束成形及多波束技术原理

低轨卫星通信系统由多颗单星组成，运行轨道低、路径损耗小、对地视角宽、覆盖范围广[64-65]，适用于个人移动通信业务。其对星载天线增益的要求相对较低，但对天线扫描角度的要求较高，因此通常情况下，能灵活实现大角度波束扫描的相控阵多波束天线更能满足 LEO 卫星的需求。例如，美国星链卫星上分别配置了收发各两副的相控阵多波束天线，每副相控阵多波束天线可同时实现 8 波束的单独转向及波束成形。

不同于多星组网的 LEO 卫星，GEO 卫星运行轨道高，地面覆盖面积大，因此可只由一颗卫星组成。GEO 卫星通信系统的链路可靠性较强，但运行轨道高（36 000 km），导致信号传输时延长、损耗大，因此对星载天线的收发增益及指向精度要求更高。反射面多波束天线可对电磁波的幅相进行连续性调整，具有更好的波束汇聚及高精度指向能力，在大多数情况下更能满足 GEO 卫星的应用需求。同时，GEO 卫星组网快、范围广，在满足境内通信业务及单用户需求的同时，也可实现全球通信，因此一直以来都是卫星通信的重要发展方向之一。

下面针对星载多波束天线的主要实现形式：反射面多波束天线和相控阵多波束天线的技术原理进行介绍。

（1）反射面多波束天线的技术原理

反射面天线结构简单、技术成熟，当卫星所需波束不多时，反射面天线以最简单的形式实现了多波束性能[66]。反射面的形状主要包括旋转抛物面、球形抛物面、柱面、平面等，其中最常见的是圆口径旋转抛物面结构。为了产生特殊形状的成形波束，还可利用不规则的反射面结构，称为成形反射面天线。

1）反射面天线结构原理

以抛物面反射面天线为例，分析反射面天线的结构原理[67]，如图 5-30 所示。由抛物面的几何特性可知，从焦点处由各个方向向抛物面入射的电磁波经过反射后，均会平行于中心轴线+z 轴。同理，若馈电的相位中心位于抛物面反射面天线的焦点处，则馈源辐射的球面电磁波经过反射后，均会平行于反射面天线的法线方向。当馈源相位中心偏离焦点时，反射波的波前是与焦平面存在一定夹角的平面，此时的远场反射波束指向也会偏离+z 轴方向。馈源辐射与焦点距离越大，反射波指向与+z 轴方向的夹角越大，利用此原理可以改变反射波的波束指向[68]。

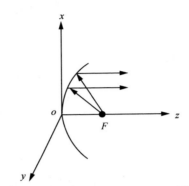

图 5-30 抛物面反射面天线的几何结构

在极坐标系中，抛物面天线口径 D_0 与张角 ξ_0 的关系为

$$\frac{D_0}{2r_0} = \sin \xi_0 \tag{5-41}$$

则有

$$\frac{D_0}{4f} = \tan\left(\frac{\xi_0}{2}\right) \tag{5-42}$$

由以上分析可知，轴对称抛物面反射面天线的特性由其焦径比 F/D 给出，其中抛物面直径 D 明确了天线的尺寸，焦径比 F/D 明确了天线的曲率。

通常情况下，口径天线的辐射效率可用方向性系数表示。对于幅相均匀的口径天线，方向性系数可表示为 $4\pi A/\lambda^2$，其中 A 是天线的口径面积[69]。对于幅相非均匀的口径天线，如反射面天线，除幅度渐消损耗（ATL）和相位误差损耗（PEL）外，还存在因天线口径有限导致的能量泄漏损耗和馈源遮挡导致的能量散射损耗[70]（SPL），以及交叉极化损耗（XOL）等，因此，反射面天线的方向性系数可以表示为

$$方向性系数 = 10\log\left(\left(\frac{\pi}{\lambda}\right)^2\left(D_\mathrm{r}^2 - D_\mathrm{b}^2\right)\right) + \mathrm{SPL} + \mathrm{ATL} + \mathrm{PEL} + \mathrm{XOL} \tag{5-43}$$

式中，D_r 是反射面的直径，D_b 是馈源的遮挡直径。

馈源是为反射面天线提供初始能量源的各种聚焦天线总称，也称为初级天线，其性能对反射面天线的整体性能影响较大。常用的馈源形式包括波导波纹喇叭天线、矩形波导喇叭天线和微带贴片天线等，近些年，小型化、多极化、多频段等逐渐成为馈源的主要研究方向。通常，反射面天线馈源的性能需满足以下要求[71]：

① 辐射能量基本集中在反射面的照射角内，旁瓣和后瓣小，天线增益因数高、效率高，能量泄漏少；

② 相位中心唯一且稳定，以保证反射面天线辐射性能的稳定性；

③ 带宽满足系统频带设计需求，避免反射面天线工作带宽受限；

④ 可实现极化或频率复用，以满足现代通信系统对通信容量及精度的高要求；

⑤ 体积小、低剖面，尽量减小馈源对反射面天线的遮挡，提高系统的增益和效率。

传统主模喇叭的方向图在各个平面内不相同，交叉极化较大，因此当前反射面天线多采用多模喇叭作为馈源，通过将喇叭口面各个模的幅相进行合理组合，可以得到性能更好的馈源方向图。图 5-31 为单馈源下焦径比 F/D =0.8 时，喇叭口径 d 和焦径比变化对天线性能的影响[72]。对于其他的 F/D，新的 d/λ 可通过以下公式获得

馈源尺寸(d/λ)	波束交叠电平/dB	旁瓣峰值电平/dB	天线效率
0.7	−1.84	−18.4	40.0%
0.9	−2.80	−18.8	43.8%
1.1	−4.00	−19.2	52.8%
1.3	−5.60	−20.0	55.9%
1.5	−7.20	−20.4	65.0%
1.7	−9.60	−21.2	71.9%
1.9	−12.00	−22.2	76.6%
2.1	−14.80	−23.4	78.9%
2.3	−17.60	−24.2	79.1%
2.5	−20.00	−26.0	76.7%
2.7	−22.40	−28.0	72.9%
2.9	−24.00	−36.0	67.9%
3.1	−25.20	−41.0	61.9%

图 5-31　喇叭口径和焦径比变化对天线性能的影响[71]

$$\left(\frac{d}{\lambda}\right)_{new} = 1.25\left(\frac{d}{\lambda}\right)_{old} \times \left(\frac{F}{D}\right) \tag{5-44}$$

反射面天线的馈源可以是单个馈源，也可以是由多个馈源规则排列组成的馈源阵。由于馈源阵中不同馈源相对焦点的偏移方向和偏移距离各不相同，因此经反射后会在远场区产生位置不同、互不重叠、性能相似的单元波束。利用这些单元波束组合形成的合成波束可以覆盖特定区域，这种天线称为多馈源单波束反射面天线。反射面天线单元波束和合成波束如图 5-32 所示。

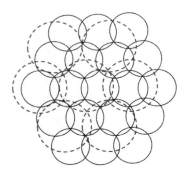

图 5-32　反射面天线单元波束和合成波束

在馈源阵的设计中，阵列体积不宜过大，因此一般情况下，单馈源会以极小的间隔在反射面焦平面附近紧密排列。由单馈源产生的单元波束需具有良好的交叠性，以便于形成合成波束。单元波束的交叠特性与馈源阵列的排列方式有关，目前常见的排列方式包括正六边形蜂窝状、矩形、平行四边形等，如图 5-33 所示[73-74]。

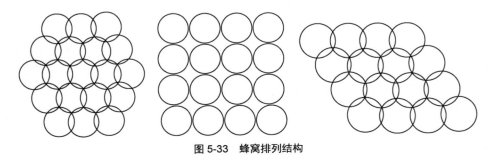

图 5-33　蜂窝排列结构

2）反射面多波束天线原理

由以上分析可知，当反射面天线馈源的等效相位中心在垂直于反射面轴向的方向上移动时，天线方向图的主瓣方向将偏离口径面的法线方向，口径场的相位分布也会发生改变[68]。此时，天线波束的旁瓣增大，增益降低，天线口径效率降低，这种现象被称作馈源的横向偏焦，几何关系如图 5-34 所示。

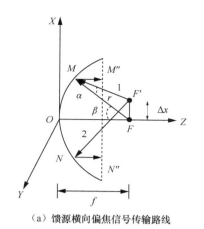

（a）馈源横向偏焦信号传输路线

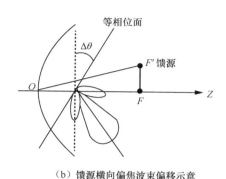

（b）馈源横向偏焦波束偏移示意

图 5-34 馈源横向偏焦导致波瓣偏移示意

假设馈源的横向偏焦距离为 Δx ，则馈源到反射面的距离为（射线 1）

$$F'MM'' = \frac{r - \Delta x \sin\beta}{\cos\alpha} + \frac{\left(\dfrac{2f}{1+\cos\beta}\right) - r}{\cos\alpha} = \frac{\left(\dfrac{2f}{1+\cos\beta}\right) - \Delta x \sin\beta}{\cos\alpha} \tag{5-45}$$

在反射面的边缘处， Δx 远小于 f ，此时由偏焦导致的最大相位偏差为

$$\Delta\psi_{M} = \frac{2\pi}{\lambda} \Delta x \left(\xi - \frac{\xi^{3}}{3!} + \cdots \right) \tag{5-46}$$

由上式可知，馈源的横向偏焦会使反射面天线的口径场相位同时出现线性偏差与立方律偏差，这两种偏差相互作用导致反射波主瓣方向偏离准线法向，方向图出现非对称性，利用偏焦效应在不同方向上产生偏移反射波束可实现多波束辐射。在实际应用中，馈源阵通过控制多个馈源的排布规律，结合波束成形网络，可在不改变反射面天线物理结构的前提下实现波束覆盖范围扫描，从而实现目标跟踪、用户搜索和分区域通信等任务，即实现反射面多波束天线功能[74]。

根据所需的反射面数量，反射面多波束天线可分为单反射面天线和多反射面天线两种。多反射面天线指通过多个反射面生成所有波束，如图 5-35 所示。其中，单反射面多波束天线结构简单，加工比较容易。多反射面多波束天线反射波具有较低的副瓣电平，抗干扰能力更强。通常，为了减少馈源对反射面的遮挡，除了常用的正馈法外，反射面多波束天线大多采用偏馈形式，即馈源阵偏离反射面中心轴线，如图 5-36 所示。偏馈形式还可避免反射面对馈源阵列的反作用。同时，由于高轨卫星通信天线广泛采用大型桁架的构造，偏馈形式也易于在卫星上安装。

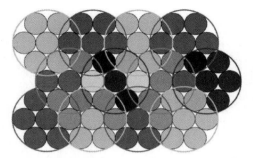

图 5-35　多馈源多反射面多波束天线波束示意[74]

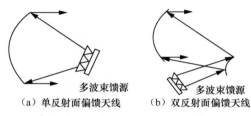

（a）单反射面偏馈天线　　（b）双反射面偏馈天线

图 5-36　偏馈反射面多波束天线

（2）相控阵多波束天线技术原理

1）相控阵天线结构原理

　　早期相控阵天线的研究是从线性相控阵开始的，由一维线性排列的阵元组成，如图 5-37 所示。线性相控阵只能实现一维方向的波束指向控制，所以在实际应用中使用较少，但其研究方法具有典型性，目前应用较多的平面阵、圆阵、共形阵等天线的研究都是基于线性相控阵研究方法开展的。平面相控阵天线是指阵元以一定规律分布在二维平面上，辐射波束在方位与俯仰两个方向上均可实现动态扫描的阵列天线。平面阵可以看成是由两个方向的线阵组成的，此时线阵的理论可作为面阵研究的基础。

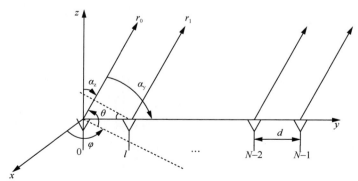

图 5-37　均匀线性相控阵结构示意[75]

目前，各国 LEO 和 GEO 卫星上的星载相控阵大多采用平面相控阵结构。常用的平面阵排列方式主要包括矩形排列和三角形排列两种，天线阵元的排列方式对辐射波束的主副瓣性能有着重要影响。

平面相控阵天线可以被划分为多个二维子阵或多个一维线阵，基于此原理可以推导得到平面阵的方向图函数。如图 5-38 所示，$M \times N$ 个阵元均匀分布在 yoz 平面上，阵元间距分别为 d_2 和 d_1，第 (i,k) 个单元与第 $(0,0)$ 个天线单元的阵内相位差为

$$\Delta \Phi_{Bik} = i \Delta \Phi_{B\alpha} + k \Delta \Phi_{B\beta} \qquad (5\text{-}47)$$

$$\Delta \Phi_{Bik} = i\alpha + k\beta, \ \alpha = \Delta \Phi_{B\alpha}, \beta = \Delta \Phi_{B\beta} \qquad (5\text{-}48)$$

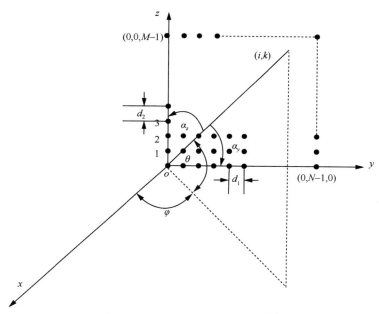

图 5-38　均匀平面相控阵结构示意[75]

假设第 (i,k) 个单元的激励幅值加权系数为 α_{ik}，则平面相控阵天线的方向图函数 $F(\cos\alpha_y, \cos\alpha_z)$ 可用如下公式表示

$$F\left(\cos\alpha_y, \cos\alpha_z\right) = \sum_{i=0}^{N-1}\sum_{k=0}^{M-1} \alpha_{ik} \exp\left(j\left(\Delta \Phi_{ik} - \Delta B_{ik}\right)\right) =$$

$$\sum_{i=0}^{N-1}\sum_{k=0}^{M-1} \alpha_{ik} \exp\left(j\left(i\left(\mathrm{dr}_1 \cos\left(\alpha_y - \alpha\right)\right)\right) + k\left(\mathrm{dr}_2 \cos\left(\alpha_z - \beta\right)\right)\right) \qquad (5\text{-}49)$$

其中，$\mathrm{dr}_1 = \dfrac{2\pi}{\lambda}d_1$，$\mathrm{dr}_2 = \dfrac{2\pi}{\lambda}d_2$。

考虑到

$$\begin{cases} \cos\alpha_z = \sin\theta \\ \cos\alpha_y = \cos\theta\sin\varphi \end{cases} \tag{5-50}$$

则平面相控阵天线方向图函数又可表示为

$$F(\theta,\varphi) = \sum_{i=0}^{N-1}\sum_{k=0}^{M-1}\alpha_{ik}\exp\left(\mathrm{j}\left(i\left(\mathrm{dr}_1\cos\theta\sin(\varphi-\alpha)\right)\right)+k\left(\mathrm{dr}_2\sin(\theta-\beta)\right)\right) \tag{5-51}$$

根据上式可以看出，改变相邻天线单元之间的相位差，即阵内相位差 β 与 α，即可实现天线波束的空域扫描。

2）模拟波束成形技术原理

相控阵天线的波束成形方式主要分为模拟波束成形技术和数字波束成形（DBF）技术两种。其中，模拟波束成形技术主要应用在射频或中频频段，通过模拟电路对信号进行功分合成和幅相加权，从而改变辐射波束数量、指向和形状。常用的模拟电路器件包括实时延迟线及时间延迟单元，实时延迟线也常与移相器配合，协同提高宽带相控阵天线辐射波束的性能[76]。

在实际的工程应用中，为了降低波束成形网络的复杂度和加工成本，通常将天线阵面划分为若干子阵进行幅相控制，如图 5-39 所示。该方案在各子阵中利用实时延迟线完成相位补偿，但是实时延迟线通常只能提供工作波长整数倍的相位补偿，剩余的相位补偿量需由移相器控制[77]。

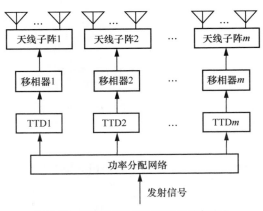

图 5-39　基于实时延迟线的子阵控制示意

移相器是模拟波束成形相控阵天线中的关键器件，最初的移相器设计主要是利用一定长度的射频传输线实现的，通过控制数位开关的工作状态控制相移量，为天线单元提供360°范围内独立相移量。但是，首先，在大孔径阵列天线的大角度波束扫描情况下，传统移相器不能提供足够的相位偏移量，难以满足相控阵天线的移相需求。其次，在不同频率下实现相同的移相所需的传输线长度是不同的，随着天线的宽带需求不断提高，传统移相器的应用也逐渐受限。

实时延迟线的长度是根据天线实际工作波长的整数倍确定的，为了提高控制效率，通常采用二进制控制法，通过有源开关的动态切换调整各个阵元的整数倍相位补偿量。目前实时延迟线和时间延迟单元在射频、中频以及光频段上都有较为广泛的应用和研究，其中利用光纤实现相位延迟具有重量轻、集成度高、一致性高、动态调控范围大等优点[78]。

由于实时延迟线为整数倍波长，通常不能提供全部的相位补偿，剩余的移相量可通过移相器提供，二者配合可适应大孔径、大角度相控阵天线需求。实时延迟线还可以扩宽天线工作的相对带宽。另外，当需要控制波束形状时，还需利用衰减器控制各阵元辐射能量的幅值。目前，模拟形式的幅相控制均可在射频、中频和本振电路上实现。

总的来说，模拟波束成形技术具有功耗小、成本低、频带宽等优点，技术成熟可靠，不存在随机误差，但仍有较多不足。例如，模拟移相器和实时延迟线都存在加工成本高、体积和重量大、馈电网络复杂等问题。同时，由于模拟波束成形技术采用量化相位补偿方式，补偿精度有限，难以形成理想的宽带波束成形效果。再者，模拟波束成形相控阵天线为了降低馈电网络复杂度，多采用子阵划分结构，这就需要同时实现多路信号的平行传输，对系统设计提出了更高的要求，不利于实现多波束并发辐射。最后，模拟波束成形技术缺乏误差校正能力，不能对相控阵和射频通道中存在的误差，以及器件因使用时间较长、环境温度和湿度变化、外部振动影响等产生的性能误差进行补偿，因此难以对天线的实际工作性能进行准确的评估和保证。

3）数字波束成形技术原理

早期的 LEO 卫星多采用模拟波束成形技术实现多波束辐射，可产生的波束数量少且指向固定，当波束配置需要改变时，通常需要修改相控阵天线硬件结构，缺乏灵活性。数字多波束技术是基于数字波束成形技术研究并发展得到的，DBF 技术最早在 1959 年由 VanAtta 提出[79]，最初主要应用于雷达技术领域，有效提高了雷达系统的最远探测距离以及对目标的角度分辨率。随着数字器件和数字电路技术的快速发展，数字多波束技术也得到了更广泛的研究和应用[80]。目前，由于数字多波束技术具有更灵活的波束控制能力、更快的波束切换速度、更高的幅相控制精度，逐渐成为提高 LEO 卫星通信系统性能的关键技术。

采用数字波束成形技术的均匀接收相控阵天线结构如图 5-40 所示。假定相控阵由 M 个阵元组成，目的产生 N 个波束。首先根据第 n 个波束的指向 (θ_n, Φ_n) 和第 m 个阵元的位置坐标 (x_m, y_m) 求出第 m 个阵元的加权因子 $W_m(\theta_n, \Phi_n)$，其中 $m = 1,2,3,\cdots,M$，$n = 1,2,3,\cdots,N$，设第 n 个波束的基带信号为 s_n，则第 m 个阵列单元的激励信号为

$$I_m = \sum_{n=1}^{N} s_n W_m(\theta_n, \Phi_n) \tag{5-52}$$

令 $W_{m,n} = W_m(\theta_n, \Phi_n)$，上式写成矩阵形式为

$$
\begin{bmatrix} I_1 \\ I_2 \\ \cdots \\ I_M \end{bmatrix}
=
\begin{bmatrix}
W_{1,1} & W_{1,2} & \cdots & W_{1,N} \\
W_{2,1} & W_{2,2} & \cdots & W_{2,N} \\
\cdots & \cdots & \cdots & \cdots \\
W_{M,1} & W_{M,2} & \cdots & W_{M,N}
\end{bmatrix}
\begin{bmatrix} s_1 \\ s_2 \\ \cdots \\ s_N \end{bmatrix}
\tag{5-53}
$$

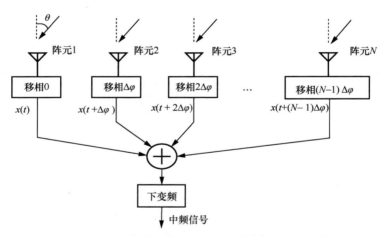

图 5-40　采用数字波束成形技术的均匀接收相控阵天线结构

空间信号由 M 路接收阵元或接收子天线阵接收后进行混频，也就是经过下变频器后变换到中频频段，接着对中频信号进行采样，这样就得到了一组正交的基带信号，即数字信号输出。

由于相控阵天线的接收和发射是互易过程，因此相控阵接收和发射的波束图函数、阵元激励信号数学表达式是一致的，彼此互为逆过程。对于基于数字波束成形技术的相控阵发射多波束过程，先用数字方式形成多个发射波束并对应到天线阵元的每一个通道

中，发射信号均是用数字方式生成的，其中，两个基带分量经过 D/A 转换后，再经上变频器变频为一个中频信号，接着混频处理，最后得到相控阵正常工作时的射频信号。

需要说明的是，对于数字相控阵多波束天线的每一个阵元通道而言，发射信号均是用数字形式直接产生的，即不需要利用模拟移相器和衰减器，也可以控制发射信号的相位和幅值，进而可以灵活地控制发射波束指向和波束形状。

目前，数字波束成形技术更适用于低频多波束相控阵天线的实现，这是因为低频天线单元的间距较大，有助于实现各单元射频链路的集成。在毫米波频段下，由于单元间距较小，可用于射频通道集成的空间不足，因此利用数字波束成形技术实现多波束辐射的难度较大。虽然数字波束成形技术的灵活度高，阵面功率利用率高、可在不改变硬件环境的前提下动态实现多波束和多零点，但目前仍存在业务信号及本振信号传输复杂、直流功耗大等不足，在进行大带宽数字处理时性能恶化加剧，因此该技术在高频多波束相控阵天线上的应用仍需进一步改进。

5.2.5.2　多波束天线关键技术

对国内外研究现状的分析表明，在通信卫星上搭载高性能多波束天线，尤其是大口径反射面和相控阵多波束天线，是卫星通信系统发展的趋势，也是国内外研究的热点。通过对现有卫星通信系统的研究可以发现，加强对星载多波束天线技术的研究，实现更广的波束覆盖、更高的增益、更低的损失、更灵活的波束成形是提升卫星通信系统服务能力的重要工作。星载大口径反射面和相控阵天线的多波束设计有如下几个方面的关键技术需要持续研究。

（1）相控阵多波束天线架构设计

星载相控阵多波束天线的整体架构设计需将天线阵面（包括天线口径、天线单元）、馈电网络、放大电路、控制电路、散热模块等结构进行有机高密度集成，以降低天线的重量和功耗，提高天线效率，适应器部件和整机的生产、装配和自动化工艺。高密度集成的相控阵天线架构设计最早在 20 世纪 70 年代末到 80 年代初由美国研究人员提出，在 1987 年以后得到了快速发展。1992 年，美国研究人员系统地提出了高密度集成相控阵天线架构的概念，主要包括"砖块"架构和"瓦片"架构两种架构设计。

相控阵天线架构示意如图 5-41 所示，左图所示为"砖块"架构的偶极子阵列相控阵天线。该架构在高度方向上完成各功能模块的集成，包括功率分配网络、移相器、放大器和其他电路等，尺寸空间较大。该设计的优势是装配难度较低，散热要求低，适合大功率相控阵集成。

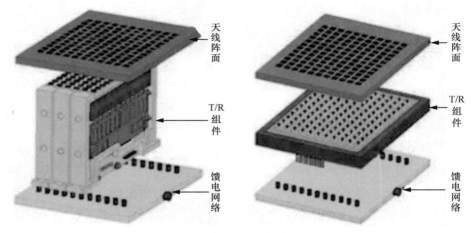

图 5-41　相控阵天线架构示意

例如，O3b mPower 卫星的星载相控阵天线采用数字波束成形技术实现多波束辐射，单通道需额外集成变频器、AD/DA 等器件，且发射功率较大，因此采用了砖式组件架构。天线中利用 4 个单元一体化组成了前端辐射模块，8 个单元组成一个前端辐射模块组件并实施共用热管，辐射单元采用阶梯方喇叭并集成有波导波纹滤波器与隔板椭圆极化器。基于以上结构，O3b mPower 卫星实现了单星 4 000+个波束的形成，并将单星吞吐量从 10 Gbit/s 提升至 100 Gbit/s，同时具备波束功率和频率的动态调配能力。然而，砖式组件架构存在纵向体积大、难以实现低剖面等不足，因此一般用于实现热耗较大的高密度集成发射相控阵天线。

相比之下，瓦式架构相控阵天线将器件利用多层叠拼结构集成，所需纵向空间小，更易实现低剖面和轻量化。因此，瓦式相控阵天线更适合与卫星、飞船、机载或弹载平台等进行共形，更有利于实现大规模平面相控阵的空间折叠和展开，便于利用机械化、自动化的方式进行加工集成。天线单元多采用微带贴片形式或微带偶极子形式，通过微带传输线进行馈电。

例如，如图 5-41 右侧所示，星链卫星搭载的相控阵天线均采用高集成芯片化的瓦式结构，结构紧凑，剖面低，每副天线组成包括天线单元层、映射层、多工馈电层和波束成形层。高集成度的瓦式结构将单个相控阵的 8 个馈电通道芯片化，与传统无源多波束网络相比，具有波束成形灵活、尺寸及重量小、成本低等优势，实现了单阵 8 波束的对地扫描覆盖。瓦式结构的特点：首先，瓦式相控阵的内部集成空间较小，对相控阵的热控管理提出了更高的要求；其次，瓦式天线单元多采用平面单元结构，这在一定程度上限制了相控阵天线的工作带宽。因此，瓦式架构适用于热耗较小、相对带宽较窄的高密度集成接收相控阵天线。O3b mPower 卫星如图 5-42 所示。Starlink 卫星瓦式相控阵天线结构如图 5-43 所示。

图 5-42　O3b mPower 卫星

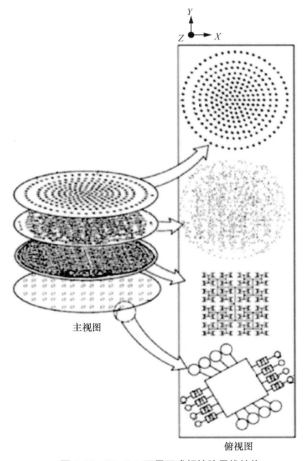

图 5-43　Starlink 卫星瓦式相控阵天线结构

（2）多波束天线低副瓣设计

波束副瓣是影响天线性能的关键性能指标之一，在实际工程应用中，采用低副瓣设计可以有效提高天线所在通信系统的能量利用率和通信指向性，保证系统的通信质量和抗干扰能力。对星载天线开展副瓣设计，可以在对地通信中减少外部信号干扰及不同用户波束间的串扰，提高星地卫星通信的质量和安全性。

在阵列天线阵元结构及数量已知的前提下，通过控制阵元间距、调整阵元排布规律、优化各阵元的幅度和相位分布可以优化辐射方向图性能，这种方法称为阵列天线综合法。低副瓣综合法通过控制阵元的幅相分布规律，优化阵元的幅相加权系数，降低波束的副瓣电平，属于阵列天线综合法中的一种，常用的低副瓣综合法包括泰勒综合法、切比雪夫综合法、粒子群算法等。其中，泰勒综合法不同于切比雪夫综合法的等副瓣特性，其副瓣由远及近依次递减，提高了主瓣的能量利用率，是目前应用较广泛的低副瓣综合法。

在低副瓣反射面天线的设计中，馈源是一个至关重要的因素。给定反射面天线尺寸后，反射波副瓣电平会随着反射面边缘照射电平的减小而减小，因此，要降低反射面天线方向图中的副瓣电平，馈源方向图的远场部分应为理想的渐降形式。馈源辐射到反射面上的电磁波为球面波，即投射到反射面上任意一点的场强幅值都比顶点的小。基于这种辐射和衰减特性，为了描述衰减程度引入了空间衰减因子的概念，它表示反射面天线边缘单位面积内的能量与中心能量之比。又因为在总能量不变时，反射面上的能量密度与距离的平方成反比，则有如下的表达式

$$\text{SA} = \frac{\text{反射面边缘能量密度}}{\text{反射面中心能量密度}} = \left(\frac{\text{焦点至顶点的距离}}{\text{焦点至反射面边缘的距离}} \right)^2 = (f / \rho_{\mathrm{m}})^2 \quad (5\text{-}54)$$

可以看出，焦点至反射面边缘的距离越近时空间衰减因子越大。由于馈源辐射到反射面上方向图的不均匀性会导致反射波主瓣增益降低、副瓣电平升高，因此为了保证天线辐射性能，在低副瓣反射面天线的设计中，除了增大反射面本身的焦距外，还应尽量提高馈源辐射能量在反射面接收范围内的均匀性。

在双反射面天线的设计中，对天线副瓣性能影响较大的因素还包括副反射面和馈源对辐射能量的遮挡效应。假设主反射面的口面直径为 D_{m}，副反射面的口面直径为 D_{s}，由于遮挡效应天线的增益由 G_{m} 下降到 G，其差值如下式所示

$$\Delta G = 20 \lg \left(1 - 2 \left(\frac{D_{\mathrm{s}}}{D_{\mathrm{m}}} \right)^2 \right) \quad (5\text{-}55)$$

此时副瓣电平的增加由可用 dB 表示为

$$\Delta q = 20\lg\left(1 + 2\left(\frac{D_{\mathrm{s}}}{D_{\mathrm{m}}}\right)^2\left(\frac{E_{\mathrm{m}}}{E_1} + 1\right)\right) \tag{5-56}$$

其中，E_{m} 为副反射面遮挡产生的远区轴向场振幅，E_1 是副反射面遮挡产生的远场方向图中第一幅瓣的最大值。

由以上两式可知，副反射面遮挡对远场反射方向图的主瓣影响较小，但对副瓣影响很大。

5.2.5.3　多波束天线发展趋势

（1）反射面多波束天线发展

早在 20 世纪 80 年代初期，反射面多波束天线技术就已得到发展，并在轨道上得到广泛应用。到目前为止，已发射的高轨道高通量卫星如 Anik-F2、Wildblue-1、Ka-sat、Viasat-1、Echo-star-xvii、Echo-star-xix、Viasat-2、Multikara、Express-AMU1 等，其星载天线都采用了反射面多波束天线。2020 年，由法国 TAS 公司研制的 Konnect VHTS 星载反射面多波束天线技术已经支持单星 0.5 Tbit/s 级别的数据吞吐量。同样采用反射面多波束天线的 Viasat-3 卫星的数据容量可达 1 Tbit/s。

其他具有代表性的已发射高通量卫星反射面多波束天线情况见表 5-13。

表 5-13　国外典型高轨高通量卫星多波束天线情况

卫星	发射时间	卫星平台	Ka 频段多波束天线	系统容量/ (Gbit·s⁻¹)
Multikara	2002 年 2 月	Alcatel Spacebus	2 副 MFB 接收单反射面多波束天线	5
Anik-F2	2004 年 7 月	BSS 702HP	4 副接收和 4 副发射单反射面 SFB 多波束天线	4
Wildblue-1	2006 年 12 月	LS-1300	4 副接收和 4 副发射单反射面 SFB 多波束天线	5～10
Ka-sat	2010 年 12 月	Eurostar-3000	4 副收发共用 SFB 单反射面多波束天线	70
Viasat-1	2011 年 10 月	LS-1300	4 副收发共用 SFB 双反射面多波束天线	140
Echo-star-xvii	2012 年 7 月	LS-1300	4 副收发共用 SFB 双反射面多波束天线	100
Express-AMU1	2015 年 12 月	Eurostar-3000	1 副接收和 1 副发射 MFB 单反射面多波束天线	12
Echo-star-xix	2016 年 12 月	LS-1300	4 副收发共用 SFB 单反射面多波束天线	220
Viasat-2	2017 年 6 月	BSS 702HP	4 副收发共用 SFB 单反射面多波束天线	300

目前国内的反射面多波束天线技术已相对成熟，近年研制的中星系列高通量卫星都采用了反射面多波束天线技术。2017 年，我国发射了中星-16 号卫星，这是国内首个

高通量卫星,其星载 Ka 频段反射面天线可同时辐射 26 个波束,通信容量可达 20 Gbit/s,是此前我国所有在轨运行通信卫星可实现容量的总和。2020 年,我国发射了亚太-6D 通信卫星,其星载 Ku 频段天线可同时辐射 90 个波束,通信容量可达 50 Gbit/s,是当时亚太地区容量最高的高通量卫星。

随着高通量卫星的持续发展和通信容量需求的不断提高,后续将在有限的频带范围内,通过增大反射面天线尺寸、减小波束宽度、增加波束数量等方法进一步提高卫星的通信容量,其主要的发展趋势包括:多波束用户通信的工作频段相对 Ka 频段总带宽(总共 3.5 GHz)的占比更高;多波束用户通信的波束宽度更小(波束宽度为 0.2°~0.4°),波束覆盖范围更大(成百上千个波束),并可根据不同区域的用户对通信容量需求的差异性,来改变不同指向角度下波束的宽度及覆盖范围;除了目前研究较为成熟的多波束空间隔离、正交极化隔离和多频点隔离技术外,后续还需进一步优化通信卫星多波束天线的 C/I 值,提高卫星的频率复用性能;基于卫星通信中用户波束宽度较窄的特点,需要进一步提高天线波束宽度及指向精度的校准技术,提高地面及在轨测试的可靠性;反射面天线的口径尺寸目前正由 2.6 m 向更大(3.5 m 及以上)发展,结构也从传统的抛物面结构向固网结合或网状结构发展(2023 年 5 月发射的 Viasat-3 卫星采用了约 15 m 口径的环形网状可展开天线,通信容量达到了 1 Tbit/s,可惜天线在轨展开没有成功),同时,需要进一步提高反射面天线的加工工艺水平,以满足更高的型面精度和热变形精度要求;由于波束数量急剧增加,需开发轻质波束成形网络技术;可进一步研究灵活跳波束控制技术以及动态功率分配技术来提高卫星系统的灵活性。

(2)相控阵多波束天线发展

随着单片微波集成电路技术的日趋成熟,基于有源相控阵技术的多波束天线目前已经应用于不同轨道的卫星通信系统。特别在进入 21 世纪的第二个十年里,世界开启了"卫星互联网"时代,相控阵天线也得到了空前广泛的应用。相控阵天线在卫星上的应用主要分 3 个方向:面向同步卫星的宽带通信,如 Space-way3、Viasat、WINDS、AEHF、WGS 以及 Eutelsat Quantum 等的通信应用中,其要求天线的可靠性高,但需要的扫描范围小;针对卫星移动通信的窄带应用,如 Thuraya、Inmarsat-4、ICO-GEO、Terrestar-2、Skyterra-2 等,通常要求天线工作于 L/S 频段,并利用数字波束成形技术实现多波束辐射;面向中低轨卫星的宽带通信,如以 Telesat、Starlink、O3b mPower 等为代表的卫星星座,其要求天线的扫描范围大、成本低。

国内已在北斗导航卫星、鸿雁卫星等卫星平台上实现了 L、Ka 等频段单波束、多波束模拟/数字相控阵天线的在轨使用,目前主要还是以砖式多波束或瓦式单波束天线为主，且天线集成度不够高。

随着卫星移动通信、低轨卫星通信网络以及高通量卫星的蓬勃发展，星载相控阵天线的工作频段逐渐向高频方向发展。目前工作在 Ku 以下频段的星载相控阵天线技术较为成熟，工作在 Ka 以上频段的星载相控阵天线技术仍需进一步优化和完善，毫米波频段和亚毫米波频段是星载相控阵天线进一步的研究方向，也是国内外相控阵天线研究的重要领域。早期星载相控阵天线的功率较小，随着星上热控技术的进步，目前千瓦级的星载相控阵天线技术正在快速发展。

相控阵天线技术是结合了相控阵天线理论、电磁场和微波理论、半导体技术、集成电路技术于一体的新兴研究技术。随着半导体技术的飞速发展，单片微波集成电路技术、射频微机械电子系统技术和集成封装技术为小型化、低成本、高性能、轻量化的 T/R 组件设计提供了有力的技术支撑，尤其是集成电路技术正在从窄带单功能向宽带多功能、从单片集成电路向单片系统、从多芯片组件向多功能系统级封装（SIP）方向发展，这些都极大促进了相控阵天线技术的研究和发展。

展望未来，相控阵天线需重点解决高效率宽带辐射阵面设计、高度集成多路复杂射频芯片设计、宽带波束成形网络设计以及高效散热设计等关键技术问题。同时，相控阵天线将会在更多应用场景的驱动下朝着宽带、共形、超材料和多学科融合的方向发展。

1）在微波频段下，以数字多波束天线为主，可通过提升数字器件性能来提高天线工作频段和带宽等性能；在毫米波频段下，通过研究宽带/超宽带模拟相控阵天线以同时实现多波束辐射，减少天线数量，并满足多频段卫星通信系统需求。

2）进一步推动天线阵列、射频元器件等与平台的一体化设计，推动 T/R 组件中芯片器件的加工工艺由 GaAs 工艺向 SiGe 工艺或硅基 CMOS 工艺发展，可促进天线向小型化、集成化、低剖面、芯片化、低成本方向发展。

3）多学科技术高度融合，随着微波/毫米波光子器件的发展，采用微波光子技术解决微波问题，在实现大带宽工作、低损耗传输、无串扰并行传输和高抗电磁干扰性能等方面具有突出优势，同时能有效降低相控阵天线的结构复杂度，提高数据传输速率，并减小天线整体体积、重量和功耗。

| 5.3 空间环境适应技术和 COTS 器件的应用 |

卫星在轨运行会遇到各种空间环境因素，如真空、微重力、电磁、辐射等，均需要在设计时予以考虑，尤其是针对辐射总剂量、单粒子效应、位移损伤效应等的影响，卫星要有针对性的加固措施和手段，如单粒子锁定安全性设计、单粒子翻转自主快速修复设计等，保证卫星在轨安全运行。另外，星座建设急需低成本卫星研制体系，而当前元器件成本在卫星中占比很高，因此基于低轨空间环境的 COTS 器件试验与应用设计方法对于大规模星座建设非常关键。

5.3.1　低轨空间环境概述

LEO 卫星在轨运行期间，主要受到真空、高低温、辐射、等离子体等环境影响。复杂的空间环境将造成卫星在轨性能退化或失效，给卫星寿命和可靠性带来严峻的挑战，因此在设计时需要予以考虑。

5.3.1.1　真空环境

大气在地球引力的作用下聚集在地球表面附近，随着高度的增加，大气密度减小，大气压力也随之减小，真空度随之升高。海平面大气密度的标准值为 $1.225 \times 10^{-3}\,\mathrm{g/cm^3}$，压力的标准值为 101 325 Pa。当航天器的轨道高度为 100 km 左右时，其环境的真空度约为 4×10^{-2} Pa；当航天器的轨道高度为 3 000 km 左右时，其环境的真空度可以达到 4×10^{-11} Pa[81]。因此，航天器入轨后始终运行在高真空与超真空环境中。

5.3.1.2　太阳辐射环境

太阳是个巨大的辐射源，可以发射从 10^{-14} m 的 γ 射线到 10^2 m 的无线电波等各种波长的电磁波，如图 5-44 所示。太阳辐照环境主要包括太阳电磁辐射、紫外辐射和太阳光压。

太阳电磁辐射是指在电磁谱段范围内的太阳能量的输出。为定量描述太阳辐射能量，定义在地球大气外，太阳在单位时间内投射到距太阳平均日地距离处，垂直于光线方向的单位面上的全部辐射能为一个太阳常数，等于 $(1\,353 \pm 21)$ W/m^2。这一数值是最近十几年内，不同研究者用不同方法测得太阳常数值的综合分析结果，测量误差为 $\pm 1.5\%$[82]。

在太阳可见光外波长较短的一侧是紫外辐射。紫外辐射能量占太阳总辐射能量的8.73%，虽然其能力占比不大，但对航天器外表面材料有很大影响。

太阳辐射作用于物体表面而产生的辐射压称为光压，航天器在轨飞行时要考虑太阳光压的影响。

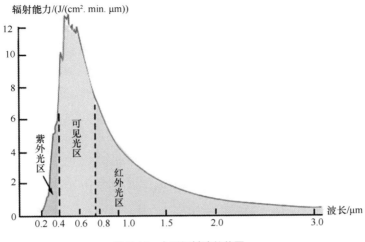

图 5-44　太阳辐射波长范围

5.3.1.3　空间粒子辐射环境

空间辐射环境主要来自地球辐射带、太阳宇宙射线、银河宇宙射线等，其主要成分是电子、质子及少量的重离子，它们构成了航天器轨道上的带电粒子环境，如图 5-45 所示[83]。带电粒子对航天器材料、微电子器件、光学窗口、温控表面等均产生辐射损伤，是目前航天器在轨异常和失效的重要原因。空间粒子辐射环境及其对航天器的影响，是航天界十分关注的研究方向之一[82]。

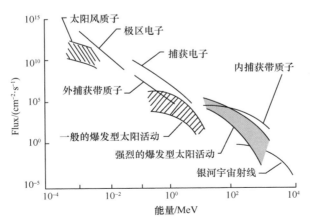

图 5-45　空间辐射环境来源

典型的空间辐射环境主要包括以下几种。

（1）地球辐射带

地球辐射（或捕获）带也称为范艾伦辐射带，是由于地磁场捕获太阳风中的高能粒子而形成的带电粒子区域。被地磁场捕获的带电粒子长时间围绕地球运动，会对航天器构成威胁。

地球内部磁场外延到空间构成空间磁场的核心部分，空间带电粒子在空间磁场中运动。当粒子能量与磁场匹配时，粒子的运动被约束在一个由磁力线组成的磁壳内。当众多粒子都被地球磁场约束时，在地球的周边就形成了类似游泳圈形状的粒子捕获带，称为地球辐射带。

地球辐射带的结构和分布与地磁场密切相关，基本结构如图 5-46 所示[83]，分为两个同心环辐射粒子区，即靠近地球的内辐射带和距离地球稍远的外辐射带。

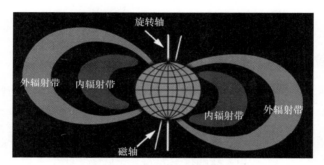

图 5-46　地球内外辐射带示意

内辐射带在子午平面上的纬度边界在−40°～+40°，其空间范围在 1.2R～2.5R（R 为地球半径）高度，在赤道平面上距离海平面的高度范围为 600～10 000 km，主要由质子和电子以及少量重离子组成。

外辐射带分布于赤道上空 10 000～60 000 km 范围内的广大空间，南北磁纬度边界为 55°～70°，由质子和电子组成。

另外，由于实际地磁场与地球自转轴偏离约 11.5°，地磁场磁力线在 15°N 到 55°S、15°E 到 90°W 的南大西洋区域几乎垂直下降，内辐射带电子可以达到 250 km 的高度，该区域称为南大西洋异常区，是航天器异常和故障的高发区。

（2）太阳宇宙线

太阳宇宙线由太阳内部核聚变反应放射出来的高能粒子流形成，主要成分是高能质子、α 粒子以及一些重离子，能量由 10 MeV 到几十 GeV，通量很高，峰值可达 $10^6/\text{cm}^2\text{s}$。由于主要成分是质子，因此又称为太阳质子事件。

太阳活动呈现以 11 年为周期的活动规律。太阳质子事件的发生具有偶发性。在太阳活动极大年附近，质子事件出现较多，每年可达十几次；在太阳活动极小年，质子事件出现较少，为每年几次。在太阳活动极大年期间，特别是太阳耀斑发生时，太阳宇宙线的强度可急剧增加到 $10^9/cm^2s$。

（3）银河宇宙线

银河宇宙线起源于银河系，其粒子特点是通量极低但能量极高，几乎包含了元素周期表中所有元素，但粒子成分差别很大。一般认为质子约占总数的 85%；其次是 α 粒子，约占总数的 12.5%；Li 到 Fe 元素的离子约占总数的 1.5%；其他重核含量更少。银河宇宙线的能谱范围很宽，从 10^2 MeV $\sim 10^9$ GeV，大部分粒子能量集中在 $10^3 \sim 10^7$ MeV，在自由空间的通量一般仅有 $0.2\sim0.4cm^2$ srs。

在远离地球的行星际空间，银河宇宙线基本上是各向同性的。银河宇宙线的强度受太阳活动调制影响明显，在太阳活动极大年，宇宙线强度有极小值；在太阳活动极小年，宇宙线强度有极大值。在近地空间，宇宙线强度还受地磁场影响，表现为宇宙线强度的纬度效应、经度效应、东西不对称及南北不对称性等。低纬度地区的粒子通量比高纬度地区的低，低地球轨道的粒子通量比高地球轨道的低。

5.3.2　空间环境对元器件的危害

5.3.2.1　真空环境

（1）散热

真空使得卫星系统与外部环境的热交换仅以辐射和金属接触传导的方式进行，没有空气，所以气体对流和传导传热可忽略不计。若没有充分的散热能力，电子器件将工作于高温状态，影响其寿命和可靠性，甚至导致器件损坏[84]。

（2）真空放电

真空放电包括低气压放电和微放电。当外界气压达到 $1 \times 10^{-1} \sim 1 \times 10^3$ Pa 的低真空范围，在航天器有源设备带有高电压的两个电极间，有可能出现低气压放电现象。在真空中分开一定距离的两个金属表面，在受到具有一定能量的电子碰撞时，会从金属表面激发出更多的次级电子，它们还可能与两个金属表面来回多次碰撞，使这种放电成为稳定态，这种现象称为"电子二次倍增效应"，俗称微放电。真空放电可能导致器件或电路功能减退或永久损伤。

（3）黏着和冷焊

黏着和冷焊效应一般发生在10^{-7} Pa以上超高真空环境中。在地面上，相互接触的固体表面总是吸附有气体膜（O_2、H_2O 等）及污染膜等，这些膜层成为边界湿润作用的润滑剂。在真空情况下，固体表面吸附的膜层将会蒸发消失，从而形成清洁的材料表面，使固体表面之间出现不同程度的黏合现象，这种现象称为黏着。如果没有氧化膜，使表面达到原子清洁程度，在一定压力负荷和温度条件下，可进一步出现整体黏着，即引起"冷焊"效应。真空冷焊效应严重影响航天器活动部件的正常工作和使用寿命，因此，必须采取防冷焊措施。

（4）原子氧

原子氧是氧分子在太阳辐射的光致分解作用下形成的，具有很活泼的化学特性，可以导致航天器材料表面形成氧化物，造成性能下降或表面特性改变，或者生成可挥发的氧化物，造成氧化剥蚀，材料损失。

5.3.2.2　温度环境

热环境包括太阳辐照环境、地球反照与红外辐射环境、冷黑环境等，将形成−100～+100 ℃，或更大范围的冷热交变温度环境。这样，仪器设备就不能正常工作，可能导致元器件焊接点和管路断裂、松动，推进剂冻结，气瓶、储箱、蓄电池结构爆破等。

5.3.2.3　空间粒子辐射环境

空间粒子在穿越卫星材料和器件时，会带来一系列效应，包括电离总剂量、位移损伤和单粒子效应等，短期可能造成设备功能异常，长期可能造成器件性能逐渐下降。几乎所有功能材料和器件都存在电离总剂量效应；光电器件、探测器等对晶格性能敏感的器件存在位移损伤效应；大规模集成电路存在单粒子效应。

（1）电离总剂量效应

电离损伤效应是指高能带电粒子或射线入射到半导体材料后，与原子相互作用，使其核外电子获得能量而激发。对于半导体材料而言，这种激发使得电子从价带跃迁至导带，产生电子−空穴对。在电场或温度的作用下，电子和空穴会发生复合或位移。相对于电子，空穴的迁移率较小，容易被俘获。空穴的俘获会提高漏电流，增加电力消耗，降低放大倍率，改变 MOS 器件的阈值电压，进而导致器件性能的退化。空间辐射粒子中的高能电子及射线等都会对半导体器件产生电离损伤。低轨道上航天器遇到的带电粒子强度一般较低，吸收剂量较低，所受到的辐射损伤相对较轻，但剂量随高度和倾角的增加迅速增加。

（2）位移损伤效应

当空间高能粒子入射到半导体材料中时，会与晶格原子发生碰撞，使晶格原子获得能量，当碰撞传递给格点的能量大于原子的位移能量阈值时，晶格原子会从原来的位置离开而进入晶格原子的间隙，同时在原先的位置产生空位，即空位-间隙原子对的产生。如果被碰撞晶格原子获得的能量足够大，被移位的原子还会再与其他原子发生多次碰撞，产生位移链，进而产生更多的空位-间隙原子对，这种现象称为位移损伤效应。

电离损伤效应和位移损伤效应的作用机制虽然有一定的区别，但在实际的空间环境中，它们通常是一起复合对半导体器件造成损伤。

（3）单粒子效应

单粒子效应是指单个高能粒子穿过微电子器件的灵敏结（PN 结）时，沉积能量并产生足够的电荷，这些电荷被器件电极收集后，造成器件逻辑状态的非正常改变，或造成器件损毁。单粒子效应可分为破坏性效应和非破坏性效应，两类效应中最为常见的是单粒子锁定和单粒子翻转。

单粒子锁定是指在 CMOS 电路中，高能粒子特别是重离子穿越芯片时，会沉积大量电荷，形成电流和压降，使晶体管的基射极正偏，使局部电路锁定在导通状态。单粒子锁定发生后，器件不再受其输入信号的控制，不能正常工作。

单粒子翻转是指带电粒子轰击微电子器件，在其内部极短路径上产生大量电子-空穴对，在器件电场作用下迅速集结，使存储器件中的电路状态发生改变。单粒子翻转事件本身虽然并不发生硬件损伤，是状态可以恢复的"软"错误，但它导致航天器控制系统的逻辑状态紊乱，可能产生灾难性后果。

5.3.3　COTS 器件空间应用与风险应对

COTS 指商业现货，是一般可以直接从市场上购买得到的器件[85]。对于电子器件，COTS 器件一般是质量等级为工业级或商业级的民用器件，并且大部分为塑料封装。COTS 器件具有性能高、成本低等特点，因此如何将其应用于具有高可靠性要求的空间系统值得进一步研究。

5.3.3.1 COTS 器件的空间应用情况

（1）COTS 器件空间应用需求分析

随着卫星获取信息量的增大，卫星平台需要处理越来越多的信息。传统卫星平台一般选用宇航级处理器，但由于市场驱动能力不足，这些辐射加固处理器件普遍存在性能上的滞后。COTS 器件由于商业市场的广泛需求，性能在不断提升，宇航级处理器与 COTS 处理器的性能差距在 10 年以上[86]。如果能够把性能先进的 COTS 器件应用于空间领域将具有重要的战略意义。

目前星座建设急需低成本卫星研制体系，但宇航级器件价格昂贵，导致当前元器件成本在卫星中占比很高。因此，在系统中适当使用 COTS 器件可以有效降低卫星研制成本[87]。

由于宇航级器件存在价格昂贵、批量小、制造周期长、市场需求量小等问题，大大减小了制造商开发宇航级器件的兴趣和动力。研究表明，军品级以上器件在市场份额中的占比越来越少，这将导致越来越难以获得宇航级器件[88]。因此，使用 COTS 器件不仅可以提高元器件的可获得性，还可以大幅缩短元器件配套周期。

（2）国外应用情况

国外对 COTS 器件的空间应用研究开始于 20 世纪 70 年代，并在 20 世纪 90 年代中期进入全面发展阶段。1981 年英国萨瑞大学发射了第一颗小卫星 UoSAT-1，随即开始着手对空间应用 COTS 产品的研究,此后又发射了 13 颗使用非加固 COTS 的小卫星，其中于 1999 年发射的 SNAP-1 卫星完全由 COTS 技术和器件构成。部分 COTS 器件如图 5-47 所示[89]。萨瑞大学及其空间中心已对 COTS 产品的空间应用进行了超过 25 年的研究，结果表明应用于低轨道的 COTS 系统是可行的。2001 年欧洲航天局成功发射了名为 PROBA 的航天器以进行 COTS 技术验证，有关资料显示 PROBA 在轨运行至少5 年，远超其 2 年的设计寿命[90]。2009 年欧洲航天局发射的 PROBA-2 卫星，2010 年瑞典发射的编队飞行任务 PRISMA,德国 2012 年发射的 TET-1 和 2016 年发射的 BIROS 小卫星,均使用了商用导航器件 Phoenix GPS 接收机,并在飞行过程中进行了性能鉴定，结论是其性能满足飞行任务要求[91]。2018 年 NASA 的发射任务 EM-1 中的 Iris 深空应答机采用 COTS 器件进行优化，将体积减小 30%，重量减轻 1 kg[92]。

（3）国内应用情况

目前我国对于 COTS 器件的空间应用研究还处于初级阶段。近年来，国内针对商用器件宇航应用可靠性开展了大量研究工作，提出了商用器件宇航应用的系统性控制方法，针对商用器件的特点及失效机理，建立了系统性保证方法，解决了商用器件选用控制难题，并取得了部分成果[93]。1999 年发射的"实践五号"卫星和 2002 年发射的"海洋一号"卫星成功进行了商用芯片的飞行验证[94]。在 2002 年发射的神舟四号飞船中，微重力流体电控系统采用了商用器件热电偶放大器，该商用器件不仅保证了在轨飞行的圆满成功，而且使得设计的电路板体积小、功耗低、一致性好、精度高，完全满足系统高性能的需求。2003 年和 2004 年发射的"探测一号"卫星和"探测二号"卫星，其载荷配电器采用了商用塑封器件高端电流检测芯片。该商用器件在轨运行无质量问题，很好地完成了在轨任务[95]。国内高校和科研院所也在积极地开展星载计算机可靠性研究，何健等[96]提出了一种基于三模冗余的微纳卫星通用计算机体系架构，利用接口标准化、软件分层化和三模冗余硬件加固设计等方法增强系统可靠性。高星等[97]为解决 COTS 处理器软件容错问题，提出了虚拟寄存器的软件加固技术。朱明俊等[98]为了提高微纳卫星星载计算机系统的可靠性，提出了一种软硬件结合的低成本容错设计方法，对星载计算机整体程序进行纠错检错，从而降低单粒子事件的不良影响。

图 5-47　萨瑞公司 SNAP-1 卫星使用的 COTS 器件

5.3.3.2　COTS 器件的空间应用风险

COTS 器件的空间应用风险可以从电子器件主要空间失效与故障模式、COTS 器件与对应高等级器件差别两方面入手。前者决定了可能导致 COTS 器件失效、发射故障的主要原因，后者明确了 COTS 器件相对于高等级器件可能存在的应力耐受能力下降的风险[99]。

（1）电子器件主要空间失效、故障模式

NASA 戈达德航天中心对 57 颗在轨卫星的故障数据进行了分析，得到以下故障统计信息：电子学故障占 57%，机械故障占 16%，机电故障占 12%，其他故障占 15%。美国洛克希德-马丁导弹与航天公司对 61 颗已发射的卫星的飞行故障信息进行分析，结果显示，3 次导致卫星失败的致命故障中有 2 次是由机械故障引起的，1 次是由电子学故障引起的；11 次重大故障全为电子学部分的故障[100]。

从以上统计资料可以看出，空间环境会成为导致 COTS 器件失效和发射故障的主要原因。另外，热应力也是一个不容忽视的潜在威胁。

（2）COTS 器件与对应高等级器件的差别

COTS 器件在应力环境下的生存能力和正常工作能力的降低是其空间应用的主要风险来源。表 5-14 为不同等级元器件的性能比较，在空间应用中 COTS 器件与高等级器件相比存在以下问题：一是缺乏对产品质量和可靠性的准确认知，不能有效地指导产品的可靠性设计，如工业级和商业级 FPGA 的数据手册没有给出其抗总剂量效应能力与粒子的线性能量传输（LET）阈值；二是无法全面掌握可能影响产品质量和可靠性的风险因素，不能为后续提高器件质量提供相应依据；三是器件层中存在一些风险，比如 COTS 器件所采用的材料与其对应的宇航级器件不同，这种情况无法在采购器件后进行弥补，所以必须承担器件层失效率增加所带来的应用风险。

表 5-14　不同等级元器件的性能比较

质量等级	温度范围	辐射能力	可靠性	价格	性能
宇航级	−55～+125 ℃	高↓低	高↓低	高↓低	低↓高
883 级	−55～+125 ℃				
军级	−55～+125 ℃				
工业级	−40～+85 ℃				
商业级	0～+70 ℃				

5.3.3.3　COTS 器件的空间应用风险应对

系统运用各种措施以降低 COTS 器件空间应用风险的研究尚未见报道，但目前存在一些措施可以缓解器件级的风险。

（1）评估

对于 COTS 器件，其可靠性评估是指通过某种应力环境下的试验，评估该类（批）器件在该应力环境下的可靠性。评估并不能提升 COTS 器件的质量与可靠性，目的在于认识器件特性，并指导针对性的可靠性设计[99]。

党炜等[101]提出了 COTS 器件可靠性评估试验。该可靠性评估试验为批次性抽样试验，在规定的工作状态下，采用适当加速的应力激发元器件的主要失效模式，其中环境应力主要是热和空间辐射，最终取决于任务剖面和环境剖面。研究和工程实践表明，可靠性评估试验是决定 COTS 器件能否应用于空间的关键，其结果既是能否选用的准则，又是可靠性筛选的基础。

相对于宇航级器件，COTS 器件通常工作温度范围很窄，大多是塑料封装，而且其设计、材料、芯片、生产过程控制的可追溯性很差，故在航天领域应用时应侧重于对其进行热和空间辐射环境的试验验证[102]。

NASA 在 2002 年发布的《商用塑封器件空间应用白皮书》中提到，如果对特定应用的器件进行热、机械、辐射方面的全面评估，并且结果满足任务需求，NASA 哥达德太空中心允许将塑封微电子器件用于航天器[89]。

根据已有型号的试验经验，针对新选用的 COTS 器件需要开展空间环境适应性摸底试验、验收级/鉴定级环境试验以及专项验证试验[103]。其中，空间环境适应性摸底试验和验收级/鉴定级环境试验内容见表 5-15，专项验证试验需要根据采用 COTS 器件的单机功能确定。

表 5-15　空间环境适应性摸底试验和验收级/鉴定级环境试验内容

试验项目		目的
空间环境适应性摸底试验	总剂量试验	验证单机/元器件抗辐照能力
	单粒子试验	验证单机/元器件抗单粒子事件能力
	常温真空适应性试验	验证单机/元器件在常温真空条件下性能变化情况
验收级/鉴定级环境试验	力学试验	验证产品结构力学特性
	常温热循环试验	验证产品制造工艺，发现产品早期失效
	热平衡试验	验证产品热设计正确性
	热真空试验	验证产品制造工艺，发现产品早期失效

相比于传统卫星，低轨星座卫星项目一般具有研制周期紧、组批生产的特点，因此在组批生产期间，在确认产品特性足够稳定的情况下，可对试验项目进一步剪裁。例如在试验卫星已通过热平衡试验验证了热设计的前提下，组批生产卫星在热控设计基线未发生技术状态变化且生产状态一致性可控的前提下，可取消热平衡试验；在热控设计技术状态变化不大的情况下，可借用试验卫星热平衡试验结果，并通过仿真验证热控设计更改[104]。

（2）筛选

器件筛选的目的是剔除早期失效产品[101]。NASA EEE 器件封装组（NEPP）和 NASA EEE 器件保证组（NEPAG）的负责人于 2002 年共同撰写的报告中[105]指出，对 COTS 筛选方法的研究具有重要意义。姜秀杰等[106]指出，并不是所有的商用器件都可用于空间产品，即使经过试验证明可以用于空间任务的商用器件，也必须进行筛选测试后使用。

升级筛选是一种测量产品部分内在可靠性的方法[99]，对提高系统的可靠性具有加强作用[107]。刘迎辉等[108]分析了某种低质量等级 FPGA 通过升级筛选获取适用于高可靠应用器件的可能性，在比较低等级元器件与高等级元器件差别的基础上，通过追加升级试验项目的方式，有效地降低低质量等级 FPGA 在高可靠环境中应用时的可靠性风险。NASA EEE 器件保证组经理 Sampson[109]对经过升级筛选的 COTS 器件价格进行了分析，结果表明，经过升级筛选的 COTS 器件并不一定会比高等级器件便宜，因此建议只有在无法使用高等级器件的情况下选用 COTS 器件。

5.3.4 卫星软硬件加固设计方法

面对复杂的空间环境，商业卫星应提高冗余设计的有效性，在系统权衡成本与系统可靠性的基础上进行冗余设计，将硬件加固方法与软件加固方法相结合，确保满足可靠性要求和降低成本。

针对真空环境的不利影响，可以考虑采用导热管、辐冷板等方法加快散热；加大电极间距离和填充介质或采用屏蔽线和高压接插件等方法抑制真空放电；选择不易发生冷焊的材料或自润滑材料避免黏着和冷焊的产生；选择耐受原子氧的材料、使用保护涂层或改变对原子氧敏感表面的安装位置以降低原子氧的影响。针对温度环境的不利影响，可以采用主动和被动热控相结合的措施，保证电子设备在一定温度范围内可以正常工作。

由于低等级元器件和材料的空间环境适应能力一般较差，尤其是抗辐射能力差，因此必须在空间环境适应性设计方面进行重点考虑，可以从元器件级、系统（单机）级和整星级 3 方面采取措施进行抗辐射加固[110]。

元器件级抗辐射加固设计方法包括降额和容差设计、局部屏蔽等。降额和容差设计是指通过降额和容差设计来保证元器件的电参数退化或漂移不会影响功能。局部屏蔽是在元器件表面贴一定厚度的屏蔽材料或增加涂层对空间辐射环境进行防护，如在器件表面贴铅皮、钽皮，以及增加抗辐射涂层材料等。

单机级抗辐射加固方法包括限流保护及断电恢复、针对性的主备份设计、错误检测与纠正（EDAC）校验、三模冗余、动态刷新、自主监控设计等。

限流保护及断电恢复：在器件供电入口串接合适的电阻或使用限流型低压差电压调整器，防止单粒子闩锁产生大电流烧毁。由于单粒子闩锁需要断电才能解除，单机需采用具备彻底断电能力的设计措施。

针对性的主备份设计：星上单机一般包括星务单机、应答机及相关载荷设备。其中，星务单机承担整星数据信息管理，应答机则负责星上下行数据的传输。星务单机和应答机属于核心关键单机，一般会进行双冗余备份设计。对于低成本卫星和商业卫星，应有针对性地开展备份设计。例如重点对星务单机进行备份。

EDAC 校验：对存储器和寄存器进行错误检测，纠正因单粒子翻转产生的数据错误。

三模冗余：基于单粒子效应同一时刻只影响一个器件的假设，对电路采取三取二表决设计，剔除错误的数据。

动态刷新：根据自身的工作状态注入 FPGA、DSP、CPU 等核心处理器的数据位，在空闲时对外部器件进行动态刷新，以清除外部器件因单粒子翻转引起的数据位错误。

自主监控设计：设置"看门狗"电路，电路周期性地产生"喂狗"信号，在"喂狗"周期内未收到"喂狗"信号则重新进行加载。

整星级抗辐射加固方法通过合理布局各单机，利用卫星外壳、卫星蒙皮、单机外壳以及各单机、各电路板的相互遮挡来降低敏感器件所遭受的辐射。

| 5.4　运载发射新技术 |

5.4.1　概述

在不断发展的航天活动尤其是卫星互联网产业的需求牵引下，美国以 SpaceX、蓝色起源等公司为代表的商业航天企业创新发展，在运载火箭领域引领了以重复使用技术为代表的新一轮产业变革。自 2019 年 SpaceX 公司 Starlink 星座建设开始，其猎鹰 9 号运载火箭发射次数逐年增多，目前已经具备了每 3.5 天一次的发射能力。猎鹰 9 号运载火箭目前一子级最大重复使用次数已在 19 次以上，重复使用技术已经为 SpaceX 公司节省了近百枚一子级火箭（一子级火箭约占全箭成本的 70%）。

我国长征系列一次性运载火箭及其发射能力经过多年航天发射任务的检验，具有产品性能稳定、发射成功率持续提升的优势，满足了我国导航工程、探月工程、载人航天工程等重大任务的发射需求，综合能力处于世界一次性运载火箭先进水平，但也存在产能有限、发射准备周期长、发射资源少等不足。

国内商业火箭起步于 2014 年，从仿制、供应链重建向自主创新、高性价比构型研发转变，研发出包括"快舟""捷龙""朱雀""双曲线""天龙"等多种运载火箭系列。目前国内商业航天企业能达到商业化发射要求的中大型液体推进剂火箭均在研发过程中，其能力还需要进一步工程验证，运载能力、技术水平和发射效率尚难以与国外商业运载火箭相比。以火箭一子级回收为例，猎鹰 9 号运载火箭于 2015 年 12 月实现首次火箭一子级回收，我国目前还没有实现入轨同时一子级回收的商业运载火箭。

我国卫星互联网产业发展之初，就意识到要牵引国内运载火箭发展，逐步提升我国进入空间能力，促进运载火箭产业技术升级。以具备能力的长征系列一次性运载火箭为主，广泛牵引满足星座组网任务要求的国内商业航天企业参与建设。我国运载火箭在非火工解锁星箭分离技术、航天运输系统重复使用技术等方面还需要进行更多的技术探索与尝试。

5.4.2　非火工解锁星箭分离技术

传统星箭分离所用的压紧释放装置，一般采用火工方式（爆炸螺栓、分离螺母、拔销器、火工锁和火工分离推杆等），具有释放冲击大、产生污染物、不可重复测试和使用、可靠性难以验证等缺点，尤其是分离释放过程中的大冲击难以克服，易造成安全隐患。低轨卫星的重量及尺寸相对较小，大的解锁冲击对卫星后续的姿态控制及星载设备的正常运行均带来隐患。

与火工装置相比，非火工装置的主要优点包括：能够显著降低冲击载荷，改善冲击环境；消除由火药带来的安全防护问题；不存在火药燃烧或爆炸时产生的有害气体或碎片，不污染周围环境；便于试验验证，易于保证释放装置的可靠性。非火工解锁目前主要有热切割（熔断）解锁、形状记忆合金解锁和电磁解锁 3 种方式。

5.4.2.1　热切割（熔断）解锁

荷兰福克太空公司开发的热切割多用途压紧释放装置，如图 5-48 所示，核心部件为热刀。热刀是一种电热组件，由加热片、电极、驱动弹簧等组成。锁紧状态下绳索绑定两个卷轴，加热片在压缩弹簧作用下与绳索接触；当对热刀通电时，加热片受热在接触点处缓慢地熔蚀绳索纤维，最终实现几乎无冲击的释放。经测试，该装置可承受 5.5 kN 的载荷，释放时间 5～20 s。目前该装置已被应用在太阳能电池阵列的连接和分离等多项太空任务中。

（a）装置结构示意　　　　　（b）热刀结构

图 5-48　热切割多用途压紧释放装置

中国空间技术研究院和沈阳通用机器人技术股份有限公司对热刀致动的压紧释放装置开展了研究并取得了阶段性成果[111-112]。该装置主要由热刀、热刀托架、扣盖、绳头、绳索、预紧杆、预紧螺母和压紧座等构成，热刀托架和压紧座分别用螺钉固定于航天器主结构上，绳索由凯夫拉材料制成。工作时热刀通电，电热元件将产生超过1 000 ℃的高温，绳索局部强度逐渐衰减直至被拉断，扣盖松开，扣球滑出，引起相应的释放动作。热刀压紧释放装置如图 5-49 所示。

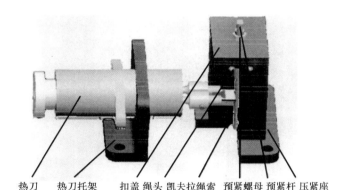

热刀　热刀托架　　扣盖 绳头 凯夫拉绳索　预紧螺母 预紧杆 压紧座

图 5-49　热刀压紧释放装置

热切割解锁冲击小，但热切割解锁响应时间长，需要输入的能量大，而且各解锁点熔断时间很难控制，解锁同步性低。

5.4.2.2　形状记忆合金解锁

形状记忆合金解锁是当今的一个研究热点。形状记忆合金材料具有形状记忆效应。利用这一效应，记忆合金可以对外做功，作为分离装置驱动源。目前在分离装置中常用的记忆合金元件有记忆合金棒/管、弹簧和丝等形式。

2001 年，SENER 公司以记忆合金丝作为触发部件，研制出扭簧式夹紧释放装置NEHRA，结构如图 5-50 所示。其利用张紧的扭簧抱紧分瓣螺母，实现连接功能。通电后，记忆合金丝受热恢复至初始长度，并拉动固定环转动，使扭簧解锁，带动转轮旋转180°，由此扭簧直径增加2.8 mm，分瓣螺母张开，完成释放。NEHRA装置极限负载为40 kN，触发电流2.75 A，触发时间大约1 s。

2012年，哈尔滨工业大学的江晋民设计了一种基于SMA的旋转式分离螺母压紧释放装置（如图5-51所示），锁紧时，滚柱压在分瓣螺母的外侧，锁紧分瓣螺母；释放时，SMA受热收缩，拉动压块转动并解除对卡销的约束，使一对偏置的压缩驱动弹簧在恢复力的作用下推动转轮转动，滚柱进入转轮的凹槽内，解除对分瓣螺母的锁紧状态，锁紧螺栓得以释放，研究表明该装置在10 kN载荷下，释放时间为1.8 s。

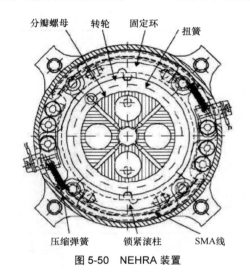

图 5-50　NEHRA 装置

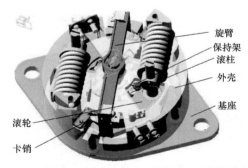

图 5-51　基于 SMA 的旋转式分离螺母压紧释放装置

由以上研究可以看出，形状记忆合金的解锁时间与电流和温度密切相关，电流越大，输入的能量越高，形状记忆合金达到形变所需温度的时间就越短。此外，形状记忆合金还具有热性能差、缺口脆性高、容易出现应力松弛和蠕变现象等缺点。

5.4.2.3　电磁解锁

电磁铁的体积小、输出力大、致动迅速，能在较恶劣的环境下使用，具备在压紧释放装置中应用的基本条件。传统的电磁解锁装置冲击仍较大，因此很多专家学者对电磁解锁装置进行了改进，有效降低了解锁冲击。

图 5-52　RULSA 整体外观

SOTEREM 公司研发生产的金属带缠绕式锁紧释放装置 RULSA，如图 5-52 所示。它是利用金属带缠绕产生的摩擦力来锁紧内部载荷，将内部大载荷转化为缠绕带的小载荷，因此只需用较小的力便可以锁紧内部巨大载荷，运用自己研制的吸盘式电磁铁来作为驱动源解锁释放，同时在释放过程中由于金属带的缓释作用可使装置产生的冲击非常小，整个装置解锁时间小于 100 ms，承载可达到 23 kN。

北京宇航系统工程研究所近年来采用电机驱动解锁和电磁铁触发分离螺母方式，完成了多种点式和线式非火工分离装置的研制，包括其低冲击点式分离装置、电机驱动小型线式分离装置和大直径线式分离装置等，承载能力较以往有大幅提升，并具备较小的分离冲击。

解锁机构的解锁驱动力矩由旋转电磁组件提供，解锁时间短且冲击小，无污染，可重复测试，可以节省大量成本。同时，由于电磁作用时间短，对温度不敏感，因此各压紧点的解锁同步性相比热切割（熔断）解锁和形状记忆合金解锁更有保证。

5.4.3　航天运输系统重复使用技术

航天运输系统重复使用发展路径按照动力类型分为火箭动力与组合动力。其中火箭动力推重比高，适合垂直起飞，快速上升，重力损失小；组合动力起飞段推重比低，需要带翼水平起飞，在大气层内利用气动力爬升。运载火箭是典型的火箭动力、垂直起飞运载器。重复使用航天运输系统基本分类如图 5-53 所示。

运载火箭从一次性使用向可重复使用发展，重点须突破回收、复用两方面的关键技术群。回收方面，按照是否依靠动力分为带动力回收和不带动力回收，其中伞降回收和带翼飞回为无动力返回，垂直起降为有动力返回。复用方面，需要突破健康管理、状态监测、设计准则、复用性能验证等一系列关键技术。回收是复用的前提，下文重点围绕回收的发展思路进行探讨。

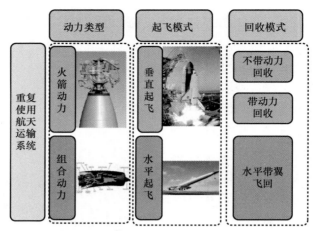

图 5-53　重复使用航天运输系统基本分类

自 20 世纪 50 年代起，世界航天围绕运载火箭回收采用 3 种途径不断进行尝试与应用，如图 5-54 所示。国外航天重复使用发展情况见表 5-16。

20世纪80年代到90年代

航天飞机工程应用
带翼飞回与助推器伞降回收应用

2000年以来

垂直起降工程应用(法尔肯9、新谢泼德)
带翼飞回演示验证(维珍银河、X-37B)
伞降回收不断尝试(法尔肯9整流罩、电子号)

20世纪50年代到70年代

重复使用技术初步探索
土星-1伞降缩比验证试验

20世纪90年代到2000年

K-1、战神I相继完成——子级伞降试验
德尔塔三角快帆开展垂直起降试验
带翼飞行器百花齐放(组合动力、单级入轨等)

未来

图 5-54　世界航天重复使用探索历程

表 5-16　国外航天重复使用发展情况

类型		项目	时间	进展情况
伞降回收	圆顶伞	土星一号	1960s	完成缩比试验
		航天飞机助推器	1980s	完成伞降+海上溅落回收
		K-1 火箭	1990s	完成群伞+气囊空投试验
		电子号一级	2020 年	完成伞降+海上溅落回收
	翼伞	猎鹰 9 号整流罩	2018 年至今	完成伞降+网捕或海上溅落回收

续表

类型		项目	时间	进展情况
垂直起降	液氢液氧	德尔塔三角快帆	1990s	完成 12 次垂直起降试验
	液氧煤油	猎鹰 9 号一级	2015 年至今	完成超百次回收，单枚已重复使用 15 次
	液氧甲烷	新谢泼德	2015 年至今	已成功完成载人飞行
		超重星舰	2020 年至今	已完成 10 km 级垂直起降试验
带翼飞回	火箭动力	航天飞机	1981—2011 年	135 次飞行应用，已退役
		X 系列	1945 年至今	持续开展技术攻关及飞行演示验证
	组合动力	云霄塔	1994 年至今	已突破预冷器技术，持续攻关中

5.4.3.1　伞降回收技术

运载火箭在无动力状态下，再入大气层仅能依靠气动减速，而目前气动减速效果最好的为降落伞。伞降回收即通过在火箭上配套降落伞，进入稠密大气层后打开，在下降过程中依靠大气阻力进行减速，当阻力与重力一致时，匀速下降，并可以选择配置翼伞进行机动，实施可控回收。同样在着陆段，为减少着陆冲击，可选择配置缓冲气囊。根据伞的类型可分为圆形伞和翼伞两种。

国外已广泛采用降落伞系统实现飞行器回收，如美国航天飞机固体助推器回收伞、阿里安 5 助推器回收伞、K-1 火箭回收伞等。圆形伞主要起到气动减速的作用，成本较低，且较易在现有火箭结构上安装，但在落区精确控制方面能力有限，同时大质量回收体着陆速度难以控制，着陆冲击难以克服。

SpaceX 公司采用翼伞进行整流罩回收，自 2018 年 2 月以来共进行了 50 次网捕伞降整流罩的尝试，成功了 9 次。其中比较有代表性的事件是：2019 年 6 月 25 日，第 3 枚重型猎鹰火箭发射，首次成功网捕半个整流罩；2020 年 7 月 21 日，猎鹰 9 号运载火箭发射韩国 ANASIS-II 军事通信卫星，首次成功网捕两个整流罩半罩；2020 年 10 月 18 日，第二次成功网捕两个半罩，但首次出现整流罩击穿大网的情况。

5.4.3.2　垂直起降技术

垂直起降方案主要是在传统一次性运载火箭基础上，在再入过程通过发动机多次点火，降低气动加热程度，并利用动力系统实现垂直着陆过程的姿态与位置控制。

最早采用垂直起降方式回收的是 20 世纪 90 年代麦道公司提出的德尔塔三角快帆，共完成了 12 次垂直起降飞行试验，最大飞行高度 3 155 m，验证了垂直起降、快速飞回、简化地面保障等技术，还验证了自适应容错控制、发动机多次启动和推力调节等能力。三角快帆结构系数为 0.49，可提供的速度增量仅有 2.44 km/s。三角快帆示意如图 5-55 所示。

图 5-55　三角快帆示意

猎鹰 9 号运载火箭突破 8 项制约垂直起降的瓶颈技术，成功将该技术应用于实际工程中，截至 2022 年 12 月共完成超百次垂直起降，单个模块最多实现了 15 次重复使用，连续两次发射中转周期最短 21 天。猎鹰 9 号回收关键技术见表 5-17。

表 5-17　猎鹰 9 号回收关键技术

技术	要求
重复启动点火系统	在高层大气中的超声速阶段和低层大气中的跨音速阶段都需要助推器重新启动
可节流火箭发动机	（回收过程中）需要减小发动机推力
末端制导降落	具备可使采用闭式循环和节流控制发动机的火箭降落的能力
导航传感器组件	需要导航传感器组件来实现精确降落
超高音速栅格翼	运载火箭返回大气层后，栅格翼控制下降过程中火箭的升力，以实现更精确的着陆
大面积热防护	热防护系统吸收从轨道速度到末端速度的二级减速热负荷
轻质可展开的起落架	要求实现可控安全的软着陆
大型浮动着陆平台	可测试精确着陆的能力

面向未来登陆火星和全球快速抵达任务，SpaceX 公司正在开展星舰研制。星舰利用"襟翼+双摆主发动机+RCS"进行再入姿态控制，完成平飞翻转和垂直着陆；同时发展新型甲烷动力，通过设置小储箱实现质心调整、着陆点火，并应用不锈钢材料解决高低温环境适应性。2021 年 5 月 5 日，SN15 成功完成了高空飞行演示验证。超重星舰结构示意如图 5-56 所示。

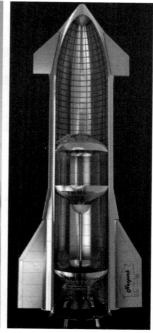

图 5-56　超重星舰结构示意

5.4.3.3　带翼飞回技术

美国、俄罗斯及欧洲航天强国持续开展带翼飞行器的研究，其中基于传统运载火箭一子级及助推器回收，俄罗斯提出了"贝加尔"飞回式方案，欧洲提出了液体飞回式助推器方案；针对未来可能的带翼飞行器，美国、欧洲航天强国等持续开展相关动力及飞行器的技术验证。

美国通过航天飞机等研制，在该领域积累了大量的经验。1981 年 NASA 成功研制出世界上第一架能部分重复使用的航天飞机，30 年间共飞行 135 次。近年来美国通过"空军转型飞行计划"明确提出发展军用空间飞行器系统，并支持多项私营公司研发计划以兼顾民用和商用，如"追梦者"号航天飞机、XS-1、"山猫"亚轨道飞行器等，探索重复使用的其他可行路径。

组合动力以英国提出的云霄塔（SKYLON）为典型代表，采用水平起降、单级入轨方案。其中核心组件预冷器已实现突破，证明发动机原理可行。该飞行器结构系数为 15.5%，按照现有结构材料技术水平看，工程实现难度较大。云霄塔示意如图 5-57 所示。

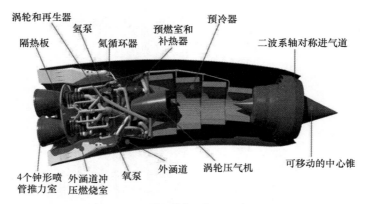

（a）结构示意

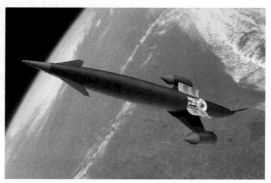

（b）外形示意

图 5-57　云霄塔示意

参考文献

[1]　陈山枝. 关于低轨卫星通信的分析及我国的发展建议[J]. 电信科学, 2020, 36(6): 1-13.

[2]　张更新, 王运峰, 丁晓进, 等. 卫星互联网若干关键技术研究[J]. 通信学报, 2021, 42(8): 1-14.

[3]　王崇, 郝珊珊, 康国栋, 等. 低轨卫星互联网技术架构及地面验证方法[J]. 南京航空航天大学学报, 2021, 53(S1): 57-61.

[4]　李峰, 禹航, 丁睿, 等. 我国空间互联网星座系统发展战略研究[J]. 中国工程科学, 2021, 23(4): 137-144.

[5]　刘培杰, 焦义文, 刘燕都, 等. 天地一体化测控网中的随遇接入测控方法[J]. 电讯技术, 2020, 60(11): 1278-1283.

[6]　康国栋, 张楠, 王崇, 等. 面向大规模星座的多波束测控天线及应用[J]. 空间电子技术, 2021, 18(2): 72-78.

[7]　王洪飞, 房立晶. 国外航天发射场建设动态概览[J]. 国际太空, 2021(6): 23-27.

[8]　D·W·菲尔德, A·阿斯基吉安, J·格罗斯曼, 等. 可堆叠卫星及其堆叠方法: 201680024395.6[P]. 2016-04-27.

[9]　彭健, 鄢婉娟, 刘元默, 等. 小卫星供配电技术发展与展望[J]. 航天器工程, 2021, 30(6): 70-81.

[10]　罗广求, 罗萍. 空间锂离子蓄电池应用研究现状与展望[J]. 电源技术, 2017, 41(10): 1501-1504.

[11]　胡斌, 刘涛, 冯利军, 等. 空间锂离子蓄电池组智能管理模块设计与实现[J]. 电源技术, 2020, 44(4): 545-548.

[12]　宫江雷, 梁文宁, 王亚坤, 等. 面向智能卫星的开放式综合电子系统技术研究[J]. 现代电子技术, 2023, 46(16): 1-8.

[13]　李志刚, 李军予, 李超, 等. 小卫星星务技术发展现状及展望[J]. 航天器工程, 2021, 30(06): 128-134.

[14]　汪明晓, 岳晓奎, 马卫华, 等. 基于转换模块的空间即插即用综合电子系统研究[J]. 电子设计工程, 2013, 21(11): 118-123.

[15]　彭宇, 孙树志, 姚博文, 等. 微小卫星星载综合电子系统技术综述[J]. 电子测量与仪器学报, 2021, 35(08): 1-11.

[16]　STEVEN A F, DAVID A N. Finding a way: boeing's "all electric propulsion statellite"[R]. AIAA 2013-4126, 2013.

[17]　REZUGINA E, DEMAIR A. All EP platform: mission design challenges and subsystem design opportunities[R]. IEPC2013-93, 2013.

[18]　潘海林. 空间推进[M]. 西安: 西北工业大学出版社, 2016.

[19]　魏延明, 边炳秀. 电推进技术、空间应用与中国发展战略[D]. 西安: 西北工业大学. 2002.

[20]　康小录, 汪南豪. 电推进技术及其发展评述[Z]. 2002.

[21]　潘海林, 沈岩, 毛威, 等. 电推进应用技术发展动态研究[J]. 北京控制工程研究所内部期刊, 2019.

[22]　徐亚男. 薛森文. 电推进技术在卫星星座中的应用与发展[Z]. 2023.

[23]　LINNELL J A. An evaluation of krypton propellant in Hall thrusters[D]. PhD Thesis of Michigan Technical University, 2007.

[24]　KURZYNA J, JAKUBCZAK M, SZELECKA A, et al. Performance tests of IPPLM's krypton Hall thruster[J]. Laser and Particle Beams, 2018, 36(1): 105-114.

[25]　LIM J W M, LEVCHENKO I, HUANG S, et al. Plasma parameters and discharge characteristics of lab-based krypton-propelled miniaturized Hall thruster[J]. Plasma Sources Science and Tech-

nology, 2019, 28(6).

[26] 夏国俊, 宁中喜. 氪工质霍尔推力器的工作特性研究[Z]. 2021.

[27] 徐宗琦, 田雷超. 碘工质霍尔推力器原理样机实验研究[Z]. 2021.

[28] 徐宗琦, 华志伟, 王平阳, 等. 碘工质霍尔推力器原理与研究进展[J]. 火箭推进, 2019, 45(1):
1-7.

[29] SZABO J, POTE B, PAINTAL S, et al. Performance evaluation of an Iodine vapor Hall thruster[J].
Journal of Propulsion and power 2012, 28(4) : 848-857.

[30] SZABO J, ROBIN M, PAINTAL S, et al. Iodine propellant space propulsion，IEPC－2013－
311[C]//33rd International Electric Propulsion Conference. Washington: IEPC, 2013.

[31] KAMHAWIH, HAAGT, BENAVIDESG, et al. Overview of iodinepropellant Hall thruster devel-
opment activities at NASA Glenn research center[Z]. 2016.

[32] SCHWERTHEIM A, KNOLL A. Experimental investigation of a water electrolysis Hall effect
thruster[J]. Acta Astronautica, 2022: 607-618.

[33] 夏广庆, 张军军, 陈留伟, 等. 用于空间站的螺旋波等离子体推进研究进展[J]. 载人航天,
2019, 25(2): 265-270.

[34] 刘嘉兴. 飞行器测控与信息传输技术[M]. 北京: 国防工业出版社, 2011.

[35] 信息产业部无线电管理局. 中华人民共和国无线电频率划分规定[M]. 北京: 人民邮电出版
社, 2002.

[36] 王金海, 尹波, 王旭阳. 多星组网路由交换架构技术研究[J]. 无线电工程, 2015, 45(6): 1-3.

[37] LAURENT H. ST 65nm a hardened ASIC technology for space applications[Z]. 2016.

[38] 惠腾飞, 张剑, 刘明洋. 新一代高通量卫星通信系统载荷关键技术研究[J]. 空间电子技术,
2021, 18(4): 10-15.

[39] MURRAY P, RANDOLPH T, VAN BUREN D, et al. High performance, high volume reconfigu-
rable processor architecture[C]//Proceedings of the 2012 IEEE Aerospace Conference. Piscataway:
IEEE Press, 2012: 1-8.

[40] 郑爽, 张兴, 王文博. 低轨卫星通信网络路由技术综述[J]. 天地一体化信息网络, 2022, 3(3):
97-105.

[41] 何善宝, 刘崇华, 刘凤晶, 等. 深空通信新型信道编码技术研究[J]. 遥测遥控, 2009, 30(4):
11-14, 44.

[42] LEE Y S, KOOK J. Integrated DVB-X2 receiver architecture with common acceleration engine[J].
Applied Sciences, 2019, 9(19): 3983.

[43] 康欣. CCSDS 标准的信道码研究[J]. 魅力中国, 2017(40): 284.

[44] 丁溯泉. ARA LDPC 码在深空测控通信系统中的应用[J]. 飞行器测控学报, 2009, 28(1): 7-11.

[45] 刘通. DVB-S2 接收机同步技术研究与实现[D]. 绵阳: 西南科技大学, 2023.

[46] 孙绍宗. 基于 LTE 的低轨卫星移动通信切换技术研究[D]. 西安: 西安电子科技大学, 2020.

[47] 张梓豪. 基于 5G 架构的 LEO 卫星切换技术研究[D]. 北京: 北京邮电大学, 2023.

[48] 钊安光. 省邮电职工培训中心网络建设[D]. 兰州: 兰州大学, 2001.

[49] 黄俊. 软件定义卫星网络路由技术研究[D]. 长沙: 国防科技大学, 2017.

[50] 吴巍. 天地一体化信息网络发展综述[J]. 天地一体化信息网络, 2020, 1(1): 1-16.

[51] 惠腾飞, 张剑, 刘明洋. 新一代高通量卫星通信系统载荷关键技术研究[J]. 空间电子技术, 2021, 18(4): 10-15.

[52] ANSI/VITA 65-2010(R2012) OpenVPX system specification february[Z]. 2012.

[53] 丁鹏. 基于 TMR-CUDA 容错架构的星载 GPU 抗 SEU 技术研究[D]. 成都: 电子科技大学, 2018.

[54] 黄俊. 软件定义卫星网络路由技术研究[D]. 长沙: 国防科技大学, 2017.

[55] 左朋, 潘琳, 马尚. Q/V 频段通信载荷初步分析[J]. 空间电子技术, 2017, 14(1): 31-37.

[56] 王博宇. 基于 B/S 模式的卫星通信站监控软件设计与实现[D]. 西安: 西安电子科技大学, 2018.

[57] 朱立东, 张勇, 贾高一. 卫星互联网路由技术现状及展望[J]. 通信学报, 2021, 42(8): 33-42.

[58] 曹梦宇. 基于 COTS 器件的阵列式综合电子系统设计与实现[D]. 哈尔滨: 哈尔滨工业大学, 2020.

[59] 吴启星. 软件定义卫星研究现状与技术发展展望[J]. 中国电子科学研究院学报, 2021, 16(4): 333-337.

[60] 史江博, 郝鑫. 基于 FPGA 的小卫星通信系统在轨可重构技术研究[J]. 遥测遥控, 2017, 38(6): 40-43, 66.

[61] 林志鹏. 阵列天线波束赋形与子阵划分方法研究[D]. 成都: 电子科技大学, 2022.

[62] VILLEGAS F J. Parallel genetic-algorithm optimization of shaped beam coverage areas using planar 2-D phased arrays[J]. IEEE Transactions on Antennas and Propagation, 2007, 55(6): 1745-1753.

[63] 雷娟. 卫星多波束天线研究[D]. 西安: 西安电子科技大学, 2003.

[64] MITCHELL M A, SANFORD J R, COREY L E, et al. A multiple-beam multiple-frequency spherical lens antenna system providing hemispherical coverage[C]//Proceedings of the 1989 Sixth International Conference on Antennas and Propagation, ICAP 89 (Conf. Publ. No.301). London: IET, 1989: 394-398.

[65] IVERSEN P O, RICARDI L J. Emulation of a 37-beam MBA using a 265-beam MBA[C]//Proceedings of the NTC '91 - National Telesystems Conference Proceedings. Piscataway: IEEE Press, 1991: 157-161.

[66] BOERINGER D W, WERNER D H. Particle swarm optimization versus genetic algorithms for

phased array synthesis[J]. IEEE Transactions on Antennas and Propagation, 2004, 52(3): 771-779.

[67] 张蕊. 一种用于卫星通信的单偏置反射面天线的研究[D]. 西安: 西安电子科技大学, 2012.

[68] 刘琼琼. 多波束反射面天线的研究与设计[D]. 西安: 西安电子科技大学, 2014.

[69] 李春阳. 赋形波束反射面天线的设计与分析[D]. 哈尔滨: 哈尔滨工程大学, 2010.

[70] THOMAS A. Modern antenna design[M]. 郭玉春, 方加云译. 北京: 电子工业出版社, 2012.

[71] RAO S K. Parametric design and analysis of multiple-beam reflector antennas for satellite communications[J]. IEEE Antennas and Propagation Magazine, 2003, 45(4): 26-34.

[72] STERBINI G. Analysis of satellite multibeam antennas' performances[J]. Acta Astronautica, 2006, 59(1): 166-174.

[73] FUJINO Y, HAMAMOTO N. Design of antenna system[J]. Journal of the National Institute of Information and Communications Technology, 2015, 62(1): 99-109.

[74] 曹佳东. 星载大口径反射面天线多波束设计方法研究[D]. 西安: 中国航天科技集团公司第五研究院西安分院, 2021.

[75] 盛晋珲. 相控阵天线扫描及跟踪控制策略研究[D]. 哈尔滨: 哈尔滨工程大学, 2018.

[76] QIN F, GAO S S, LUO Q, et al. A simple low-cost shared-aperture dual-band dual-polarized high-gain antenna for syntheticaperture radars[J]. IEEE Transactions on Antennas and Propagation, 2016, 64(7): 2914-2922.

[77] 岳寅. 宽带相控阵雷达发射多波束成形和雷达通信一体化技术研究[D]. 南京: 东南大学, 2018.

[78] 林志远. 多功能综合射频系统的发展与关键技术[J]. 电讯技术, 2006, 46(5): 1-5.

[79] 柳叶. 发射数字多波束成形技术与工程实现研究[D]. 西安: 西安电子科技大学, 2011.

[80] 任燕飞, 张云, 曾浩, 等. 新型宽带数字多波束相控阵天线设计[J]. 电讯技术, 2013, 53(7): 932-937.

[81] 彭成荣. 航天器总体设计[M]. 北京: 中国科学技术出版社, 2011.

[82] 程洪玮. 卫星激光通信总体技术[M]. 北京: 科学出版社, 2020.

[83] 贾文远. COTS 器件的空间辐射效应实验研究[D]. 北京: 中国科学院大学, 2016.

[84] 曲利新. 空间环境对电子设备的影响及对策[C]//2010 第十五届可靠学术年会论文集. [s.l.:s.n], 2010: 214-217.

[85] GSA, DOD, NASA. Federal acquisition regulation[Z]. 2005.

[86] HILLMAN R, SWIFT G, LAYTON P, et al. Space processor radiation mitigation and validation techniques for an 1, 800 MIPS processor board[C]//Proceedings of the Proceedings of the 7th European Conference on Radiation and Its Effects on Components and Systems. Piscataway: IEEE Press, 2003: 347-352.

[87] 袁春柱, 李志刚, 李军予, 等. 微纳卫星 COTS 器件应用研究[J]. 计算机测量与控制, 2017,

25(2): 156-159, 163.

[88] 邢克飞, 何伟, 杨俊. COTS 器件的空间应用技术研究[J]. 计算机测量与控制, 2011, 19(7): 1741-1745.

[89] 张召才. 国外商用现货技术在空间任务中的发展与应用[J]. 卫星应用, 2015(1): 54-57.

[90] 党炜. COTS 应用于空间辐射环境的可靠性研究[D]. 北京: 中国科学院研究生院(空间科学与应用研究中心). 2007.

[91] MARKGRAF M. The phoenix GPS receiver for rocket and satellite applications: an example for the successful utilization of COTS technology in space projects[M]//VELAZCO R, MCMOR-ROW D, ESTELA J. Radiation Effects on Integrated Circuits and Systems for Space Applications. Cham: Springer, 2019: 347-367.

[92] KOBAYASHI M. Iris deep-space transponder for SLS EM-1 CubeSat missions[Z]. 2017.

[93] 朱恒静, 王彤, 汪悦. 商用器件在宇航领域的应用研究[J]. 质量与可靠性, 2019(3): 58-62.

[94] 华更新, 王国良, 郭树玲. 星载计算机抗辐射加固技术[J]. 航天控制, 2003, 21(1): 10-15, 21.

[95] 韩庆龙, 李澍. 商用器件空间应用现状分析及研究[J]. 质量与可靠性, 2017(1): 34-37.

[96] 何健, 张旭光, 刘凯俊, 等. 基于三模冗余设计的低成本高可信微纳通用计算机[J]. 计算机测量与控制, 2015, 23(7): 2556-2558.

[97] 高星, 廖明宏, 吴翔虎, 等. 基于 COTS 处理器的微小卫星软件容错策略研究[J]. 高技术通讯, 2007, 17(6): 551-556.

[98] 朱明俊, 周宇杰. 一种低成本纳卫星星载计算机容错方法[J]. 航天器工程, 2016, 25(2): 52-57.

[99] 尤明懿, 吕强, 郭细平, 等. COTS 器件空间应用及风险缓解[J]. 通信对抗, 2014, 33(3): 48-56.

[100]黄本诚, 马有礼. 航天器空间环境试验技术[M]. 北京: 国防工业出版社, 2002.

[101]党炜, 孙惠中, 李瑞莹, 等. COTS 器件空间应用的可靠性保证技术研究[J]. 电子学报, 2009, 37(11): 2589-2594.

[102]杨晓宁, 杨勇, 王晶, 等. 面向低成本微纳卫星的快速试验体系研究[J]. 航天器环境工程, 2016, 33(1): 13-20.

[103]刘小彬, 薛力军, 苏燕. 基于 COTS 的高性价比微小卫星研制管理模式研究[J]. 航天器工程, 2017, 26(5): 113-120.

[104]袁媛, 葛宇, 李楠, 等. 关于商业卫星质量与可靠性控制的思考[J]. 质量与可靠性, 2016(6): 21-23.

[105]BARNES C. SAMPSON M. Enabling COTS parts insertion in NASA systems[R]. 2002.

[106]姜秀杰, 孙辉先, 王志华, 等. 商用器件的空间应用需求、现状及发展前景[J]. 空间科学学报, 2005, 25(1): 76-80.

[107]JPL-D-19426RC. Plastic encapsulated microcircuits reliability/usage guidelines for space applications[R]. 2005.

[108]刘迎辉, 朱恒静, 张大宇, 等. Xilinx 低等级 FPGA 高可靠应用的升级试验方法研究[J]. 电子产品可靠性与环境试验, 2014, 32(1): 11-17.

[109]SAMPSON M J. The NASA EEE parts assurance group (NEPAG) - An evolving approach to maximizing space parts assurance resources[Z]. 2002.

[110]刘伟鑫, 汪波, 马林东, 等. 低成本和商业卫星元器件抗辐射保证流程研究[J]. 微电子学, 2020, 50(1): 78-83.

[111]李新立, 姜水清, 刘宾. 热刀式压紧释放装置释放可靠性验证试验及评估方法[J]. 航天器工程, 2012, 21(2): 123-126.

[112]姜水清, 刘立平. 热刀致动的压紧释放装置研制[J]. 航天器工程, 2005, 14(4): 31-34.

|6.1 运维管控架构 |

6.1.1 概述

卫星互联网运维管控，是指对卫星互联网星座在轨运行期间所有任务的计划、组织、实施和控制，一般可分为空间段、地面段和应用段运维管控。

空间段运维管控，基于对卫星互联网星座在轨运行状态的监控和分析，结合业务运营任务和空间环境信息，制定并执行卫星互联网星座管控工作计划。

地面段运维管控，动态调度测控资源以确保天地链路稳定高效可靠，通过资源池化和一体化运维管控实现地面站网的智能化、自动化运行，具备星地时空各类信息的测量解算和空间目标的感知分析能力。

应用段运维管控，建立平台型生态体系，基于各类典型应用场景构建运营生态圈层，实现行业应用在天地网络中的互联互通和资源共享，促进卫星互联网生态繁荣。

卫星互联网运维管控中心作为整个卫星互联网的核心中枢，如图 6-1 所示。系统遵循"控制面异地双活、业务面负载均衡"的原则，在云平台上构建分布式运维管控体系，包括星座管理、网络管理、运营支撑、健康管理、评估监管、数字孪生和数据中台等多个功能域。卫星互联网运维管控工作包括，确保整个系统安全、健康、稳定、高效运行；充分满足领域用户、行业用户、专业用户和普通用户的多样化需求；通过横向扩展和纵向扩展等方式，来应对不断变化的外部需求变化和持续推进体系架构演进。

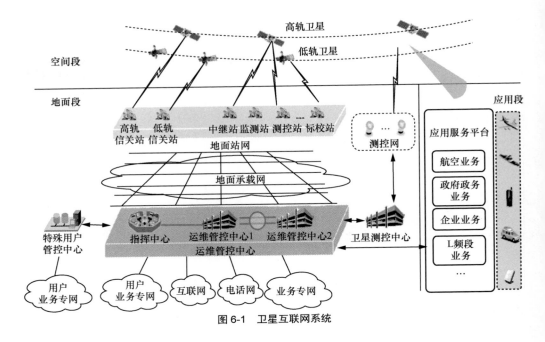

图 6-1　卫星互联网系统

6.1.2　组织架构

　　运维管控系统是卫星互联网系统运行控制的中枢，核心由指挥中心、运维管控中心1 和运维管控中心 2 构成。运维管控中心组织架构如图 6-2 所示。指挥中心主要完成重大任务的指挥决策、任务会商，指挥运维管控中心 1 和运维管控中心 2 完成各自业务职能。运维管控中心 1 是卫星互联网全系统运行的中枢，完成对卫星互联网系统的资源分配、卫星控制、系统运行管理和任务调度，实现对于卫星互联网星座入轨、在轨测试、在轨运行、离轨等全生命周期的业务运行控制。运维管控中心 2 与运维管控中心 1 对等建设，实现两中心异地控制面双活、业务面负载均衡，业务分担与协同。指挥中心、运维管控中心和地面站网之间，通过地面承载网实现数据互联互通。指挥中心、运维管控中心相互引接，系统指挥调度信息、星座运行态势、网络运行态势、业务运行态势、站网运行态势和系统综合态势，实现对系统运行情况的全局掌控。

　　运维管控系统整体基于云平台技术实现稳定可靠、容灾备份的分布式体系，能够完成任务决策指挥调度、星座日常运行管理、站网运行管理、一体化网络管理、运营服务支撑、系统健康管理、系统评估监管与在轨数字伴飞等工作，确保卫星互联网全系统安全稳定可靠运行，为各类用户提供卫星互联网服务。

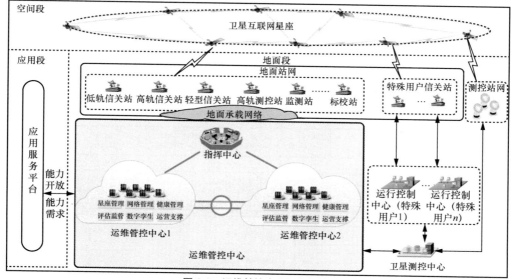

图 6-2 运维管控中心组织架构

6.1.3 技术架构

运维管控系统采用一体化分层设计，资源层、服务层、应用层 3 层架构，进行系统逻辑架构统一设计。运维管控中心技术架构如图 6-3 所示。按照"分层透明、功能解耦"的思路，制定技术体制和标准规范，形成"互联互通，资源共享、协同运用，持续运行"的综合效用，以"中台服务+前台服务"的模式构建系统能力。运维管控系统通过信息服务环境共享，统筹各类资源，基于统一基础云平台，夯实数字化基础底座，同步进行业务、数据、技术等中台建设和演进，适配和支撑各类业务的个性化应用。

（1）资源层

资源层包括基础设施和云平台。基础设施包括计算设备、存储设备、网络设备、时统设备、工作站设备、安全设备等硬件资源。云平台负责实现对底层硬件资源的统筹调度，统一整合计算存储、通信网络、时空基准等资源，实现资源协同与高效利用，为上层业务应用提供计算资源保障、数据存储保障、软件运行环境和系统运维支持等。

（2）服务层

服务层包括业务中台、技术中台、数据中台等。对下实现全域资源和数据管理，对上提供统一业务服务，发挥"体系基座"和"服务中枢"的作用。

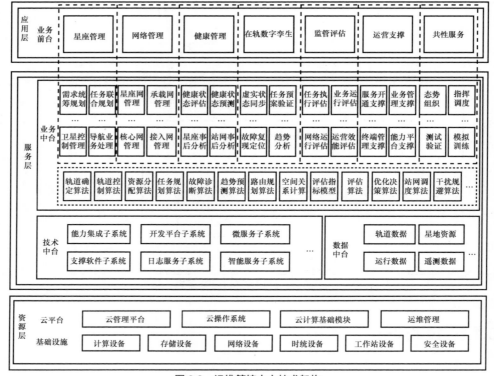

图 6-3　运维管控中心技术架构

业务中台考虑地面运控业务需求，按照功能服务和模型算法两层进行分类，构建一套适应业务需求的交互与运行支撑机制，支持服务共享共用，统筹实现星座管理、网络管理、在轨数字孪生、健康管理、监管评估、运营支撑、共性服务等功能域要求，基于技术中台提供的基础服务环境，调用数据中台提供的数据服务，为应用层提供稳定可靠的运行环境。

技术中台构建统一的技术底座，底层封装各类技术组件，上层提供统一的技术服务能力，为运维管控开发、部署、运行提供所需的通用技术组件和自动化部署工具，使业务应用能专注于业务逻辑的开发，解耦业务应用和底层技术组件。

数据中台统一管理运维管控生成的各类数据，提供数据仓库、数据挖掘、数据管理、数据可视化等功能，构建数据模型，聚合专业数据，形成综合数据管理服务能力。

（3）应用层

应用层提供一体化的可视化界面服务，依据不同层级、类型用户的需求，按需进行功能要素抽取、聚合和定制化显示。

6.1.4 难点分析

目前，在卫星互联网运维管控领域，主要存在以下难点问题。

（1）复杂星座联合管控

卫星互联网星座面向多用户多任务全球化服务需求，选择采用混合轨道设计方案，包含同步轨道卫星星座、倾斜轨道卫星星座和近极轨道卫星星座。需要对每颗卫星进行全生命周期管理，这就客观上要求星座管控理念完成从"分而管之"向"广而管之"的进化。充分利用星地资源实现"以星管星，全网可达"的联合管控目标，需要更多新技术来引领和支撑。

（2）复杂网络体制融合

卫星互联网星座构型是时变的，导致整个网络拓扑是动态的。用户需要在不断变化的网络拓扑中实现可靠接入和无缝切换，同时，卫星互联网还需要适配不同体制的通信方式以满足行业用户的特殊需求。在复杂网络中，实现多体制的融合发展就变得尤为重要，成为卫星互联网发展的关键问题。

（3）卫星互联网生态构建

卫星互联网生态构建，是卫星互联网发展的美好愿景。以需求为牵引，从底层开始构建圈层，以行业平台建设为抓手，针对典型应用场景进行挖掘深耕，循序渐进实现行业平台融合，不断固化基础圈层，拓展业务边界，促进卫星互联网生态绿色健康可持续发展。

（4）地面站网智能化运行

2024 年，我国卫星测运控地面站网发展已经处于从自动化向智能化过渡的阶段，大量的智能化技术不断涌现为日渐成熟的自动化进程指明了新的发展方向。随着星间链路技术的大规模应用，会改变传统测运控模式，地面站网智能化转型则成为星地联合管控能够实现的关键。

（5）运维管控系统设计仿真实现

面向卫星互联网的运维管控系统设计仿真实现是一项非常具有挑战性的工作，需要借助基于模型的系统工程（MBSE）、DevOps 和数字孪生等技术，来强化和辅助相关人员进行设计、仿真、验证和实现，有效地将传统设计理念和新兴设计工具进行深度结合，实现一体化设计理念落地。

|6.2　卫星运维管控技术|

6.2.1　星座时空基准多维融合技术

星座时空基准多维融合技术主要是综合利用地面站测量数据、星间测量数据、星载测量数据等多源数据融合处理，建立并维持星座系统的时间基准和空间基准，并在星地全链路各环节实现时空基准的统一，特别地，需要将最新的国际地球参考框架引入星座系统，且对系统时间实现站间、星间、星地高精度同步解算。

时空基准统一的目标是将工程的星地链路各环节、单机与载荷设备（包括所有类型和分布的地面站及有关的测量设备，所有卫星平台、相关载荷等）的时空信息统一到大型星座的系统时和系统坐标系中。时空基准信息统一技术包括时间基准的统一方法和空间基准的统一方法。

6.2.1.1　时间基准的统一

（1）面向通导融合星座的时频基准统一

时间基准统一方法涉及：单机与单星（地面站）的时间统一方法、地面站与系统时间基准的统一方法、系统时间基准与外部时间基准的统一方法。

通过上述 3 个层次的时间基准统一关系，可最终形成整个星地各环节、全链路的时间基准统一。

1）地面设备的时频信息统一

由于测量设备的需求，地面站通常需要由一个或者若干个原子钟组成的时频基准单元提供统一的时频输入。同时，还需根据不同测量设备的时频驾驭设计，定义不同类型测量设备存在的设备零值参数，明确稳定性要求和时延参数解算方法，从而实现一个地面站不同设备时频信息的统一。

2）卫星载荷的时频信息统一

卫星均搭载一个由星载晶体振荡器或者原子钟组成的时频基准单元，该单元向星搭载的所有导航增强相关载荷提供统一的时频输入。此外，需要明确星上时频信息维持体制与设计，论证星上时频单元对星上载荷的驾驭设计，确认载荷时延参数定义及解算方法，从而实现一颗卫星内不同设备时频信息的统一。

3）地面站和卫星本地时与系统时的统一

对于地面站，在完成各设备时频信息统一后，利用光纤时间比对、单向共视法、站间双向观测法等不同方法实现站间时间同步，得到各地面站相对于系统时（时频基准站）的钟差参数，实现地面站时间基准向系统时的统一。对于卫星，在完成卫星星上晶体振荡器和原子钟两种时频基准维持方案和不同类型所有载荷时频基准维持方案的基础上，构造北斗/其他 GNSS（以下简称北斗/GNSS）可用时的卫星钟差解算方法、北斗/GNSS 不可用时的卫星钟差解算方法，完成卫星本地时与系统时的统一。

4）系统时与北斗时、系统时与其他 GNSS 时统一

明确系统时与北斗时的统一方法、系统时与其他 GNSS 时的统一方法，涉及的内容包括：

①设计主备时频基准站分别向协调世界时守时实验室的溯源方法，设计合理溯源方法，在排除协调世界时守时实验室本身时差的影响后同时保证时频基准与协调世界时的时差及其自身的稳定度；

②设计出利用时差监测接收机对北斗/GNSS 的观测数据进行系统时与北斗时、其他 GNSS 时的时差解算与参数预报处理流程与算法，作为系统时与北斗时、其他 GNSS 时的统一方法。

（2）面向低轨星座的星地时差解算方法

星地各环节的高精度时间同步是星座系统导航增强服务和系统实时稳定运行的前提。星地时间同步是将系统时间基准向空间星座的传递，得到相对于系统时间基准的所有卫星时间差的过程。

为了保证全情景下低轨卫星服务的正常运行，星地时间同步处理设计两种不同的模式。

1）北斗/GNSS 可用时 LEO/GNSS 卫星钟差测定

低轨星座的重要功能之一是与 GNSS 联合提供高精度导航增强服务，需要同时实现对 GNSS 卫星和 LEO 卫星的时间同步处理任务。通过星载 GNSS 观测数据与地面监测站观测的联合处理实现低轨卫星与北斗/GNSS 卫星钟差的联合高精度测定。

① 北斗/GNSS 高精度钟差测定

北斗/GNSS 高精度钟差测定输入为地面监测站伪距、相位观测数据和低轨卫星北斗/GNSS 星载接收机伪距、相位观测数据，采用卡尔曼滤波的方式实时解算北斗/GNSS 卫星钟差。在解算时，需要选定某颗中高轨卫星为基准星，以基准星的星载原子钟作为时间参考。解算得到的 GNSS 卫星钟差精度应优于 0.15 ns，以满足导航精密服务需求。中高轨卫星实时估计钟差的输入与输出如图 6-4 所示。

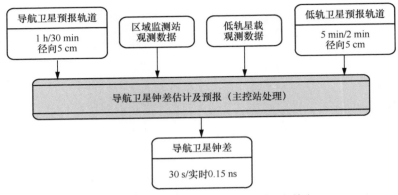

图 6-4　中高轨卫星实时估计钟差的输入与输出

② 低轨卫星钟差确定与预报

低轨卫星钟差实时估计，在非差消电离层组合观测值的基础上进行粗差剔除、周跳探测与修复，通过固定低轨卫星的预报轨道，约束北斗/GNSS 的轨道和钟差，并加入各种模型改正，采用卡尔曼滤波估计器对低轨星载接收机钟差进行逐历元滤波求解。对于低轨卫星的钟差，若该低轨卫星参与导航卫星的钟差估计，则在实时估计的同时解算出该低轨卫星的钟差；若未参与，则该低轨卫星的钟差在确定时，采用固定低轨卫星的预报轨道，同时固定中高轨卫星的轨道和钟差的策略，实时解算低轨卫星的钟差。低轨卫星实时估计钟差的输入与输出如图 6-5 所示。

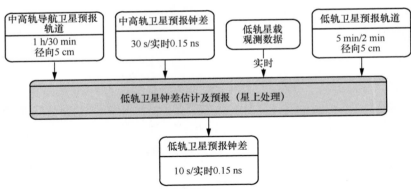

图 6-5　低轨卫星实时估计钟差的输入与输出

2）北斗/GNSS 不可用时 LEO 卫星钟差测定

低轨星座利用其自身的星地和星间测量实现仅低轨星座的时间同步。时间同步处理功能模块流程如图 6-6 所示。

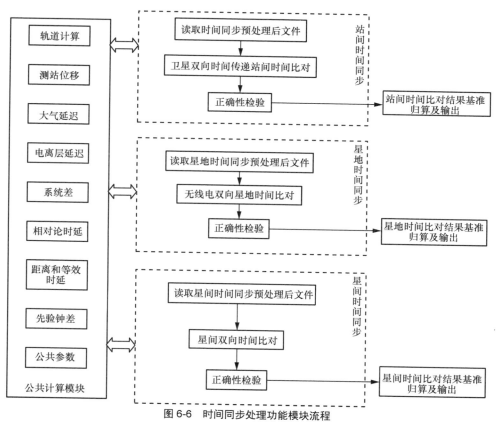

图 6-6　时间同步处理功能模块流程

① 星地时间同步处理

采用 Q/V 馈电链路进行星地时间同步计算处理。星地测量原理如图 6-7 所示。

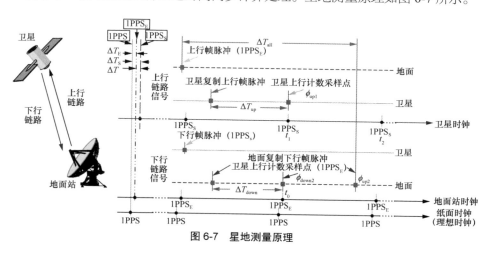

图 6-7　星地测量原理

地面上行测距标志（上行帧脉冲，同 $1PPS_E$）传送至卫星，卫星收到后并不立即相干转发该标志，而是独立形成下行测距标志（下行帧脉冲，同 $1PPS_S$）。这与卫星收到的上行测距标志（卫星上行帧脉冲）有一个时间差 ΔT_{up}，需要扣除这个时间差。这个时间差信息靠卫星下行测距标志（下行帧脉冲，同 $1PPS_S$）对到达卫星的上行测距信号采样获得，即 $\Delta T_{up} = \phi_{up1} / R_{PN}$。地面接收到下行测距标志（地面复制下行帧脉冲）对上行信号采样 ϕ_{up2}，可得 $\Delta T_{all} = \phi_{up2} / R_{PN}$。所以信号上下行传输时延为 $\Delta T_{all} - \Delta T_{up} = (\phi_{up1} - \phi_{up2}) / R_{PN}$，然后乘以光速得到双向路程。

地面将从下行测量帧中获取的帧计数、位计数、伪码周期计数、伪码 chip 计数、码相位（星上采样值，上行伪距信息 ϕ_{up1}）信息与地面采样获取的帧计数、位计数、伪码周期计数、伪码 chip 计数、码相位（地面复制下行帧脉冲采样值，下行伪距信息 ϕ_{up2}）等测量信息进行比较计算，得到信号在地面与卫星间传输的双程时间 ΔT，计算出卫星与地面站的距离。计算公式如下

$$R = \frac{1}{2} \Delta T \times c \approx \frac{(\phi_{up1} - \phi_{up2})c}{2R_{PN}} \tag{6-1}$$

② 星间时间同步处理

星间链路双向测距是一种双向单程距离测量。不同时刻的双向观测归算至同一时刻方能参与卫星轨道和钟差测定。假定将 t_1 和 t_2 测量的测距值需要归算至 t_0，归算公式为

$$\rho_{AB}(t_0) = \rho_{AB}(t_1) + d\rho_{AB} = \left| \boldsymbol{R}_B(t_0) - \boldsymbol{R}_A(t_0) \right| + c\left(\text{clk}_B(t_0) - \text{clk}_A(t_0)\right) + c\tau_A^{\text{Send}} + c\tau_B^{\text{Rcv}} + \Delta\rho_{\text{cor}}^{AB}$$

$$\rho_{BA}(t_0) = \rho_{BA}(t_2) + d\rho_{BA} = \left| \boldsymbol{R}_B(t_0) - \boldsymbol{R}_A(t_0) \right| + c\left(\text{clk}_A(t_0) - \text{clk}_B(t_0)\right) + c\tau_B^{\text{Send}} + c\tau_A^{\text{Rcv}} + \Delta\rho_{\text{cor}}^{BA}$$

$$\tag{6-2}$$

其中，$d\rho_{AB}$ 和 $d\rho_{BA}$ 为观测历元与目标历元的卫星距离差和卫星钟差，即

$$d\rho_{AB} = \left| \boldsymbol{R}_B(t_0) - \boldsymbol{R}_A(t_0) \right| - \left| \boldsymbol{R}_B(t_1) - \boldsymbol{R}_A(t_1 - \Delta t_1) \right| + c\left(\text{clk}_B(t_0) - \text{clk}_A(t_0)\right) - c\left(\text{clk}_B(t_1) - \text{clk}_A(t_1)\right)$$

$$d\rho_{BA} = \left| \boldsymbol{R}_B(t_0) - \boldsymbol{R}_A(t_0) \right| - \left| \boldsymbol{R}_A(t_2) - \boldsymbol{R}_B(t_2 - \Delta t_2) \right| + c\left(\text{clk}_A(t_0) - \text{clk}_B(t_0)\right) - c\left(\text{clk}_A(t_2) - \text{clk}_B(t_2)\right)$$

$$\tag{6-3}$$

$d\rho_{AB}$ 和 $d\rho_{BA}$ 可由卫星预报轨道和预报钟差参数计算得到，其计算精度取决于卫星预报速度和预报钟速的精度。一般认为卫星预报速度误差约为 0.1 mm/s，预报钟速误差小于 1×10^{-13} S/s（每秒采样数），$d\rho_{AB}$ 和 $d\rho_{BA}$ 的计算误差小于 1.0 cm。

将 $\rho_{AB}(t_0)$ 和 $\rho_{BA}(t_0)$ 作差，可以消除卫星轨道信息，直接用于钟差测定

$$
\frac{\rho_{AB}(t_0) - \rho_{BA}(t_0)}{2} = c\left(\mathrm{clk}_B(t_0) - \mathrm{clk}_A(t_0)\right) +
$$
$$
c\left(\frac{\tau_A^{\mathrm{Send}} - \tau_A^{\mathrm{Rcv}}}{2}\right) - c\left(\frac{\tau_B^{\mathrm{Send}} - \tau_B^{\mathrm{Rcv}}}{2} + \frac{\Delta\rho_{\mathrm{cor}}^{AB} - \Delta\rho_{\mathrm{cor}}^{BA}}{2}\right)
\tag{6-4}
$$

其中，$\Delta\rho_{\mathrm{cor}}^{AB}$ 和 $\Delta\rho_{\mathrm{cor}}^{BA}$ 可以利用误差改正项精确建模。$\tau_A^{\mathrm{Send}}(\tau_B^{\mathrm{Send}})$、$\tau_A^{\mathrm{Rcv}}(\tau_B^{\mathrm{Rcv}})$ 为设备时延，在短期内（如 3 天的弧长）是常量，需在业务处理算法中进行单独标定。

利用式（6-4）完成了星间双向伪距测量中的卫星轨道与钟差解耦。利用星间双向测距计算出的卫星相对钟差可以用于钟差测定。

③ 星地星间联合时间同步

星地双向时频传递+星间链路计算卫星钟差的原理如下：对于境内卫星，利用星地双向时频传递，得到境内弧段的卫星星地钟差；对于境外卫星，以境内卫星为节点，利用境内卫星的星地钟差和境内外卫星之间的星间相对钟差，通过"一跳"的方式得到卫星境外弧段相对于地面守时系统的钟差；最后将每颗卫星的境内外钟差各自进行卫星钟差参数拟合，得到卫星广播钟差参数。

6.2.1.2　空间基准的统一

空间基准统一则包括空间基准的建立与溯源、空间基准的传递两部分。前者依赖一组长期维护的监测站坐标和速度参数实现，后者则基于相位中心标定、轨道确定和用户定位等手段实现。

对于地表目标和近地空间目标，一般采用地球固定坐标框架来表征目标相对于地球的运动。卫星导航系统的空间基准即指地球固定坐标系，如 GPS 的 WGS-84、GLONASS 的 PZ-90、Galileo 的 GTRF 和北斗的北斗坐标系均为地球固定坐标系的具体实现。

地球固定坐标系的定义包括坐标原点位置、坐标轴的指向、坐标参数的尺度和度量方式。国际地球自转服务（IERS）协议（2010 年）定义的国际地球参考系统（ITRS）是目前公认比较权威的地球固定坐标系，其定义如下：

（1）坐标原点是地心，它是整个地球（包括海洋和大气）的重量中心；

（2）长度单位是米，这一比例尺和地球局部框架的地心坐标时（TCG）时间系统保持一致，符合国际天文学联合会（IAU）和国际大地测量学和地球物理学联合会（IUGG）的 1991 年决议，由相应的相对论模型得到；

（3）其方向初始值为国际时间局给出的 BIH1984.0 方向；

（4）定向随时间演变采取相对于整个地球的水平板块运动无整体旋转的无净旋转（NNR）条件。

ITRS 是一个抽象的数学定义，利用多种技术综合实现的一系列地面站坐标则是对 ITRS 的实现，即国际地球参考框架（ITRF）。参考框架与 ITRS 对齐的过程，可以通过空间基准站向 ITRF 基准站对齐的方式实现。

由于 ITRF 是由一系列位于地球表面的测站坐标具体实现的，在一定意义上只是对地球形状的几何表达，并不能很好地表达地球内部重量分布，因此 IERS 规范中还明确了用于表示地球重量分布的地球重力场数学规范和模型，目前最新的国际地球参考框架为 2017 年发布的 ITRF2014，IERS2010 中推荐的地球重力场模型（EGM）为 EGM2008。

本书以 2000 年国家大地坐标系（CGCS2000）精化坐标系为例，简要介绍 CGCS2000 精化坐标的维持方法。

CGCS2000 精化符合 IAU 决议中的地心参考系统规范，通过将地面站网对北斗/GNSS 卫星的观测数据与公开的全球 ITRF 框架点观测数据联合处理实现，使空间基准向最新版本的 ITRF2014 对齐。同时，CGCS2000 精化参考椭球参数与 CGCS2000、BDCS 一致，实现时需计算与 CGCS2000 和 BDCS 的转换关系，具体定义如下。

（1）原点、尺度和定向

CGCS2000 精化的原点、尺度和定向向 ITRF2014 对齐。

原点为整个地球质心，向 ITRF2014 原点对齐。在 2010.0 历元，ITRF2014 的原点与国际激光测距服务（ILRS）组织得到的卫星激光测距（SLR）原点时间序列不存在平移和平移速率。

尺度为国际单位制（SI）米，同地心局部框架的 TCG 时间坐标一致。在 2010.0 历元，ITRF2014 的尺度与 ILRS 和国际 VLBI 服务得到的尺度时间序列平均值之间不存在尺度变化和尺度速率区别。

定向向 ITRF2014 对齐，Z 轴指向 IERS 参考极方向，X 轴指向 IERS 参考子午线与通过原点的赤道面的交点，Y 轴完成右手直角坐标系。在 2010.0 历元，ITRF2014 的方向与 ITRF2008 不存在旋转和旋转速率。

（2）参考椭球定义

参考椭球的几何中心与地球所有物质的质心重合，参考椭球的旋转轴与 Z 轴重合。参考椭球定义的基本参数见表 6-1。

表 6-1　参考椭球定义的基本参数

参数	定义
长半轴	6 378 137.0 m
地心引力常数	3 986 004.418×108 m³/s²
扁率	1:298.257 222 101
地球自转角速度	7 292 115.0×10⁻¹¹ rad/s

空间基准建立维持工作应具备两种运行形态。

当北斗/GNSS 可用时，系统空间基准维持工作主要处理的步骤包括：

1）以全球分布的 IGS 监测站观测数据和自有地面监测站观测数据为输入，进行整网数据处理解算，得到单天全球网松弛解；

2）通过约束 ITRF 核心站坐标，实现瞬时历元的全球网松弛解向 ITRF 框架的对齐；

3）处理长时间的全球网解算出的地面站坐标时间序列，在消除固体潮、海潮、极潮、大气负载和地心运动等因素引起的非线性运动外，拟合提取出周年变化趋势，扣除振后形变；

4）扣除可建模非线性运动形变、周年形变和震后形变后，对地面站坐标长期时间序列进行拟合，生成测站运动的速度项；

5）通过已知公共站点在 ITRF、北斗坐标系、CGCS2000 和 CGCS2000 精化下的位置和速度参数，计算 CGCS2000 精化与 ITRF、北斗坐标系和 CGCS2000 的旋转参数。

上述处理过程可每 3～6 个月执行一次。

当北斗/GNSS 不可用时，利用北斗/GNSS 可用时解算的地面监测站坐标与速度参数和周期特征进行预报，得到地面监测站的瞬时坐标，作为定轨与钟差解算处理的空间基准。其处理步骤如下：

1）在参考时刻，将地面监测站位置和速度参数进行外推；

2）在位置和速度外推的基础上增加固体潮、海潮、极潮、大气负载和地心运动等因素引起的非线性运动；

3）根据 ITRF 框架实现情况，选择是否将地面监测站的周年变化趋势加入地面监测站瞬时坐标。

6.2.2　异步感知动态集约测控技术

卫星互联网星座系统具有星间组网和全天时、全天候实时在线提供网络服务的显著特征。星间链路贯通全球星座，星座整体连通性决定网络服务质量。网络畅通、星座可控，要求任一节点卫星实时受控。为实现该目标，运行控制系统必须实现闭环管理。通过系统内天地网络实现超视距测控，打破测控弧段局限，将实时管控能力扩展至整个星座，提高管理效率，保证服务效能。

目前国内外典型星座中，Iridium Next 星座、Kuiper 星座和北斗星座均设有星间链路，每颗卫星通过星间链路与其相邻的卫星建立连接，并可以通过馈电链路和星间链路在卫星网络和星地间传输遥测、遥控信息和业务数据，实现超视距测控，以及单个或多个地面站对整个卫星系统的测控和业务管理[1]。

基于对卫星互联网星座系统的业务能力和特征分析，以及参考国内外典型星座系统，发现对测控技术的需求主要体现在卫星运行、星座维持、应用服务等方面。

在卫星的运行周期内，测控系统的主要职责包括：测定轨道、遥控、遥测、信息实时交互、轨道控制、星上时间校准等。

依据发射与入轨方式，低轨卫星在整个任务期内需要经历：主动段、初始轨道段、停泊轨道段/在轨测试段、在轨工作段、主动离轨段、被动离轨段。低轨卫星测控需求剖面如图 6-8 所示。

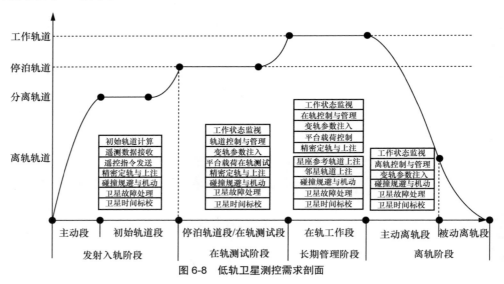

图 6-8　低轨卫星测控需求剖面

低轨卫星的轨道特性和业务服务特征决定了低轨卫星测控需求。由于低轨卫星轨道高度低，运行周期短，卫星飞经地面站上空时相对速度高，传统地面站对其测控弧段短，一次过站仅有几分钟至十几分钟可观测时间。星上互联网综合处理载荷，需要通过星间链路和星上处理能力实现星间组网和天地互联，需要通过网络资源的灵活配置按需发挥服务能力。这些都要求测控系统打破布站几何限制，提供全球测控覆盖，具备全天时、全天候测控能力，满足卫星实时测控保障需求，匹配按需提供全球卫星互联网星座接入服务能力[2]。

对于海外高轨卫星，在地面建站不可行的情况下，可考虑通过星间链路传输测控信息。

卫星互联网星座具有以下特点：从星座规模看，是由大规模卫星组成的全球星座；从星座构型看，由运行在低地球轨道和地球静止轨道的卫星构成，为异构混合星座；从提供的服务看，主要是高速的宽带互联网接入服务，特点是信号频率高、带宽大；为满足不同用户需求，搭载了导航增强、物联网等多种应用载荷。卫星互联网星座系统的星座属性和特点，对测控提出了新的需求。

传统测控系统，受到布站几何和测站数量的限制，只能在部分时段提供测控支持。低轨卫星的可见圈次为每天几次、每次十几分钟，测控弧段不能满足实时业务驱动下的复杂测控任务需求，卫星规模对测控能力覆盖范围提出新需求。

星座健康管理问题凸显。测控系统为健康管理提供卫星状态的监视数据，是状态修复和故障处置的唯一手段。星座高效的健康管理要求监视数据（遥测）和处置手段（遥控）具有高时效特性。卫星规模对测控实时性提出新需求。

按照目前的设计，卫星搭载的星间激光链路终端，与前后两颗同轨卫星和左右两颗邻轨卫星建立星间激光链路，建链卫星保持全双工通信。低轨卫星邻轨间相对位置变化较大，南北两端还会出现左右位置变换的情况，星间链路保持相对困难，考虑日凌等因素的影响，星间链路将存在中断情况。中断后重新建链需要测控支持，仅在可见弧段实现测控辅助建链，将影响星座通信效能，要求测控能力突破测控可见弧段限制，测控范围覆盖整个星座。星间链路建链搜索视场示意如图 6-9 所示。

卫星互联网星座在轨卫星数量多、业务载荷种类多，受基数因素影响，全星座业务测控频度高、数量大，业务载荷常态化遥控管理需求高。卫星搭载多种功能载荷，时延敏感型载荷需要进行实时测控，高时效测控管理需求高。

综上所述，卫星互联网星座系统对测控能力的需求主要体现在以下 3 个方面。

（1）全天时、全天候星座全域或区域遥控与上注要求

卫星作为天基互联网节点，依托通信载荷实现互联互通，组成同一张业务承载网

络。网络整体管理，要求网络节点卫星共同执行某些操作或配置参数，作为天基网络整体提出一体化遥控上注需求。这就要求测控系统必须能够全天候完成星座全域遥控指令上注。同理，其他一些协同工作的载荷，作为应用服务整体，需协同全天候测控管理。因此为满足节点协同一体控制，测控系统需具备能力满足全天时、全天候星座全域或区域遥控与上注需求。

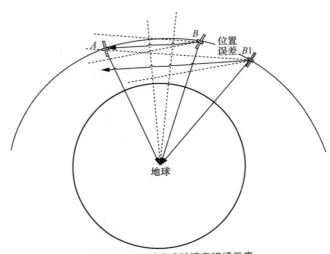

图 6-9　星间链路建链搜索视场示意

（2）全天时、全天候星座全域或区域遥测监视要求

为保证互联网接入和数据传输服务的高效稳定运行，需时刻对天基网络拓扑进行实时状态监视，包含网络状态和载荷状况的遥测数据回传地面后，将作为网络管理和星座管理的决策依据。另外，为保障全系统稳定可靠运行，在地面中心建有数字孪生系统。全时段星座全域实时平台和载荷的遥测监视数据，是数字孪生星座运行演进的核心基础。因此，测控系统需具备能力满足全天时、全天候星座全域遥测监视需求。

（3）全任务期、全工况高可靠测控服务保障要求

星座中的卫星在整个任务期内需要经历：早期轨道段、在轨测试段、在轨工作段、离轨段等阶段。在全任务期内，卫星可能出现多种异常工况，包括姿态、轨道、链路等异常，卫星平台及载荷都有出现异常状况的概率。考虑到卫星规模，卫星异常状态处理能力必不可少。因此，测控系统需具备能力满足全任务期、全工况高可靠测控服务保障需求。

针对上述对卫星互联网星座网络化测控技术的需求分析，研究实现目标瞄准系统

高精度网络化测控能力，形成构建实时高效、稳定可靠的星座网络化测控手段，成为亟待解决的问题。

因此考虑设计随路测控系统，利用馈电链路和星间链路，实现遥控和遥测信息网络化传输，构建实时高效的网络化随路测控手段。

为了在业务通道上同时传输业务数据和测控数据，设计网络化随路测控协议，在应用层对测控数据的接口和信息交互方式进行规定，并与业务数据进行区分。

首先，应确定网络化随路测控协议框架，明确网络化随路测控协议规定的范围，确定协议中应实现的各项主要服务内容，梳理各服务之间的关系，并在此基础上，根据网络化随路测控的需要，设计协议的整体框架结构，规划为实现网络化随路测控功能，传输层和网络层等应具备的功能。其次，需设计网络化随路测控协议高可靠传输机制，包括数据传输流程和传输异常处理。

依据测控业务的实际需求，设计测控信息实施传输的步骤和流程，获取网络能力重点保障，在保证测控效率的前提下，提升网络化随路测控可靠性，验证网络化随路测控实施模式，形成随路测控传输机制，深度匹配卫星互联网星座网协议，为网络化测控实施提供操作依据。

由于网络传输存在的时延抖动、数据丢包乱序和网络拥塞等因素可能会影响测控可靠性，因此需开展随路测控异常处置研究，利用数据重传、时间窗保护、乱序纠正等异常处置措施，在保证测控效率的前提下，提升网络化随路测控可靠性，验证网络化随路测控异常管理效能，形成随路测控异常处置机制，完善卫星互联网星座测控传输性能。

针对大带宽、高速率网络通道条件下，遥测、遥控信息如何组织构建的问题，开展随路测控数据帧格式研究，对测控数据的信息范围、信息含义、层次结构等进行设计研究。兼容传统 S 测控信息帧格式，发挥卫星互联网星座高速率、大带宽的特性，灵活配置遥控、遥测信息内容，形成随路测控通用数据帧格式，提升测控信息星地传播效率，为网络化测控信息提供组织标准。

在确定了协议后，卫星和地面的测控系统也需要实现对网络化随路测控系统的兼容和管控。

针对卫星和地面测控系统与网络化随路测控协议数据融合的问题，开展数据接口的研究，梳理实现网络化随路测控协议规定的各项功能所需的数据内容，根据对各项数据精度和格式等的需求，设计协议和卫星以及地面测控系统之间的数据接口，并根据对地面测控系统人为管控的需要，设计兼容地面测控系统网络化随路测控系统的人机交互接口。

由于卫星和地面测控系统同时管理多种测控方式，因此需开展对网络化随路测控管控方式的研究和设计，重点从控制测控数据传输、系统配置管理、系统完好性检测、故障报警和处理等方面开展研究，使得测控系统能实时地控制和监督协议中各个功能模块及服务高效稳定运行。

由于网络化随路测控数据与业务数据共同传输，针对网络化随路测控数据与其他业务数据区分的需求，开展测控数据优先级研究；同时根据测控数据的内容，对测控数据进行分类，细化测控数据优先级，制定传输消息中优先级的表示方式，验证系统根据传输消息优先级分配传输资源。

针对测控数据和其他业务数据体量较大，传输调度困难的问题，开展对网络化随路测控数据拥塞管理机制的研究。分析各类测控及业务数据对于传输时延的需求，为不同优先级的数据设计调度队列，根据实际业务的需求以及信道链路实时评估分析结果，灵活配置队列参数，研究数据在队列中的排序方式以及动态队列调度算法，确保具有高优先级的测控数据的高效传输。

针对在大量网络化随路测控和业务数据同时传输时，各个节点可能存在的数据拥塞问题，开展传输服务拥塞避免机制的研究，重点从网络资源监测、数据流量趋势预测、丢包算法等方面开展研究，缓解数据拥塞状况，保障网络化随路测控数据传输的服务质量。

6.2.3　精密控制与集群拓扑成型技术

由于新一代卫星星座设计规模庞大，低轨星座导航增强服务对低轨卫星轨道与钟差精度要求极高，星座构型所受影响因素甚多，在实际应用中，星座构型管理与控制的复杂性会随星座规模的增大而急速增加。为保证星座安全可靠，满足宽带互联、导航增强等业务需求，降低系统运维复杂程度，要求测控系统能精密确定星座中卫星的位置关系，可靠实施轨道控制，稳定保持星座构型，综合考虑星座运行状态、统筹管理星座全生命周期更替演化。面向实际应用，需要考虑轨道动力学的复杂性、区域性布站条件对解算低轨卫星精密轨道及钟差带来的挑战，以及大规模低轨星座对构型维持与高效应用带来的级数增长的复杂性等多个细分领域，需要解决区域布站条件下如何高效实时解算低轨卫星精密轨道及钟差、大规模低轨星座如何动态高效地制定构型保持及轨道机动策略、对于十万量级的空间物体如何快速准确地评估碰撞风险并制定合理的规避策略等难题。

　　本节主要从多源数据融合的精密轨道解算技术、大型星座构型保持与规避决策技术，以及与海量空间碎片碰撞风险快速评估预警技术 3 个方面进行简要介绍，并对未来研究方向进行展望。

6.2.3.1　多源数据融合的精密轨道解算技术

　　多源数据融合的精密轨道解算技术主要是指综合利用地面站测量数据、星间测量数据、星载测量数据等多源数据融合处理，在 GNSS 可用和不可用两种情况下进行星座卫星精密轨道和钟差解算，以满足各类导航增强电文生成需要等，使低轨星座在区域布站条件下实现全球范围的导航增强服务需求。在精密轨道与钟差解算方面，在 GNSS 可用情况下，需要将低轨卫星作为移动测站，利用地面 GNSS 测量数据、低轨卫星星载 GNSS 测量数据对 GNSS 卫星和部分低轨卫星进行联合轨道与钟差解算；在 GNSS 不可用情况下，需要利用星地测量数据、星间链路测量数据对低轨星座进行独立精密轨道和钟差解算[3]。

　　（1）北斗/GNSS/低轨卫星联合定轨

　　在北斗/GNSS 观测数据可用情况下，联合处理区域监测接收机对 GNSS 卫星伪距相位观测数据以及低轨卫星星载接收机对 GNSS 卫星的星载观测数据，从而实现对北斗/GNSS 卫星和 LEO 卫星轨道的高精度确定及预报[4]。以上处理方法被称为"一步法"定轨，中高轨卫星预报轨道生成的主要数据的输入与输出如图 6-10 所示。

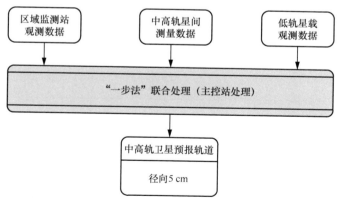

图 6-10　中高轨卫星预报轨道生成的主要数据的输入与输出

　　相比于传统 GNSS 星座，低轨大型星座卫星数量众多，过多的待估参数将极大增加法方程求解计算量，影响整体解算效率。在实际工程实现中需要考虑实时性问题，因此采用了替代方案进行处理。厘米级精密位置服务的精密定轨方案如图 6-11 所示。

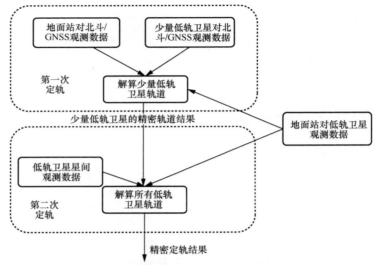

图 6-11 厘米级精密位置服务的精密定轨方案

第一次定轨：合理选取部分低轨卫星（类别 A）参与一步法解算，实现类别 A 卫星的空间基准向北斗/GNSS 系统空间基准对齐，精度可优于 3 cm。

第二次定轨：使用区域地面站与 LEO 卫星间测量进行联合定轨，同时强约束解算得到的类别 A 卫星轨道，则可实现剩余 LEO 卫星轨道的确定。

（2）北斗/GNSS 不可用时低轨星座星地星间测量联合定轨

无北斗测量值的精密定轨策略汇总见表 6-2。

表 6-2 无北斗测量值的精密定轨策略汇总

参数	内容
定轨弧段	1 天
采样间隔	30 s
动力学模型	二体运动、地球非球形引力、日月引力、太阳辐射压、固体潮、海潮摄动、极潮、大气阻力、地球反照光压
ISL 设备时延	每颗卫星或者地面站星间设备的发射和接收时延之和作为全弧段的一个待估参数
待估动力学参数	所有卫星轨道待估参数包括卫星钟差、初轨、大气阻力和经验加速度
误差修正	参考 IERS2010
时间基准	约束时间基准站钟差为 0
空间基准	固定地面锚固站坐标

在无北斗/GNSS 观测数据情况下，联合少量地面站对低轨星座的伪距相位下行观

测与高精度星间链路观测数据，进行批处理最小二乘法动力学定轨。星地星间测量联合定轨采用多星处理模式，同时解算所有低轨卫星的钟差、初轨、大气阻力、经验加速度、大气残余和相位模糊度信息，实现低轨全星座卫星轨道确定。

星地星间测量联合多星定轨数据流程原理如图 6-12 所示。

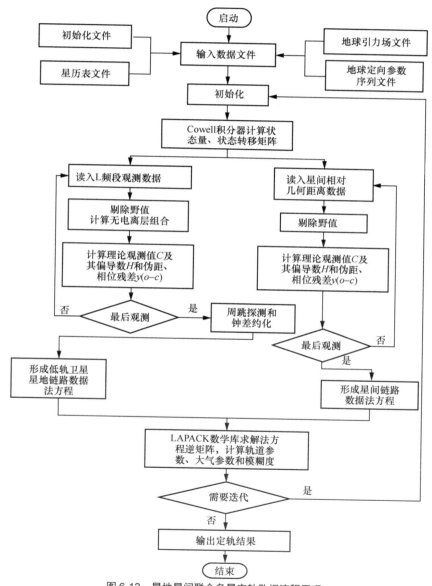

图 6-12　星地星间联合多星定轨数据流程原理

6.2.3.2 星座构型保持与规避决策技术

在星座构型保持研究中，首先需要根据星座服务的性能需求确定构型保持的参数集，而后对构型参数建立相应的短期数值评估模型和中长期演化模型，进行构型状态的评估监视。目前，星座构型保持技术主要分为绝对站位保持和相对站位保持两类，为此需要结合星座构型保持的参数集进行比较分析，确定适合的构型保持策略。此外，还需要考虑卫星的机动方式和特点，分析轨道控制期间卫星业务中断对星座服务性能的影响，给出合适的轨道轨控区间与轨道控制策略，实现对星座的构型保持。星座构型保持技术流程如图 6-13 所示。

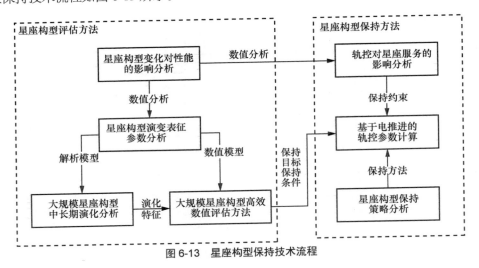

图 6-13 星座构型保持技术流程

（1）星座构型评估方法

通常可以用星座卫星数、轨道平面数、轨道高度和倾角，以及相邻轨道面卫星相位差等一些参数来描述一个 Walker 星座。目前的卫星星座常由一个或者几个 Walker 星座组成。对这类星座，可以用轨道高度、倾角、升交点赤经差、卫星相位间隔、初始相位差等参数组成的一组或者几组参数来描述其星座的基本构型。

在卫星轨道摄动作用下，不同的轨道参数其变化规律不尽相同，对卫星星座的服务性能的影响也不相同，因此需要结合卫星的轨道摄动长期影响，分析特定阈值下不同的星座构型参数对星座服务性能的影响情况，确定对性能影响显著的参数，作为构型演变的主要表征参数，用作后续构型保持的目标参数。

对于轨道高度为 1 100 km 左右的星座，可能造成实际构型与设计的 Walker 构型偏差的因素包括：卫星入轨/相位捕获偏差、地球扁率和大气阻力，其他摄动力如太阳辐射光压、日月三体引力等可以忽略。

受各种因素影响，卫星实际轨道根数与设计值的差别中，具有长期演化规律的是平均升交点赤经（地球扁率、入轨偏差）、平均相位角（地球扁率、入轨偏差）、平均半长轴（大气阻力、入轨偏差）、平均偏心率（大气阻力），对这些参数进行监控和调整，即可实现星座构型保持。

（2）星座构型保持方法

1）星座构型保持策略分析

星座构型保持控制旨在确保星座性能的稳定性和连续性，维持星座中卫星的站位，降低星座运行维护成本和构型设计复杂度。Starlink 通过调整卫星轨道半长轴来进行维持控制，但因卫星轨道高度低，受大气阻尼摄动影响大，卫星保持较为频繁。

星座构型保持主要基于星座构型的设计参数，根据卫星实际轨位和星座实际构型，制定星座卫星的站点保持策略，计算相应的轨控参数。星座构型的保持主要包括相对站点保持策略和绝对站点保持策略两种。通常绝对站点保持策略相对简单，便于星座自主维持，但保持可能相对频繁；相对站点保持策略则较为复杂，但有助于降低保持频度。

① 相对站点保持规划

相对站点保持规划的基本含义，是选择某一特定卫星作为参考卫星，评估星座中其他卫星相对参考卫星的状态，且参考卫星的选择可以根据实际情况调整。

a）控制目标分析

卫星的相对位置关系可以用卫星轨道半长轴、偏心率、倾角以及卫星相位和升交点位置关系等描述。地球扁率摄动不会引起卫星轨道半长轴、偏心率和倾角的长期变化，但会导致卫星相位和升交点赤经的长期变化，因此可以用卫星之间的相位和升交点赤经的变化来描述星座结构的空间几何变化。

对由轨道高度、偏心率和倾角均相同的卫星构成的星座，地球扁率和大气阻力摄动虽然会导致卫星在星座中的绝对相位和轨道平面的变化，但并不改变卫星之间的相位差和轨道平面的相对关系，因此它不会引起星座的空间几何结构和全球性能的变化。但是入轨偏差作为随机量，对于每颗卫星是不同的，这就会导致卫星之间的相对位置发生变化，从而导致星座结构和性能的变化。此外，卫星的入轨偏差则将导致星下点轨迹的弥散，使得整个星座的结构逐渐紊乱并最终丧失功能。因此，在相对构型保持策略中，仅需要修正入轨偏差对相对升交点赤经和相对相位差的影响。

b）构型维持策略设计

由于入轨偏差主要影响半长轴、升交点赤经和相位角，采用相对站点保持策略时，可选取一颗卫星作为参考卫星，使星座中其他所有卫星相对于参考卫星的升交点/相位漂移量绝对值累加值最小，且需要进行轨道机动的卫星数量最少，以达到最低轨控频次和最少燃料消耗的目的。

② 绝对站点保持规划

绝对站点保持规划除了要消除上述相对运动带来的构型变化以外，还要消除地球非球形引力（升交点西退）以及大气阻力（半长轴衰减、相位漂移）带来的轨道变化，因此，绝对站点保持的代价较大，实际中采用的较少。

2）基于电推进的构型控制方法

在确定适合的星座保持策略后，针对卫星采用电推进技术的情况，进行相应的星座保持中卫星轨道控制方法研究，主要包括卫星轨控对星座服务的影响分析和基于电推进的轨控策略计算，确定卫星轨控实施的合适区域，以及相应的轨控参数。

（3）电推进条件下的卫星碰撞规避决策方法

1）碰撞规避决策方法

碰撞规避机动的实质是一个变轨问题，在规避时机选择上，除了要考虑机动对服务的影响尽可能小，还要尽量保证卫星在变轨结束后处于测站跟踪之中，便于变轨后能迅速得到卫星实时观测数据，对规避效果进行评估。在轨控量计算上，需要结合碰撞预警结果，综合考虑卫星发动机的燃料结余、发动机推力大小、威胁目标接近几何关系和卫星任务约束等因素。

对常规的化学推进，常用高度规避和时间规避两种规避策略，其中高度规避主要用于交会时刻临近的交会事件，而时间规避主要用于规避时刻距离交会还有一段时间的场景。高度规避因为临近交会，往往需要消耗较多的燃料。

对于电推进情形，为了确保消除交会风险，需要在交会时刻卫星距离目标足够远（通常在数千米量级，取决于卫星和目标的轨道精度），因此，卫星的规避机动可能需要较大的控制量，需要较长的开机时间，原先的基于化学推进的高度规避和时间规避策略就不太适用，需要做进一步的调整。

① 基于电推进的高度规避策略

高度规避的目的是在交会时刻，使卫星在高度上错开目标，为此，需要通过调整半长轴和偏心率矢量来达到目标。利用小推力条件下的轨道变化分析解，可给出轨控量的表达式，基于该表达式可以得到近似的电推进器的开关机时长，结合交会时刻、轨控区域约束，以及测站跟踪约束要求，可给出最终的电推进条件下的高度规避策略。

② 基于电推进的时间规避策略

时间规避的目的是卫星在过交会点的时刻与目标错开，结合轨控的一些约束条件，可以得到时间规避的控制策略。

③ 规避综合策略

时间规避和高度规避是两种极限条件下的规避策略，在实际操作中，往往会根据实际情况，对上述两种规避策略进行综合，得到更具有普适性的碰撞规避策略，具体需结合星座的特点，建立相应的规避综合策略。

2）碰撞规避操作流程

图 6-14 是航天器实际碰撞规避操作流程，该流程是结合了该航天任务的地面测控系统实际情况、任务飞控流程、任务决策流程等因素制定的。在实际应用中，需要基于卫星碰撞规避原则和决策机制、碰撞规避策略，结合测运控系统的建设情况、飞控管理流程、指挥决策流程，以及空间目标监测与预警部门交互流程等因素，同时参考国内现有卫星和航天器的碰撞规避操作流程，最终建立卫星碰撞规避流程。

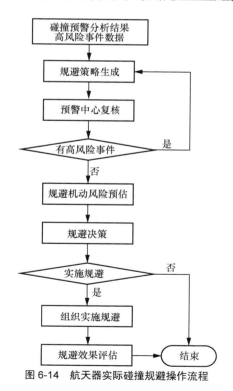

图 6-14　航天器实际碰撞规避操作流程

6.2.3.3 海量空间碎片碰撞风险快速评估预警技术

（1）基于轨道星历的危险接近快速筛查技术

对于计划进行碰撞预警的目标，需要将不可能与之发生危险交会的目标剔除掉，仅保留可能发生交会的目标。该筛选过程先后包括轨道高度筛选、轨道间最小距离筛选、过交点时间筛选 3 部分。

1）轨道高度筛选

计算所有空间目标的近地点和远地点高度，剔除满足下面任何一个条件的空间目标：

远地点高度小于被评估航天器近地点高度(hp) − dh_{max} 的空间目标；

近地点高度大于被评估航天器远地点高度(ha) + dh_{max} 的空间目标。

这里，dh_{max} 为筛选门限。

2）轨道间最小距离筛选

经过高度筛选以后，得到一些轨道可能和航天器轨道相交的空间目标，对此进行进一步筛选。

记两轨道在天球上投影的两个交点为 C 和 C′（C′位于和 C 相对的一边），已知二者的 Kepler 轨道根数，则有

$$\operatorname{ctg} u_1^{(1)} = \frac{\cos \Delta\Omega \cos i_1 - \sin i_1 \operatorname{ctg} i_2}{\sin \Delta\Omega} \tag{6-5}$$

$$\operatorname{ctg} u_2^{(1)} = \frac{-\cos \Delta\Omega \cos i_2 + \sin i_2 \operatorname{ctg} i_1}{\sin \Delta\Omega} \tag{6-6}$$

其中，$\Delta\Omega = \Omega_2 - \Omega_1$，为升交点赤经差，因受轨道摄动力影响，计算时需考虑其长期变化项。$u_k^{(2)} = u_k^{(1)} + \pi$，$i_k$ 为轨道倾角，$k = 1,2$。两个交点距离 $\Delta\rho^{(k)}$ 为

$$\Delta\rho^{(k)} = \left| \frac{p_1}{1 + e_1 \cos\left(u_1^{(k)} - \omega_1\right)} - \frac{p_2}{1 + e_2 \cos\left(u_2^{(k)} - \omega_2\right)} \right| \tag{6-7}$$

若 $\Delta\rho^{(1)} \leqslant r_{max}$ 或者 $\Delta\rho^{(2)} \leqslant r_{max}$（$r_{max}$ 是交点距离筛选门限），则作为潜在危险目标进入下一步的时间筛选。

3）过交点时间筛选

由于空间目标过轨道交点的时间不尽相同，因而可用过轨道交点的时间差进一步筛选。假设航天器（或空间目标）在 $t_{0,k}$ 时刻的轨道根数为 $(a_0, e_0, i_0, \Omega_0, \omega_0, M_0)_k$，则其过轨道交点的时刻为 $t_k = t_{0,k} + \Delta t_k$，其中

$$\Delta t_k \approx \frac{\lambda_k - \lambda_{0,k} + 2\pi j}{(n + \lambda')_k} - \frac{j(j+1)}{2}\dot{T}，\quad k=1,2 \tag{6-8}$$

式中，$\dot{T}$ 为轨道周期一阶变化率，可以从 TLE 中给出的平均运动角速度 n 的一阶变化率 $\dot{n}$ 转换得到，j 为非负整数，$\lambda_{0,k} = \omega_{0,k} + M_{0,k}$。

当航天器或空间目标过轨道交点的时间差 $\Delta\tau$ 小于给定时间筛选门限 ε_t 时，即

$$\Delta\tau = |t_1 - t_2| \leqslant \varepsilon_t \tag{6-9}$$

则可认为该空间目标为可能与航天器发生碰撞的潜在危险目标，需要进行进一步的碰撞风险评估。

综上所述，基于轨道星历的危险接近快速筛查流程示意如图 6-15 所示。

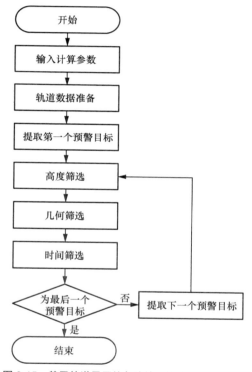

图 6-15　基于轨道星历的危险接近快速筛查流程示意

① 输入计算参数：输入预警计算编号、预警开始时间、预警时间长度、所有目标轨道基本数据、所有目标轨道根数。

② 轨道数据准备：依次比较所有目标预警开始时间前最新的轨道根数的根数时间与预警开始时间的时间差，如果时间差大于预警有效期，则该编号目标不参与预警计算，提取所有筛选后剩余目标轨道基本数据，从中提取每个物体的轨道近地点高度和远地点高度，以及每个物体的轨道根数。

③ 高度筛选：提取预警计算编号中的一个物体，依次将该物体与数据准备后的物体进行高度筛选，筛除掉不满足安全距离的编号，仅保留满足高度筛选阈值的编号。

④ 几何筛选：提取预警计算编号中的一个物体，依次将该物体与高度筛选后的物体进行几何筛选，筛除掉不满足筛选条件的编号，仅保留满足筛选阈值的编号。

⑤ 时间筛选：提取预警计算编号中的一个物体，依次将该物体与几何筛选后的物体进行时间筛选，筛除掉不满足筛选条件的编号，仅保留满足筛选阈值的编号。

⑥ 计算所有目标：对每个预警计算编号内的物体，根据③～⑤计算每个编号对应的可能发生危险交会的背景目标编号数组、可能发生危险交会的背景目标轨道根数数组。

（2）空间目标星历及其误差计算方法

对低轨道的空间目标，TLE 数据通常采用 SGP4 模型预报星历；对自主精密跟踪后产生的精密轨道，则用相应的精密星历预报软件计算预警期内的星历。

此外，交会时刻的轨道误差是碰撞概率计算中的关键参数。通常根据是否具有初始轨道误差信息而分为如下两种途径获得。

对于有初始误差信息的轨道数据，通过定轨协方差矩阵随时间的演化规律，建立协方差矩阵的演化算法。由于空间碎片轨道运动对应高维非线性的函数，因此难以得到解析的协方差演化的规律，通常采用数值方法计算。

对于没有初始误差信息的轨道数据（如 TLE），需要利用统计方法计算轨道预报的误差数据。由于数据、模型和方法的影响，空间物体的轨道预报数据与实际发布的数据之间存在一定的偏差，这里所定义的误差，一般是指位置误差。对于数据量足够的样本，可以直接根据提取的样本数据计算其误差及分量，误差通常可以分解为沿迹方向、法向和轨道面法向（UNW 方向），也可以分解为径向、横向和轨道面法向（RTW 方向）。

（3）星座风险动态筛查与精细评估

碰撞预警利用预报轨道状态和误差协方差信息进行碰撞风险评估，得到各种碰撞风险评估参数，根据一定的准则判断碰撞风险参数是否处在危险区域。如果在危险区域则向卫星用户等发出预警警报和规避建议，需要采取相应的措施，包括针对危险目标制定监测计划，加强监测，以便提高轨道数据精度，减小交会时刻的位置误差椭球，降低虚警率。若卫星已不处于危险区域，则及时解除警报。碰撞预警服务流程如图 6-16 所示[5]。

每日获取大型星座卫星参数及精密星历数据，并从国际公开信息源获取卫星轨道星历数据，更新到空间目标编目信息库。然后利用全部空间目标每日最新轨道信息，对星座中各航天器进行每日危险目标轨道预筛和碰撞预警交会计算，筛选进入威胁阈值的危险目标，生成每日预警报告，并及时告知有关部门。对于危险程度较高的交会预警则需考虑进行机动规避。

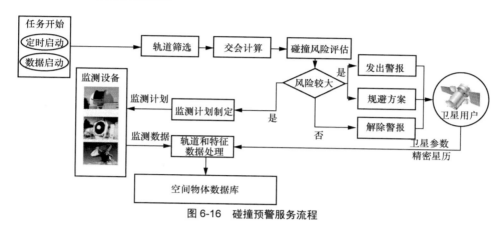

图 6-16　碰撞预警服务流程

6.2.4　拟态群体智能任务规划调度技术

随着卫星技术的不断发展，卫星资源被广泛运用到社会生活的各个方面，例如抢险救灾、自然环境监测、商业利用等。现有的航天资源应用面临如下的考验：在资源的供需关系上，卫星资源增长速度难以满足用户需求的增长，稀有的资源如何分配给多个存在资源耦合关系的任务是个难题。在任务的执行编排上，由系统运行和用户服务所产生的多类型多资源任务之间的执行调度的复杂度呈指数级增长，任务的执行顺序编排、执行时间窗口的构造存在巨大的求解答案搜索空间。因此为了更充足地利用有限的各种资源，更充分地满足多样的用户，需要对卫星进行自动化、智能化的综合任务规划。拟态群体智能任务规划调度技术，即如何通过基于仿生学、群体智能的调度算法统筹多卫星资源，实现多卫星多任务调度的成本最小化、收益最大化，是当前学界的研究热点，也是卫星互联网新技术应用的重点方向。拟态群体智能任务规划调度技术性能的优劣直接影响到能否最大限度地利用天地一体化的物理资源，以及能否更好地为用户提供更多更有效的服务等关键性问题。多种任务对卫星资源需求的多样性和不同卫星满足同一任务资源需求的差异性，复合任务对卫星资源使用的冲突消解策略选择等，均是任务规划技术研究的重要研究方向[6-7]。多星任务规划示意如图 6-17 所示。

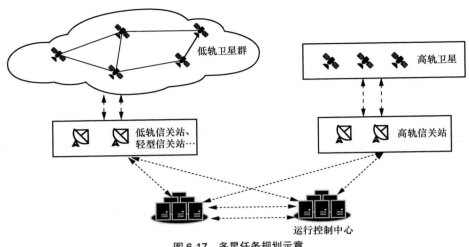

图 6-17　多星任务规划示意

6.2.4.1　单星任务规划调度技术

　　早期由于卫星功能单一、任务需求较为固定，地面管理控制卫星运作的方式主要是基于人工编排和专家会商机制。而后随着卫星载荷能力的不断提升，任务需求的多样化，卫星的任务规划调度问题逐渐受到关注，在单星任务规划求解技术当中，运用最为广泛的是集中式协同机制。

　　集中式协同机制适用于最传统的任务规划场景，由地面控制中心（调度器）规划算法集中安排与分配所有卫星（资源）的对地观测任务，所有对地观测任务由地面中心规划算法集中安排与分配。通常，地面集中式任务规划算法部署在运控中心高性能计算集群上，同时考虑所有对地观测需求和所有卫星约束，进行复杂的规划计算。目前，该方案借鉴了成熟的单星任务规划技术，因此研究成果较多。目前主要的研究方式为针对卫星建立约束满足问题（CSP）模型或者规约到经典的规划问题模型上，然后提出相应的算法进行求解。

　　在任务规划问题中，由于资源使用和任务本身需求，问题的解受到基于任务逻辑、任务需求、资源使用、资源保护等多种类型的复杂约束限制。基于显性数学公式描述的决策变量、目标函数和约束信息，建立了用于解决任务规划问题的 CSP 模型。CSP 模型的运用范围广泛，不仅可应用于单星任务规划问题，对于多星联合任务规划求解问题，在建立了相应的约束规则表示后，同样可以使用 CSP 模型进行求解。

（1）CSP 模型

约束规划方法和数学规划方法常被用于解决约束满足问题模型，两种方法的框架都较为清晰。数学规划包含线性规划算法、整数规划算法、非线性规划算法。由于数学规划的表现和使用条件较为苛刻，在卫星任务规划调度问题中求解 CSP 模型，更多使用的是约束规划方法，下文是一些常用于约束规划方法的优化算法。

最优化算法：典型的应用于卫星规划领域的最优化算法包括约束规划方法、标签设置算法、列生成算法等。最优化算法本质上是一类精确求解算法，例如约束规划方法是将隐式目标函数与约束条件结合转化为显式目标函数，然后依据梯度下降的方向寻找最优解。那么最优化算法的问题就显而易见了，首先，对于 NP-Hard 问题（卫星调度问题就是 NP-Hard 问题），其往往要寻找 NP-Hard 问题的最紧松弛，从而转化为 NP 问题，这需要满足 KKT 间隔等要求；其次，想要借助梯度的信息去寻找梯度为 0 的最优解，那么目标函数从根本上需要是凸函数；再者，目标函数即便是凸函数也不一定可导，需要通过引入辅助算子，转化成可求近似导数的式子；最后，最优化算法往往需要多次迭代当前的最优解才可能找到全局最优解，这使得最优化算法通常只适用于求解小规模的多星对地观测问题，并且求解时间较长。

Abramson 使用整数规划的方法对观测卫星的任务实时规划问题求解。Rivett 和 Pontecorvo 使用线性规划求解任务规划问题，该种方法随着问题规模扩大，求解空间爆炸性增长，实际求解时间较长[6]。

启发式算法：目前绝大多数的研究工作都采用了启发式的优化算法进行求解。启发式算法的概念是相对于最优化算法提出的。相比于最优化算法借助梯度寻找最优解有着相对明确的搜索方向，启发式算法往往基于制定的先验规则与随机的搜索方向寻找最优解，其本质是一类随机搜索算法，最终搜寻到的解不一定是最优解，但在可接受的时间和资源开销下是相对优良的解。常见的启发规则算法有两种，一种是规则启发式算法，另一种是元启发式算法。

规则启发式算法搜索解的过程由任务的特性确定，任务的特性决定了我们的解需要满足怎样的规则。例如对于高分辨率卫星的对地观测的压缩感知成像解在小波变换基本上满足稀疏性，我们往往通过将规则设定为寻找稀疏性的解（只是其中一部分规则）来进行求解。规则启发式算法往往能够基于特定的具体问题获得优良的解，但是可扩展性较差，同时如果基于的规则不符合实际（先验性存在问题），那么解的效果将会千差万别。现有的规则启发式算法的研究包括：Frank 等[8]结合多种并发式规则优化了启发式算法；Wang 等[9]基于优先级的启发规则设计了规则启发式算法，并综合考虑了避障冲突、有限回溯等思路，针对特定的问题能够以较小的时间开销获得较为优良的解；Chen 等[10]设计了基于优先级的多星任务冲突规避启发式策略，有效地解决了观测任务资源之间的冲突问题。

元启发式算法弥补了规则启发式算法的缺点，元启发式算法中的"元"字体现了其泛用性，即基于的规则是根源性的规则。比较经典的元启发式算法包括模拟退火、禁忌搜索、蚁群算法、烟花算法、遗传算法等。例如遗传算法，寻找解的规则是解"种群"的优胜劣汰以及优良解的"繁衍"和"变异"。由于元启发式算法的广泛适用性以及较好的求解结果，目前大量的研究集中在这一部分。

针对敏捷型卫星的任务调度问题，Globus 等[11]分析了随机爬山、模拟退火和遗传算法等多种启发式算法的特性。Bianchessi 等[12]建立了 CSP 模型，结合随机贪婪算法和列生成算法以及拉格朗日松弛算法进行求解。王钧[13]设计了 0～1 等长问题编码和成像约束满足遗传操作算子，提出了基于 SPEA2 遗传算法框架下的多目标任务调度算法。韩伟等[14]提出了一种基于离散粒子群的多星任务规划算法。靳肖闪[15]就成像卫星综合调度技术提出了一种混合遗传算法。

（2）规约到经典的规划问题方法

经典的规划问题模型不是一种模型，而是一群在规划问题中常见的被研究透彻的任务模型，这些任务模型往往是其他领域中常见的模型，例如背包问题模型（装箱问题模型），背包问题是动态规划模型中的一个子问题，体现动态规划的思想（下一步的最优状态建立在当前最优状态的基础上转移）。这些模型通常有较为广泛采用的建模和求解方式，为了能够利用现有的研究成果，遥感卫星多星任务规划的模型被规约为这些经典的规划调度问题再进行建模求解。

Wolfe 等[16]基于多维度背包问题模型规约遥感卫星的规划调度问题。Lin 等[17]则利用具有时间窗口约束的车间调度问题模型求解成像卫星的规划问题。贺仁杰[18]研究了将其归约为具有时间窗口约束的多机调度问题，采用禁忌搜索和列生成算法进行求解。郭玉华等[19]将多类型载荷的卫星综合任务规划问题映射为带时间窗的车辆装卸问题。

虽然经典规划问题可以借鉴大量的研究成果进行建模及求解，但规约经典问题通常有较为严格的规约形式定义，因此在规约的过程中可能需要简化卫星相关约束，以适应目标经典问题的表达形式。可见，经典问题规划模型可扩展性较差，难以表达复杂条件下卫星对地观测过程，例如将卫星规划问题映射为整数规划问题模型，难以表达卫星对地观测过程中的非线性约束。

6.2.4.2　多星联合任务规划调度

在集中式任务规划场景下，多颗卫星通常在地面卫星运行控制中心的统一规划调度和组织管理下进行对地观测任务，卫星中心在能够获取所有的卫星信息和数据传输资源的基础上进行规划，具有良好的全局优化与求解能力，然而，集中式任务规划模式具有如下的天然局限性。

（1）求解时间较长。卫星中心基于所有卫星的状态信息进行全局优化求解，解空间大，计算复杂度高，随着观测任务需求增多，卫星数量增多，卫星空间的计算量巨大，计算时间会大幅度增加。

（2）可扩展性不足。集中式卫星规划模型与卫星具体的约束耦合非常紧密，当有新的卫星资源加入时，需要调整一整个模型和算法以适应新的卫星，导致集中规划方式难以扩展。当新加入的卫星与系统中原有的卫星载荷或使用方法存在较大的不同时，甚至需要对现有的集中式任务规划求解流程进行重新设计。

（3）构建封装性弱。在集中式任务规划求解流程中，某一颗卫星的能力与约束都需要进行数学建模，所以卫星中心需要掌握每一颗卫星的具体参数。实际上，不同系列的卫星通常由不同的卫星运控中心管理，卫星技术参数不方便相互公开。在这种场景下，集中式卫星任务规划方法难以应用，因此分层式求解机制应运而生。分层式协同机制包含一个协调器和若干个调度器及相应的观测资源（集中式协同机制），当有观测任务到来时，协调器首先对任务进行预处理获得一系列子任务，然后通过一定的分配算法将子任务分配至各个调度器（减小解空间），再由调度器建模和求解生成各自的观测资源的调度方案（增强扩展性）。在这种结构下，各调度器能够在线同步反馈所分配任务的调度结果，协调器可以依据调度结果进行分配方案的优化调整，经过若干次的反馈迭代保证各观测资源的使用效率达到最优。我们可以看到，协调器和调度器所在层次的决策者具有不同的决策目标，调度器希望能够最大化地利用所辖资源，以追求经济利益和使用效益的最大化，而协调器在追求高资源使用效率的基础上，还需要兼顾各个调度器所在的对地观测系统之间的公平目标，从而实现系统容量的合理利用。

Abramson 等[20]使用分层协同机制，将任务规划分解为多层来解决，通过对每层进行建模分析并设计上下层之间的反馈机制，来解决了多观测卫星任务规划的问题。

无论是集中式协同机制还是分层式协同机制，都没有解决的一个问题是对于临时新增任务的处理。在集中式或分层式协同机制的结构下，如果有新任务到达，要么选择废弃现有的方案，重新对任务进行规划计算，要么采用启发式修正算法，对现有方案进行局部微调，将新任务插入现有方案中。重新计算耗时太长，通常不可取，而如果新任务随时到达形成常态，那么现有的方案将被反复修改。

6.2.4.3　拟态群体智能任务规划调度

拟态本质是一种生物学定义，在演化生物学里，指的是一个物种在演化过程中，获得与另一种物种相似的特征。在这里是指一种算法设计思想，人们借鉴生物学中物种的表现，将其底层逻辑规律应用到算法当中，使得计算机算法可以拥有部分生物特征的性质。常见的算法思想有遗传算法，以及借鉴记忆突触和记忆神经元的长短期记忆网络（LSTM）。

群体智能是一类去中心化的集群组织架构，最初的设计构想借鉴了自然界的群居生物，群居生物通过独特的分布式协作行为方式展现出远超单个个体的智能，例如鱼群巡游、蚁群搭桥、鸟群觅食、蜂群筑巢等。在计算机算法中利用群体智能的思想，可以使得算法在大规模集成调度任务中，针对不同类型任务拥有分布式特点，不受限于单一主体的约束。群体智能不仅被用于构造求解算法，例如蚁群优化算法、蜂群优化算法或粒子群优化算法，还可应用于免疫系统、计算机视觉、导航、地图绘制、图像处理、人工神经网络和任务规划调度。

在卫星任务规划调度中，体现拟态群体智能思想的主要是基于强化学习的 agent 和 multi-agent 算法。已有研究者提出基于 agent 和 multi-agent 的系统来设计多星任务规划中的协同机制，分布式人工智能主要研究去中心化的智能系统是如何相互协作从而实现问题的求解的[21]。multi-agent 系统是若干个相互独立的 agent 为完成某些任务或达到某个目标而组成的松散耦合的分布式自治系统，主要研究多个 agent 如何协调各自掌握的信息和知识，并行进行任务规划，以协作的方式来求解问题。在卫星任务规划调度中，通常 agent 可用于代表决策单元，例如一颗卫星或地面站，单个 agent 的动作 action 用于表述特定任务下的决策，通过策略函数来获得。在 Q-Learning 和 DQN 算法中，每个 action 都会产生对应的收益，并训练和形成收益函数，通过不断调整训练策略函数，优化收益函数，逐渐解决任务规划调度问题，形成通用的动作策略。

在多星任务规划求解这样一个问题的语境下来看，单颗卫星就是一个 agent，依据不同的自治能力，agent 分为 I1～I4 4 个等级。I1 代表卫星集群中自制能力最强的卫星，这类卫星能够获取卫星集群中所有卫星的信息，并生成整个卫星集群的规划方案。I2 级别的卫星只能获取整个卫星集群部分的信息，且拥有自主任务规划的能力。I3 级别的卫星拥有接收和发送来自卫星集群的各种信息，并对于分配的任务进行一定程度上的调度。I4 级别的卫星只有接收其他卫星消息的能力，不能向外发送消息，没有自主任务规划能力。卫星 agent 之间的交互协作机制是 multi-agent 系统解决分布式任务规划的重要手段，而协作机制（任务分配流程）的运行技术是协作协议，其中合作网协议和黑板模型是两种最重要、最常见的合作协议。

良好的分布式 multi-agent 系统框架，可有效解决集中式任务规划的规划慢、难以动态调整的问题，同时，既能够解决部分因访问权限而物理隔离的问题，又能统筹协调可利用的大量资源，提高资源利用率。好的 multi-agent 的设计既能够合理地划分子问题，减小解空间，分布式并行计算加速求解，同时 agent 间又能够相互协商调整资源，使得 multi-agent 系统具有一定优化能力，从而在各子问题求解后不断优化最终解。良好的 multi-agent 系统设计可以根据接收任务的不同情况，调整不同 agent 与任务资源匹配情况，有效解决当前任务数量增长、资源种类复杂、规划方法难以动态调整的矛盾，并且能够在不改变系统结构的条件下，方便地进行资源的动态匹配与 agent 子规划方法调整。因此，设计好的 multi-agent 任务规划系统可有效适应未来发展中卫星资源规模化和任务数量激增需求多样的趋势。

6.2.5 健康管理技术

NASA 技术分类报告（2020 年度）指出：故障预测与健康管理（PHM）技术以卫星模型为基础，通过状态参数、历史数据研判，实现卫星故障诊断、运行预测、寿命预测和健康状况评估，提出故障处置、设计改进和优化、维修保养等建议。为了实现星座全方位诊断和预测能力，根据测控信息、规则信息、专家知识和维保数据，通过数字模型方法实现运行监测、故障诊断等，并为卫星星座的在轨长期运行提供保障条件。

卫星在轨保证先后经历了事后维护、周期性维护、实时监测告警和预测预防性维护 4 个阶段。PHM 技术融合了状态监测与预测预防维护的思想，可实现在轨故障的精准定位、快速处置和有渐变趋势的故障预测。PHM 方法主要根据所提取的数据特征，即状态变化、趋势变化、知识和模型衍化等，准确描述状态参数变化规律，挖掘相关功能、性能和技术参数发生异常的机理并针对性地给出控制和预防措施。

（1）健康管理技术现状

健康管理技术概念最早由美国航空领域提出，主要根据飞机的长时间飞行需求，解决飞行过程中的状态快速判读问题，实现执行任务期间飞机的快速维护。为了保障航天器安全和在轨运行管理需要，NASA 根据卫星在轨特点和空间环境的特殊性针对性地提出了趋势分析、状态监控、寿命预测、故障预测等一系列方法与技术。通过在轨卫星运行管理实时状态进行分析、评估，研制了返回式卫星综合健康管理系统（IVHM），该系统通过卫星下行测控信息，实现远程状态监测。经过不断升级迭代，整个系统陆续集成了多类健康管理行为自动化的工具软件，主要包括基于遥测大数据挖掘的工具软件 Orca 和感应监测系统（IMS）等，应用于卫星在轨任务执行系统和国际空间站的状态监测中。其中，Orca 软件基于 k-means 算法进行故障告警等实时和历史状态监测；IMS 软件基于聚类方法，通过提取正常状态下的数据集合，计算实时数据向量与正常范围数据向量之间距离的方差作为特征量进行状态监测。

此外，美国 Sandia 国家实验室还依据卫星在轨管理的需求，在卫星健康管理中研究使用了数据挖掘方法，比较典型的有决策树法、主成分分析法、正交分割聚类法、相关向量机法等，进行卫星异常检测和故障处置，解决了在快速判读、精确故障定位等方面的工程需求。

国内航天器健康管理技术在理论研究和工程应用方面起步较晚，近几年在设备故障诊断和状态评估方面有成熟的工程应用，但在预防预测方面的工程应用相对落后。

国外航天器健康管理技术已经形成了基本完善的理论方法体系，并实现了部分工程应用。国内工程应用多局限在比较单一的方向，与国外相比仍有较大差距，研究方向集中在单一飞行器、航天器在轨运行，对大型卫星星座信息传输、资源管理、在轨维护等方面没有成熟的工程应用，需要针对性开展卫星星座的健康管理算法、模型、软件等相关技术研究。

（2）PHM 系统及关键技术

健康管理系统的基础架构按层级可分为传感器层、数据收集层、业务层和表示层，卫星 PHM 系统的一般框架结构如图 6-18 所示。

PHM 关键技术涉及元件和材料失效机理、故障模型构建等基础理论，传感器、状态监测、数据库与信息系统集成等关键技术，数据预处理、机器学习、深度学习和故障诊断与故障预测等人工智能算法，以及与应用背景关联性极强的健康状态评估、风险分析、防范措施等方法研究。卫星 PHM 关键技术研究体系如图 6-19 所示。

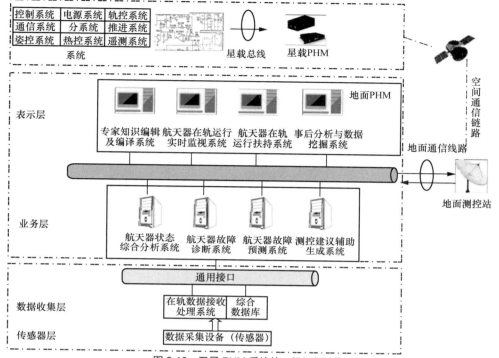

图 6-18 卫星 PHM 系统的一般框架结构

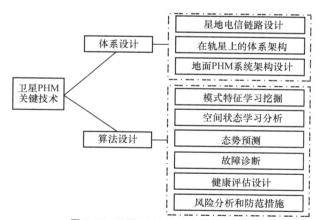

图 6-19 卫星 PHM 关键技术研究体系

　　设计功能性能优异的 **PHM** 系统，必须考虑建立在轨卫星相关的故障树结构，对在轨卫星能够进行有效的故障状态回溯研究。通过故障树结构的建立，可以对在轨卫星的实时故障状态、模式机理进行推理分析，并开展测试方法分析研究，获得在轨卫星状态分析的研究报告。为满足卫星状态综合分析、健康预测和健康状态管理的要求，主要分析包括在轨卫星的实时状态传感数据，特别要分析挖掘故障数据、实时运行数据、环境实验数据、极限能力实验数据等，为健康管理方法研究、PHM 系统研制和实验验证分析提供方法设计和验证数据、系统接口设计要求和验证数据等。

1）故障建模技术

在轨卫星遥测数据与其健康状态之间的映射技术（故障建模技术）、数据融合治理和信息综合保障系统技术，主要解决数据预处理、交换、融合和信息流动等问题，为 PHM 提供信息支撑。在具体实现中要挖掘学习演化规律，从在轨卫星系统中包含的遥测参数和属性数值到卫星健康状态指标数值是一个复杂的非线性映射，准确地学习这种非线性模型是在轨卫星健康管理的关键技术之一。

2）基于人工智能方法的系统健康管理技术

随着在轨卫星系统的规模增大和产生的数据不断增多，在卫星系统特别是卫星星座的生命周期设计阶段容易忽略一定数量的故障类型，最终导致在诊断过程中出现不确定性，需要新的方法来实现在轨卫星系统的健康管理和用于在系统级别上做出更好决策的机制。系统健康管理中常见的方法可以分为：

①知识驱动的方法，包括专家系统和定性推理；

②统计推理方法，包括贝叶斯网络以及各种基于概率统计进行推断的模型；

③数据驱动的方法，包括有监督和无监督的机器学习模型以及深度学习方法。

3）网络拓扑层次化分析技术

在卫星星座的建模过程中，星座的高动态性使得网络拓扑具有持续变化的特点，但是星间网络的星座运行具有规律性和可预测性，因此可利用网络拓扑切片的思想，进行层次化处理。可通过分析单个拓扑切片内星间/星地连通关系，构建拓扑切片间的连接关系，形成时空稳态图，屏蔽卫星网络的高动态特性。具体来说，从物理信道、信息传输角度对卫星星间链路的构建条件进行分析，以此为基础分析切片时隙内和时隙间的星间/星地拓扑结构，最后从时间维度和空间维度构建时空扩展的星间/星地网络拓扑，将整个卫星网络转化为稳态拓扑，有效屏蔽卫星网络的动态性。卫星网络动态拓扑的静态表达示意如图 6-20 所示。

4）基于层次分析和深度学习的故障模式影响域分析方法

在卫星星座健康管理的应用场景中，特别是在多用户多业务应用场景中，优先级不同的用户随机产生不同种类的业务并共享相同的卫星网络资源，当网络产生故障后，将会影响网络的相关性能，进而影响业务的 QoS，并最终影响用户的体验质量（QoE）。

因此，健康管理可以分别构建单用户单业务和多用户多业务的 QoE 模型，并从用户体验角度，采用深度学习技术实现对卫星星座物理拓扑典型故障模式影响域的剖析。

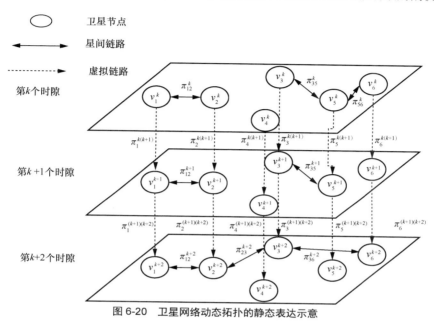

图 6-20　卫星网络动态拓扑的静态表达示意

① 单用户单业务的 QoE 模型

基于被广泛接受的 IQX 假设（即 QoE 与 QoS 间的指数关系），单用户单任务的 QoE 可建模如下

$$\mathrm{QoE} = \begin{cases} \gamma, & \mathrm{DQoS} \leqslant \delta \\ \alpha \cdot \mathrm{e}^{-\beta \cdot \mathrm{DQoS}} + \gamma, & \text{其他} \end{cases} \tag{6-10}$$

其中，α、β 均为与业务相关的参数，γ 为 QoE 的最大值，δ 为 QoS 扰动的门限值，不同的业务门限值不同。DQoS 指业务的 QoS 扰动，根据业务多个 QoS 指标的扰动（如时延、带宽、抖动、可靠性、丢包率等）加权获得。

② 面向多用户多业务的网络整体 QoE 模型

依托单用户单业务模型，可构建面向多用户多业务场景的网络整体 QoE 模型，如下所示

$$\mathrm{QoE}_{\mathrm{network}} = \sum_{i=1}^{I} U_i \frac{\sum_{k=1}^{K_i} \mathrm{QoE}_{i,k}}{K_i} \tag{6-11}$$

其中，U_i 为第 i 类用户的重要程度，且满足 $\sum_{i=1}^{I} U_i = 1$，I 是用户类型数，K_i 为第 i 类用户产生的业务数量，$\text{QoE}_{i,k}$ 为业务满意度。

③ 基于层次分析法的卫星星座物理拓扑健康管理方法

在对卫星星座进行健康管理和维护时，需对网络健康等级进行划分，构建离散的目标健康等级集合，然后根据卫星星座物理拓扑的不同健康状态采用不同的干预策略，从而保障业务的高效可靠传输。通常将卫星网络健康度划分为 4 个等级，分别为健康状态、亚健康状态、故障状态、严重故障状态。健康管理系统将特征维度作为准则因素，基于专家知识库，构造判断矩阵得到决策准则，最终得到对卫星星座物理拓扑健康管理结果。卫星星座物理拓扑健康管理的层次分析模型如图 6-21 所示。

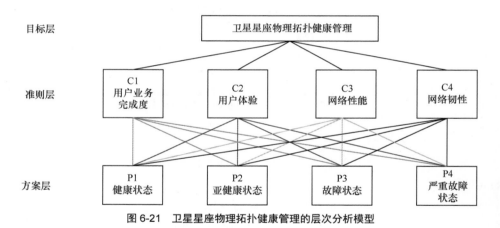

图 6-21　卫星星座物理拓扑健康管理的层次分析模型

④ 基于深度学习的卫星星座物理拓扑健康管理方法

在对卫星星座健康管理进行建模时，较大的技术难点是特征数据的挖掘和分析能力，可采用图卷积神经网络（GCN）实现对卫星星座物理拓扑的健康管理，如图 6-22 所示。

GCN 是卷积算法在图结构数据上的变体，具有以下特点。

局部特性：GCN 关注的是图中以某节点为中心，K 阶邻居之内的信息。

一阶特性：GCN 为一阶模型，单层的 GCN 可以处理图中一阶邻居上的信息，若要处理 K 阶邻居，可以采用多层 GCN 来实现。

参数共享：对于每个节点，其上的滤波器参数是共享的。该 GCN 的优点在于，可根据部分卫星节点的故障标记数据，通过半监督学习的方式，实现对整个卫星星座物理拓扑的健康管理。

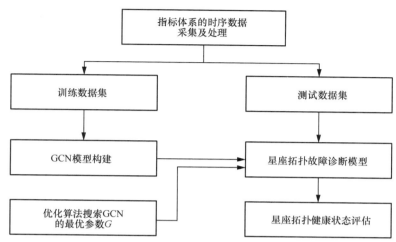

图 6-22　卫星星座物理拓扑健康管理流程示意

其具体流程如下。

根据节点数据构建特征矩阵 X，并计算其邻接矩阵 $A=D^{-\frac{1}{2}}AD^{-\frac{1}{2}}$，其中 D 为度矩阵。将特征矩阵输入 GCN（假定两层），得到每个节点的故障诊断结果

$$Z = f(X, A) = \mathrm{softmax}\left(\hat{A}\,\mathrm{ReLU}(\hat{A}XW^{(0)})W^{(1)}\right) \tag{6-12}$$

其中，$W^{(0)} \in \mathrm{R}^{C\times H}$ 为第一层的权值矩阵，用于将节点的特征表示映射为相应的隐层状态。$W^{(1)} \in \mathrm{R}^{H\times F}$ 为第二层的权值矩阵，用于将节点的隐层表示映射为相应的输出（F 对应节点标签的数量）。最后将每个节点的表示通过一个 softmax 函数，得到每个标签的预测结果。两层 GCN 算法原理示意如图 6-23 所示。

假定 GCN 的参数 $G=\{W^{(i)}|i=0,1\}$ 将相关数据集中所有节点的时序数据送入 GCN，将有标记卫星节点上的故障类型作为目标，计算期望交叉熵作为损失函数

$$L = -\sum_{l\in y_L}\sum_{f=1}^{F} Y_{lf} \ln Z_{lf} \tag{6-13}$$

其中，y_L 表示有标签的节点集，并采用随机梯度下降方式更新网络参数 G。将卫星数据集送入训练好的 GCN，得到相应的故障类型，实现对整个卫星星座物理拓扑的健康管理。

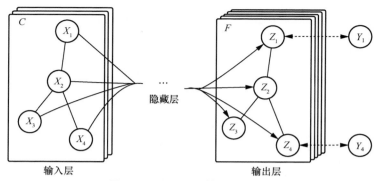

图 6-23 两层 GCN 算法原理示意

图 6-24 为基于层次分析法的卫星星座物理拓扑健康管理流程，可利用基于层次分析的拓扑健康管理结果进行比较，进一步对学习模型进行调整，也可以将专家知识和数据挖掘有效融合，从而提高拓扑健康管理结果的准确性。

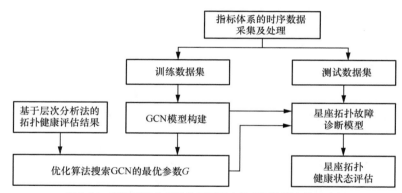

图 6-24 基于层次分析法的卫星星座物理拓扑健康管理流程

（3）健康管理技术展望

PHM 技术是卫星互联网工程中的关键技术并不断向智能化方向发展，同时还是多学科交叉的复杂系统工程，其发展的主要趋势如下。

①智能化：从简单监视功能向智能预警、检测、诊断和自动处置功能发展。

②综合化：逐步向全系统网络综合监控、管理和全寿命维保方向发展。

③实时性：从事后检查向在线实时监测、诊断、预警、视情维修和事前预测预警方向发展。

④ 通用化：从针对单一任务系统架构到开放式、融合式系统构架，通用软硬件平台方向发展。

|6.3　网络管理技术 |

6.3.1　网络管理架构

卫星互联网系统的用户需求、应用场景、盈利模式、总体设计和标准体制等共同决定了系统总体架构设计原则，同时还要综合考虑硬件平台能力及实现成本，并充分考虑未来运营模式演变及软硬件能力提升。卫星互联网系统总体网络架构应具备良好的兼容性、扩展性、灵活性、简洁性。

卫星互联网系统可划分为应用层、接入网、承载网、核心网和管控层 5 个层级，如图 6-25 所示。

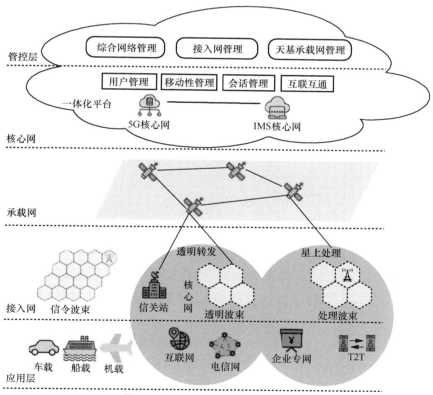

图 6-25　卫星互联网系统总体网络架构

应用层中包含了车载、船载和机载等终端型谱，提供互联网、电信网等各类服务。接入网负责用户侧无线资源实时调度，实现海量用户接入。承载网包括天基承载网（含星地馈电链路）和地面承载网，负责连接接入网和核心网，承载接入网和核心网间的数据流量，提供高速可靠的数据传输通道。核心网提供移动性管理、会话管理和互联互通等功能，并通过核心网网络切片技术支持灵活多样的服务模式。管控层作为卫星互联网系统的管理中枢，负责卫星互联网系统星座资源、网络资源和无线资源的管理。

6.3.2 网络管理系统组成

网络管理系统是卫星互联网系统的管理和控制中枢，主要承担天地网络一体化综合管理、接入网管理、天基承载网管理、地面承载网管理、核心网管理等任务。网络管理系统组成框图如图 6-26 所示。

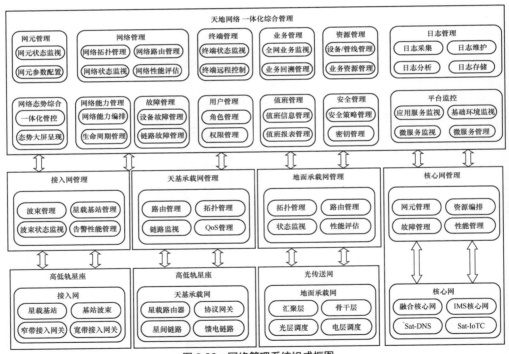

图 6-26 网络管理系统组成框图

天地网络一体化综合管理是网络管理系统的重要功能，起到承上启下的作用，从接入网、天地承载网、地面站、核心网等专业网管采集告警、资源、性能等数据进行集中运行监控、故障分析、业务监视、终端监视和远程控制。

接入网管理功能：负责管理星载基站等接入网设备，实现波束管理、星载基站管理、波束状态监视、告警性能管理等功能。

天基承载网管理功能：负责管理天基承载网，通过对星载路由器、网关等设备的管理控制，保障天基承载网的正常开通和持续运行，提供稳定、可靠的数据传输服务，也可为特殊用户的个性化通信需求提供基于任务的保障支持。

地面承载网管理功能：负责管理和控制地面承载网，提供了拓扑管理、路由管理、状态监视和性能评估等功能，实现对地面承载网的集中监控，提供面向网络、业务、用户的端到端管理功能，包含状态、性能、告警采集的工作，并提供统一便捷的管理维护功能。

核心网管理功能：负责对 5G 核心网、IMS 核心网、短信中心进行拓扑信息、网元配置、告警性能统计、权限安全、信令跟踪等的统一管理，拥有易用、良好图形用户界面、在线帮助等特点，提供有效便捷的运维手段。

6.3.3　天基接入网管理技术

（1）低轨星座接入网管理技术

低轨星座具有业务时间、空间分布不均匀的特点，并具有多种应用场景和用户服务等级。为了保障用户服务质量，提升波束资源利用率，低轨卫星应具备一定的业务波束自主调度能力，接入网管理功能负责波束调度策略的配置和切换，各系统协同完成用户侧无线资源管理。

1）星载基站根据波束调度策略实时按需调度业务波束。

2）接入网管理功能负责波束策略管理和状态监视。

3）窄带接入网关提供无线资源、协议转换、位置服务等功能。

4）宽带接入网关提供协议转换功能。

5）核心网提供通信管理和控制功能。

低轨星座接入网管理示意如图 6-27 所示。

卫星互联网系统中，低轨卫星搭载星载基站，具备星上处理能力，低轨卫星独立完成覆盖区域内波束资源的按需动态分配，星座网络管理分系统负责波束调度策略管理。

为了保障用户服务质量，并提升波束资源利用率，低轨卫星通常具备多套波束调度策略。波束调度策略管理软件负责配置星座中低轨卫星的波束调度策略，可根据业务需求切换使用。低轨卫星波束策略管理示意如图 6-28 所示。

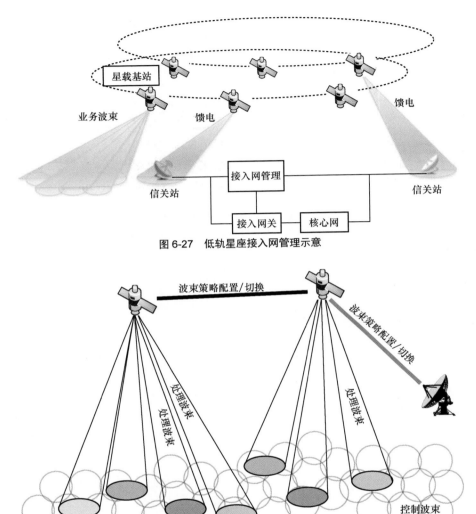

图 6-27　低轨星座接入网管理示意

图 6-28　低轨卫星波束策略管理示意

（2）高轨星座接入网管理

高轨卫星一般具有星上处理转发模式或透明转发模式，在信关站部署高轨基站设备，提供接入网无线资源调度功能，如图 6-29 所示。

1）高轨基站负责实时资源调度。

2）接入网管理功能负责高轨基站的配置管理、捷变波束策略管理和状态监视。

3）核心网提供通信管理和控制功能。

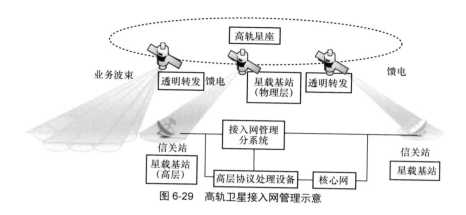

图 6-29　高轨卫星接入网管理示意

6.3.4　天基承载网管理技术

天基承载网管理需适应低轨星座拓扑变化频繁且具有周期性的特点，统筹考虑日凌、卫星姿轨控、用户及业务分布等因素，结合架构控制和转发分离的思想，在地面完成路由规划，降低星上计算压力。天基承载网管理示意如图 6-30 所示。

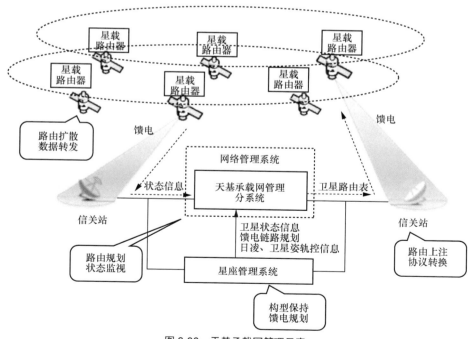

图 6-30　天基承载网管理示意

（1）基于时间片的星地路由规划算法。

（2）星地路由上注及扩散策略。

（3）节点及链路故障自动处理能力。

（4）数据流量负载均衡能力。

（5）天基承载网管理功能负责终端的路由、移动性管理以及业务映射。

6.3.5 无线资源管控技术

卫星互联网可采用近极轨道、倾斜轨道等不同星座构型，其中近极轨道偏向于提供全球覆盖，而倾斜轨道在南北极区的覆盖范围受限，偏向于为中低纬度人口稠密区域提供增强覆盖，两种星座共同保证全球互联网业务的随遇接入需求。

随着低轨星座的持续建设，地面覆盖重数不断增加，星间也形成了一张网格化的承载网络，如何利用好用户侧信令波束和业务波束多重覆盖的特点，发挥星间高速数据传输优势，协同考虑干扰规避问题，需要针对多星资源的协调和管控进行深入研究。多星资源管控策略研究内容示意如图6-31所示。

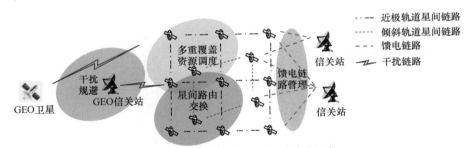

图6-31 多星资源管控策略研究内容示意

（1）卫星多重覆盖策略

由于低轨星座中卫星数量较多，因此卫星间存在交叉覆盖区域，应基于用户业务分布、交叉覆盖率等因素对卫星多重覆盖资源进行调度，有助于提升服务质量和系统容量。

分析近极轨道和倾斜轨道两种星座构型对各经纬度地区的覆盖能力，以及各经纬度地区的业务需求分布。通过建模预测、大数据分析等方法分区域量化各经纬度地区的覆盖需求，研究卫星多重覆盖资源调度策略。

考虑到星座系统建设为分批次部署，系统对全球的覆盖范围、同一地点的多重覆盖情况在不同时期都会发生变化，对无线资源调度和管理策略都会产生重要影响。可针对分批次部署策略和卫星覆盖调整策略进行统筹建模分析，确保系统服务能力随着星座系统建设得到最大限度的提升。

（2）星地路由交换策略

卫星互联网卫星节点具备同轨和异轨星间链路，低轨卫星间可通过星间链路进行高速数据传输，星间路由交换策略直接影响端到端时延、丢包率、星上承载网交换容量等性能指标，应面向低轨星座运行特点，同时考虑星上处理能力受限的约束条件，设计一套简洁高效的星地路由交换策略，解决星间路由及馈电路由问题，同时提供异常情况自动处理和数据流量负载均衡等功能。

面向星间交互需求、低轨卫星与信关站间数据交互需求，以星间链路带宽、链路缓存区大小、星上处理能力、业务端到端通信速率/时延/丢包率等可量化参数作为限制条件，对星间路由过程进行建模分析，提出星间路由交换策略。所提策略需要具备应对节点失效/重连接、链路失效/重连接等突发异常，以及业务不均匀分布引起的节点拥塞、链路拥塞等可预见异常情况的重路由能力，并量化所提策略的算法处理复杂度、信令交互复杂度等。

首先，在策略研究中，星座的星间链路带宽、星间链路缓存、星上缓存等指标将作为输入参数，确定是否需要对所有异常情况（如节点失效/重连接、链路失效/重连接、链路拥塞等）具备响应机制，或仅对部分异常情况进行响应，对响应异常情况所需耗费的信令、处理资源进行评估，以确定星座路由边界条件。

其次，需对地面业务时空分布进行建模，根据建模结果预测星间业务流量，并根据业务需求量化各业务等级的端到端时延、丢包率、吞吐量等 QoS 指标，以确定业务需求边界条件。

最后，根据以上两个边界条件研究动态路由交换方案，以虚拟软件仿真验证、半实物仿真验证、小范围实物仿真验证的顺序逐步实现工程落地，其性能指标为端到端时延、丢包率、吞吐量、整网业务分布水平等。星地路由交换策略交互流程如图 6-32 所示。

针对接入网、星上承载网和核心网之间从协议栈和协议流程方面的无缝衔接问题展开了深入研究，已经得出了初步结论。由于星上路由交换设备是连接接入网、星上承载网和核心网的关键设备，因此解决此问题的关键在于将星上路由交换设备的工作机理阐述清晰，详细论证过程如下。

星上路由交换设备包含两个部分，分别是接入设备和交换设备。接入设备作为接

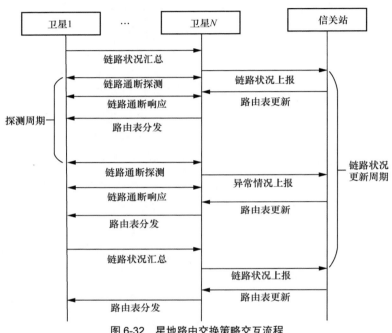

口设备，提供星间互联服务接口，与卫星基站、用户中继网关和馈电设备相互连接；交换设备则提供标签数据包本地交换服务，与本地接入设备和激光链路设备（4套）相互连接，接收接入设备传入的标签数据包，通过查询路由表得出本地交换端口号，随后将标签数据包从相应的本地交换端口送出。

图 6-32　星地路由交换策略交互流程

两个网元通过星上路由交换设备进行数据传输时，需满足的一个约束条件是网元之间必须建立隧道（即使用 IP over IP 技术，不可暴露终端 IP 地址、公网服务器 IP 地址等，目的是降低星上路由表的表项规模）。图 6-33 为星地路由交换原理示意，给出了卫星的内部逻辑结构以及 IP 数据包通过星上承载网进行传输的完整过程。

1）当一个 IP 包（净荷）从终端或服务器发出后，在进入源网元后首先进行一次 IP 封装，将原 IP 包封装为隧道 IP 包（包含隧道标识），目的 IP 地址填写为目的网元 IP 地址。

2）源网元将隧道 IP 包送入接入设备，接入设备根据隧道 IP 包头的目的网元 IP 地址进行查表，得出目的网元所在节点的标签号及接入端口号，再次针对隧道 IP 包进行一次标签封装，得到用于星上路由交换的标签数据包，再将标签数据包送入交换设备。

3）交换设备接收到标签数据包后，根据标签数据包头的目的标签进行查表，得出本地交换端口号，随后将标签数据包从相应的本地交换端口送出（对应某条星间链路）。

4）对端卫星通过星间链路接收到标签数据包，送入交换设备，重复 3）中的交换过程，通过星间链路在中间节点卫星进行传输，直至到达目的卫星节点。

5）目的卫星节点的交换设备判定标签数据包头中的目的节点标签即为本星标签号，随后从交换端口 0 将标签数据包送入接入设备。

6）接入设备根据目的接入端口号，将标签数据包的头部剥去后（得到隧道 IP 包）送入相应的连接设备。

7）连接设备接收到隧道 IP 包后，根据隧道标识将原始 IP 包（净荷）转发至目的终端或服务器。

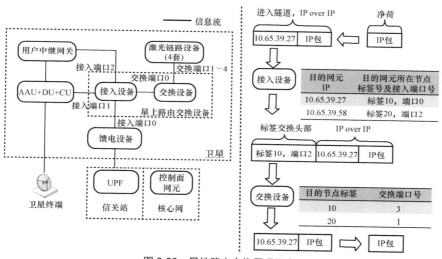

图 6-33　星地路由交换原理示意

（3）馈电链路管理策略

信关站的可连接馈电链路个数决定了信关站与星座间的数据交换容量，目前馈电侧采用 Q/V 频段，易受天气情况影响，此外，馈电链路规划还需考虑各项业务需求。馈电链路规划需统筹考虑各项因素，实现一套高效的馈电链路管理策略。

（4）干扰规避策略

低轨卫星在多种轨道上运行，近极轨道星座和倾斜轨道星座等星座间存在潜在自干扰，用户链路、馈电链路与 GEO 系统、其他 LEO 系统、地面系统间可能存在互干扰，需对干扰程度进行分析，通过区域业务需求量化模型、时空业务预测技术及基于业务量化模型的覆盖、馈电链路与干扰管控等研究，分析干扰规避策略对系统覆盖范围、链路吞吐量等性能指标的影响，保证多系统共存场景下的服务能力。

6.3.6　组网方式

（1）网络共用模式

在网络共用模式下，接入网、天基承载网、馈电链路、地面承载网、核心网均为各类用户共用，支持基于用户分级和业务分类的 QoS 保障，各类用户和业务的安全等级相同。网络共用模式示意如图 6-34 所示。

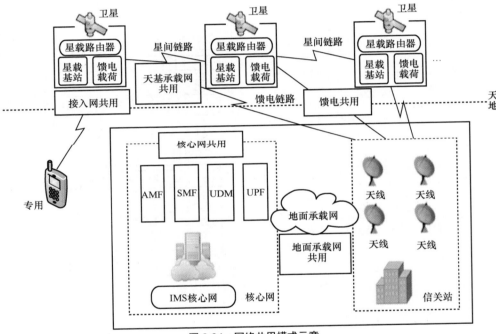

图 6-34　网络共用模式示意

（2）网络能力分配模式

网络能力分配模式下，接入网、天基承载网、馈电链路、地面承载网均为各类用户共用，核心网通过网络切片技术实现网络能力分配，支持用户虚拟专网，满足较低等级的安全隔离要求，如图 6-35 所示。

（3）专网核心网模式

专网核心网模式下，接入网、天基承载网、馈电链路、地面承载网均为各类用户共用，通过部署专网核心网，实现基于专网的 QoS 保障和安全隔离能力，在此模式下，高低轨星座需支持不同专网信令的分路转发，如图 6-36 所示。

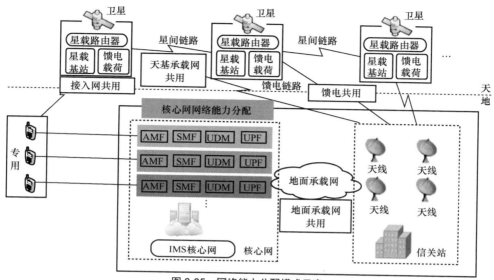

图 6-35　网络能力分配模式示意

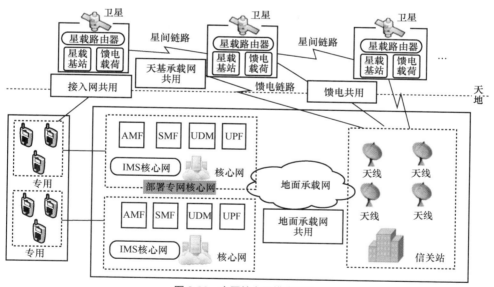

图 6-36　专网核心网模式示意

（4）物理隔离模式

物理隔离模式下，接入网支持波束隔离和载波隔离，天基承载网共用，馈电链路支持载波隔离，各用户专网分别部署专用信关站、专用地面承载网和专网核心网，从而实现最大限度的物理隔离，提供最高安全服务等级，如图 6-37 所示。

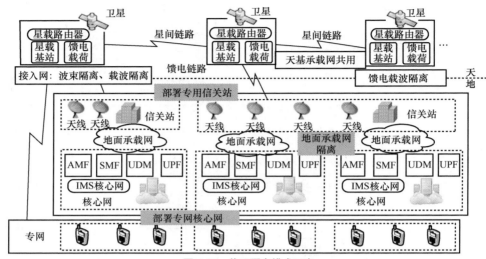

图 6-37 物理隔离模式示意

| 6.4 平台型生态体系运营技术 |

6.4.1 异构融合系统原子能力标准化技术

6.4.1.1 异构网络融合的概念

异构网络融合旨在将不同类型的网络进行融合,形成一个统一的网络架构,实现网络间高效协同。具体来讲,异构网络融合就是采用设备兼容、协议转换、数据交换、资源共享等技术实现不同网络活网元的互联、互通和集成,涉及接入网融合、承载网融合、核心网融合、终端融合、业务融合、运营管理融合等方面。

6.4.1.2 异构网络融合的现状

目前卫星互联网面临以下问题:需要在卫星互联网系统由 Ka 频段宽带和 L 频段移动通信两种接入网、高低轨一体化具有大动态拓扑特性的天基承载网、传输网与 IP 承载网双层的地面承载网、定制化改造的 5G 核心网、面向不同安全等级用户的互联互通平台等多网络域组成一张物理基础网络。针对高低轨一体化,现有高低轨通信卫星各自存在不足,单独组网都无法满足未来天基信息网络的需求,低轨卫星网络面临与已有高轨卫星网络如何共存的问题，通过重点分析高低轨卫星网络各自的组成和特点，提出了终端应用结合、网络管控融合、体制协议融合等逐级深入的未来高低轨卫星网络融合的路径。

6.4.1.3 异构融合网络原子能力标准化技术

卫星互联网从星座构型和体制上可以分为高轨宽带网络通信系统、低轨窄带网络通信系统和低轨宽带网络通信系统，均由空间段、地面段和应用段组成。其中空间段和地面段网络架构由接入网、天基承载网、核心网和地面承载网等组成，应用段包含机载、车载、船载、便携和固定的终端，并支持语音、短信、数据、物联网、融合通信、导航增强、ADS-B 等业务类型。卫星互联网从资源管理角度，可分为设备层、网元层和网络层。设备层包含 L 频段多功能载荷、Ka 频段用户载荷、馈电载荷、激光载荷、导航增强载荷、中频设备、基带、传输设备、数据设备等；网元层由接入基站、天基承载网、地面承载网，以及 AMF、SMF、UPF 等核心网网元等组成；网络层主要提供移动通信、宽带通信、导航增强、物联网等业务。

细致分析：对系统中的资源层次的特征、关系和行为进行分析后形成它们的模型，便能更好地进行资源能力池建模。

建立合适的模型：根据卫星互联网资源的特性和需求，建立数据源层、数据仓库层、中间层、服务层模型的维度才能更有效地实现对资源的有效描述和管理。

引入资源模型管理：通过引入资源模型管理，可以将资源的属性、关系和行为等信息进行统一管理和维护，从而提高资源建模的灵活性和可扩展性。

持续更新和优化：资源建模是一个动态过程，需要不断地更新和优化。采用敏捷迭代、急用先行、能力沉淀和复用的思想，对资源建模进行监控和调整，以保持模型沉淀的同时提高模型使用的健康性和有效性。

在充分参考国内外网络资源能力开放模型规范和建设成效的背景下，提出具有卫星互联网网络特色的能力开放模型，形成运行领域和运营领域的能力开放，将网络能力、系统资源、数据资源、运维能力等统一对外封装形成可跨域资源服务的能力，进行统一管理，形成一个标准化的跨域能力表达，并通过编排形成面向各类场景和流程的智能化管理能力。

网络能力池的模型构建是持续的过程，需要不断地更新和优化，以适应网络环境的变化和业务需求的演化。资源池模型设计原则采用敏捷迭代、急用先行、能力沉淀和复用的思想，是实现标准化网络资源能力池的必经过程。

功能接口技术采用延续性思想，充分利用已有接口和数据交换协议，并利用行业内主流对接方式，实现网络模型基础能力获取。

6.4.2　海量场景化在线实时编排技术

6.4.2.1　在线实时编排意义

以用户为中心，围绕"云化、解耦、融合、自动、智能"的目标，协同推进运营运控一体化、资源配置、生态合作等领域的数字化转型，以端到端的业务场景牵引系统建设，推动系统的解耦、重构和升级，统一模型主数据，统一设计编排，统一能力开放，强化数据治理体系。

服务编排中心作为统一编排的入口和运行态，将落实新一代能力中心的技术/业务架构要求，承接运营服务平台编排请求，基于企业级统一主数据模型完成流程模板和策略动态生成，调用核心网、接入网、天基承载网、地面承载网、卫星载荷等服务能力，执行编排流程及服务实例，实现业务的开通、排障、维护的端到端编排。

6.4.2.2　在线实时编排目标

（1）一点设计，全网使用

自下而上统一纳入网络对象、能力。集中一点进行标准化设计，全网按产品设计内容直接加载编排包使用。

（2）统一框架，统一标准

统一接入能力网关，汇聚各能力提供方，按统一标准封装并开放应用程序接口（API）。

（3）快速组网，灵活编排

拉平网络差异性，实现卫星互联网服务能力解耦。通过开放的 API 体系，实现灵活编排、流程贯通、宽域适配。

6.4.2.3　在线实时编排技术

以用户需求为目标，将资源/网络能力进行管理和编排，生成端到端贯通的不同服务质量的业务能力。服务编排实际上是用网络抽象语言定义一个从用户到业务服务的网络管道的过程，具有快速部署、动态调整、重复使用的能力。

（1）基于模型驱动的设计态与运行态分离

引入设计态和运行态模式。设计态构建服务对象间的关系：承载关系、实现关系、连接关系、互斥关系，以及服务对象业务接口间的依赖关系和业务实现逻辑。运行态根据需求特征生成动态的业务流程。

设计态是指进行业务规则设计的过程，包括对组成业务的各类对象和关系进行建模，制定指导业务行为的策略规则，制定业务弹性管理所需的应用、分析和闭环事件。

运行态是指针对设计实例进行全生命周期管理和控制的过程，接收设计态分发的业务规则，根据用户需求、SLA 策略等信息执行自动开通流程。

（2）PSR 对象模型概念

随着业务发展需要，网络能力开放成为紧迫需求。对标国际规范，引入 PSR 构建全网一体化的分层解耦合能力对象模型，发挥分层服务架构灵活、敏捷的优势，实现各层能力高效复用、扁平化管理。

PSR 分层划分为产品（Product）、面向用户的服务（CFS）、面向资源的服务（RFS）、资源（RES）。通过对 Product/CFS/RFS/RES 的管理和编排，实现对网络以及服务的创建、交付、使用、维护、保障和修复。

（3）服务能力设计

服务能力设计负责将资源能力、网络能力、数据能力、管理能力等细粒度进行设计和封装（含参数、策略等），提供给上层进行编排，也可直接提供给应用侧形成产品。

（4）服务能力编排

服务能力编排负责对原子资源/能力进行编排，完成能力的分配和配置，达到端到端的贯通，形成面向运营提供不同服务质量的业务能力（如数据专网）。

（5）服务设计要求

服务对象统一建模：采用统一的服务对象，用服务模板对网络组网和服务构成进行刻画。在服务模板中设计对象之间的构成关系、连接关系、承载关系、支撑关系，以此构建出全网的服务对象树，呈现服务对象的组成关系。

服务 API 统一建模：服务对象定义统一的、开放的、可互操作的控制接口，构建全网的服务 API 树，供编排器按需灵活调用，实现跨层跨域编排。

业务规则统一建模：为实现对象服务 API，内部需要有一套业务执行流程来支撑。服务 API 为满足不同用户的不同商业需求，业务执行流程要进行差异化调整，因此业务执行流程是动态变化的。为满足灵活和自动化地服务编排中心的目的，采用统一的业务规则来描述不同情况下对网络的控制行为和流程执行操作。

通过面向服务的资源/能力设计和编排技术，实现业务的灵活上线，提高系统资源/网络利用率，敏捷高效支撑应用侧，满足用户定制化、弹性变化需求。

6.4.3 内生智能运营效能评估技术

基于网络质量、用户投诉、业务使用等用户感知数据以及网络性能、告警、故障等网络数据，构建用户投诉预测、业务用户感知、网络及时告警、用户全触点感知评测等大数据模型能力，赋能业务生产。

面向用户体验，做好满意度评价，实现用户价值提升。以用户为中心，建立从用户需求出发的一体化体验管理体系，强化用户服务的全生命周期管理，做好用户服务保障，持续优化用户体验，实现用户体验的可量化、可管理、可预测。

面向产品服务，做好相关服务，实现产品效能提升。以产品服务为抓手，分析售前、售中、售后过程产品服务质量，实现全生命周期产品服务质量综合评价。

面向运营服务，把控服务质量，实现运营价值提升。建立系统运营服务评价指标，强化运营服务全过程质量控制，提供数字化、可视化的运营监测能力，提升运营效率，实现智慧运营。

面向网络质量，监控网络环境，实现网络分析能力提升。建立网络质量评价指标，实时监测网络运行过程中出现的故障、告警等指标，及时发现网络质差点，主动发现用户故障，定位网络质量问题，为网络质量迭代提供依据，促进设计、建设、运营三大核心能力有效闭环，推进网络质量持续提升。

面向资源能力，开展能力评估，促进网络资源价值提升。建立网络资源能力指标，通过采集卫星、网络、服务资源及合作伙伴资源使用情况数据，分析网元、专用网络、整体网络资源利用情况，实现系统运营过程的资源利用综合评价。

6.4.3.1 运营效能指标体系

卫星互联网系统运营效能指数综合评价卫星网络系统整体运营效能，从用户体验、产品服务、运营效率、网络质量和资源利用 5 个维度，通过对指标加权计算，并结合生产持续验证优化，确保与实际运营效能高度拟合。运营效能综合评价指标如图 6-38 所示。

（1）用户体验效能评价指标

用户体验效能评价将基于采集的用户体验主观量化数据，以及业务应用性能测量等客观数据，分析用户满意度、用户情绪感知、使用体验等，实现用户体验综合评价。用户体验指标体系以面向用户的服务为评价对象，分别从客观量化指标以及主观评价指标两个维度进行综合评价。客观量化指标主要是业务质量类，分别对每个用户的业务质量进行评价，如果一个用户使用了多种业务，将分别对每个用户的每一类业务进行评价；主观评价指标是指面向用户的多维度服务质量，包括需求承接、解决方案制定、用户服务支撑、服务开

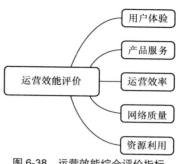

图 6-38 运营效能综合评价指标

通、用户自服务、故障处理和投诉处理的服务质量评价。用户体验效能评价指标如图 6-39 所示。

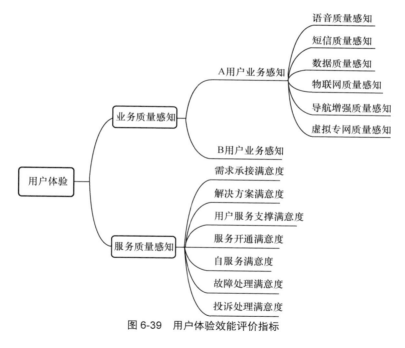

图 6-39 用户体验效能评价指标

（2）产品服务效能评价指标

产品服务效能评价将采集用户需求响应时间、产品交付周期、解决方案、产品质量、售后服务、合作伙伴提供的产品服务等相关数据，分析售前、售中、售后过程中产品服务质量，实现产品全生命周期产品服务质量综合评价。产品服务效能评价指标如图 6-40 所示。

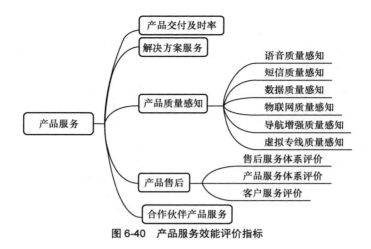

图 6-40　产品服务效能评价指标

（3）运营效率评价指标

运营效率评价采集业务开通、资源调度、网络优化、问题处理和故障修复等相关数据，分析运营服务供给效率，实现系统运营效率综合评价。运营效率指标体系主要围绕运营流程进行效率评价，涉及服务开通流程、故障处理流程、投诉处理流程、渠道运营流程等。运营流程评价指标体系如图 6-41 所示。

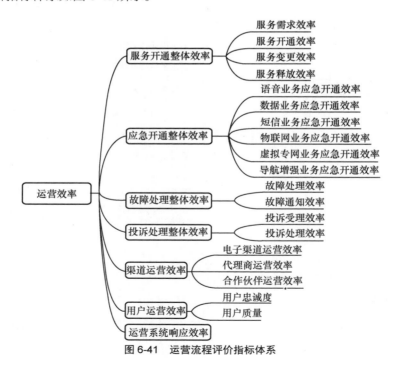

图 6-41　运营流程评价指标体系

（4）网络质量效能评价指标

网络质量评价采集各专业网元/网络性能、故障等数据，分析卫星载荷负载、地面站处理效率、网络传输质量等数据，实现网络运行质量综合评价。网络质量指标体系分为网络故障和网络性能两部分，按照从接入网、地面/天基承载网、核心网、终端端到端专业维度以及星座、信关站、全网维度构建的网络故障指标、网络性能指标支撑运营效能评价。网络质量效能评价指标体系如图 6-42 所示。

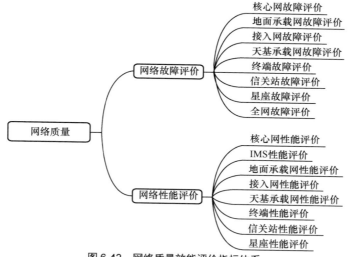

图 6-42　网络质量效能评价指标体系

（5）资源利用效能评价指标

资源利用效能评价采集卫星、网络、服务资源及合作伙伴资源使用情况数据，分析网元、专用网络、整体网络资源利用情况，实现系统运营过程的资源利用综合评价。资源利用效能评价指标体系如图 6-43 所示。

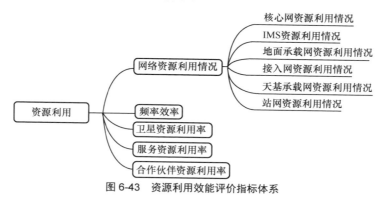

图 6-43　资源利用效能评价指标体系

以上的运营效能评价指标体系是基于长周期（1天或1个月）的数据进行评估的，无法满足用户使用业务过程中的效能评价，因此还需建立一套面向用户业务使用的实时评价指标体系，包括用户业务实时监视、网络状态监视、用户业务质量分析。用户业务实时监视指标体系如图 6-44 所示。

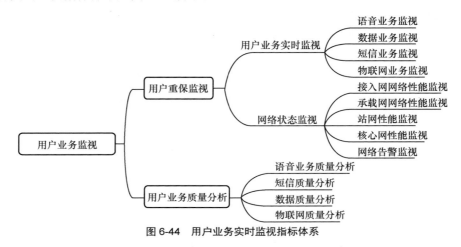

图 6-44　用户业务实时监视指标体系

6.4.3.2　效能评估体系架构

卫星网络效能评估体系为卫星互联网整体提供综合的效能分析评估平台，能有效分析卫星网络中影响卫星通信网络效能的重要指标，为卫星互联网建设提供决策支持。

（1）指标分解方法论

根据业务场景分析分解用户使用业务的操作过程，从用户的使用过程来提炼影响用户感知的因素。分析用户体验时间轴是将业务场景分析分解出的用户操作以及每步操作与网络设备的交互，按时间先后顺序进行排列。确定业务的网络拓扑图，根据业务操作涉及的网络设备来确定影响业务使用的关键设备。在得到用户的操作步骤和业务使用涉及的网络设备后，可将用户操作作为行、网络设备作为列形成业务分析矩阵。

在业务分析矩阵中纵坐标用户操作与横坐标网络设备的交叉点填写相应的操作及信息流向，并列举出该交叉点的关键绩效指标（KPI）。

列举出的 KPI 出现劣化时，都会影响该业务的正常使用，因此也确定了相应的关键质量指标（KQI）以及与 KPI 的计算关系。

（2）指标体系架构

指标体系涵盖了重要业务的质量指标，主要有用户体验感知、产品服务能力、运营效率能力、运行网络质量、网络资源利用率和重保用户保障等。

有些业务和专业的指标可以明确地区分 KPI 和 KQI，有些则无法明确进行区分，或指标既是 KPI 也是 KQI。后续需要进一步梳理 QoE，并且关键要分解出影响 QoE 的 KQI 和 KPI，以及推导 QoE 的计算公式（该计算公式不仅是简单的求和或其他算术运算，还可能从时间上的变化规律和趋势或其他层面进行推导）。

（3）效能指标业务需求

1）用户过程的效能评价

通过挖掘用户网络质量数据能力，利用系统采集到的用户的上网速率、异常掉线次数、上网时长、丢包率、误码率、宽带测速速率、语音性能（抖动、时延）等进行分析，输出潜在隐患用户清单，并将清单结果推送到客服前端进行主动服务诊治，提前分析或根据已有异常用户数据进行主动服务，从而降低投诉，减少用户投诉工单量，提升用户感知。

2）业务过程的效能评价

卫星网络业务的业务开通过程、业务保障过程和投诉处理过程，分别在运营服务系统和运营支撑系统中对售前、售中和售后的处理流程进行管控。

业务的开通从受理到用户需求调研，服务方案设计、业务开通配置、现场施工再到全程测试、报竣直至最终竣工，涉及运营服务系统、运营支撑系统、星座管理系统、核心网网管系统以及各类网管系统和业务平台，监控的环节分散，跨系统间的工单流转无法监控，没有一个全程监控视图；并且，不同业务间的开通流程差异很大，用户需要在众多业务流程中监控工单状态，为全程监控带来很大的难度。业务开通过程监测的目的就是要解决上述问题，帮助管控部门实现业务开通全程端到端的流程视图，能够快速发现开通过程中存在的异常。

故障处理过程的监测与开通类似，流程从故障申告到故障定性再到修障处理，整个过程涉及业务报障系统、运营支撑系统等，处理环节虽不及开通复杂，但也涉及跨系统的监控。此外，故障还分为用户层和网络层两大类，用户层属于用户申告的故障，网络层则是由网管告警自动派单或内部巡检发现的故障。对于故障处理流程的监测也将针对跨系统的环节来实现全程、端到端的过程监控。

3）网络过程的效能评价

当网络设备发生设备告警时，需要运营支撑系统判断是否生成集中性故障产品池，并将告警信息发送到运营效能评价系统。如果影响到相关业务，根据网管码和网元 ID 在对应关系表中查找受影响设备，并根据设备信息查找受影响的用户。

当存在网络设备工程割接场景时，需要运营支撑系统先判断是否影响业务，如影响业务，系统根据割接影响设备信息结合用户资源树内容来判断影响的用户数据，并发送给运营效能评价系统，对影响的用户网络服务质量进行综合性的评估。

对于个别业务场景需支持模拟仿真评估，需要运营效能评价系统设定某类设备/网元的报障阈值，当模拟用户进行申告后，系统进行判断；当统一设备/网元达到阈值时，系统生成疑似故障，系统进行故障影响分析，评估对用户的网络服务质量下降的程度，并将该故障通知相应管理员，同时将该类故障信息加入故障池，后续可模拟生成网络故障单派发至服务保障系统进行处理。

（4）效能评价业务场景

运营效能评价业务场景如图 6-45 所示，重点聚焦在服务过程监测、业务质量监测和网络质量监测 3 个领域。

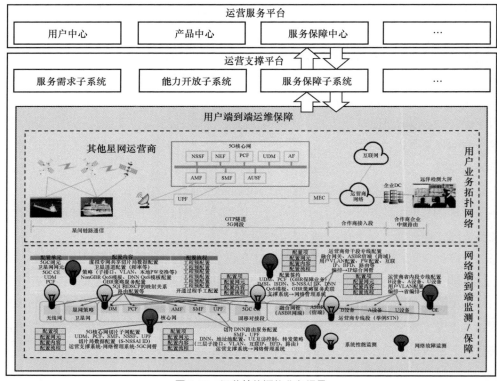

图 6-45　运营效能评价业务场景

（5）用户体验类监测场景

1）用户终端类

在运营过程中，存在部分用户终端网络速率不匹配的情况。需要在网络开通阶段，利用用户终端的智能网关软探针采集用户速率，对用户的承诺速率与实际测试速率进行对照，对于达不到承诺速率的情况需要进行甄别分析。

2）用户服务类

对上门进行设备安装的服务要实行用户满意度评价，另外对于用户重复投诉的事项，要对用户进行回访，对用户感知进行监测。

3）用户质量类

当出现频繁闪断的用户时，系统需要根据告警恢复时长定义闪断情况。例如在 1 个月内，单用户累计闪断次数在 30 次及以上，将作为质差用户输出。

（6）业务工单类监测场景

1）业务工单监测分类

业务工单过程监测主要分为总体情况监测和个体工单状态跟踪。总体情况监测是指对所有在途工单的处理状态通过一系列统计指标进行监控，这些指标可根据业务类型、对应环节等多个维度进行统计，指标值能够直接反映当前整个业务流程的处理状态，从而帮助管控部门做出判断；个体工单状态跟踪是对当前处理的某张工单所处的环节以及是否已经超时、是否出现异常等现象进行监控，以便及时进行处理，提升对用户的服务质量。

2）重点监控的工单状态

在业务工单监测过程中，重点关注的是异常。目前工单的异常状态主要有超时、异常回单等。对于异常状态工单要能够监控到其来源，同时也要能够监控到异常原因。

（7）网络服务监测场景

1）网络故障场景

对网络故障进行综合分析，在故障发生时可以及时发现故障信息，并能够定位网络故障点，协助维护人员尽快修复网络故障。

2）网络性能场景

在网络运行过程中，存在部分网元由于各种原因导致的性能下降问题，需要及时发现网络性能劣化问题，针对网络存在的风险隐患及时进行排除，不断优化网络质量，提升用户感知。

6.4.3.3 效能评估智能技术

（1）效能评价模型

从用户感知层、业务层、网络层、网元层 4 个层面梳理和制定运营效能评价模型。效能评价模型架构如图 6-46 所示。

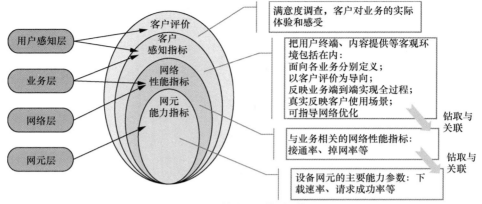

图 6-46 效能评价模型架构

（2）指标模型

指标模型采用统一数据模型进行建模。指标数据模型架构如图 6-47 所示。

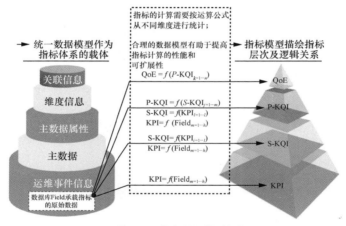

图 6-47 指标数据模型架构

数据模型分为统一运营模型和统一分析模型。

统一运营模型按数据主题进行划分，主要用于对服务过程和业务质量的监测。

统一分析模型按分析主题进行划分，基于数据仓库的数据模型，主要用于效能评价分析。

管理维护各类指标之间的层次、依赖等相互关系，建立合理的指标分类体系，建立一致的、面向用户网络质量状况的各类指标集，以及各关联指标之间的关系。

系统支持指标分类管理和指标关联关系管理，允许划分面向用户网络质量状况的各个维度的指标集，建立指标与用户网络质量之间的对应模型。

（3）分析模型

基于指标或指标集，建立指标分析计算的模型，基于分析模型对采集的各类指标数据进行运算，形成面向用户网络质量状况的计算结果，为业务质量特征用户及业务质量预警提供数据基础。

系统提供算法建模功能，支持建立基于各类指标数据的计算方法库，并实现对指标的分析运算处理，支持算法的扩展和二次开发。

（4）数据整合过程

效能评价数据处理流程如图 6-48 所示。

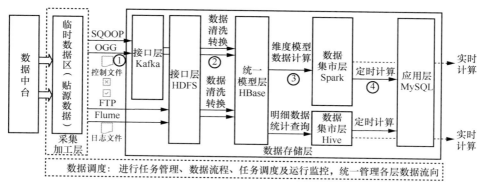

图 6-48　效能评价数据处理流程

数据采集解决异构数据以及增量数据的采集，同时考虑采集模式的应用场景。数据的清洗和转换支持复杂逻辑的处理，在技术层面提升数据质量，数据的加载支持增量方式的追加加载、全量覆盖等方式。

（5）数据的采集粒度

数据采集粒度由模型来确定，应遵循以下原则。

1）为保证应用功能的可扩展性，应该尽量采集细粒度的数据，而非生产系统的汇总后数据。

2）考虑到数据量和性能的原因，不同的监测和分析应用采集的数据粒度应有所不同，对于超大数据量的数据允许生产系统进行一定程度的汇总后再进行采集。

3）即使需要对数据进行汇总，也只汇总计算指标的中间数据，再在效能评价系统中利用中间数据计算指标值。

（6）问题溯源

在对指标进行质差分析的过程中，需要对用户进行端到端网络拓扑计算，并结合网络质量指标，最终对网络问题进行溯源定位。

对用户端到端网络进行计算和拼接，首先实现用户网络端到端拓扑呈现，然后再通过网元告警及性能数据进行用户的质差分析。

（7）优化/重保策略

对重保用户网络质量效能进行实时分析时，需对网络问题进行定界分析，将业务问题与网络质量和业务质量关键指标进行关联分析，给出问题处理建议。

语音业务重保策略如图 6-49 所示。

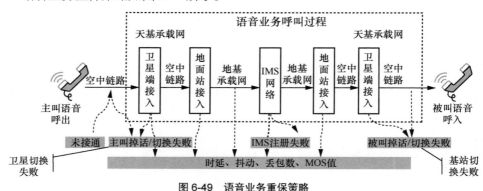

图 6-49　语音业务重保策略

数据业务重保策略如图 6-50 所示。

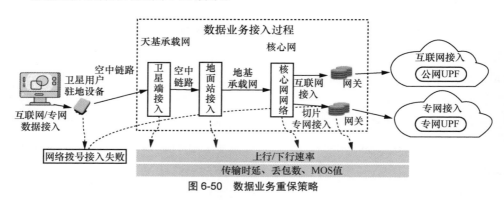

图 6-50　数据业务重保策略

根据业务故障现象，对对应的业务质量指标和网络质量指标提取分析，抽取出存在问题的关键指标，根据指标对应的网络位置（接入层、天基承载层、地基承载层、核心层）给出针对性的处理建议。

基于网络质量分析的历史数据，从多维度进行分析，进行效能指标验证。针对故障、隐患等场景，对前后流量、信号功率等指标进行比对分析，存在差异的结果进行自动比对，输出差异点，达到网络自动验证目的。同时从 3 个层面进行分析展现，包括业务总体视图、用户网络视图、告警列表视图。

|6.5 地面站网及管控技术 |

地面站网作为卫星互联网的重要组成部分之一，承担着星地数据交互、卫星测控、激光载荷标校、时频基准统一、导航增强等重要任务，主要站型包括信关站、测控站、激光标校站、导航监测站、时频统一基准站等。地面站网新技术主要涉及一体化管控及智能运行技术，包括资源池技术、星地激光标校技术、智能化管控技术等方面。

6.5.1 地面站网资源池技术

随着卫星应用的快速发展，卫星通信系统的用户数量及通信业务量均呈指数级增长，传统地面站网系统的资源部署架构，在应对大规模、突发性业务时显露疲态，网络负载不均，导致资源浪费，影响系统的整体运行效率。同时，资源的固化分配不利于故障的自愈处理，无法实现空闲资源对故障器件的灵活热备处理，影响系统的高效可靠运行。因此，针对资源高效利用等需求，对地面站进行虚拟化、资源池化设计，以满足卫星网络日益增长的业务需求。

资源池是一种高效整合各类资源的架构模式，针对不同功能的卫星，资源池架构和应用存在一定的差异。其主要原理是将不同功能的处理设备模块化、标准化、通用化，组成可以共用的"资源池"系统，通过统一的资源监控系统进行管理，整合各类资源，以提升地面站网通信资源的利用效率。地面站网资源池架构具有以下特点。

（1）资源可伸缩性：根据业务传输情况，可动态申请和释放物理和虚拟资源，同时软硬件接口统一标准规范，便于后续根据需求扩容建设。

（2）资源池化和透明化：所有底层资源（计算、存储、网络、资源逻辑等）被统一管理和调度，形成"资源池"，统一为业务处理提供所需的服务。

（3）以网络为中心：虚拟化组件和整体架构由网络连接在一起并存于网络，同时通过网络向上层提供服务。

（4）可重构性：系统可根据不同任务类型（例如常规任务规划和应急任务响应），动态重构软硬件部分计算和传输资源，进行资源组合并执行任务。

（5）服务可计量化：通过使用在某些抽象层面的计量方法对资源使用情况进行自动化控制和管理，包括计算、存储、带宽等。资源的状态信息和使用量可以被监测、控制、报告，对用户和服务提供者实现透明化。

6.5.1.1　系统架构

传统地面站网体系架构如图 6-51 所示，主要包括天线及基带等设备。

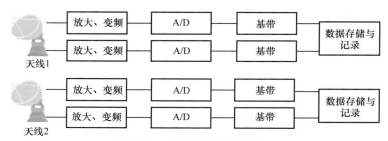

图 6-51　传统地面站网体系架构

资源池式地面站网体系架构如图 6-52 所示，地面站同类设备分层次进行部署，同类的硬件资源构成资源池。天线接收到卫星下行射频信号统一变至中频后，经由开关矩阵进入地面站资源池，依次进行 A/D 采样、基带信号处理、数据处理等，最后回传给运控中心。上行数据或遥控信息则首先经由数据处理与存储资源池进行组帧封装，再进行基带调制、数模转换、上变频至射频信号，传输至相应天线进入上行射频链路。

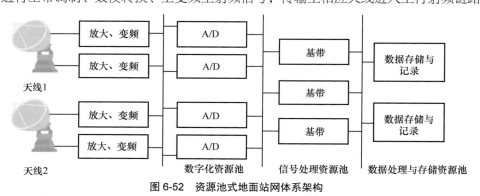

图 6-52　资源池式地面站网体系架构

6.5.1.2　系统组成

地面站网资源池可按功能划分为数字化资源池、信号处理资源池以及数据处理与存储资源池。

（1）数字化资源池主要用于完成数字信号和模拟信号之间的转换。其中，模数转换功能完成不同业务中频信号的统一数字化采样及下变频至基带信号，同时根据带宽不同业务动态选择抽取比，实现不同业务信号的数字化，将数字化的基带信号发往信号交换平台。数模转换功能接收来自信息交换网的前向基带同相正交支路（IQ）数字信号，经内插、数字上变频、D/A 变换后形成前向中频信号。数字化资源池由各个数字化可编程终端组成，每个数字化可编程终端由终端电源板卡、计算机板卡和数字化处理板卡组成。

（2）信号处理资源池主要用于在卫星通信高速数据传输业务的环境下，实现大容量基带信号处理，包括匹配滤波、载波恢复、调制解调、信道编译码等。信号处理资源池中的最小处理资源是基带板卡，基带板卡与数字化板卡可采用完全相同的硬件，通过加载不同软件实现信号处理功能，其架构特点与数字化资源池完全一致。

（3）数据处理与存储资源池由各个通用服务器组成，数据处理平台主要完成比特级信息处理，包括数据传输协议解析与封装等功能，实现用户数据的分发。存储部分采用"标准化、可扩展"的设计思想，可选用地面高速磁盘阵列的方式构建。设备主要包括磁盘阵列服务器、磁盘阵列卡、以太网卡以及电源插件等可更换单元，同时具备自测试功能，方便维护更换。

6.5.1.3　虚拟化技术

虚拟化是指对基带板卡、内存、I/O 等物理资源的抽象化，通过软件总线互联集成的方式，屏蔽硬件资源之间的差异，实现更为灵活的资源调度策略。

虚拟资源池通过引入虚拟化技术以及软件定义无线电技术实现云化，其逻辑架构如图 6-53 所示。

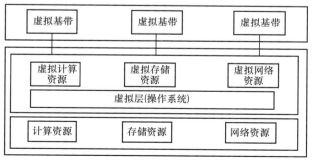

图 6-53　虚拟资源池逻辑架构

由图 6-53 可知，在该基本架构中，最底层的为硬件设备，主要包括计算资源（如 FPGA、CPU 等）、网络资源（如网络接口卡）以及存储资源，这些硬件设备是资源池进行信号处理的基础。硬件层之上为虚拟层，虚拟层以操作系统为基础（如 Linux 等），实施虚拟化解决方案，通过隐藏硬件设备的物理特性实现资源的虚拟化，从而实现资源的统一处理和分配。

基带设备可通过虚拟化中间件软件实现对底层资源的虚拟化建模，底层资源主要为 FPGA 和 CPU 资源，尤其是可针对 FPGA 物理资源进行池化，可供上层软件灵活调用与合并重组使用。

通过中间件软总线，所有资源池内的资源在运控中心看来均为统一的最小单元资源块，系统根据当前业务需求状况和资源池汇报的系统资源负载状况，运行相应的资源调度管理算法，针对不同的业务种类需求，选取相应的资源块，构成虚拟的资源组，通过系统内的业务数据总线，为特定的业务进行服务。通过这样的异构平台虚拟化架构，地面站网能够针对不同的业务类型及相应的业务处理资源需求，实现遥测、测控、数据传输等全方位业务种类的支持，也能够更为灵活便捷地对各资源池内的资源进行管理和调度，各种类型资源的利用效率相对于现有的传统地面站架构能够得到极大的提高。

资源池化系统架构如图 6-54 所示。

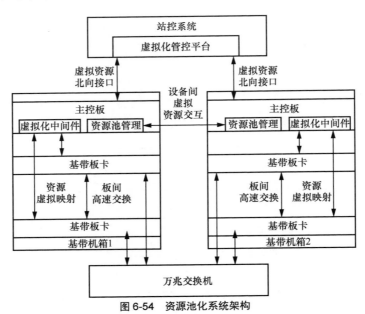

图 6-54　资源池化系统架构

虚拟化中间件采用叠加网络的技术途径，一方面对下层物理资源进行建模映射，实现对 FPGA、CPU 等底层硬件资源的抽象和虚拟化；另一方面虚拟化中间件对上层用户提供编程架构与接口。因此设备的软件功能可以基本屏蔽底层物理资源，进而实现软件模块在底层物理资源间的无缝迁移和灵活部署。

资源池管理就是把通过虚拟化中间件抽象和虚拟化的底层资源的形式化描述，进行格式转化、存储与维护，提供对上接口，供外部站控软件进行调用，实现底层资源的灵活调配，并提供基带设备之间资源池管理对等实体的接口，完成资源池信息扩散与共享，形成基带设备底层计算资源的共享池。通过资源池管理可以实现底层资源的自主自动按需调配。每个 FPGA 资源池中，都有一个接口实体通过 API 与资源池管理进行通信。资源池管理对整个资源池的 FPGA 进行管理，实现诸如 FPGA 负载均衡、互联管理、故障处理等功能。

通过底层资源虚拟化中间件软件，实现底层物理资源的虚拟化建模，底层物理资源为调制解调板卡、板卡上的 FPGA 资源、CPU 资源，底层资源可进一步进行细化，如 FPGA 中的不同功能模块。结合有效的虚拟资源向物理资源的映射机制，屏蔽物理网络与设备的差异，上层应用不再需要与底层物理设备直接打交道，实现底层网络的透明化管理。这种虚拟化机制允许设备共享、灵活控制和资源分配，进一步扩展了系统资源的灵活性，可实现快速弹性分配系统底层资源，按需联合系统虚拟应用，以支持弹性灵活的业务传输。细粒度模块资源虚拟化如图 6-55 所示。

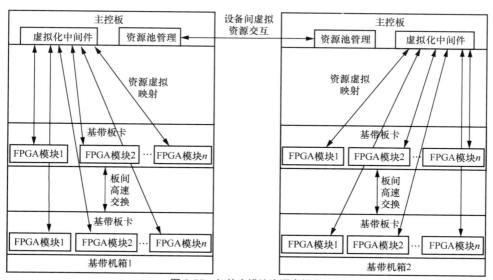

图 6-55　细粒度模块资源虚拟化

6.5.2 星地激光标校技术

6.5.2.1 概述

自激光通信技术诞生以来，各国在激光通信领域进行了持久的大规模研究投入。美国先后研发应用激光通信中继演示（LCDR）、深空光通信（DSOC）、近地高速激光通信（NEDTE）等星地高速激光通信系统，标志着美国的星地激光通信技术正式迈入工程应用阶段。欧洲航天局于 2008 年启动欧洲数据中继卫星系统（EDRS）计划，两颗卫星采用相干激光通信终端，可向 LEO 卫星和地面站提供 1.8 Gbit/s 的激光通信数据传输服务，标志着星地激光通信技术在欧洲正式迈入工程化业务应用阶段。我国卫星激光通信技术的发展起步较晚，于 21 世纪初逐步开始研究卫星激光通信技术。2019年 12 月发射的实践二十号卫星搭载了我国首套高速高阶星地相干激光通信终端，该激光载荷先后与激光地面站完成视轴在轨校准、链路快速建立与稳定跟踪、超高速星地相干通信等关键技术验证工作。

6.5.2.2 激光标校站组成

激光标校站系统主要包括望远镜模块、信号光接收模块、激光发射模块、通信处理模块、站内网管、气象监测模块等设备。激光标校站组成如图 6-56 所示。

6.5.2.3 星地激光标校技术

（1）高精度捕获跟踪关键技术

星地激光通信所面临的一系列难题中，双向激光链路的建立是解决其他问题的前提。对于地面站而言，由于星地距离遥远，通过卫星姿态和地面站位置计算的初始指向不可能实现星地终端的精确对准以及长时间通信过程中抵抗平台运动、大气抖动等造成的扰动。建立星地双向激光通信链路，主要有 3 个步骤，卫星捕获（Acquiring）、对准（Pointing）和跟踪（Tracking），通常简称 APT。

捕获主要是指在初始位置附近双方进行搜索的过程。捕获完成后，为了抵抗平台抖动、大气等造成的丢失目标情况，需要通过双方发出的光束进行反馈，不断修正对准方位，此为对准过程。对准时发出的光称为信标光，对准完成之后，将信标光切换为信号光，通信系统开始工作，并通过信号光的反馈不断修正指向，此为跟踪过程。由于对准过程和跟踪过程采用的技术路线类似，仅仅是信标光和信号光的区别，有时候也将对准和跟踪统一称为跟踪过程。为保证有足够的光能量进入接收终端，减小系统功率损耗，需要使光束精确对准接收终端，对准精度通常要做到发散角的 1/10 以下，才能保证通信链路的正常建立。因此，星地激光通信系统需要在相对运动和卫星平台振动的情况下，保证快速准确捕获、高精度跟踪，这是实现星地激光通信的必要前提。

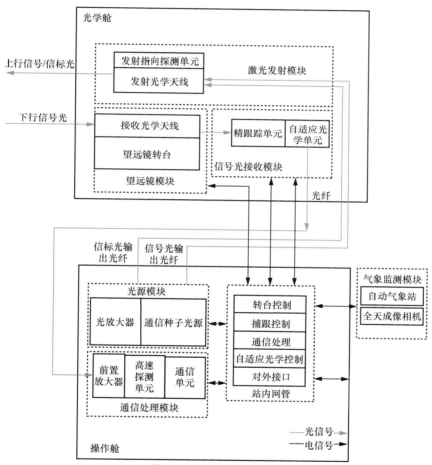

图 6-56　激光标校站组成

1）粗跟踪

机架粗跟踪受到机架控制和捕获相机目标提取这两方面的限制，跟踪误差就是上行的不确定区域。地面站的上行信标激光器的发散角设计要大于该不确定区域，粗跟踪完成时，能够保证上行信标光完全覆盖目标卫星。

2）多级精跟踪

粗跟踪完成后，星上终端开始进行扫描。由于上行信标光能够完全覆盖卫星，星上的扫描不需要太长的时间。星上扫描到上行信标光，此时星地信标链路建立完成，地面站接收到下行信标光。精跟踪系统探测该下行信标光并对其跟踪闭环。精跟踪单元主要包括高采样频率的小视场精跟踪质心探测组件、高带宽高谐振频率的倾斜校正器件以及控制器件等。

对于星地激光通信而言，由于距离远，湍流影响剧烈，两级跟踪系统还不足以达到要求，需要再增加一级跟踪系统去修正跟踪残差。高精跟踪单元的工作原理与精跟踪单元类似，唯一的区别是，高精跟踪单元的探测视场更小、探测精度更高，相机靶面更小，像素更少，响应速度更快。典型的高精跟踪（AO 跟踪）系统组成示意如图 6-57 所示。通过自适应光学的高精跟踪校正之后，星地激光通信系统的跟踪精度得以改善。

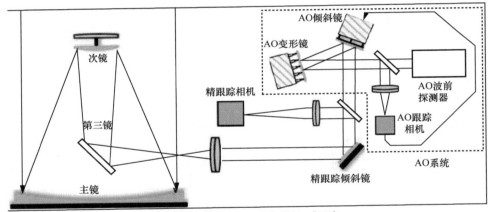

图 6-57　典型的高精跟踪系统组成示意

（2）自适应光学校正技术

空间光通信应用光纤通信探测技术，最大的难点在于空间光到光纤的耦合技术。星地激光链路受大气湍流效应、环境温度变化、地基振动、风载扰动等多动态因素干扰，简单的空间到光纤的耦合具有耦合效率低、光强严重闪烁、光强随机深度衰落等问题。通信信道中的大气湍流，导致信号光波前产生严重相位畸变，耦合光斑能量集中度严重下降，严重制约耦合效率的提升。

自适应光学系统用于补偿大气湍流的影响，提高接收到的信号光的光束质量，从而提高单模光纤的耦合效率。自适应光学系统工作原理如图 6-58 所示。星上发射的光束在进入大气之前为质量完好的初始平面波前，经过大气后，激光束波前在湍流的作用下产生畸变，该畸变的波前由地面望远镜接收进入自适应光学单元。如果不经过自适应光学系统修正，畸变的波前直接进入光纤耦合器会导致耦合效率低，所以需要自适应光学系统将该畸变的信号光波前修正为平面波。

自适应光学单元主要由变形镜、控制器和波前传感器 3 部分组成，其中波前传感器用于检测被大气湍流畸变的波前量，然后将该检测的波前畸变量通过控制器输出给变形镜，变形镜产生和该畸变波前共轭的面型，信号光在变形镜表面反射后，其波前被修正为平面波，从而提高后续光纤耦合器的耦合效率。

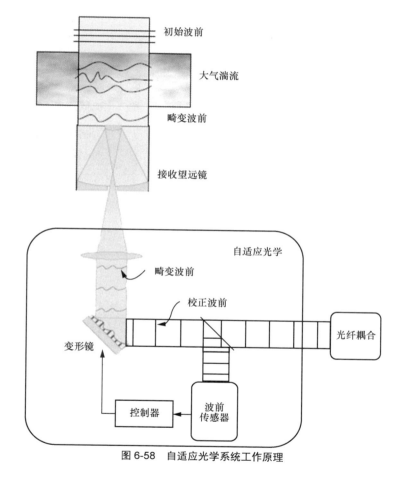

图 6-58 自适应光学系统工作原理

（3）一体化激光标校通信技术

地面激光标校站作为卫星激光终端指向误差、收发光同轴度等参数的在轨标定备份手段，支撑激光通信载荷故障诊断及后续星地激光通信技术试验，其一体化标校及通信工作模式如下。

1）跟踪建链

当卫星进入天线覆盖区域时，按照获取的卫星精轨数据指向目标，并发送信标光信号，卫星接收到信标光信号，完成捕获、粗跟踪、精跟踪后完成链路的建立。

2）标校模式

标校业务模式下，激光标校站发射上行信标光覆盖卫星不确定区域，卫星将接收视场对准地面站或在一定范围内扫描，捕获到地面上行信标光后，通过对比分析跟踪角度信息与指向计算信息修正自身光轴初始误差。星载载荷完成指向修正后，发射下行激光信号，地面站接收下行信号，并记录下行信号光强度，星载激光终端利用提前瞄准机构进行扫描，匹配记录提前瞄准机构执行位置与地面站接收功率，完成星载终端收发同轴及束散角等指标标校与测试。

3）通信模式

通信试验模式下，激光标校站接收下行激光数据传输信号，将接收空间激光信号耦合进光纤，经光纤低噪声放大器放大、矩阵分配、相干/非相干探测转为基带信号后送至通信单元，完成数据解调、译码，并按要求输出原始数据。

6.5.3　地面站网智能化管控技术

6.5.3.1　概述

地面站网系统承担着对整个星座的运行管理任务，主要完成状态监视、任务管理、构型保持、轨道机动等测控活动，是卫星在轨运行不可或缺的重要支持系统。地面站网是连接天地网络的枢纽节点，保障星地无线资源高效接入，提供全天时控制与传输能力，作为向用户提供网络接入服务的主要基础设施。

系统运行管理主要涉及以下几个方面。

基于信息的集中化设备监控：实现不同设备、不同任务的信息集中管理，多形式多维度展示用户关注信息，具备远程监控管理功能。

即时响应用户需求：针对卫星互联网系统庞大、信息流复杂的特点，系统应具备应急调度响应及时、任务执行切换快捷的特点。

资源智能管理：实现地面站网资源及航天器资源的统一管理，包括地面站网设备的入网、退网，航天器设备的注册、注销等管理，对设备资源进行关键属性描述，包括设备健康状态（健康、良好、故障等）、设备工作状态（空闲、占用等）、设备性能指标等属性。

智能化管控技术通过建立资源服务架构，实现地面资源的智能化管控与调度，强化站间任务协同能力，构建站网级健康管理体系，实现站网自动化评测与标校、站网级资源评估能力，提升地面站网的运行效益与可靠性。

6.5.3.2　运行体系架构

运控中心通过集中监控系统对地面站网资源实施统筹使用、综合管理，根据资源使用需求，形成合理优化的资源使用方案，生成站网工作计划，调度执行测控和馈电数据接收等任务，对计划的执行过程进行监视和评估，进行全流程的监控评估、动态调度，通过站网资源的"动态规划、动态释放、自动匹配、智能选择"，实现站网一体化运行管理服务。

地面系统由运控中心、分布各地的区域站（区域站包括不同站型）、不同的地面站型（低轨信关站、高轨信关站等）构成，区域站之间无直接关联，架构具有上下级的关系，地面站监控系统采用分级式体系。地面站管控系统架构主要包括任务中心、地面站以及不同站型。分级架构有利于不同站型的解耦，适应工程的进度，同时方便地面监控和子系统设备扩展升级。

任务中心由运控中心承担，通过星座管理、网络管理、运营支撑、评估监管、健康管理等功能域，实现地面站网运行态势、地面站网管理、健康管理、各类任务管理等功能，提供集中化、统一化、综合化、自动化的运行管理服务。集中监控将状态信息上报至任务中心，主中心将任务计划下发至集中监控系统执行。运控中心部署操作终端（用户端），可具备对区域地面站的监控能力。

6.5.3.3　资源智能管理技术

地面站网系统资源管理对象主要包括地面站网设备和航天器设备。针对地面站网设备，能够对其的入网、退网进行管理，对地面站网设备的关键属性、任务运行情况等信息进行统计汇总处理，并将其纳入资源管理对象进行统一调度管理。资源管理系统支持各类高轨站、低轨站等设备的注册，同时具备新型装备的扩展适应。针对航天器设备，能够对航天器的注册、注销进行管理，对航天器的关键属性进行描述，并纳入资源管理对象进行统一管理。

地面站网资源智能管理系统功能模块如图 6-59 所示。

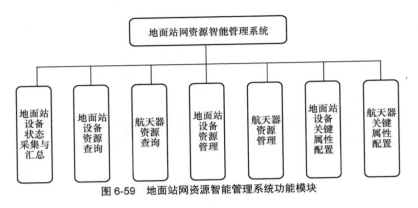

图 6-59　地面站网资源智能管理系统功能模块

6.5.3.4　任务管理技术

地面站网系统任务管理技术主要研究地面站网任务预分配、任务规划、任务调度的基本框架，基于资源的使用策略和规则，根据航天发射任务计划、星地对接计划、设备日常维护策略、重大任务保障要求等，地面站网系统可对设备资源进行任务预分配并将预分配结果上报中心系统，辅助中心系统完成任务规划；也可根据可用地面站网设备资源、过境注册航天器预报等信息，自动完成任务规划，制定地面站网资源中长期工作方案。

面对应急情况，地面站网系统可自动调整已发布的任务规划（包括修改、删除、增加等），并立即组织地面站网设备更新任务计划，迅速准确地处置紧急情况。

对已制定的任务规划，根据任务调度，在资源满足的条件下，统一调配地面站网设备资源，组织地面站网设备执行各类任务计划。

地面站网任务智能规划系统构成如图 6-60 所示。

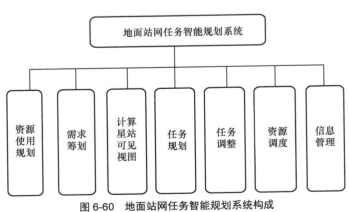

图 6-60　地面站网任务智能规划系统构成

6.5.3.5　智能管理支持技术

智能管理支持技术：智能管理系统提供智能管理的技术和模型，包括 PHM 技术、机器学习技术、智能决策模型、智能评估模型、智能预测模型等，丰富处置手段，使地面站网智能管理系统具备自主学习和升级能力。

可靠性运行支持技术：地面站网设备完成任务计划后，收集地面站网设备的任务执行情况和结果，对任务执行情况进行评估，评估内容包括但不限于自动化运行成功率、设备年/月跟踪圈次、工作时间、故障次数、工作负荷、全网资源空闲率、覆盖率等，为任务规划提供数据参考，最终实现地面站网设备资源的最大化和均衡使用。

通过对监测数据、测试数据、任务数据、历史故障数据等的分析，围绕业务相关的数据，识别出运行故障与缺陷的典型特征点，生成运行故障与缺陷知识，并存入运行故障与缺陷知识库。在后续运行过程中，通过对运行故障与缺陷的典型特征点的监测，可以尽早发现性能退化，预估失效可能，进而识别出地面站网装备与业务在运行中的故障与缺陷。

地面站网可靠性评估功能构成如图 6-61 所示。

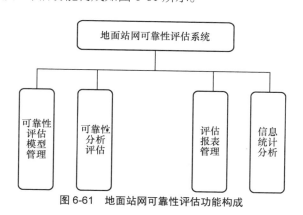

图 6-61　地面站网可靠性评估功能构成

6.5.3.6　故障处理与智能决策技术

当地面站设备出现异常工况，地面站网系统能够及时给出声、光等形式的告警提示，支持手动或自动故障处理。手动故障处理即人为取消发生故障地面站设备的任务计划，向中心系统说明情况并重新申请任务计划。自动故障处理即结合地面站网资源管理、资源规划、需求筹划、任务调度等情况，自动地对故障做出处理，根据资源管理对象中的数据，寻找可替代故障地面站设备的空闲地面站设备，针对该空闲地面站设备，应急生成未来一段时间内的任务计划，并取消故障地面站设备未来一段时间的任务计划，将调整后的任务计划上报中心系统裁决，确保中心系统下发的任务需求能够完成。

地面站网故障处理与智能决策功能构成如图6-62所示。

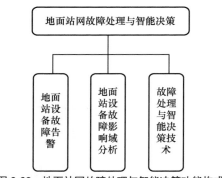

图 6-62　地面站网故障处理与智能决策功能构成

| 6.6　系统高效能设计仿真和实现技术 |

6.6.1　MBSE 系统数字化建模与结构化模拟技术

基于模型的系统工程（MBSE）采用模型的表达方法描述系统的全生命周期过程中需求、设计、分析、验证和确认等活动。MBSE 是对系统工程活动中建模方法的正式化、规范化应用，以支持系统从概念设计阶段开始一直持续到设计开发阶段及后续生命期阶段的需求、设计、分析、验证和确认等活动。传统基于文档的系统设计中，系统方案设计阶段多数通过撰写方案设计文档来对系统进行定义。MBSE 采用数字化建模方式代替设计文档进行系统方案设计，把设计文档中描述系统结构、功能、性能、规格需求的名词、动词、参数全部转化为数字化模型表达。

MBSE 的三大支柱是建模方法、建模语言[22]和建模工具。

MBSE 建模方法是系统设计师开展顶层设计的规范指南，是建模团队创建系统模型的必要依据。常用的 MBSE 建模方法包括 MBSE 建模方法论 IBM Harmony、面向对象的系统工程技术（OOSEM）、Vitech 基于模型的系统工程方法论、Dori 对象–流程方法论等。

MBSE 建模语言是描述系统建模的标准"语法"，是一种半正式、结构化的语言，定义模型中的元素的种类，以及元素之间的关系，并且在图形建模语言的情况下，还要定义使用的一系列标识法，从而在图表中显示元素和关系。自数字化建模提出至今，出现了很多建模语言，根据其表现形式主要分两类，一类是图形建模语言（统一建模语言（UML）、系统建模语言（SysML）等），另一类是文本建模语言（Verilog、Modelica 等）。当前 MBSE 领域主流的系统建模语言是 OMC 维护和发布的 SysML，该语言基于 UML 发展而来，并专门针对系统设计领域特点进行了扩展[23-24]。

MBSE 建模工具是一类特殊工具，是用来实践 MBSE 思想的载体。设计师使用建模工具创建一系列元素以及元素之间的关系，即创建模型。商业化工具厂商不断研究和自主开发设计出许多商业建模设计工具，分别在系统工程的生命周期中侧重于不同的工作重点。目前国内工程领域主要的 MBSE 工具为达索公司的 MagicDraw 和 IBM 公司的 Rational Rhapsody，基本实现了基于模型的系统工程及其生命周期的完全覆盖。

MBSE 是系统设计工作通过数字化设计手段的实现，因此在工作流程上与传统系统工程并无太大差异，仍然分为需求分析、系统设计、系统验证、需求确认 4 个步骤。

（1）需求分析

需求是指系统必须满足的能力或条件，一个需求能够分解成多个子需求。为了加强对系统需求的分析设计，SysML 采用需求图描述系统的详细需求以及分系统的需求、各需求之间以及需求和其他建模元素之间的关系，实现需求条目化分类，并对性能需求进行量化描述。

（2）系统设计

采用用例图、模块定义图、内部模块图、行为图、参数图，完成系统功能、结构、接口设计，以及参数化表征，并将设计内容与需求进行关联，确保追溯关系完整。

（3）系统验证

基于数字化系统设计模型进行系统仿真，根据设计需求进行系统验证工作。

（4）需求确认

将设计参数值与量化的需求约束进行验证。

卫星网络具有星座规模大、节点分布动态变化、异构节点组网、资源状态时变、业务需求多样等特点，给运维管控设计带来了新的挑战，主要体现在管控对象复杂异构、资源精细化调度要求高、业务驱动的管控需求高等方面。

卫星网络运维管控系统是一个跨团队、跨专业的复杂大系统。面向复杂大系统设计，传统基于文档的系统设计存在跨团队沟通难度大、设计迭代成本高、系统间接口复杂等问题，相比"基于文档的系统工程"方法，MBSE 方法具有以下优势。

1）改善了开发系统的相关者（用户、项目管理人员、系统工程师、软硬件工程师、测试人员和各专业工程学科的人员）之间的沟通。因为 MBSE 是基于标准的建模语言建立的规范化说明，相当于大家交流的语言是统一的。而基于自然语言的"文档"容易在不同专业的人员之间产生歧义。MBSE"模型化说明"在各类专业人员之间传递时，可以通过计算机软件转换为各自专业的语言、数据，而自然语言很难实现这个转换。

2）MBSE 采用标准化的方式捕获信息并高效地利用模型驱动方法固有的内置抽象机制，增强知识捕获及信息的复用。这会缩短开发周期，降低系统迭代成本。MBSE 系统模型数据更容易复用，比文档手段的"复制、粘贴、替换"文本效率要高。模型数据的复用，可以采取"引用"方式，而且可以建立共用的模型库，提高知识的复用率。

3）MBSE 建模通过提供具有一致性、正确性、完善性的系统模型，提升产品质量。

6.6.2 数据中台构筑运控系统数字化应用技术

数据中台是一种数字化综合解决方案，采集、计算、存储和处理海量数据，保证数据的标准统一和口径一致，建立全域级、可复用的数据存储能力中心和数据资产中心，组件化服务模块，提供数据共享和复用能力，灵活高效地解决业务前台的个性化需求。

运控系统数字化转型对于卫星互联网来说是顺应时代发展的战略方向，运控中心各业务域在业务处理过程中，会接收和产生大量不同类型的数据，包含大量的图像、文本等非结构化和卫星信息、网元信息、业务运行信息等半结构化及结构化数据，作为卫星互联网企业重要的数据化资产，有效利用其 PB 级海量数据资产赋能业务，实现数据资产价值最大化的目标。数据中台立于业务数据的积累沉淀，破于数据收集、整合、分析及应用的生态闭环，始于业务，用于业务，循环往复的理念与数据价值目标相契合。

　　运控系统引入数据中台体系，致力于解决卫星互联网原有数据关系及面向服务的体系结构（SOA）解决企业"数据烟囱"问题，打通数据孤岛，通过完善数据标准体系、强化数据质量管控、统一管理元数据等方式加强数据治理，提升数据可用性，实现数据资产化。数据中台联合卫星互联网全域（运控域、运营域、工程科研域、管理域等）数据资产进行开发和应用，实现统一可比可算，让数据具备敏捷服务能力，满足卫星互联网各层级对数据服务能力的智能和快速调用，让数据价值最大化赋能业务决策。运控域数据中台面向运控中心各业务功能域和运控专业等用户构建集专业性、实时性、可靠性为一体的运控专业数据中台，实现运控全域全量数据一体化组织管理，针对运控业务特点的专业化数据治理，满足运控业务时效性要求的定制化数据服务。卫星互联网数据中台体系架构如图 6-63 所示。

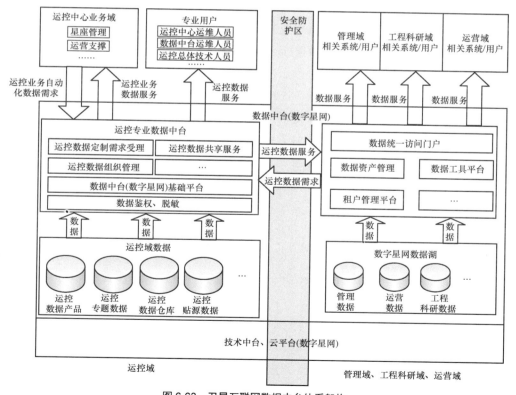

图 6-63　卫星互联网数据中台体系架构

利用头部的互联网平台生态厂商在内部落地中台战略，结合卫星互联网领域特点，在实施方法论上面，采用统一数据（OneData）实践，推进数据按主题和分层方式进行管理，统一表及指标的命名规范，保证数据的完整性和复用性；数据共享方面，采用统一的数据服务功能（OneService），以满足业务方面的数据需求。

（1）统一进行数据分层、分类、分级，定义数据研发到数据服务的统一指标和算法，数据采集、汇聚、清洗、加工、调动一次完成，避免因不同的业务场景造成不同功能域对数据的重复建设，让数据成为可复用、可深挖价值的资产。

（2）建设数据即服务（DaaS）体系，数据中台通过平台化的工具/接口，一方面为应用开发屏蔽了底层数据存储，提供数据查询统一接口，另一方面提高了数据应用的管理效率。

具体实践如下。

（1）运控域数据标准体系建立

数据标准体系基本架构包括基础数据标准、参数数据标准、代码集标准 3 个一级分支。数据中台中所有入库的数据都必须遵循标准体系。

基础数据标准为运控域相关数据及其处理过程提供统一的业务含义、处理规则和管理规则，分为元数据标准、主数据标准和数据模型标准 3 个二级分支。

第一个一级分支：元数据标准是用于固定业务域所有数据实体的数据项的描述框架，分为业务元数据、技术元数据、管理元数据 3 个维度。主数据标准是用于固定业务域系统间主数据的描述框架，分为业务规则、数据质量、管理过程 3 个维度。数据模型标准是用于固定数据仓库数据及专题数据构建数据模型式的描述框架，分为数据结构、数据操作、数据约束 3 个维度。

第二个一级分支：参数数据标准。为运控域相关数据应用和数据分析提供统一的指标描述框架，划分为基础指标标准和组合数据指标两个二级分支。

其中基础指标标准是由业务系统直接产生的不包含维度计算数据的数据标准，基本可以以业务域为划分，分为星座管理指标标准、网络管理指标标准等，每一条标准由归属信息、基本信息、业务场景信息 3 个维度进行描述。组合数据指标是由多个基础数据或基础指标计算得出的数据，可以根据拟分析的数据专题，分为卫星管控指标标准、网络资源指标标准等，每一条标准由时间周期、类型说明、算法说明、原子数据 4 个维度进行描述。

第三个一级分支：代码集标准。代码集标准是依据国标、行标等标准规范的要求，结合运控域数据的实际情况，由业务部门提出代码集需求，进行收集、整理、编制的代码表的集合。根据业务使用需要，分为站网代码集标准、空间数据代码集标准、气象地理数据代码集标准等 *N* 个二级分支。

（2）数据服务化

数据中台延展业务中台，支撑数据和运控服务中台抽象、封装和沉淀公共数据组件的可复用能力，以平台形式对外输出技术能力。数据中台依托运控云原生和微服务，通过 API 网关实现前端逻辑和后端数据支撑的安全分离和独立开发，有效应对高频海量业务访问场景。同时设计和实施抽象技术属性及通用的数据解析属性（数据中间层），采用领域特定语言（DSL）实现数据视图编排，实现不同场景个性化的数据共享。

数据中台服务化，着力于业务中台承载的星座、网络等核心业务，实现地面系统级的业务能力复用和业务板块协同，提升创新效能。运控具备测控、导航、接入网、承载网、核心网等领域多、业务场景逻辑复杂等典型特点。在设计和实施中，数据中台通过划分业务领域边界，形成共享服务模块，建立分布式微服务体系，为业务前台提供复用共享数据服务能力。

6.6.3　数字孪生与增强现实融合的仿真验证技术

数字孪生，也被称为数字映射、数字镜像，是充分利用数字模型、传感器、运行历史等数据，集成多学科、多物理量、多尺度、多概率的仿真过程，通过在虚拟空间中完成映射，从而反映相对应的实体装备的全生命周期过程。作为一种在信息世界仿真物理世界、优化物理世界、增强物理世界的重要技术，数字孪生是一种实现物理世界与信息世界交互与共融的有效方法，也是一种推进全球工业和社会发展向数字化、网络化、智能化转型的有效途径。数字孪生起源于工业界，"孪生"的概念最早出现于 1969 年美国的阿波罗项目中，NASA 通过制造两个完全相同的航天器，形成"物理孪生"，两者虽没有直接的数据连接与信息交互，但可以借助留在地面的航天器一定程度上反映和预测在地外空间执行任务的航天器的状态，进而进行任务训练、实体实验并辅助任务分析和决策。之后，由于航天器的系统和任务的复杂度越来越高，且数量迅速增长，航天系统难以支撑大量完整构建物理孪生的成本，借助数字化手段仿真、分析、验证航天器的研究逐渐出现。

随着数字化相关技术的发展成熟，NASA 于 2010 年提出将数字孪生技术应用于未来航天器的设计与优化、伴飞监测以及故障评估中。美国空军研究实验室于 2011 年提出在未来飞行器中利用数字孪生实现状态监测、寿命预测与健康管理等功能，自此引发了数字孪生在航空航天及其他领域中的广泛关注。

在低轨巨型星座系统中，其星座一般有上百颗卫星，且网络中的节点相对地面处于高速运动状态，使得低轨巨型星座的拓扑具有高动态性，导致在物理空间直接进行关键技术试验面临风险大、成本高、周期长等困难。再加上星座系统的庞大规模和技术复杂性，给规划论证、系统研制、在轨管理等各方面工作带来诸多难以预料的问题。通过低轨巨型星座数字孪生，可以将星座系统中的卫星、终端、地面站等物理实体映射到虚拟空间中，形成可拆解、可复制、可转移、可删除的数字镜像，实现批量复制、轨道快速转移等原先由于物理条件限制而难以完成的操作。

卫星互联网系统涉及的专业多、卫星数量多，导致系统资源规模大、结构复杂，需要采用分布式协同仿真的手段来提升系统仿真运行效率和解决跨单位异地协同仿真问题。分布式协同仿真工具通过构建射线状的分布式主从结构，并利用主从计算单元之间的联合仿真，实现多系统的同步运行、统一调度、并行计算和数据同步。数字孪生系统的建设可以全面支撑、保障低轨巨型星座系统的建设和实施，并发挥如下作用。

（1）支撑低轨巨型星座的设计和建设

低轨巨型星座数字孪生系统通过构建空间段、地面段、应用段全数字仿真节点，实现对系统的全要素高准确度的模拟，形成系统级星座管理、网络体制、业务支撑等仿真、测试、验证的能力，支持星座设计方案仿真验证及快速迭代优化。

（2）支撑低轨巨型星座运行管理

通过构建卫星、地面站、终端、空间环境、信道、链路等模型实现端到端通信的全流程仿真，实现网络功能性能的设计验证，及网络状态的评估与预测，支持对巨型星座系统的通信速率、系统容量、通信时延、系统安全等网络性能的评估；对软件迭代更新进行整体评估和预测，提供评估结果以支持系统迭代策略的决策；支持对低轨巨型星座系统的运行状态进行监测与评估，支撑低轨巨型星座运行管理。

（3）支撑低轨巨型星座互联网运营服务

通过打通数字孪生系统与在轨运行系统的接口，实现对星座空间段、地面段和应用段物理系统的高精度数字镜像，以通过虚拟验证替代传统实物仿真，借助历史数据、实时数据以及算法模型等，模拟、验证、预测、控制物理实体全生命周期过程，支撑巨型星座运营服务。数字孪生重点包括以下4点。

1）空间段孪生

空间段孪生包括不同类型的卫星模型，通过对测控、姿轨控、供配电等平台分系统，以及星载路由、星载基站、相控阵、激光等载荷功能进行孪生，打通与低轨巨型星座运控中心测运控接口，实现与在轨卫星一致的遥测遥控管理功能，以支撑在轨卫星状态的监视、预测、分析，星座、网络等运行控制功能验证。

2）地面段孪生

地面段孪生包括信关站、导航监测站、地面承载网等模型，对协议处理、数据转发、馈电/测控基带、动态选站、站内网管等功能进行孪生，实现随路测控、载荷管控、业务数据、常规测控等信息传输，地面站的数量按需扩展，支持地面站相关功能验证、预测、分析。

3）应用段孪生

应用段孪生包括各类型不同体制终端的模型，对各类业务、协议处理过程等功能进行孪生，与星上载荷、地面站网等模型，核心网、接入网关等网元，应用系统等共同实现不同类型的业务应用与体制研制，对低轨巨型星座互联网业务运行进行监视、预测、分析。

4）基础环境孪生

基础环境孪生包括轨道、链路模拟、空间环境等模型，为星、站、端模型提供轨道构型参数、轨道外推星历，星间、星地链路通断、时延模拟，评估空间环境活动事件对卫星轨道控制的影响等服务。

综上，通过数字孪生手段，可以实现低轨巨型星座的顶层需求分析与论证，以及通信体制、协议标准、系统安全、关键技术、系统示范运营等全过程、全系统、全要素的仿真验证，为星座的设计、建设、运营提供全面支撑。

┃ 参考文献 ┃

[1] 蒋罗婷. 国外小卫星测控通信网发展现状和趋势[J]. 电讯技术, 2017, 57(11): 1341-1348.

[2] 闫建华, 李小梅, 张涛. ETSI 卫星测控标准与商业卫星测控体制研究[J]. 遥测遥控, 2020, 41(6): 20-29.

[3] 李怀建, 韦彦伯, 杜小菁. 低轨星座与低轨卫星导航算法发展现状[J]. 战术导弹技术, 2021(3): 57-66.

[4] 王乐, 张勤, 黄观文, 等. 区域监测站与低轨卫星数据联合测定 MEO 卫星轨道[J]. 测绘学报,

2016, 45(S2): 101-108.

[5] 桑吉章, 李彬, 刘宏康. 空间碎片轨道协方差传播及其动态校正[J]. 武汉大学学报(信息科学版), 2018, 43(12): 2139-2146.

[6] 邓宝松, 孟志鹏, 义余江, 等. 对地观测卫星任务规划研究[J]. 计算机测理与控制, 2019, 27(11): 130-139.

[7] 王一, 刘德生, 刘家彤, 等. 卫星观测任务规划问题研究热点与趋势分析[J]. 指挥控制与仿真, 2024(5): 1-7.

[8] FRANK J, JÓNSSON A, MORRIS R, et al. Planning and scheduling for fleets of earth observing satellites[Z]. 2003.

[9] WANG P, REINELT G, GAO P, et al. A model, a heuristic and a decision support system to solve the scheduling problem of an earth observing satellite constellation[J]. Computers & Industrial Engineering, 2011, 61(2): 322-335.

[10] CHEN X Y, REINELT G, DAI G M, et al. Priority-based and conflict-avoidance heuristics for multi-satellite scheduling[J]. Applied Soft Computing, 2018, 69: 177-191.

[11] GLOBUS A, CRAWFORD J, LOHN J, et al, A comparison of techniques for scheduling Earth observing satellites[Z]. 2004.

[12] BIANCHESSI N, CORDEAU J F, DESROSIERS J, et al. A heuristic for the multi-satellite, multi-orbit and multi-user management of Earth observation satellites[J]. European Journal of Operational Research, 2007, 177(2): 750-762.

[13] 王钧. 成像卫星综合任务调度模型与优化方法研究[D]. 长沙: 国防科学技术大学, 2007.

[14] 韩伟, 张学庆, 一种基于离散粒子群的多星任务规划算法[J]. 无线电工程, 2015(1): 1-4, 47.

[15] 靳肖闪. 成像卫星星地综合调度技术研究[D]. 长沙: 国防科学技术大学, 2009.

[16] WOLFE W J, SORENSEN S E. Three scheduling algorithms applied to the earth observing systems domain[J]. Management Science, 2000, 46(1): 148-166.

[17] LIN W C, LIU C Y, LIAO D Y, et al, Daily imaging scheduling of an Earth observation satellite[J]. IEEE Transactions on Systems, Man, and Cybernetics - Part A: Systems and Humans, 2005, 35(2): 213-223.

[18] 贺仁杰. 成像侦察卫星调度问题研究[D]. 长沙: 国防科学技术大学, 2004.

[19] 郭玉华. 多类型对地观测卫星联合任务规划关键技术研究[D]. 长沙: 国防科学技术大学, 2009.

[20] ABRAMSON M, CARTER D, KOLITZ S, et al, Real-time optimized earth observation autonomous planning[J]. Engineering, Environmental Science, 2002.

[21] 王冲. 基于 Agent 的对地观测卫星分布式协同任务规划研究[D]. 长沙: 国防科学技术大学, 2011.

[22] ALEKSANDRAVIČIENĖ A, MORKEVIČIUS A. MagicGrid® book of knowledge[Z]. 2018.

[23] MANN C J H. A practical guide to SysML: the systems modeling language[J]. Kybernetes, 2009, 38(1/2).

[24] DELLIGATTI L 著, 侯伯薇, 朱艳兰译. SysML 精粹[M]. 北京: 机械工业出版社, 2015.

第 7 章

应用服务

| 7.1 应用体系架构 |

7.1.1 概述

卫星互联网是在技术发展、应用牵引、科技探索的共同推动下，近年来信息通信领域产生的新概念与新系统。回顾信息通信技术与系统的历程，可以清晰地看到：卫星互联网及其应用的发展是有迹可循、一脉相承的。从卫星互联网的技术与应用特征分析，放眼近现代人类信息通信技术与系统的发展历程，与发展密切相关的典型系统包括电信网络、互联网以及卫星通信网络。

在传统电信网络方面，从以语音通信应用为主体的单一应用网络体系发展到第三代移动通信系统（3G），尤其是个人移动终端融入了导航定位和智能处理能力后，就加速走向了与互联网络的融合之路。

在互联网方面，进入 21 世纪开始与移动通信网络融合后，互联网产生了网络电商、金融、教育、娱乐等应用，全面和个人应用绑定，远远超出了互联网发明之初，仅用于计算机之间通信与联合计算的场景。

在卫星通信网络方面，最初以满足跨洋通信、电视信号转发等应用需求为目标，但受限于稀缺的资源、昂贵的天地设施以及用户终端，早期的卫星通信网络在相当长的一段时期内，仅限于政府、军队以及特殊行业的专网应用。直到近年来高通量卫星的出现，卫星通信应用逐步拓展到车、船、机等平台级应用，特别是低轨大规模宽带卫星星座的兴起，更是将应用目标指向个人。

从图 7-1 可以看出，地面通信网络、互联网与卫星通信网络的产生，均源于特定的应用场合与对象，但是随着技术能力不断提升，应用场景也随之拓展，产生大量的业务重叠，最终相互作用，融为一体。这是卫星互联网从产生初期就应该看到的趋势与发展方向。

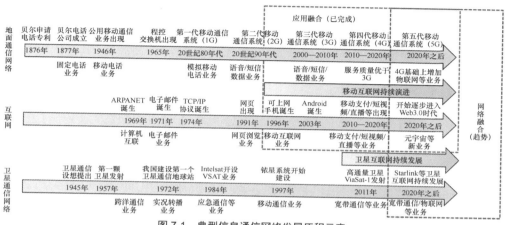

图 7-1　典型信息通信网络发展历程示意

如今，随着卫星互联网空间基础设施的不断发展，应用技术围绕应用终端、应用服务云平台、新技术融合等方向演进，卫星互联网应用服务将在太空、空域、车联网、算力网络等领域发挥更大作用，促使通导遥融合、天地一体化技术创新，推动社会信息化和数字经济的发展。

7.1.1.1　概念内涵

从传统的航天工程维度，卫星互联网应用系统是一个与卫星系统、运载系统、发射场系统、测运控系统等并列、面向用户与应用必不可少的系统工程要素。但是与遥感卫星、载人航天工程等相对独立的应用系统不同，部分专业通信卫星是将应用服务功能与网控系统合并，终端与用户网络接入归入"用户段"；部分商业化通信卫星在运营侧开发部署了业务运营支撑系统，实现计费与计算、运营与账务、客服与决策支持等功能。

卫星互联网应用系统与传统的航天工程应用系统在本质上有巨大的区别：卫星互联网作为公共基础设施，需要同时承载多类用户的应用；作为运营级系统，需要部署运营服务支撑系统；作为综合信息网络应用服务平台，需要对用户提供强大的业务支撑与服务能力。因此必须赋予卫星互联网应用系统新的定义与任务，构建新的体系架构，提出新的建设发展要求。

卫星互联网应用是根据用户需求，通过对网络资源管理控制，在用户终端以及网络服务平台等应用系统的综合支撑下，融合用户自身的应用资源与设备设施，按照一定规则开展的卫星互联网网络组织运用过程，以满足用户预期的功能性能服务。

卫星互联网应用是一个跨网络系统与用户系统的大范畴概念，涉及多技术领域，因此需要从以下几个方面准确把握好卫星互联网应用的内涵。

一是应用的本质是一种组织运用的过程。单个系统与设备仅仅是应用过程中的部分保障手段，应用是对系统（含空间、地面、应用以及用户系统）、资源（含网络资源、人力资源等）、流程、规则等一系列要素的综合组织运用。

二是应用的核心是资源调控与服务汇聚。资源与服务包含并不限于卫星互联网本身，也包括用户、外围第三方已有的资源与服务，卫星互联网应用的开放性要求必须打通与外部资源、网络的通联。

三是应用的要素包含使用规则。这类规则包括国家政策、国际规则以及应用行业的规范，如涉及网信安全的政策规范、与使用区域/环境相关的无线电用频规则、航空航海等特殊行业的应用强制规范等，这些约束条件往往是在系统建设阶段被忽视的，必须加以重视并前置到设计输入条件中。

四是应用的目标是实现用户价值。"应用"与"服务"的概念有所不同，应用是从用户侧视角，以满足用户预期需求为出发点，着重体现用户的业务价值；而服务是从能力供给侧（运营商、服务商）视角，以提供有质量保证的服务输出为出发点，着重体现卫星互联网的能力价值。

7.1.1.2 优势与特点

卫星互联网可以是一种高低轨结合、宽窄带兼容、通导遥融合的综合信息网络，其核心能力突出表现在大规模低轨宽带卫星星座的应用特征上，与传统的高轨卫星通信网络相比，低轨宽带卫星通信网络呈现出较大的优势，突出表现在以下几个方面。

一是时延短。与高轨卫星 270 ms 的传输时延相比，基于低轨卫星互联网的传输时延仅需数十毫秒，甚至与地面光纤网络相当。

二是广覆盖。高轨卫星在高纬度地区无法连续覆盖并提供服务。与之相比，卫星互联网可实现包含南北极的高纬度区域常态覆盖，可服务于极地航线、航路以及极地科考等高纬度通信应用场景。

三是应用仰角高。高轨卫星一般处于赤道上空的地球静止轨道，对高纬度地区用户而言，仰角较低，易受地形遮挡。卫星互联网在大规模低轨卫星组网后可实现连续的高仰角服务，更好地满足复杂地形与城市等遮挡严重区域的通信需求。

四是冗余度高。高轨卫星一般基于单节点服务，一旦某个节点失效，大片区域将无法服务。卫星互联网采用多节点组网方式，个别节点失效对整个网络性能影响较小，因此可提供更稳定的网络服务。

五是有丰富的终端应用场景。相较于高轨卫星，传输路径损耗更低。因此，对于同样规模的终端形态，卫星互联网终端具有更高的传输带宽；对于同样的带宽需求，卫星互联网终端可以更加小型化与低功耗，可以适应更多应用场景。

六是技术演进周期快。低轨卫星寿命一般为 5～7 年，与高轨卫星约为 15 年的寿命相比，虽然寿命稍短，但与信息通信技术的演进周期相近，这种发展周期反而有助于技术快速迭代演进，有利于系统的更新换代。

7.1.1.3　面临的挑战

卫星互联网在国家政策、技术升级、产业资本的多重驱动下，发展迅速、市场潜力巨大、应用前景广阔，有望成为拉动经济增长的新引擎。然而，卫星互联网的规模应用需着力解决如下关键问题。

一是如何提供与地面服务近似的用户体验。相较于地面通信网络，卫星互联网在覆盖范围广的优势条件下，需提供与地面网络用户相当的用户体验，重点包括：大容量、多用户接入能力、低时延、高用户带宽，同时需大力降低卫星网络服务资费，降低卫星互联网的应用门槛。

二是如何提供更适宜的终端。为满足多种类型行业的应用要求，卫星互联网终端应向低功耗、小型化、低成本的方向发展。应用终端的适宜性不仅是终端制造供应链需突破的难题，同时也与低轨卫星高度、星座规模、用户频段选择、载荷性能等系统性能密切相关。

三是如何清除网信安全风险。卫星互联网具有跨境覆盖和全球通信的特点，若信息和数据在不可控区域落地，会导致信息外泄，存在网信安全隐患；同时，网络架构的复杂性和传输信息的特殊性，会给网信安全管理带来挑战；另外，卫星互联网终端物理分布广泛，一旦被非法利用，将会引起系统入侵风险。

四是如何提供多样化业务。为提供更为丰富的应用种类，满足用户多样化的需求，卫星互联网应用需要考虑从单一通信向物联网、导航增强、天基监视等复合型业务发展，提升卫星平台、频轨资源和功能载荷的利用率；从连接型向服务型、生态型转型，更好地为用户提供保障和服务，促进卫星互联网应用。

五是如何更好地与地面网络融合。由于地面网络已经率先实现了与行业、个人的紧密绑定，卫星互联网应用不能仅限于传统的封闭式专网应用模式，而应该主动实现与地面网络的融合，直接继承与发展地面网络的应用与用户资源。

7.1.2 "网–云–端–业"架构

卫星互联网应用系统是网络应用的基础软硬件设备设施，从一般意义上看，由应用终端、应用服务平台、用户接入与管理系统构成。建设卫星互联网应用系统首先要构建芯片化、模组化、型谱化的终端体系，为各类用户提供可靠的网络接入手段；还要建设逻辑自成一体、云态分布的应用服务平台，对网、云、端的资源和能力进行标准化、模板化和产品化封装，通过在线交付流程，向用户提供综合网络信息服务和多样化的赋能应用，逐步形成能力开放、多源融合、共生共赢的卫星互联网应用服务生态；根据用户接入和管理需求，在用户业务系统侧部署适配的用户接入与管理系统，赋能用户基于卫星互联网构建各种专网与公网的业务应用。

卫星互联网应用系统的构建涉及多要素（通信、网络、数据、服务、终端等）、多技术（通信技术、航天技术、网络技术、IT 技术等）和多业务（通信、导航、物联网、云服务等）。目前，我国还没有建立完整的卫星互联网应用系统，为解决传统应用系统所面临的多源异构数据融合困难、数据服务链路长、面向用户端的精确实时服务能力不足等问题，针对用户应用场景多样化、差异化和用户需求迭代多变的特点，可采用"网–云–端–业"架构进行设计，综合利用云计算、边缘计算、大数据、人工智能等前沿 IT 技术，对卫星网络、云计算、卫星终端的资源和能力进行服务化、产品化的封装，通过标准化或定制化的交付流程，向用户提供敏捷、灵活、安全的低轨卫星通信应用服务，体系架构如图 7-2 所示。

卫星互联网应用系统面向多元化用户需求，建立新的网络融合架构，提出网络融合标准体系，并进一步突破按需组织、能力组合的资源调度、在轨计算、时空基准、空间感知等"云+端"服务技术，推动泛网融合环境下全覆盖、高时效、高精准的天基资源服务。

一是网络泛在化。应用系统"网"的范畴主要是指卫星互联网的接入网、承载网和核心网，同时包括了必要的外围网络资源及用户应用网络。卫星互联网应用系统依托上述网络为用户提供入网、认证鉴权、移动性管理、业务会话管理、计量计费及应用接入等服务。未来的网络将"通、导、遥"各系统融合为"一张网"，空间形态表现为"网络节点+网络连接"的形态。

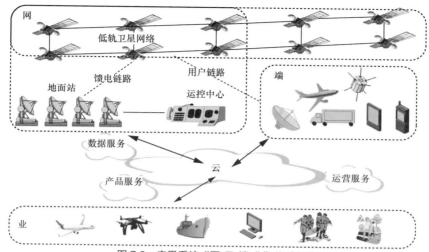

图 7-2　应用系统"网-云-端-业"体系架构

二是云服务智能化。为满足未来跨平台信息共享、任务协同等需求，基于"云网一体化"的思想，综合利用分布在不同节点的各类资源，构建集网络云计算、边缘计算和大数据等能力于一体的智能化分布式云体系，通过对卫星互联网通信、网络、算力、数据等各类资源的按需定制和敏捷调度，面向用户，构建融合"通、导、遥、算"的综合网信服务系统，提供感知、传输与时空基准服务。

三是应用终端融合化。应用终端是用户接入卫星互联网的直接载体，为各类用户提供全球宽带通信、移动通信、物联网通信等服务。随着卫星互联网宽窄带、高低轨、通导遥、天地一体等方面融合，应用终端将有效集成通信、导航、遥感等模式和功能，研发多模通信、多模导航、多源数据采集、遥感应用、地理信息的"互联网+"云服务空间信息综合应用终端，实现通导遥融合终端的统一应用和服务。

四是业务流程定制化。通过"端+业"的有机融合，结合不同行业领域的业务特点，为用户提供灵活、多态的一站式定制化应用服务。通过不断提升卫星网络应用能力，逐步实现天地网络融合发展。在此基础上，聚焦用户需求，按照应用场景，细分资源，优化服务，构建可为陆地、海洋、天空、太空不同应用场景用户提供定制化通信服务的能力。

| 7.2　应用终端技术 |

卫星互联网应用终端为用户提供全球覆盖、随遇接入、无缝连接的信息网络服务，与用户信息系统高度集成，是应用服务效能体现的前端系统。

应用终端作为信息通信技术融合的重要载体、业务信息的入口和应用创新的平台，其内涵、外延在不断发生变化，主要体现在如下两方面：一方面，应用终端技术不断发展，终端天线从抛物面天线固定使用，逐渐发展出适合于车、船、机使用的相控阵天线等形式，终端设备按照波形、芯片、模块、整机的积木化发展模式，遵循硬件平台通用化、软件化的发展趋势，向一体化、综合化、智能化方向发展；另一方面，应用终端与移动互联网的应用结合日益紧密，卫星通信与地面移动通信融合演进，解决了传统卫星专用终端通信资费昂贵、外形笨重、功能有限的问题，满足了高集成度、低成本、小型化、低功耗的需求。此外，终端测试贯穿卫星互联网终端研制阶段、生产阶段和入网认证阶段，终端测试技术将有效提高终端生产效率和技术迭代升级。

7.2.1 终端天线技术

7.2.1.1 技术趋势

随着空间技术的不断发展，低轨卫星因制造和发射成本低、技术更新快、便于规模化制造和部署等特点，得到快速发展，卫星互联网应用领域愈加广泛，新型应用场景不断涌现，对应用终端天线也提出了更高的要求。

作为低轨卫星星座系统的天线种类主要有全向天线、固定跟踪抛物面天线、机械扫描阵列天线以及电子波束扫描天线（相控阵天线）。全向天线结构简单、成本低，但电性能和系统速率也低，多用于窄带通信；固定跟踪抛物面天线以抛物面为主，具有大口径和高速率的优势；机械扫描阵列天线技术相对成熟，成本中等，但机械的可靠性较差，也难以满足过顶跟踪的使用需求；电子波束扫描天线具有剖面低、使用方便的优势，但设计难度和成本较高[1]。相控阵天线是未来卫星通信天线的主流，随着小卫星多星座的应用，当前的机械式卫通天线已慢慢不能满足应用要求。

地面终端是地面段实现与卫星进行信息交互的产品，相控阵天线作为低轨卫星星座终端的主要天线形态，具有灵活捷变的波束性能，可满足车载、机载、船载、便携等多种应用场景对卫星互联网数据接入的需求，并能够提供更佳的用户通信体验。

7.2.1.2 技术发展现状

国内开展终端低成本相控阵天线研制的思路主要是采用基于硅基的射频多通道工

艺，降低射频芯片价格，从而达到控制整机价格的思路。部分毫米波公司采用硅基CMOS 工艺和砷化镓化合物工艺，集成单片发射芯片和接收芯片，并基于该多通道多功能芯片开发出 Ka 频段相控阵天线样机。

目前，国际上研究机构均在寻找一种更加小型化且更加智能的解决方式。在这种需求背景下，各种新天线技术不断涌现，学者在液晶超材料相控阵天线、数字相控阵天线、光学相控阵天线等新技术方向进行了研究。星链终端如图 7-3 所示。

图 7-3　星链终端

2021 年 11 月，SpaceX 公司发布了一款全新矩形用户终端，整体采用低成本的设计思路，用机械扫描的方式对准轨道，通信建链完成后，天线机械结构不再转动，采用相控阵的方式进行跟星，具有尺寸小、重量轻、功耗低的优点。二代终端天线进一步缩减了尺寸，由 58 cm 直径的圆形天线演进为 50 cm×30 cm 的矩形天线。

7.2.1.3　关键技术及实现途径

终端相控阵天线使用场景就决定了相控阵天线需要具备轻量化、高集成的特点，便于与多种载体的安装；需要具备低成本的特性，便于产品批量化的推广应用。因此，轻量化、低成本相控阵天线的集成技术、新形式新体制、馈电阵列综合技术成为实现地面终端产品低成本、低功耗、高集成、高性能的必须解决的瓶颈。

为进一步扩大相控阵天线的应用范围，提高终端相控阵天线的技术性能，降低成本，需要在相控阵天线的收发共口径、稀疏阵等赋形阵列、T/R（Transmit/Receive）芯片和波控芯片、电源管理芯片、惯导技术、多波束技术、先进的封装技术和微系统集成工艺、多层微波印制板结构、PCB 加工制造、结构散热、液晶新材料、新架构阵列等方面进行全面的技术突破。

典型的解决方案有：基于 CMOS 工艺低成本 T/R 组件相控阵天线技术、基于三维超材料透镜相控阵天线技术、基于电磁调控液晶相控阵天线技术。

（1）基于 CMOS 工艺低成本 T/R 组件相控阵天线技术

由于 T/R 组件的成本占相控阵天线总体成本的比在 60%以上，通过优化传统 T/R组件工艺，采用成本更低的 CMOS 工艺代替昂贵的 GaAs、GaN 工艺，可以有效降低相控阵天线成本，代价是牺牲一部分 T/R 组件性能来换取成本相对降低。这源于当前基于 CMOS 工艺的高频有源器件设计和加工仍面临如下技术难题：CMOS 毫米波放大器增益受限，使得放大器设计时难以在增益、线性度和噪声等几个关键参数之间进行权衡和折中，导致毫米波放大器设计裕量小、整体性能差；CMOS 工艺的衬底损耗较大，趋肤效应和衬底涡电流的影响进一步降低无源器件的品质因素，使得高频匹配电路损耗变大；击穿电压低，互联线损耗大；受工艺角和高低温影响大，毫米波放大器在各工艺角和不同温度下性能差异较大并且难以弥补；相控阵芯片需要对通道进行幅度和相位的调控，调幅引入的附加相移和调相引入的附加衰减将大幅度增加系统校准的复杂度。

（2）基于三维超材料透镜相控阵天线技术

龙勃透镜具有聚焦特性，入射平面波经透镜折射汇聚于球体表面焦点处，焦点处馈源发出的电磁波经透镜转化成平面波。放置多馈源，便可实现多波束，且每个波束辐射特性相同。龙勃透镜工作频带取决于馈源，完全可以工作在微波、毫米波频段，适合大容量宽带通信。应用跟踪扫描时，只要切换或移动馈源，无须转动天线体，从而增加了扫描的速度和效率。龙勃透镜由介质材料构成，相比昂贵的复杂的相控阵天线，造价低，结构简单，更适合大量生产。由于制造难度大，介质材料加工精确度要求高，在实际应用中，小尺寸透镜天线应用意义不大。由于尺寸过小，无法使用多个馈源。使用大尺寸龙勃透镜天线的困难在于体积大，导致天线体重量大，限制了球形龙勃透镜天线的应用。

在工程应用上实现龙勃透镜需要分层设计，最基本的两种分层方法为等厚度分层法和等介电常数分层法。3D 打印技术是一种通过材料逐层累加的方法制造实体零件的技术，自下而上、逐层累加的工艺特点使得其在成型复杂结构方面具备明显优势，因此，将 3D 打印技术应用于龙勃透镜制造将有效克服结构复杂度引起的加工困难。此外，超材料同时具有微观结构和宏观结构，微观结构决定工作频段，宏观结构决定整体结构对电磁波的调控行为和效果，只有宏观结构与微观结构同时满足要求才能实现器件或结构的特定电磁功能。因此，将 3D 打印技术应用于超材料透镜结构制造有利于实现超材料器件的宏微观结构一体化制造。

（3）基于电磁调控液晶相控阵天线技术

基于电磁液晶超材料可以运用于微波、毫米波乃至太赫兹波频段的电调谐器件，具有体积小、便捷性高、功耗低、制造成本低等显著特点，并且填充介质液晶的损耗角正切随着频率的增大而减小，偏置电压也相对较小，为低成本、低功耗相控阵天线设计提供了一个有效的解决方案。

电磁液晶超材料经过初始取向后，其液晶分子可按一定规则排布。对该液晶超材料层施加偏置电压，改变液晶分子排列方向，会使得平行于液晶分子长轴的介电常数与垂直于分子长轴方向的介电常数各不相同，从而使液晶超材料等效介电常数 ε_r 在一定范围内连续变化，即不再为零，这时就表现了介电各向异性。利用液晶的这个性质即可实现对电磁波相位等特性的连续调控。

（4）基于稀疏阵的低成本相控阵天线技术

随着相控阵技术的发展以及综合射频孔径概念的提出，宽带相控阵技术日渐成为一个重要的研究方向，而宽带稀疏阵综合技术也为稀疏阵综合的发展提出了更高的要求。

稀疏优化设计后的天线阵元间距相对于常规阵列更大，从而提高了每个天线阵元的辐射能力，并降低了阵元间的互耦，降低了在大角度扫描时单元的有源驻波比，改善了由此带来的天线增益损失。根据这种现象再加上稀疏优化设计方法，从而实现了大规模相控阵的低成本化稀疏布阵，在降低天线及组件成本的前提下依然保证了天线整机的电气性能。

非规则稀疏相控阵天线相对于常规的等距布阵分别有如下的优势。

1）成本优势

非规则稀疏相控阵的成本优势最直观的就是其方案阵元数量的减少，对应地也会节省同样数量的 T/R 组件通道，从而将射频通道费用成比例缩减，实现低成本的目标。仅用常规 60%～80% 的通道数即实现常规等距布阵基本相同的性能，大幅度降低了整机的硬件成本。

2）副瓣优势

理论证明在任何阵列规模下，常规半波长方形相控阵，等幅馈电时的主副瓣电平差（自然值），都是-13.2 dB 左右。这个副瓣指标并不能满足本项目对副瓣的要求。对于发射天线阵来说，阵列单元进行幅度加权（也就是功率衰减）会带来发射功率的损失，比如按照指标（-16 dB）进行泰勒加权设计时，会造成 0.5～1 dB 的功率损失，相应地其 EIRP 值也会降低 0.5～1 dB。

非规则稀疏相控阵独有的副瓣优势是由于其非规则布局打乱了常规相控阵中的周期性和相干波的叠加，从而在等幅馈电的前提下，使副瓣自然降低，并有效地抑制了天线栅瓣的产生。

3）散热优势

常规相控阵的散热难点一是单元数量多，二是单元间距小，尤其在 Ku 频段乃至 Ka 频段以上的天线设计中，毫米级的单元间距对散热设计来说难度非常大。稀疏相控阵相对于常规阵列来说，在保证相同天线指标的前提下，一方面减少了射频通道数量，成比例地降低了整机的热耗，降低了散热工作的难度；另一方面，天线单元间距的增大，也带来了更大的散热面积，有利于进行散热设计。射频通道数的减少及单元间距的增大这两方面的设计特点，带来了稀疏相控阵在散热方面的巨大优势。

7.2.2　通用终端直连卫星技术

7.2.2.1　技术趋势

通用终端直连卫星，指不经过任何信号或数据中转设备，普通消费类终端与卫星之间直接实现射频上下行信号的收发。

通用终端直连技术可以有效补充地面网络，为目前陆地移动通信网络尚未覆盖的全球 80%以上的陆地区域和 95%以上的海洋区域提供通信网络服务。从产业的角度，可以复用地面产业链，降低卫星产业成本，实现卫星产业和地面移动通信强强融合；另外，卫星直连通用终端模式下，基站可以集中部署，减少用户稀疏的偏远地区建站，显著降低运营商的建设和运维成本。

不同于地面蜂窝移动通信系统终端到基站数米至数千米的传输距离，卫星终端到卫星的通信传输距离可在数百至数万千米，卫星终端发射的射频信号将遭到严重衰减。因此，目前卫星终端一般尺寸较大并配有专用天线，通用终端实现与卫星直连存在一定挑战。当前，各国争相开展 6G 技术储备和研发工作，卫星互联网将在 6G 时代扮演重要角色。传统卫星通信终端常采用尺寸较大的抛物面天线、采用自有协议，然而，6G 时代提出的全时、全域个人通信能力需求，使得通用终端直连卫星与外界通信成为产、学、研界关注的焦点。

7.2.2.2　技术发展现状

近年来卫星和芯片技术不断突破，使得通用终端（包括基带芯片、射频芯片和卫星天线）与卫星直连，为用户提供短信、语音和数据逐渐成为可能。目前国内外通用终端直连分为 3 种技术路线。

（1）卫星侧增强信号能力，例如 AST 卫星、Global Lynk、星链 2.0

星链 2.0 卫星的通信载荷将在原有 Ku、Ka 频段天线和星间激光链路的基础上，增加一个面积达到 25 平方米的中频个人通信服务（PCS）频谱天线，以实现与地面通用终端的直接通信。每个中频 PCS 频谱天线将在地面形成一个通信单元格，通信带宽为 2～4 Mbit/s，单元格中的终端将可以通过直连卫星实现通信。未来，卫星与终端的直连服务将可以覆盖任何用户可以看到天空的地方，这意味着即使离开地面基站覆盖范围，也可以收发短信并最终实现手机通话。此项技术的优点是用户侧无须做修改，可以使用存量手机直接接入，降低推广难度，但是由于终端通常能力较低，需要星侧提升 EIRP 和 G/T 值弥补空间损耗，使得卫星的体积、功耗显著增加，部署成本加大。

（2）改进终端和协议，例如华为 Mate50、苹果 iPhone14 卫星通信服务

iPhone14 与 Globalstar 合作，并在终端内部进行硬件改造，内置特殊的调制解调器芯片——高通 X65 以及苹果自研的部分射频天线，使终端具有跟 Globalstar 卫星通信的射频和信号处理能力。虽然 Globalstar 卫星通信系统能够提供全球无缝语音、信息和 IoT 服务，但目前的 iPhone14 仅能通过卫星实现紧急求助功能。iPhone14 需要通过相应的软件引导对准卫星发出求救短信，短信通过地面站传给救援服务机构，用户可以得到救援机构的信息回复。此项技术的优点是星侧设计难度适中，缺点是专用频段需要增加专用硬件，对终端的成本、面积、功耗等都有影响，增加终端负担。

（3）5G NTN 技术

NTN 是地面移动通信技术的重要补充，是终端直连卫星的技术方向之一。利用卫星通信网络与地面 5G 网络的融合，可以不受地形地貌的限制提供无处不在的覆盖能力，连通空、天、地、海多维空间，形成一体化的泛在接入网，使能全场景随需接入。

NTN 是 3GPP R17 的重要功能，在 5G-Advanced 中持续演进，已成为 3GPP R18 工作计划的重要部分。NTN 包括基于非陆地网络的物联终端接入（NTN-IoT）和基于非陆地网络的 5G 智能终端接入（NTN-NR）两个工作组。NTN-IoT 侧重支持低复杂度 eMTC 和 NB-IoT 终端的卫星物联业务，如全球资产追踪（例如海上集装箱或蜂窝网络覆盖范围之外的其他终端）；NTN-NR 采用 5G NR 框架来实现智能手机直连卫星提供低速率数据服务和语音服务。

NTN 在 3GPP R17 阶段制定了基于新空口技术的终端与卫星直接通信技术。针对卫星通信场景距离远、移动快、覆盖广带来的多普勒频移大、信号衰减大和传播时延大等问题，NTN 进行了空口增强协议设计，引入了调度时序管理、HARQ 功能编排、上行传输时延补偿、空地快速切换等先进技术，已具备基本卫星通信能力。

7.2.2.3　关键技术

相对于地面移动通信系统，通用终端直连卫星主要面临以下 3 个问题。

一是基站相对于终端处于超高速运动状态。低轨卫星运行的速度约为 7.9 km/s（第一宇宙速度），导致星地通信链路经历较大的多普勒频移。多普勒频移取决于发射器和接收器之间的相对速度以及载波频率，卫星轨道较低以及载波频率较高的情况下会显著增加。例如，在 600 km 高度以 2 GHz 载波频率运行的低轨卫星的最大多普勒频移是 ±46 kHz，远远大于地面通信系统。

二是覆盖距离远超地面通信系统。低轨卫星主流高度是 300～2 000 km，按照 10° 的仰角，直线距离可达 3 000 km，远远大于地面移动通信系统设计的 100 km 的最大覆盖范围。一方面会导致链路传播损耗增加，另一方面会导致在小区中心的 UE 和小区边缘的 UE 之间产生显著的差分传播时延，影响基于竞争的接入信道以及对系统定时同步带来一定影响。

三是大时延及大动态时延。卫星系统比地面系统具有更大的传播时延，LEO 卫星的单向时延可能大于 15 ms，远高于地面蜂窝网络的 0.033 ms。导致协议层的重传机制和资源调度中的响应时间都会受到影响，特别是接入和切换等需要多次信令交互的过程，以及 HARQ 重传过程等，需要进行针对性修改设计。

（1）时频率同步补偿技术

在地面网络中，终端根据网络指示的时间提前量（Timing Advance，TA）命令确定 TA 值，且 TA 补偿后，上行/下行对齐点在地面基站侧。在 3GPP R17 基于透明转发的 NTN 中，终端和地面网关的链路包含两部分：第一部分是终端到卫星的服务链路，第二部分是卫星到地面网关。由网络定义一个参考点，指定终端补偿时延的数值，当参考点在地面网关时，终端补偿全部时延；当参考点在卫星时，终端仅补偿服务链路的时延。

在 3GPP R17 NTN 中，由于场景设定为透明转发卫星，因此多普勒变化影响服务链路和馈电链路。从 UE 的角度看，服务链路可以通过星历信息和终端的位置信息计算相应的多普勒变化，而对于馈电链路，由于缺乏地面网关的位置信息，这部分多普勒频移需要由基站进行补偿。

无论定时补偿还是多普勒补偿，网络都需要广播星历信息给终端，星历的精度和格式是其中的关键因素。在 5G NTN 系统中，时间同步误差需要在 1/2 循环前缀（CP）范围之内，频率误差需要控制在 0.1×10^{-6} 以内，因此星历信息需要周期性更新，并保持必要的精度。另外，为了保持技术实现的灵活性，3GPP R17 NTN 还支持基于轨道六根数（半长轴 a、离心率 e、轨道倾角 i、近心点辐角 ω、升交点经度 Ω 和真近点角 Φ）和基于卫星位置与速度的星历格式，前者的预测时间长，后者有利于简化终端实现。

（2）随机接入

在 NTN 的系统中，同一个小区中的两个 UE 的时延差别可能很大，这样会造成以下现象：在同一个 RACH 的时机（RACH Occasion，RO）中，同一时刻不同 UE 发送的前导码到达基站的时间差别会很大。解决办法如下。

1）在时域上使用合适的 PRACH 配置。一个小区中，两个连续 RO 之间的间隔应大于小区内最大时延差的两倍。

2）将前导码分组。前导码可以被分为不同的组，并映射到不同的 RO，使 RO 间的时间间隔小于两倍最大时延与两倍最小时延的差，每个 RO 会被分配不同组的前导，这样就不会影响关联到正确的 RO。

（3）优化 NTN HARQ

NTN 中 HARQ 设计的主要挑战是长 RTT，这会影响整体（重）传输时延。有专利提出了一种增强的重传方案，即预先决策数据是否有重传的需要。在预主动重传方案中，根据某些特殊情况，如信道突然恶化、干扰水平增加、UE 内存不足等，提前向 NTN 节点上报 ACK/NACK 反馈，提前触发重传。

7.2.3　终端芯片技术

7.2.3.1　技术趋势

卫星互联网终端由中/射频处理单元、基带处理单元、应用处理单元、电源管理单元和安全保密单元组成，核心组成部分为基带处理单元和中/射频处理单元。基带处理单元由高集成度、高性能、接口丰富的基带芯片作为主要器件，负责业务应用和通信协议栈处理。应用处理单元负责星历输入、各种业务的处理。基带芯片需提供丰富的外设接口，包括射频接口、存储器接口，各类通用串行和并行接口，用于实现外围器件互联。射频子系统由中/射频芯片及配套电路组成，通过对高速高精度 ADC/DAC、低相噪宽带频率综合器、高速数字接口、高速数字信号处理单元等功能模块进行高度集成，形成数模混合芯片。基带芯片与中/射频芯片通过高速接口连接，实现基带与射频之间数据的互联互通。

因此终端芯片是满足终端高集成度、高性能、低功耗、低成本、小型化、多模融合的必要条件，将支撑卫星互联网的高速发展。

7.2.3.2　技术发展现状

国外宽带卫星终端基带芯片在性能和工艺上具有较强的竞争力。在通用基带处理器领域，苹果公司、高通公司在终端 SoC 上拥有极高的设计水平，也支撑着其终端设备始终占据国际高端市场。

2021 年苹果公司推出的 A15 芯片采用 5 nm 工艺制程，用于 iPhone13 系列手机。2022 年采用 4 nm 工艺制程的芯片用于 A16 iPhone14 Pro 和 iPhone14 ProMax 高端机型。

高通骁龙作为主流的移动平台供应商，几乎所有的手机厂商都使用过其处理器。骁龙 8 Gen2 芯片虽然和骁龙 8+ Gen1 同样采用了台积电第二代 4 nm 工艺，但功耗相比骁龙 8+ 有 10%左右的下降，能效比更高,测评软件跑分均分在 125～132 万分的成绩，总体性能提高了 25%。

联发科的天玑 9000/9200 芯片也是目前的高端手机芯片，2022 年 11 月发布的天玑 9200 处理器芯片基于台积电二代 4 nm 工艺，还搭载了 8 核旗舰 CPU，采用了一线全新的技术，并采用了热优化 IC 设计和封装，性能表现好。

在专用移动通信、物联网等领域，典型的专网通信芯片，如 Xilinx 公司的 ZYNQ 系列通信处理器，是一种基于 Xilinx All programmable SoC 架构并集成了 ARM 内核与 FPGA 的基带芯片。它不仅能提供媲美 ASIC 等级的效能与功耗，更具备 FPGA 的灵活性和微处理器的可编程等特点。集成度高的 ZynqUltraScale+RFSoC 在 SoC 架构中集成数千兆采样 RF 数据转换器和软判决前向纠错，配有 ARM Cortex-A53 处理子系统和 UltraScale+可编程逻辑，该系列是业界唯一单芯片自适应射频平台。

在卫星通信终端处理器领域，SatixFy 作为国际多个卫星通信设备商（如 Gilat、iDirect）的芯片供货商，能提供卫星和 5G 在相控阵天线和调制解调方面的芯片，以开发小型化、低功耗卫星通信终端。SatixFy 研制的卫星终端芯片,包括基带芯片 SX-3000、波束成形芯片 Prime 和射频芯片 Beat。

SatixFy 推出的 SX-3000 是一款符合 DVB-S2/S2X 标准的基带处理芯片，是采用软件定义的无线电（SDR）架构的片上系统芯片。该芯片最大支持 500 MS/s 符号速率和最多 4 个接收通道。反向信道亦可以支持 DVB-RCS2 或者 MF-TDMA。基于此芯片研制的调制解调板曾被 iDirect 和 Advantech 的卫星终端产品采用，并且被用于 OneWeb 在 2019 年的在轨卫星测试中。

半导体供应商意法半导体（STMicroelectronics，ST）发布全球首款 500 Mbaud 的高符号率卫星解调器芯片 STiD135。当配合转发器使用高频的 Ka 频段通信卫星发射数据时，STiD135 可大幅提升卫星互联网服务的带宽使用率及数据吞吐量。该款解调芯片基于 DVB-S2 的 DVB-S2X 标准，下行链路传输速率为 100 Mbit/s，已经广泛应用于卫星终端研制和开发。

中/射频芯片领域的领先厂商主要有美国 ADI 公司及 TI 公司，比较有代表性的产品是 ADI 公司的 AD9361 系列产品、TI 公司的 AFE7903 系列产品。这些领先产品在移动通信终端与基站、软件定义的无线电、雷达等领域中得到了广泛的应用。

国内卫星终端基带芯片相关研制单位与国内优势集成电路企业展开合作，先后研制成功 3 款天通终端基带芯片和两款射频芯片，并应用于后续天通终端的研制与开发，其中基带芯片主要采用 40 nm 和 28 nm 工艺制程，最高集成度的天通终端 SoC 芯片，单芯片集成基带处理器和应用处理器，并可实现地面移动通信和天通卫星移动通信的融合。"天通一号"卫星移动通信民用基带及射频芯片如图 7-4 所示。"天通一号"卫星移动通信民用基带芯片如图 7-5 所示。LC1860C 天通宽带芯片如图 7-6 所示。

图 7-4 "天通一号"卫星移动通信民用基带及射频芯片

图 7-5 "天通一号"卫星移动通信民用基带芯片　　图 7-6 LC1860C 天通宽带芯片

天通终端充分吸收和借鉴了我国近年来移动通信手机产业发展成果，通过与中国信科等手机芯片企业合作，推出天通终端解决方案，形成了上游芯片企业、中游解决方案设计公司和下游终端整机厂商的产业分工，加速了天通终端产业的成熟。

7.2.3.3　关键技术及实现途径

未来的卫星通信系统终端将实现 5G 网络卫星传输，支持自动波束切换功能，兼容多种类型卫星如 LEO 和 GEO，提供宽带互联网服务，以及具有安全加密和载波叠加功能，并加大力度研发软件定义的无线电技术，支持多种通信机制，节省硬件成本。为满足上述需求，终端基带芯片需解决基带芯片架构技术、基带芯片可重构算法加速器技术、高稳定性高速接口实现技术和超大规模 SoC 多级验证技术等关键技术。

（1）基带芯片架构技术

基带芯片处理性能高，支持多体制通信协议，同时还能支持各通信体制的演进需求，因此需要研制基于 SDR 架构技术的高性能基带芯片。为此，需要集成若干通用高性能计算处理器核、矢量 DSP 核、波形高层协议处理器，以及多类具有一定可配置能力的高性能硬件加速器、宽带中频接口等多种硬件资源，每种功能的实时性要求、数据处理流程特性、处理负荷各不相同，差异极大。

必须突破高速多核互联总线、多核负载均衡、多核任务数据存储与安全、基于矢量信号处理的高速实时信号处理等多核异构高性能信号处理片上集成技术，实现多种处理器核、硬加速器等硬件资源的最优分工，以达到最佳性能功耗平衡点。

（2）基带芯片可重构算法加速器技术

基带具有高带宽、低时延、多体制和可扩展等特点，将前处理、译码器、上行处理等算法在可编程硬件加速器中通过流水结构实现。可编程硬件加速器技术通过抽象不同算法体制的公共算子，定义专用指令架构支持算法加速器的可编程性，该方法在满足灵活性的同时支持高带宽、低时延的处理能力。该技术采用超短流水时延结构，每级流水时延控制在一个符号或一个码块周期以内，减少物理信道和传输信道的接收及发射时延。

（3）高稳定性高速接口实现技术

为了实现基带芯片的高性能，除了片内处理器与总线性能需要保障外，芯片还需要配备宽带中频接口与高带宽外部存储接口。根据性能评估，宽带中频接口拟采用 JESD204B 接口，采用 4 通道（lane）并发的传输方式，其单 lane 最高速率达 10 Gbit/s；而对于外部存储接口，如采用 DDR4/LPDDR4 接口，最高速率达 3 200 Mbit/s。对于高速接口来说，其电源完整性与信号完整性决定了接口工作的稳定性。而卫星互联网终端的工作环境相对复杂，高速接口的高稳定性是高速接口需要解决的关键技术问题。为此，需要大力确保高速接口子系统的电源分配网络（PDN）阻抗质量、信号完整性以及各信号/lane 间漂移（skew）等关键技术指标设计结果，要从多个技术环节进行严格控制，包括 IP 的选型、封装基板与 PCB 的设计、物理特性仿真与测试技术等。

（4）超大规模 SoC 多级验证技术

卫星互联网基带芯片是多体制高性能的超大规模 SoC 芯片，具有电路规模巨大、内部功能繁多、结构极其复杂、通信体制多与高性能等特点，给芯片验证带来较大挑战。传统的基于 Verilog 的验证无法满足要求，必须采用高效的多级 SoC 验证技术，包括基于 SystemVerilog/C 的 UVM 验证方法学与平台技术，可采用定向与随机验证相结合技术，高效地实现内部节点全覆盖并快速发现与定位硬件问题，方便验证平台与验证用例的扩展与定制，以实现验证目的的多样化。而对于更复杂的多核与子系统间的交互与竞争性动作、多体制通信协议与性能等高难度验证，还需要基于硬件加速器仿真平台技术与 FPGA 验证平台技术，开展更加复杂的软硬件协同仿真验证工作。多级且软硬协同验证技术的采用，不仅能够实现硬件与软件的协同开发，更重要的是，相比传统先硬件后软件的开发顺序，能够大大缩短开发周期。

7.2.4 终端整机技术

传统的卫星用户终端主要是面向行业用户的专业设备，尤其是卫星宽带和窄带终端，用户数量少，多集中于政府和军事用户，少量服务于电信、能源、交通等大企业客户。随着卫星互联网的发展，在人们生产生活场景中的一些互联网应用会被卫星互联网所替代，卫星互联网将是互联网的重要组成部分。随着这一趋势的发展，卫星终端整机必然由行业用户使用的专业设备向大众用户使用的消费级产品演进，对终端的要求将由能用向好用转化，为用户提供更为人性化和智能化的产品。

7.2.4.1 卫星通信终端整机分类

卫星通信终端根据通信能力及业务能力可分为宽带终端、窄带终端、导航终端。宽带终端和窄带终端接入速率的指标可参照 4G LTE 技术标准，以上行速率 1 Mbit/s 和下行速率 10 Mbit/s 作为划分的依据，高于此速率为宽带终端，反之则为窄带终端。

（1）宽带终端产品分类

宽带终端一般采用 Ka/Ku 等频段，使用抛物面天线或不同口径的平板阵列天线。根据系统的不同，传统 VSAT 终端的传输速率多为 2～10 Mbit/s。随着高通量宽带卫星和低轨宽带卫星星座的发展，宽带通信终端的传输速率也越来越高。目前宽带通信终端可以提供超过 50 Mbit/s 的传输能力，例如，星链提供的下载网速为 120 Mbit/s 左右，上传网速为 20 Mbit/s 左右，下载最高极限值则能达到 400 Mbit/s，传输时延仅 27 ms。

宽带终端产品可以从技术体制、应用场景、天线类型等方面进行分类定义，从技术体制方面分为低轨卫星宽带终端、高轨卫星宽带终端；从应用场景方面分为固定、便携、车载、船载、机载等；从天线类型方面分为相控阵天线（等效口径多为 0.3～0.6 m 等）、双抛物面天线（天线口径多为 0.45～0.9 m）、单抛物面天线（天线口径多为 0.45～2.4 m）等类型。

（2）窄带终端产品分类

窄带通信终端一般采用 U/L/S/C 等频段，形态方面可分为手持、便携、物联网、业务类型以语音、短信和低速数据为主，通信体制借鉴地面移动通信相关标准和规范（当前的窄带卫星通信系统能力与地面网络的 3G 水平相当）。例如：天通数据终端最高速率为 384 kbit/s。

窄带终端产品从业务类型、业务速率、应用场景、天线类型等方面进行分类定义：业务类型方面分物联网、语音、短消息、数据等；业务速率方面分低速、中速、高速等不同能力等级（低速 > 640 bit/s、中速 > 64 kbit/s、高速 > 640 kbit/s）；应用场景方面分固定、手持、便携、车载、船载等；天线类型方面分为陶瓷天线、棒状天线、相控阵天线等。

（3）导航终端产品分类

导航终端产品从业务类型、应用场景、天线类型等方面进行定义，业务类型方面分导航信息增强、快速精密定位等；应用场景方面分为消费应用、行业应用、特种应用等类型；天线类型方面分陶瓷天线、棒状天线、相控阵天线等类型。

7.2.4.2　终端整机技术发展趋势

（1）终端产品的小型化

在卫星互联网时代，随着技术、材料、加工工艺的进步，卫星终端设备的小型化是大势所趋。终端整机用户侧的设计在形态上逐步向小型化、模块化、平板型发展，在功能设计上向人性化、自动化发展，在服务应用上向智能化、平台化发展。

随着 LEO 卫星星座的发展，小型化的终端产品向用户提供高容量、低时延的网络能力，将互联网扩展到地面网络以前无法到达的海洋和偏远地区。在使用上将更简单便捷，卫星终端将不再是专业设备，而是大众用户也能够便捷操作的用户终端。在服务应用上，网络和应用也将依托智能化的运营平台，为用户提供强大的远程服务能力。

（2）终端产品的功能融合

目前，卫星移动通信系统主要面向用户提供全球或区域范围的语音、短信、数据等移动通信服务。随着通信的发展需要，卫星移动通信系统将融合导航增强、多样化遥感，实现通导遥的信息一体化。这样卫星移动通信系统终端可同时支持卫星移动通信、物联网、热点信息广播、导航增强、航空监视等服务。因此，未来的卫星互联网必将扩展它的业务范围，实现多种功能的融合发展。

随着卫星网络系统宽窄带、高低轨、通导遥等方面的融合，终端将有效集成通信、导航、遥感等模式和功能，以多模终端产品为纽带，通过"端+业"的有机融合，为用户提供卫星通信、卫星广播、卫星导航、地面移动通信等灵活、多态的一站式应用接入服务，从而实现"卫星互联网+"与经济社会的融合发展。

（3）终端产品与地面网络融合

为了满足空间网络与地面网络互联互通要求，保持数据信息良好的传递状况，需要在构建与应用卫星移动通信系统的过程中，重视其向天体一体化组网方向的发展。随着卫星互联网的发展，会逐步实现体制融合、终端及应用融合，加快卫星移动通信系统在天体一体化组网方向的发展速度，满足用户的多样化通信服务需求。

为实现全时全域"泛在连接"，全球覆盖、随遇接入、按需服务的空天地一体化网络的目标，终端整机也将随着天基网络、空基网络、地基网络的发展，实现终端和应用上的地面网络融合。一方面是手机与低轨卫星通信融合，"手机+低轨卫星通信"是顺应未来网络演进趋势的必然选择；另一方面是宽带终端小型化，芯片与相控阵联合设计，芯片接口与相控阵天线阵列联合一体化设计，卫星宽带终端必然与地面通信终端融合，继承地面 5G 终端芯片产业链，可实现高集成、低功耗。

7.2.5　终端测试技术

卫星互联网应用终端测试包括研发测试、入网入库认证测试和生产测试 3 个方面。研发测试贯穿卫星互联网应用终端研发的各个阶段，需要解决物理层、高层协议和射频在研制过程中遇到的问题。针对终端物理层的研发测试主要采用卫星终端综测仪，针对高层协议的研发测试主要采用终端协议分析仪，针对天线的研发测试主要借助矢量网络分析仪。入网认证属于国家要求，包括国家无线电管理委员会的型号核准测试和中国强制性产品认证（CCC 认证）测试。入库认证属于卫星互联网运营商要求，包括射频一致性、协议一致性、无线资源管理（RRM）一致性和机卡一致性认证。射频一致性主要测试终端的射频性能指标；协议一致性主要测试终端的 L2 层和 L3 层协议；RRM 一致性主要测试终端的无线资源管理方面的性能指标，包括测试切换性能和时延性能等；机卡一致性验证 SIM 卡功能和性能的符合性。另外，运营商的入库认证还增加了卫星应用终端和卫星网络之间的互操作测试，对卫星终端的移动性、稳定性、异常处理和性能进行测试。生产测试主要研究高效的生产测试方案和流程，可以借助专用的非信令综测仪来提高卫星应用终端的生产效率。

（1）自动化测试能力

卫星互联网应用终端处在产业化阶段时，会有大量的各类型的终端样本进行长期测试，因此高效自动化测试也是应用终端测试的重要助力。终端需要支持远程控制的功能，通过以太网口、串口等发送 AT 指令，测试全过程无须进行手动操作和设置，可以实现卫星互联网应用终端功能与性能的自动化测试。测试结束后生成符合要求的 log 文件并出具完整清晰的电子版测试报告。当测试运行异常时可以停止测试，并通过一键复位功能重新继续测试，从而保证测试系统的连续、高效运行。

（2）业务测试能力

卫星互联网应用终端应用场景众多，业务覆盖面广。为了满足业务测试的需求，测试平台可以内置 IMS 模拟器，并支持状态机后台运行，从而满足标准业务的处理流程。同时也为高级使用者提供前台脚本开发模式，并根据测试需要自定义复杂灵活的处理流程，包括实现对 SIP 消息内容的灵活编辑能力，从而满足客户对 IMS 相关业务的测试需求。卫星互联网应用终端的业务测试涉及语音测试、补充业务（XCAP）、文件传输协议（FTP）等数据传输性能测试。

（3）相控阵天线测试技术

卫星互联网应用终端的天线形式包括一体化天线、抛物面天线和相控阵天线等，工作频段覆盖广，支持手持、固定、车载、船载和机载等多种应用场景，这对应用终端的测试提出很大的挑战。由于相控阵天线的大量使用，终端的整体性能测试已离不开空中激活（OTA）测试方案。卫星互联网应用终端的相控阵天线体积较大，考虑到路径损耗和测试场地尺寸等因素去选择一个合适的 OTA 测试方案亦成为一个难题。典型的 OTA 测试方案包含：暗室、探头或天线以及测试设备。目前对于卫星互联网应用终端的 OTA 测试，主要有以下 3 种方案。

直接远场法，被测件被固定于一个可以在水平和垂直角度转动的转台上面，从而可以在 3D 的投影面上进行任意角度的测量。虽然直接远场法可以获得最直接、综合的天线远场测试结果，但是需要最大尺寸的暗室。对于一个 60 cm 尺寸的被测件，在 28 GHz 频段需要长达 16.8 m 的暗室来支持远场测试，从而带来难以接受的测试路径损耗。

间接远场法，是基于紧缩场的测试方法，使用一个抛物面的反射器来将信号从近场球面波转换成远场平面波，从而创造出远场的测试环境。这种方案能够提供相对直接远场法更加紧凑且低路径损耗的测试环境，也是目前唯一被 3GPP 认可的 OTA 测试方案。

近场转远场法，近场转远场的方案是在近场环境下采集电磁场相位和幅度，并通过算法预测远场条件下的辐射方向图。虽然这不失为一种紧凑的测试方案，但在近场条件下容易受到发射器的干扰从而影响测试精度，同时也只能支持单视距测量。

（4）终端跟踪卫星能力测试

卫星互联网应用终端需要支持对卫星的快速锁星和跟踪能力，由于低轨卫星的运行速度非常快，会产生较大的多普勒频移和时频同步问题，这要求应用终端能够根据星历对卫星的位置进行预判，并结合自己的位置信息，将天线对准卫星，并能够持续跟踪和锁定。建立模拟卫星的环境对应用终端的测试也是一个难点。

（5）无线信道模拟测试

星地链路和星间链路是整个卫星通信网络的基础，在网络建设前通过仿真了解预期的性能和参数可以最大限度地降低网络性能评估的费用，缩短研制周期。无线信道模拟器需要模拟卫星互联网无线信道环境，支持多种信道模型，支持大的多普勒频移和大时延模拟，其中卫星移动信道统计模型又可以分为窄带概率统计模型和宽带概率统计模型。窄带概率统计模型包括 Suzuki 模型、Loo 模型、Corazza 模型、Hwang 模型、Patzold 模型等。宽带概率统计模型主要是一些实测模型，例如德国航空研究中心在城区环境、乡村环境和郊区环境的实测信道模型等。考虑到低轨卫星的移动速度，卫星互联网无线信道模拟器需要实现大多普勒频移和大时延特性。

7.3　应用服务云平台技术

为满足信息共享、任务协同等需求，应用服务从中心式向分布式发展，增强了服务的即时性。基于"云网一体化"的思想，应用平台也向云化发展，并结合边缘计算、多方安全计算、人工智能等技术，逐渐发展出边缘计算、隐私计算、融合通信服务等平台，形成智能化分布式云服务体系，提供了更加便捷高效的应用服务能力。

7.3.1　边缘计算技术

大数据时代每天数据量激增，尤其卫星互联网进入广泛应用阶段，数据分布在不同地理位置，同时对响应时间和安全性都有较高要求。云计算为大数据提供了高效的计算平台，但是目前网络带宽的增长速度远远赶不上数据的增长速度，网络带宽成本的下降速度也慢于 CPU、内存这些硬件资源成本的下降速度，同时复杂的网络环境让网络时延很难有突破性提升。因此传统云计算模式需要解决带宽和时延这两大瓶颈，在这种应用背景下，边缘计算应运而生。

多接入边缘计算（Multi-Access Edge Computing，MEC），在移动网络的边缘、无

线接入网内和移动用户附近提供 IT 服务环境和云计算平台[2-14]。ETSI 发布的 GS MEC 003 规范给出了边缘计算平台的参考架构，如图 7-7 所示，架构总体分为网络层、边缘主机层和边缘系统层 3 层。

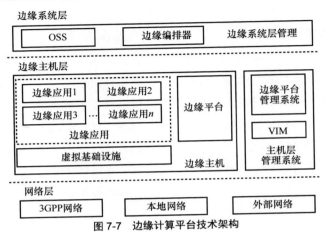

图 7-7　边缘计算平台技术架构

　　卫星互联网中卫星网络作为数据中继，长链路的数据传输导致任务响应时间较长，由于卫星资源有限，若由单颗卫星进行数据处理将造成任务接收率低，若将无法处理的任务进行回传也造成卫星下行带宽的浪费。MEC 技术以其计算能力提升卫星互联网带宽利用率，为卫星互联网提供了更多的功能支持，为卫星网络的能力扩展提供了可能，主要表现在内容缓存和计算卸载两个方面。

7.3.1.1　内容缓存

　　应用数据（尤其是多媒体数据）的爆炸性增长给卫星网络带来了严峻的挑战。卫星网络中链路带宽受限，重复性的流量传输会占用大量链路资源。由于本身网络中的数据传输有很大的重复性，且在卫星覆盖的邻近范围内，用户可能拥有相似的内容需求，MEC 智能分析功能将流行度高的内容在网络边缘进行缓存，可以在一定程度上避免相同内容的重传，大大减少卫星网络的回传流量，减小网络带宽压力，并且对一些应用数据进行主动缓存，也可有效降低应用的响应时间。

7.3.1.2　计算卸载

　　由于数据中心与终端的距离较远，用户如果将计算任务卸载到远程的数据中心，不仅会对网络传输造成很大的压力，还会产生不可避免的时延与抖动。MEC 将计算能力扩展到更靠近用户的地方，可以为各种时延敏感型、计算密集型应用提供更低时延、更高效的服务保障。

卫星互联网实现广域互联，与 MEC 结合将有效实现对网络带宽的利用，MEC 在卫星互联网中的应用还没有较为成熟的方案及案例，也存在许多关键技术亟须攻关。

（1）异构资源虚拟化技术

卫星互联网系统中计算、存储、网络资源呈现出较强的异构性，虚拟化是对异构资源进行管理的必要手段。资源虚拟化对硬件设备能力进行抽象与管理，一方面可以隐藏底层硬件的差异性，向上层应用提供统一的能力抽象；另一方面将资源进行抽象后，可以根据用户的实际需求对资源进行灵活划分，实现资源协作与高效利用。

（2）任务卸载策略

不同计算任务对处理速度、能源消耗等方面有不同的要求。在卫星互联网系统中任务卸载需要考虑多种因素，如网络带宽、可用计算资源、计算任务的数据量等，所以在制定任务卸载策略时需要综合考虑不同因素对卸载任务的影响并进行数学建模与定量分析。

除地球静止轨道卫星外，其他卫星都会围绕地球运动，网络连接和带宽会随着位置变化而变化。一方面，计算卸载策略必须具有动态调整能力。由于网络带宽的变化，可能导致已经确定的计算卸载策略无法获得最优性能。如何在动态网络环境下使动态卸载策略获得全局最优性能是卫星互联网边缘计算面临的巨大挑战。另一方面，卸载任务发起的系统必须具备较强的容错机制。若出现网络连接断开的情况，计算卸载过程中必须保证被卸载的应用程序不会因网络断开而出现丢失数据或程序崩溃的现象。

MEC 在卫星互联网中的应用对网络有很大的提升，同时也伴随着一些问题与挑战。

（1）海量用户接入。卫星互联网目前存在卫星资源有限与互联网海量接入需求之间的矛盾。为了满足用户随遇接入的需求，需要对海量连接条件下用户上行链路随遇接入策略和面向全球应用的下行链路用户寻址策略展开研究，实现用户的接入控制与寻址。

（2）网络安全与网络监管。MEC 的引入使星地网络可以提供多样化服务，对星地网络的网络安全与监管也提出了较大的挑战。多种异构终端的接入、应用的网络部署与实现需要设计详细的网络监管模式进行管控。用户数据传输需要经由卫星终端、卫星承载网、地面站网、核心网等多个网络节点，信息传输的端口监控、安全防护以及对不同等级信息的安全隔离是重要的研究方向。

（3）移动性管理技术。在星地协同网络中，卫星和移动集群等边缘计算节点高速移动，导致用户终端与边缘计算节点存在距离频繁变化、服务中断等问题，为保证服务连续性，设计高效可靠的移动性管理机制是需要研究的关键问题。移动性管理流程设计和应用服务迁移决策方案是解决问题的核心。

（4）高效通信协议栈。由于星地网络终端具有分布范围广、信号传播时延长、工作条件不可控、可维护性差等特点，因此需要设计适合卫星网络的高效通信协议栈，解决时延较大、终端开机时间短、处理能力弱对协议性能的不利影响。针对终端存储处理能力有限、大部分时间不在线、使用环境不可控对信息安全造成的不利影响，还需要考虑在协议栈内添加相应的安全防护机制。

（5）资源动态管理策略。MEC 应用于星地网络时，终端的计算任务动态变化，导致星地网络资源占用不均。因此需要考虑详尽的资源动态管理策略，解决星地网络中资源使用不充分、占用不均的问题，合理调配星地网络资源，考虑计算协同卸载、动态缓存等方式，提升整体资源利用效率。

7.3.2 隐私计算技术

近年来数据安全事件频发，数据安全威胁不断加剧，在使用数据的同时如何确保数据安全，以及如何在平衡效率和风险的同时发挥数据价值，是当前需要解决的关键问题。隐私计算技术为数据的"可用不可见"提供了解决方案，用于多个参与方之间的数据共享和计算，通过特殊的算法和技术来保护数据的隐私和安全，提升了数据流通与分享的安全性，极大地促进了数据融合。隐私计算主要包括多方安全计算和联邦学习等技术，卫星互联网与隐私计算的结合，在金融、医疗、政府等领域有广泛的应用场景。卫星互联网具备覆盖广、可靠性高、抗干扰强的特点，随着卫星互联网的建设和推广，多个参与方如何在保护隐私的前提下完成数据的计算，对提升卫星互联网数据处理能力、实现数据融合意义重大。

多方安全计算是隐私计算在密码学领域中的主流技术，它通过设计特殊的加密算法和协议，可以实现在无可信第三方的情况下多个参与方加密数据的计算。多方安全底层技术主要包括秘密分享、不经意传输、混淆电路、同态加密等。

多方安全计算在学术界得到了广泛的研究，并已应用于金融、医疗保健和国家安全等各个领域，例如加密数据存储、高敏感度数据的加密计算、安全和防欺诈的电子投票系统、医疗信息存储和交换、金融结算和交易等。

在卫星互联网应用场景中，多方安全计算的使用可以为数据拥有者提供数据安全保障，解决卫星互联网数据融合、流通中的数据隐私问题。

（1）跨地理数据融合

卫星互联网为偏远地区提供网络接入，可以收集和分析大量的数据，多方安全计算可以通过加密数据和分布式计算来保护卫星互联网用户数据，提供更好的隐私保护，使第三方无法获取参与方的数据隐私。

（2）联合轨道控制与卫星碰撞

多方安全计算可以用于不泄露各自卫星数据的情况下，协同计算轨道控制策略，避免卫星之间的碰撞，以确保航天器安全。

（3）多源遥感数据处理

在遥感数据处理中，卫星互联网参与方可以通过多方安全计算，实现对多源遥感数据的融合与分析，避免泄露数据隐私，有利于提高遥感数据的价值和应用范围。

此外，联邦学习技术也是常用的隐私计算技术之一。联邦学习是一种分布式机器学习技术，它允许多个机构在保护数据隐私的前提下，共同参与机器学习模型的训练。在联邦学习中，各个机构保留自己的数据，不会将数据共享给其他机构，取消了敏感数据的流通，通过多次迭代本地模型参数直到收敛完成模型构建，实现以"算法跑路"代替"数据跑路"。模型的训练和优化过程通常在云端或分布式系统上进行，以实现对各个机构数据的隐私保护。

联邦学习技术自 2016 年提出以来[15-18]，对解决分布式生产和存储的数据挖掘问题做出了重大贡献，目前基于卫星互联网的联邦学习研究处于起步阶段。对于卫星互联网与联邦学习联合应用问题，文献[19]提出两种结合模式。第一种模式为远程联邦学习，在没有数据共享的前提下，卫星互联网中心云通过联邦学习方法构建模型，模型通过卫星传输并部署在终端侧。此种模式中，终端之间、卫星和云之间只传输模型参数，原始数据没有在网络中交换，因此该模式显著地降低了时延和通信开销。此模式具备较好的灵活性和鲁棒性，终端在断开连接时可以灵活选择是否参与全局建模。该模式对本地计算和训练能力有较高要求，存在较高的部署开销，并且模型迭代过程会增加通信开销。第二种模式为星载联邦学习，在卫星上部署参数服务器，卫星互联网星载服务器在没有数据共享的前提下通过联邦学习构建模型，卫星直接向终端下发模型。该模式下参数服务器更接近终端，数据所经过的网络节点更少，因此降低了通信开销、信息泄露风险和时延，同时降低了中心云的负担，但是导致了卫星能耗的增加。

卫星通常为独特和可预测的连接模式，与联邦学习中普遍对参与方均匀、随机的假设存在冲突。针对传统联邦学习与卫星互联网体制结合的难题，特别是低轨卫星与地面站连接时间短、是否具备星间通信能力等问题，基于确定性时空结构的低轨卫星星座多跳通信下的联邦学习研究[20]，提出并分析了卫星与参数服务器间断连接、持续连接和卫星集群多跳连接等3种模式。传统联邦学习收敛较慢，难以满足6G背景下空域环境对业务动态和时延敏感的要求。文献[21]提出了一种具有远程云中心、轨道边缘计算服务器和数据节点3种角色的星地分层协同体系结构，有效解决联邦成员动态加入聚合过程中的模型参数实时更新问题。

联邦学习一般流程包括初始化、本地训练、梯度汇总、全局模型更新、迭代更新等。初始化过程中，中心服务器随机初始化一个全局模型，并将其发送给各个参与方；本地训练中，每个参与方在自己的本地数据集上训练模型，并计算模型参数的梯度；梯度汇总环节，参与方将本地计算的梯度发送回中心服务器（为保护数据隐私，可采用多方安全技术对梯度进行加密）；全局模型更新，中心服务器汇总各个参与方的梯度，并用其更新全局模型；迭代更新，将更新后的全局模型发送回各个参与方，迭代进行进一步的本地训练。联邦学习模型训练过程循环执行上述流程，直到模型收敛或满足预设指标。

卫星互联网与联邦学习技术的融合，拓宽了访问数据的地理区域范围，扩大了数据种类与数据量，促进了数据流通，同时卫星互联网可以抵抗地面互联网无法抵抗的干扰和环境因素，增强了数据传输链路安全性。出于数据隐私考虑，数据拥有者通常不会选择公开数据，为了打通数据孤岛，需要将联邦学习与卫星互联网相结合，实现多方数据拥有者的联合建模。联邦学习在卫星互联网中的应用，提高了数据处理速度与准确性，可以为用户提供灵活的数据传输和处理服务，适用于多种应用场景，增加了应用的灵活性。

7.3.3　融合通信服务技术

在传统的通信需求和场景中，通信类终端，如固定电话、对讲机等设备，与通信网络都是独立的，无法和会议系统、视频系统等其他音视频通信系统进行数据互通。这就导致在某些通信、指挥和调度等场景中，通信系统使用者需要来回切换系统和不停更换通信设备与手段，从而造成操作分散、指挥调度不统一等问题。为解决上述传统通信场景中存在的不足，融合通信应运而生。它将计算机网络和传统通信网络功能集成在一个网络平台上，将专网、公网、卫星网络等多种网络形式汇聚，实现信令的互通互译。融合通信平台使用者可以随时自由切换设备终端，在任何时间地点都可以通过任意网络使用消息图像、音视频等通信服务，尤其是包含了卫星网络的融合通信平台，为使用者提供了更加丰富的通信方式。

联合作战无线系统通过软件定义无线电实现实时语音、图像数据传输和视频会议等多种通信服务[22]。文献[23]提出了一种无线多模通信终端的实现方案，该终端搭载了全球定位系统、卫星通信和短波电台等多个通信模块，探索了终端一体化、智能化、小型化的路径，此外还对多模终端的理论技术与实现方案进行了探讨。文献[24]利用多载波技术在一个系统中将宽带与窄带进行融合，并分析了两种通信方式所带来的干扰问题，探讨了宽窄带融合通信系统中的干扰抑制解决方案。文献[25]提出了一种基于智能通信网关的无人平台多模融合无线通信系统，该系统利用所设计的融合网关对超短波通信、卫星通信、远距离无线电通信、无线网格网络通信、水声通信等多种不同的通信方式进行融合，从而在地面控制站、无人机和水下平台之间搭建了可靠、实时的通信链路，满足了全天候信息传输的需要。在智能家居场景中，将无线通信技术、光纤主干网通信技术以及电力线通信技术等多种通信技术进行融合[26]，从而实现多种通信方式的优势互补。在专网通信场景下，宽窄带的融合也在近年来得到了越来越多的运用，将原有的专网移动通信系统进行改进，把宽带通信和窄带通信进行融合，以满足用户多样化的通信业务需要。目前广泛采用的实现方法是在窄带移动通信系统中，加入宽带移动通信，以警用数字集群通信系统与长期演进技术相结合的方式实现异构融合，并根据业务的服务质量需求，智能地选取网络接入方案。我国于 2018 年提出组建公共安全应急管理专用网络，提升专网需求，制定宽窄融合的新一代移动警务技术的标准[27]。

包含卫星网络的融合通信基础架构如图 7-8 所示，一共包含终端层、接入层、交换控制层和应用层 4 层。

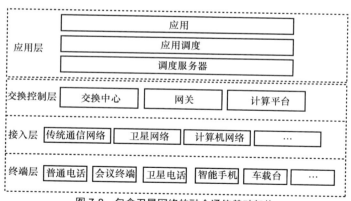

图 7-8　包含卫星网络的融合通信基础架构

（1）终端层：包含模拟集群终端、数字集群终端、宽带集群终端、车载终端、客户终端以及通用模组等形态。在不同的场景下，为用户提供语音、短数据、图像以及视频等服务。

（2）接入层：可支持多制式的混合接入，支持窄宽数字集群专网接入统一的交换控制中心实现互通，支持模拟集群系统与窄宽数字集群业务互通。公众移动通信中的用户可通过互通网关实现互联。在支持标准协议的条件下，终端通过卫星连接、光纤网络连接、微波或者光纤连接接入集群专网，实现集群业务功能。

（3）交换控制层：主要完成各类交换业务的控制和转发，包括集群核心网、多媒体交换控制中心和各类接入网关。其中，集群核心网负责集群专网下的各类终端的业务控制，多媒体交换控制中心负责外网终端的语音业务接入，接入网关则主要负责不同网络制式的接入。

（4）应用层：分别连接集群核心网和多媒体交换控制中心，并对二者进行统一控制。应用层接收集群核心网和多媒体交换控制网关上报的用户和业务相关状态信息。

包含卫星网络通信功能的融合通信平台功能架构如图 7-9 所示，主要功能包括音视频实时通信、会议、消息、安全保密、信息管控、连接管理等。通过能力开放面向用户开放，支持移动应用、IP 电话、会议终端、融合通信软件开发工具包、共性组件等终端方式接入。

图 7-9　包含卫星网络通信功能的融合通信平台功能架构

音视频实时通信服务是以音视频通话为核心功能的通信服务，满足用户在卫星网络环境下与其他卫星网络用户、地面运营商用户进行一对一音视频通话、多方音视频通话需求，通过将卫星网络和地面运营商网络、船载电台等融合，利用网关将卫星终端与手机、IP 电话、网页端等终端接入，为用户在终端侧提供一对一通话、多方通话功能，在平台侧提供通话录音、通话链路监测、设备管理等功能。

会议服务是结合用户远程办公、作业的共性会议需求，以为用户提供灵活、高效、易用、安全的会议服务为目标，通过将卫星网络、地面运营商网络融合，支持移动应用、个人电脑客户端、会议终端等多种终端设备的运营级会议服务；支持全终端、跨平台的多媒体会议，包括会议预约、会议管理、会场控制、成员管理等功能，能够被应用于远程会议、业务培训、工作协同等多种业务场景。

消息服务是为满足用户在卫星网络下消息发送、文件传输、短信互通、北斗短报文接收、天基和地基广播式自动相关监视、船舶自动识别系统信息融合等业务需求，为用户间交流提供不同形式和形态的高质量消息通信服务，包括单点/群组消息、通信录/群组管理、富媒体消息、消息转短信、文件传输等功能。通过将卫星网络资源、地面运营商网络资源、互联网网络消息服务资源融合，以"卫星互联网作为地基互联网的补充"为目标，实现用户消息全网互联互通。

安全保密服务是在满足用户通信需求的基础上，结合用户安全通信的急迫需求，以为用户提供高安全、高可靠的通信服务为目标，基于量子加密技术打造融合通信平台的安全保密服务。该服务主要包括密钥管理、国密加解密管理、脱敏处理/量子加密、双因子认证等功能，为用户提供加密通话、加密消息、加密会议服务。将量子安全和上层业务结合，以"安全通话+量子密钥"服务方式，基于安全介质为用户提供安全的通信网络，保障语音、视频、会议、消息不被监听，数据不被窃取，全面为用户不同场景下的通信服务保驾护航。

信息管控服务是融合通信平台中的敏感信息管控分析模块，为大用户提供监管保密、敏感、恶意的信息管控服务，能够对文本、语音、图片、视频、文件信息进行智能识别，主要包括文本信息检索、语音信息检索、图片/视频信息监测、文件信息检索；通过信息管控功能可以对通信传输过程中的信息进行自动化检索，通过保密信息检索过滤、光学字符识别图文内容检索、自然语言分析检索方式，对风险内容及时做出预警，实现对信息内容的自动化监管，从而达到治理不良信息的目的，能够做到不良信息早发现、早拦截、早预警。

连接管理服务是针对用户侧网络环境与终端形态多样的问题，为用户提供快速、高效、便捷的音视频接入、会议接入和消息接入服务，通过多媒体路由网关、信令连接网关、文件传输网关、推送网关、能力开放网关等网关服务，解决网络环境复杂设备无法接入、终端形态多样对卫星网络不适配、卫星资源紧缺过境时间不连续等难题，实现在用户侧快速接入的能力。网关支持边缘部署与云端服务远程调度、控制功能，为用户提供就近接入、数据存储、远程控制及配置功能于一体的边缘侧网关，结合用户业务特点提供多种网关组合服务，深度融合卫星网络能力，构建边云协同的融合通信网络服务架构。

因为融合通信网络服务具有一体化的通信特点，所以融合通信平台适用于各行各业指挥调度应用场景。在政府应急方面，当发生紧急事件时，各管理部门通过融合通信指挥调度平台，实现前后方联动指挥和业务协同调度，参与成员可以通过不同的终端设备接入混合音视频会议，实现全员对事件信息的共享互通[28]。在文旅领域中，当旅游景区发生突发事件时，景区主管人员能够通过融合通信平台汇总景区实时情况，引导景区相关人员及时处理各类突发事件，平台提供各种通信手段和信息服务，为文旅主管部门、旅游景区提供决策依据和监督方法。在司法调度方面，建立以日常监管为主、应急指挥为辅的司法行政指挥调度平台，接入各类通信系统，实现视频监控、地理信息、集群对讲、报警设备等信息的实时计入和报警，以指挥中心为核心，贯通省、市、县 3 级网络，可对接省监狱管理局、市县管理局指挥中心，为监狱、社区矫正、司法考试、司法调解等主管区域分配分级分权用户，实现各级业务的全局性、可视化，以及多级管理的扁平化。在公共卫生应急场景中，融合通信平台可以汇集各类通信网络，以及医院、疾控、社区等多方公共应急力量，进行指令实时下达、资源统筹调度，从而构建统一指挥、统一调度、统一协调、信息共享的应急体系，便于指挥中心对各类型信息变化进行全方位的可视化监控，获取及时、准确、客观的信息[29]。除了上述领域，融合通信平台还可应用于城市火灾、地质灾害、防汛抗旱等指挥救援工作。总之，基于融合通信技术的平台将语音调度、视频调度、突发事件现场监控视频和指挥调度融为一体，提高多部门联合协调行动能力，实现统一调度、部门联动、资源共享、快速响应、高效处置，助力各管理部门有效开展指挥工作[30-34]。

7.4 新质应用

卫星互联网的出现将极大地扩展人类生产、生活的范围，打破不同领域、平台间的数字鸿沟，催生出前所未有的新应用。首先，卫星互联网可以提供覆盖空、天、地、海的一体化服务，将传统的互联网服务扩展到人类活动的所有空间，如服务对象由地表用户延伸到空天与远海用户；其次，卫星互联网可以促进信息的跨域融合，打破不同系统间的服务壁垒，为传统互联网应用赋能，如基于卫星互联网的物联网、无人平台应用；最后，卫星互联网还能够与现有网络融合应用，拓展原有网络的服务范围，如地面 5G 网络、云计算网络，发挥原有网络更大的服务效能。

7.4.1　广域通信应用

7.4.1.1　太空网络应用

随着科技的进步，自第一颗人造卫星发射以来，人类生产、生活越来越依赖天基网络。一方面，在气象、太空探索、通信、导航、对地观测、测绘等方面，空间利用天基信息的应用呈现出不断增长态势；另一方面，以空间站为例的载人航天应用领域等将人类探索活动的足迹直接扩展到太空领域。

太空网络主要指在地球表面大气层之外构建的太空直连高速公路信息网络，实现航天器之间、航天器与人之间的按需、动态、高可靠通信，进而实现数据入网与传输服务。利用卫星互联网构建太空网络应用，通过星间激光链路、星间微波链路等方式，实现各类卫星之间的智能互联与组网协同，可极大提升天基用户应用能力，助力用户向深空探索，进而实现地月、地火等星际互联网通信。

2022 年 4 月，美国智库兰德公司发布《商业太空能力与市场概述》报告，该报告详细分析了美国公司或其子公司的商业太空能力，涵盖卫星通信、太空发射、对地观测、环境监测、太空域感知、数据收发网络、太空保障等 7 个太空领域的市场、技术趋势及主要商业公司评估，最后总结了商业太空应用行业的总体趋势。从趋势上分析可看到，太空网络应用在不远的将来主要体现在空间站应用领域、地月通信应用领域、遥测遥控领域等方面。

空间站 Wi-Fi 网络应用场景是一种典型的太空网络应用场景。比如，空间站内布设 Wi-Fi，给航天员的工作和生活带来极大的便利。航天员使用的电脑、耳机等多种移动设备或可穿戴智能设备不再需要很长的导线，并且航天员可以远程调节舱内的照明环境，选择睡眠或工作模式。Wi-Fi 可以支持空间站打造太空智能之家。除了空间站内部构建网络应用场景之外，2016 年，美国宇航局在国际空间站外部安装了 Wi-Fi 接入点，安装舱外高清摄像机，极大地方便了宇航员执行舱外任务。2019 年，美国宇航局的舱外太空服也用上了 Wi-Fi 技术。2020 年，日本 HTV-9 货运飞船还使用国际空间站上的 Wi-Fi，在对接最后接近阶段传输了高清视频。

地月通信应用领域也是一种典型的太空网络应用场景。据悉，美国正在推进阿尔忒弥斯计划，计划通过航天飞机载人登月建立月球基地。在此过程中，必然存在大量设备之间的精准控制、交互和通信过程，例如月球表面着陆器、居住舱和月球车等设备之间，或者这些设备与地球表面的设备之间等。在 2021 年全球航天探索大会上，中国和俄罗斯曾发布未来的国际月球科研站计划，同样计划建立月球基地。不同于最大尺寸只有 100 多米甚至只有几十米的空间站，月球基地的范围要大很多，无法利用 Wi-Fi 技术满足通信需求。

遥测遥控领域中，在地面过境后，卫星的控制需要利用专业遥测遥控系统，存在代价大、遥测遥控时间窗口短等问题。借助卫星互联网通道，可以将传统的地面站点由站控方式转变为太空网络应用的网控方式，实现全球、全时、全域范围内对天基航天器用户的看得见、控得住、传得回。

总之，随着人类航天活动的增加和科技的进步，太空网络应用技术将越来越先进，应用场景将越来越丰富，太空网络应用将朝着更远、更广、更可靠的方向发展，促进人类探索宇宙、利用太空的能力不断提升。

7.4.1.2 空域网络应用

在当前世界范围内，通航机、无人机等空域活动主体大幅增加，空域相关产业快速发展，飞行汽车、无人驾驶航空器系统、全自动无人驾驶飞行器等交通工具已经成为潜在市场，涉及行业（如自然资源、装备制造、交通运输、环境监测、消费品等）的市场参与主体、配套设施规模呈现逐渐扩大趋势，可以预料到未来空域活动将成为人类社会经济生活中的一个重要组成部分。由此带来的空域网络应用需求日益凸显，空域活动的发展存在以下几方面痛点。

一是空域活动安全管理方面，面对未来大幅增加的空域活动主体，现有安全监管及通信指挥手段主要依靠传统地基技术和设备，绝大部分地区存在"看不见、联不上、管不住"等现象，缺乏标准统一、可靠互联、广域监视、精细采集、高效监管的信息化网络，导致对空域活动主体各类信息获取和管理能力不足；二是空域经济活动和产业发展方面，未来涉及空域活动相关行业的新业态、新模式蓬勃发展，低空飞行旅游、应急救援、海洋经济、生态环境等行业的新型应用模式、应用场景丰富多元，数量庞杂，在各种行业应用与空域活动的结合点上，缺乏全天候、全地域、网络化、随遇接入的信息服务保障手段；三是低空经济发展方面，随着人类社会活动空间从地面拓展到空中，从人口聚居区拓展到高原、大漠、极地、远洋等人迹罕至地带，现有旅游观光、娱乐、点播等将会延伸到空域活动中，新型消费需求也将出现，现有地面网络通信服务难以覆盖，卫星互联网可助力我国低空经济发展，带动低空空域经济蓝海，解决传统低空监管带来的地面密集站址建设成本高的问题的同时，为低空空域互联通信、空域精细化监管、空域物联提供有效服务支撑。

卫星互联网可提供全时、全程、全域的网络覆盖及连接服务，而空域网络需要具有广域覆盖、规模接入、小平台、大容量、灵活组网等特点，通过卫星互联网实现空域网络应用是一种最经济且最有可能实现的技术路径。

（1）空域通信

当前空域通信主要依赖地面、卫星通信，缺乏远海远域通信、宽带服务、低空覆盖和常态化通信服务，卫星互联网是提供上述通信保障的重要手段。通过卫星互联网通信设备与各类航空器结合，可为空中交通、空中物联、远域遥测遥控提供通信支撑，保障空天实时互联，数据畅通。

（2）空域气象监测

空域气象监测主要通过探空气球、遥感遥测等手段，依托地面雷达通信、卫星通信等获取空域气象数据。通信是限制监测范围的因素之一，卫星互联网对空域全时全域覆盖的特性可解决这一问题，保障空域气象监测数据高效获取，提高监测可用度，降低监测门槛。

（3）空管监视

空管监视主要采用二次监测雷达、广播式自动相关监视等技术，现有航空监视手段主要依赖地基 ADS-B 监收站，接收可视范围内的航空器信息，尚无法实现全球全时的航空监视。卫星互联网通信服务对于全球通信覆盖有突出优势，通过空管信息的天基播发，天基平台可有效弥补现有陆基空管通信监视手段覆盖盲区，实现全域全高度空管监视，构建全球化、立体化空管保障体系。

7.4.2 卫星互联网+应用

7.4.2.1 车联网应用

随着国内经济的快速增长和中国汽车制造业的飞速发展，车辆不断增加，消费者对车载影音导航等应用的需求越来越多。目前车联网通过车载硬件装置连接到地面基站网络从而提供车载 Wi-Fi 服务。当前不少车企以 SIM 卡通过地面蜂窝基站接入网络，仅仅实现了"车内有 Wi-Fi"。简单的"车内有 Wi-Fi"只能满足一些简单的导航、信息查找和娱乐需求，对于更为宽泛的位置服务效果甚微。不仅如此，在一些沙漠、森林、高原或者是地形复杂的偏远地区，由于幅员辽阔，常住人口少，建设通信骨干网络和运营成本太大或者无法建设基站，属于"无网覆盖"区域，现有车载 Wi-Fi 在无网区域毫无"用武之地"。往往越偏远的地区，驾驶危险性越高，对网络的需求越迫切，比如危急时刻可以及时发出救援信号。因此，覆盖范围广、不受地形和地域限制的卫星互联网，将是解决广大低密度业务地区通信难题的最具可行性的方法。凭借卫星全覆盖的网络连接能力来保证汽车联网需求，卫星互联网的车联网应用应运而生。

卫星互联网赋能车联网应用场景，主要可体现在智能驾驶、车载娱乐（宽带连接和视频流媒体服务）、汽车工业互联网（车辆部件远程管理系统）、智慧服务、资产管控等方面。车载娱乐和汽车工业互联网与卫星互联网关系密切，当车辆不在地面通信网络服务区时，将以用户无感的方式切换到卫星互联网。由于预测性车辆诊断和维护、安全检查、远程信息处理等应用不会消耗太多带宽，因此卫星移动通信将是最佳手段，而车载娱乐应用需要较大带宽，它需要得到高通量卫星和低成本电调平板的支持。

卫星互联网、新能源汽车都属于新基建的建设范畴，卫星互联网的发展，将传统平面网络变成立体网络，广域覆盖、宽带连接，二者的深度融合将产生深远影响。

第一，卫星互联网可以为车辆智能网联、云端协同、车路协同等创新应用场景提供通信保障，比如：未来用户可以通过蜂窝基站或是低轨卫星连接到核心网进而与互联网和车联网云平台连接，从而实现媒体、路况等方面信息的获取。在地面蜂窝网络出现难以覆盖或带宽不足的问题时，低轨宽带卫星将起到补充作用。第二，为新能源充电站在更大范围（例如偏远山区、沙漠地区等）内的普及提供支持，有助于开辟新能源汽车的广阔天地。第三，在卫星互联网保障下的智能网联设施和新能源充电设施等，还有望推动交通与物流的变革，比如使得无人卡车、无人配送和飞行汽车从概念走向商业化的服务。

未来，随着通信导航一体化、天地网络融合的发展，低轨宽带星座将在汽车领域得以广泛应用，基于天基卫星、地面道路设施、各类路侧传感信息、车辆传感信息构建更全面的路网状态感知系统，实现各类交通要素的泛在智能感知，为智慧交通系统提供信息基础。卫星互联网的发展助力智能汽车产业发展，让"人—车—路—云"协同感知控制更智慧、更精细，让驾驶安全、交通效率和信息服务向更加安全、协同、智能、绿色方向发展，有效解决城市交通问题。未来车路高效协同，智慧交通将朝着更加智能化和网联化迈进。

7.4.2.2　算力网应用

空间信息网络凭借广域覆盖、大时空尺度、快速通信等优势，成为 6G 网络架构的核心组成部分。国内外纷纷投入了大量的人力、物力和财力开展空间信息网络的技术研究和商业应用。空间信息网络已经不再扮演传统的信息传输通道角色，而是具备了数量大、种类繁多、分布广泛的星载资源，能够为空间应用提供丰富充沛的算力。同时，云计算、软件定义网络、人工智能等先进技术逐步向空间扩展，为空间信息网络的发展带来前所未有的契机。

由巨型星座构建带来的日益增长的空间算力，使空间组网、星上计算、算力组网、核心网功能上天等应用成为可能。空间信息网络具有资源广域分布、拓扑动态时变、业务类型多样等特点，如何高效调度广域分布的空间算力提供按需计算服务成为一个亟待解决的关键问题。面临的技术挑战主要包括以下几点。

一是异构资源统一管理。随着星载处理能力的提升，空间算力不再是单一的处理器架构，而是向 "CPU+GPU" "CPU+FPGA" "CPU+NPU" 等异构多样化的计算架构发展，不同体系架构的计算单元组成的混合系统，用以满足通用计算和专用计算的不同需求。如何对异构多样的计算资源进行统一的管理是一个亟须解决的关键问题。

二是广域动态资源调度。卫星星座构建在广域空间环境中，遵循规律性分布各卫星节点的资源池，而且低轨卫星星座处于动态时变的环境下，但是空间网络节点的分布状态和高速移动是有规律的，不会是突发或者随机的，因此，既广域动态分布，又相对规律运动的空间资源的高效调度具有一定的难度，卫星互联网促进了广域算力和网络的协同发展，为全球动态资源调度提供了重要基础。

三是空间算网一体服务。随着云原生、边缘计算、云计算等新型技术的不断发展，空间信息网络将打破传统单一网络化服务的模式，逐渐向 "算力+网络" 深度融合的方向发展，以空间通信网络设施与星载算力设施为基础，将分布于云、边、端的数据、计算、网络等多种资源进行统一编排管控，实现网络、算力、服务的深度融合和灵活组合。因此如何通过空间算力资源的统一感知和调度为用户提供多层次叠加的一体化服务体验是当前研究的热点难题。

7.4.2.3　无人平台应用

控制技术、通信技术和智能技术推动了无人平台的发展，近年来无人驾驶、无人车、无人艇、机器人等典型无人平台应用成效显著，已经渗透到了不同行业当中，孕育出了大规模的行业应用和产业化。

美国特斯拉创始人马斯克在无人智能驾驶领域形成一定规模后，同时开展了 Starlink 卫星互联网建设，并投入到特斯拉智能驾驶应用中；俄罗斯国家航天集团提出了混合互联网络，旨在用长时间持续飞行的电动太阳能无人机提供全球卫星互联网接入服务。可以看出，随着无人平台的发展，卫星互联网成为解决应用痛点的关键解决方案。

随着无人平台技术发展，能源、智能化、感知、控制等技术已经逐渐成熟，通信成为限制应用的主要因素之一，传统无人平台依托地面网络设施，保持控制、通信、数据的联通，而地面网络覆盖成为了无人平台工作的天然"电子围栏"。在交通领域，无人驾驶车辆通过卫星互联网的全球覆盖特性，大大提升了交通范围，为人类的探索、生活、交通提供了全球化的技术支持。无人机作为空中移动终端，是互联网中继的天然结合因素，一方面卫星互联网扩展了无人机的操控视距，另一方面无人机可以有效提升互联网的接入范围。

无人平台的应用在电力工业、应急救援、交通运输、智慧城市、国土规划、矿产开发、防火救灾、警情监察、消防监控、无人寄递等行业都可以与无人平台技术融合，卫星互联网与无人平台的融合将大大提高效率，利用窄带通信、物联网通信实现对无人平台的远程状态收集控制，利用通导融合服务实现无人平台态势管控，利用宽带通信支撑业务数据回传，汇聚热点应用区域数据的回传和分发。

7.4.2.4 通导融合应用

传统卫星导航系统天然利用无线通信技术，通过信号测距实现导航服务，当前，全球导航卫星系统（GNSS）处于难以使用某一种特定的导航技术来解决全部服务需求的困境。因此，新一代定位、导航、授时（PNT）系统需要综合多种技术，如轨道多样性、非卫星导航等，才能显著增强服务能力的全面性。低轨卫星互联网导航增强技术因易于与北斗系统协同来提高全球自主导航精度、拓展全球卫星导航应用市场的巨大潜力而成为研究热点。

通导融合通过提升 GNSS 导航信号落地功率、应用覆盖范围、精度因子、定位精度和收敛时间等应用效能来提供导航增强服务，依托卫星互联网系统，可构建与地基增强性能相当的星基导航增强应用，为无地基增强服务的场景提供高精度 PNT 服务。与其他导航系统协同构建具有"泛在、精准、可靠、天地协同"的综合 PNT 网络，通过轻量化通导融合芯片终端与综合信息处理云平台解决智能驾驶、应急感知、灾害高精度定位与预警、无人平台等应用场景中的痛点，实现一系列规模化创新应用。

通导一体化 PNT 体系将有效解决 GNSS 扩大应用所面临的问题和困境。不断催生智能交通、精细农业、精准物流、自动驾驶等北斗行业应用的新模式、新业态，让导航服务无处不在、无时不有。未来 PNT 应用形态和发展方向将体现在以下几个方面。

（1）技术融合化。进一步推动创新高效的融合机制建立，实现 GNSS 多系统融合，卫星定位、视觉导航、惯性导航等多技术融合，在融技术、融数据、融网络、融平台的联动互通催生下，真正实现以北斗为核心的时空信息服务高效互联互通共享，并具备抗干扰、防欺骗、连续、稳定和高可靠性，促使北斗系统在智慧城市、智慧交通、精准物流等多个行业跨界融合应用。

（2）服务泛在化。通导一体化技术与 5G 通信、位置服务、地理信息系统相结合，突破 5G 融合北斗与位置服务的室内外无缝定位技术，持续提升室外到室内、地面到地下、海底到深空的无缝连接时空信息服务。在大众应用领域，突破实时动态高精度导航地图，构建多样化出行服务体系，打通时空信息"最后一千米"服务，以重点行业应用为牵引，通过创新社会治理模式、深化大众生活位置服务应用等，推动大众消费的规模化应用，形成从智能终端到平台再到行业应用完整链路的泛在、智能、可靠的低轨导航时空信息服务。

（3）终端小型化。突破高精度低成本安全可信智能终端，研发超低功耗、低成本、快速定位的通导一体化芯片及其核，使 PNT 智能应用终端呈现小型化、微型化和弹性化，真正实现终端的自主可控和灵活变通，在森林防火、抢险救灾、农机自动驾驶、远海渔业等多个领域实现 PNT 智能终端的便携式和灵活性应用，具有广泛的应用前景和应用价值。

（4）导航网络化。低轨 PNT 与物联网、5G 通信的结合，将大力促进 PNT 智能终端、PNT 应用系统互联互通互操作的实现。突破结合通信物联网协议的系列低功耗技术，以及利用卫星互联网通信信号宽带特性进行多路径检测和消除技术，大幅提升复杂场景的定位精度，形成天地一体、通导一体的解决方案，实现在智慧城市、智能物流、安防监控、智慧农业、资产监管、环境监测等领域的规模应用，真正实现卫星互联网应用万物互联。

（5）应用智能化。通导一体化与人工智能、5G、云计算、大数据结合，突破北斗芯片与陀螺仪、里程计等多传感器融合定位技术，全面提升 PNT 服务的定位精度、可用性和抗多路径能力，突破适用无人系统的高性能、高精度、小型化并符合汽车电子系统通用标准的多模多频北斗/GNSS 芯片，实现以通导一体化为核心的时空信息智能感知、智能处理和智能服务，形成 PNT 高精度技术在智能网联汽车、无人机、小型机器人、智能穿戴设备等领域的深度应用，大幅提升通导智能化应用水平。

7.4.2.5　通遥融合应用

通遥一体化是结合通信、遥感等天基技术，对高分辨率遥感成像、在轨实时智能处理、导航接收与增强、星地-星间通信传输等核心功能的融合应用。

卫星遥感技术从单一的对地观测发展到涵盖遥感、地理信息系统、全球导航、智能在轨处理等的多维空间信息技术体系，逐渐深入到国民经济、社会生活、国土资源管理的各个方面。随着高分遥感技术的发展，现有高分辨率遥感数据的获取和应用，往往需要几小时甚至数十小时，在灾害、应急事件发生时，损失了黄金救援时间，难以满足实时用户的需求。通遥融合可实现所见即所得，利用卫星互联网宝贵频轨资源，搭载对地观测载荷，通过天基及星地链路承载网，做到天地一体化的统一传输；可实现所得即所达，利用卫星互联网的天基算力，实现数据星上处理，生成遥感产品，利用就近卫星互联网的通信接入，直接分发到用户，提供一系列遥感应用。

卫星互联网、星间链路技术的发展，为遥感数据的获取、分析、处理和应用带来新的应用前景。

（1）星地、星间通信传输功能：通过在星上配置星地、星间通信传输载荷进行海量高分辨率数据的星地、星间快速传输。同时支持星地、星间的双向高速传输，用于建立卫星到数据传输地面站/中继卫星之间的数据传输通道，保证任务规划指令、协同处理程序与参数、遥感数据的可快速流通。通过星间传输链路和组网，可及时将数据进行下传，能够有效解决卫星过顶传输的时延问题，同时具备星间传输功能的智能遥感卫星平台还可作为卫星通信网络的有效补充。

（2）在轨实时智能处理功能：通过在通信遥感卫星的星间组网，构建天基边缘算力系统，可扩展智能处理平台实现遥感数据的在轨按需、实时和智能处理。针对遥感数据任务驱动的实时智能处理需求，该功能集成大量的处理算法，包括自主任务规划、兴趣区域智能筛选、高质量实时成像、高精度实时几何定位、信息智能处理和智能高效压缩等，完成任务驱动的成像数据在轨实时、智能、高精度地处理和高效数据压缩。

通遥融合应用可以实现数据的快速传输和信息的聚焦服务，同时有助于促进天基信息系统的通信和遥感卫星的一体化发展和应用，快速提高空间信息获取、传输、处理和分发的能力，实现信息的融合和高效利用，可为全球范围内提供通信、遥感全方位、多层次的一体化服务。

7.4.2.6 星地融合应用

历史上卫星通信和地面通信是分开发展的，体制、应用、终端形态迥然不同，长期独立发展，造成了星地终端不同、融合应用难等问题，导致星地终端便捷性差，相互用户关系隔离，随着卫星互联网的发展和终端小型化，可实现与地面互联网终端融合，以同终端、共卡号来适应全时全域各类通信场所，实现不同网络间的互操作，用户以一个终端即可完成所有服务。对于地面运营商，解决了覆盖盲区的网络服务可达；对于卫星互联网来说，补充了大量的地面运营商的用户，促成大量终端产业化、应用规模化，进一步促进卫星互联网的终端普及，因此星地融合、6G 网络是研究的热点问题。

星地融合应用可以分为 3 个层次。一是星地网络独立运行，二者互不相通，仅在覆盖上实现互补、融合，卫星互联网主要覆盖沙漠、海洋等地面网络无法覆盖的地区，或在地震、洪水等重大突发事件发生时使用。地面移动通信网络主要覆盖人类活动密集的城市、乡村等区域，提供日常的通信保障，此种层面的融合程度较低，应用是独立的。二是星地网络核心网侧的融合，由于目前卫星互联网和地面移动网络多是独立规划、独立设计的，网络通信协议难以互相兼容，特别是接入网协议，由于地面移动通信网络终端尺寸较小，卫星互联网的终端小型化是核心问题，因此，一般在星地网络的核心网侧设计协议转换模块，实现二者的互联互通，此种方式能够实现星地终端的互相通信，拓展二者的适用范围。三是星地网络的深度融合，采用相同的协议体制，能够实现从接入网、承载网到核心网的深度融合，二者共用一套应用系统。

从通信系统的发展趋势和用户需求的变化来看，星地融合程度将越来越高，最终走向统一，为用户提供切换无感的互联网服务。星地网络的融合还面临诸多挑战，与地面移动通信相比，卫星通信在通信环境、信道传播特征等方面存在许多差异，因此，二者的融合将会带来许多问题，包括传输体制的挑战、接入与资源管理的挑战、移动管理的挑战、路由寻址的挑战等，需要逐一研究、克服和解决。

发展卫星互联网的根本目的在于应用服务能力的不断提升，在应用服务领域的技术突破与运用，将极大提升网络服务、终端体验、运营服务能力，并与人工智能、无人平台、空天信息等领域的技术协同发力，赋能未来各行各业，牵引新兴产业发展，引领新质生产力生成。

| 参考文献 |

[1] 张冬辰. 卫星互联网发展的认识和思考[J]. 卫星互联网, 2021(1): 1-9.

[2] 郑作亚, 梅强. 天地一体化信息网络应用服务概论[M]. 北京: 人民邮电出版社, 2022.

[3] 王韵涵, 李博, 刘咏. 国外低轨卫星互联网发展最新态势研判[J]. 国际太空, 2022(3): 7-12.

[4] 黄涛, 郑梦圆, 金雪松. 卫星通信赋能"空中" 互联网时代大发展[J]. 卫星与网络, 2020(8): 58-63.

[5] 郭溪. 卫星互联网在智慧海洋领域的应用展望[J]. 电脑知识与技术, 2021, 17(13): 211-212.

[6] 纪凡策, 李博, 周一鸣. 卫星物联网发展态势分析[J]. 国际太空, 2020(3): 47-52.

[7] 张聪, 高峰. 卫星互联网未来应用场景及安全性分析[J]. 信息技术, 2022, 46(3): 120-126.

[8] 汪伊婕, 刘培, 周必磊, 等. 典型应用场景下高低轨卫星互联网系统效能对比分析[C]//第十七届卫星通信学术年会论文集. [s.l.:s.n.], 2021: 391-399.

[9] 纪哲, 吴胜, 王文博. 面向卫星互联网的层级化智能部署架构[J]. 天地一体化信息网络, 2022, 3(1): 56-61.

[10] 闫钊, 马芳, 郭银辉, 等. 全球卫星互联网应用服务及我国的发展策略[J]. 卫星应用, 2022(1): 26-33.

[11] 唐斯琪, 潘志松, 胡谷雨, 等. 智能化卫星互联网运维与管理: 现状与机遇[J]. 天地一体化信息网络, 2021, 2(4): 75-83.

[12] 张翠. 全球卫星互联网战略与政策初探[J]. 信息通信技术与政策, 2021, 47(9): 1-7.

[13] 彭木根, 张世杰, 许宏涛, 等. 低轨卫星通信遥感融合: 架构、技术与试验[J]. 电信科学, 2022, 38(1): 13-24.

[14] ETSI white paper No.11 mobile edge computing a key technology towards 5G[Z]. 2015.

[15] SATYANARAYANAN M, BAHL P, CACERES R, et al. The case for VM-based cloudlets in mobile computing[J]. IEEE Pervasive Computing, 2009, 8(4): 14-23.

[16] JANG M, SCHWAN K, BHARDWAJ K, et al. Personal clouds: sharing and integrating networked resources to enhance end user experiences[C]//Proceedings of the IEEE INFOCOM 2014 IEEE Conference on Computer Communications. Piscataway: IEEE Press, 2014: 2220-2228.

[17] JANG M, SCHWAN K. STRATUS: assembling virtual platforms from device clouds[C]//Proceedings of the 2011 IEEE 4th International Conference on Cloud Computing. Piscataway: IEEE Press, 2011: 476-483.

[18] KONEČNÝ J, MCMAHAN H B, YU F X, et al. Federated learning: strategies for improving communication efficiency[EB]. 2016.

[19] CHEN H, XIAO M, PANG Z B. Satellite-based computing networks with federated learning[J]. IEEE Wireless Communications, 2022, 29(1): 78-84.

[20] MATTHIESEN B, RAZMI N, LEYVA-MAYORGA I, et al. Federated learning in satellite constellations[EB]. 2022.

[21] ZHAO M, CHEN C, LIU L, et al. Orbital collaborative learning in 6G space-air-ground integrated networks[J]. Neurocomputing, 2022, 497: 94-109.

[22] JPEO J. Software communications architecture specification[Z]. 2006.

[23] 谷丰. 无线多模通信终端关键技术的设计与实现[D]. 北京: 北京邮电大学, 2015.

[24] 许志强. 海洋应急指挥机动通信组网系统中多模融合无线通信技术研究[J]. 全球定位系统, 2020, 45(4): 76-82.

[25] 乔季军, 王德宇, 李玉琳, 等. 融合 ZigBee 与 WiFi 无线技术智能家居系统的设计[J]. 自动化仪表, 2015, 36(12): 48-51, 55.

[26] 郑振新. 公安专网无线通信系统的宽窄带融合研究[J]. 警察技术, 2017(2): 31-33.

[27] 欧阳加俊. 天地空融合通信在消防应急通信中的运用[J]. 数字通信世界, 2021(3): 45-46.

[28] 黄志峰, 孙鹏飞, 宋秦涛, 等. 融合通信平台在应急指挥领域的应用和探索[J]. 移动通信, 2020, 44(11): 99-104.

[29] 郎海. 基于融合通信的应急指挥调度系统设计及实践[J]. 电子技术与软件工程, 2019(11): 19-20.

[30] 沈俊, 高卫斌, 张更新. 低轨卫星物联网的发展背景、业务特点和技术挑战[J]. 电信科学, 2019, 35(5): 113-119.

[31] 杨艳. 天启星座 08 星（平安 1 号）入轨 国电高科持续发力新业态新模式[J]. 卫星与网络, 2020(12): 58-60.

[32] 邓平科, 张同须, 施南翔, 等. 星算网络: 空天地一体化算力融合网络新发展[J]. 电信科学, 2022, 38(6): 71-81.

[33] 高璎园, 王妮炜, 陆洲. 卫星互联网星座发展研究与方案构想[J]. 中国电子科学研究院学报, 2019, 14(8): 875-881.

[34] CALEB H. SpaceX submits paperwork for 30,000 more Starlink satellites[Z]. 2019.

名词索引